U0289662

STUDIO

THE STUDIO PRACTICAL TECHNICAL GUIDE
VIDEO TECHNOLOGY

高清演播室实用技术指南

视频技术

陈嘉超 / 祝建平 / 郑 星 / 张 媛 / 王 浩 编著

中国广播影视出版社

目 录

第一章 切换台

一、切换台概述

视频切换台是演播室系统中进行视频信号切换和内容制作的核心设备。视频切换台可以从多路源信号中选择播出，也可以完成多路视频信号组合制作，并叠加视频特技，从而形成具有一定艺术效果的节目播出信号。

1. 切换台分类

视频切换台按级数分类可分为一级、二级、多级切换台；按信号格式分类，可分为标清切换台、高清切换台以及多格式切换台。

2. 切换台功能

视频切换台常用功能包括：在两路或多路视频信号之间执行基本转换，如切换、混合、划像、键、数字视频特技；通过辅助母线实现信号的灵活调度；提供 TALLY、GPI 触发、控制和辅助数据等。

3. 切换台组成

切换台系统通常由切换台主机、切换面板、母线控制面板、菜单面板等部分组成。切换台信号处理系统由切换矩阵、混合/效果发生器、特技效果发生器、下游键、控制电路等子系统组成，切换台输入输出接口包括视频信号输入/输出接口、GPI/TALLY 控制接口、网络控制接口、电源以及其他辅助型接口。

本书以 SONY 两款视频切换台为例，介绍切换台的常用设置和操作方法。内容包括母线转换、下游键、帧存、数字特技、交叉点联动等。文章中涉及的内容对于目前市场上其他切换台具有借鉴意义。

二、SONY MVS－6000

1. 概述

SONY MVS－6000 是一款多格式切换台，以下将介绍 SONY MVS－6000 切换台的基本操作方法和设置技巧。

2. 开机

1）主机电源开关

切换台主机通常位于主机房机柜上，共有两组电源开关，将两组开关打开，状态灯显示绿色。

与切换台主机相关的设备包括：设备控制单元（MKS－2700）和矩阵（IXS－6600），开机动作和状态灯显示与切换台相同。

图 1.1

2）面板电源开关

切换台主面板电源开关通常位于控制台。打开两组开关，切换台主面板和菜单面板（触摸屏）将开始启动程序。等待菜单面板进度条完成后，表明切换台面板启动完成。

图 1.2

图 1.3

3. 关机

1）触摸屏菜单

点击触摸屏左上角 ***PAGE*** 按钮，在弹出的对话框中点击 ***SHUTDOWN***，开始面板关闭程序。

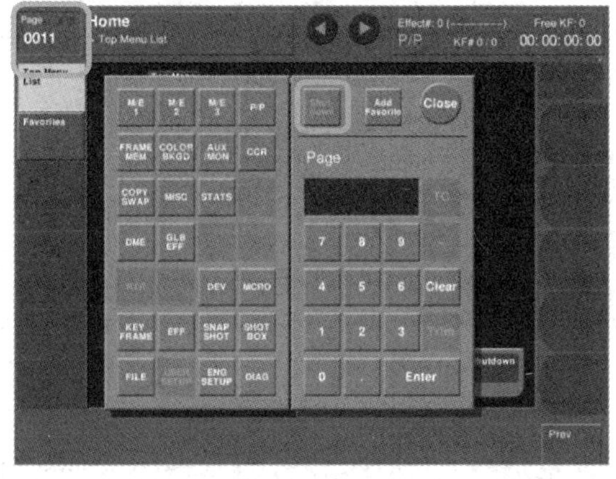

图 1.4

2）面板电源开关

待触摸屏完全变黑无字符显示后，关闭切换台面板开关。开关共两组，关闭后状态灯熄灭。

3）主机电源开关

关闭主机房切换台两组主机电源，设备控制单元和矩阵，电源关闭后状态灯熄灭。

4. ME 概述

1）ME

ME 包括 PP 级和 ME1 级。

注：6000 面板的 AUX、DME、FM 等母线与 ME1 共用按键。

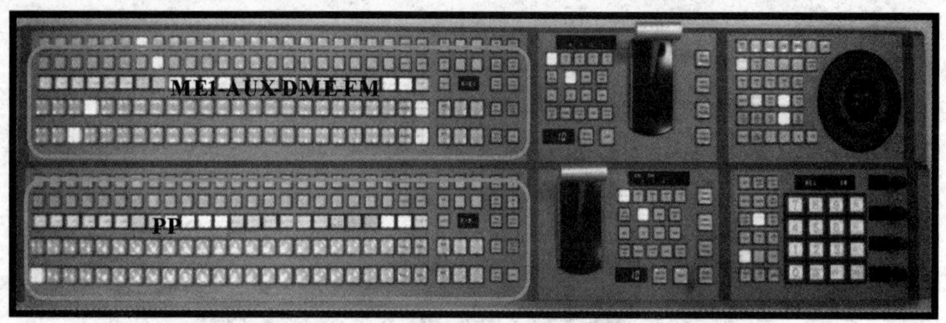

图 1.5

2）PP 级母线信号源选择

演播室常用信号源包括 CAM1 ~5、VGA1/2、VTR1 ~4、CG1V/2V 和 CB 等。

在 PGM 母线选择信号源后，状态灯为红色。

在 PVW 母线选择信号源后，状态灯为橙色。

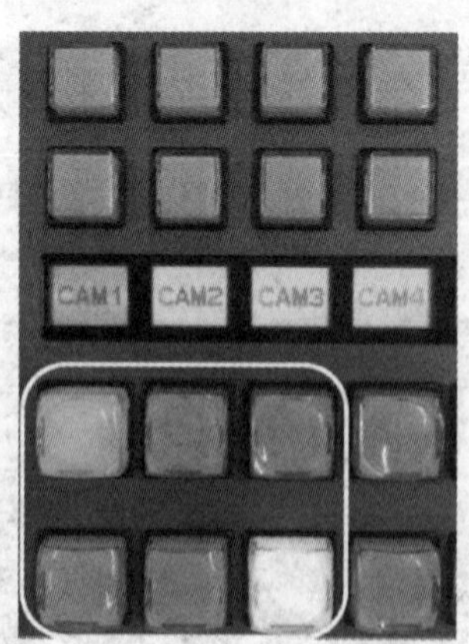

图 1.6

3）母线转换方式

常用 ***MIX***（混合）和 ***WIPE***（划像）转换。

正常录制状态应在背景母线（***BKGD***）开启状态下，使用 ***MIX*** 状态，试录时使用 WIPE 状态，状态灯亮表示正在使用。

图 1.7

4）Fader 全程

PP 级和 ME1 级的推杆可对 PP 级和 ME1 级的 PGM 和 PVW 所选的画面进行划像、叠画等转换操作。上下划动推杆检查转换是否完整。开机后推杆会有刻度显示，全程划动后刻度显示消失。

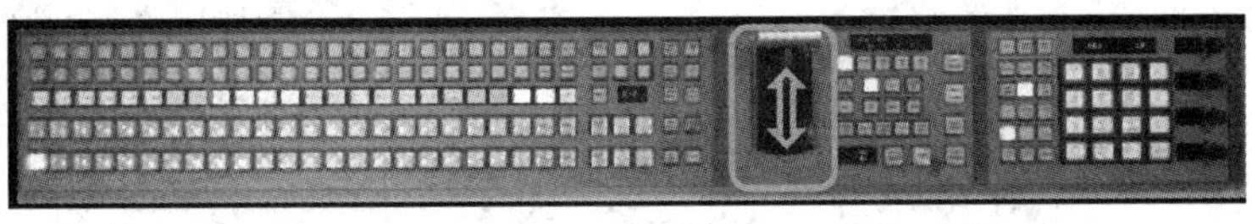

图 1.8

图 1.9

图 1.10

5）AUX/DME/FM 切换方法

AUX/DME/FM 等母线与 M/E1 的 KEY 母线共用。

A. 开启 ***AUX CTRL***，M/E1 的 KEY 母线变为 AUX 母线。第一排变为 AUX 目的，

第二排变为 AUX 源。

B. 如需看到 AUX 的源名显示，打开 ***AUX DISPLAY***，如需看 AUX 目的显示（包括 AUX、FM、DME 等），打开 ***KEY3/DEST***。

图 1.11

6）切换 AUX1 的方法

A. 依次打开 ***AUX CTRL - AUX DISPLAY - KEY3/ DEST***，M/E1 的源名显示窗口变为对应位置的 AUX 目的名称；

B. 在第一排点对应的 AUX1；

C. 关闭 ***KEY3/ DEST***，液晶屏幕显示内容变为 AUX 母线源信号使用的 TABLE 表；

D. 在第二排选择信号源，例如“***CB***”；

E. 其他 AUX 母线、FM 以及 DME 均使用以上操作方式完成。

7）多目的 AUX 面板操作方法（MKS - 8082）

AUX 切换面板做通常的 AUX 目的和源信号选择，选中目的或源信号键会变红色。操作时应先选目的信号再选源信号。

例如，演播室常用 AUX 切换信号包括：AUX9 - PP（VTR6 主切）、AUX9 - CAM 等（VTR6 单挂）等。

	源信号	作用	适用节目
AUX9	PP	VTR6 主切	备份主切信号
AUX9	CAM	VTR6 单挂	录制副切信号

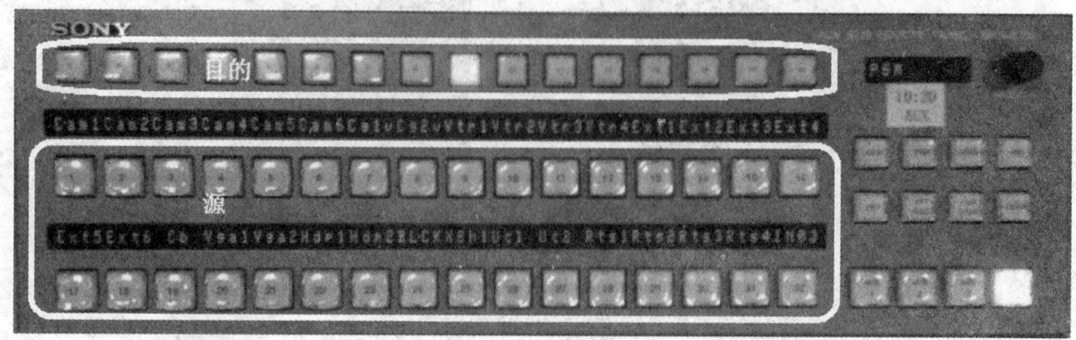

图 1.12

5. 下游键

1）检查开机后的下游键状态

MVS－6000 切换台 PP 级共有四组下游键，分别为 DSK1、DSK2、DSK3 和 DSK4。

演播室切换台可以预存开机状态，使得 DSK1 和 DSK2 默认开启，开启状态如下图所示：

图 1. 13

演播室常用键信号为 CG1K 和 CG2K，键填充信号为 CG1V 和 CG2V。通过切换台“V/K pair”配对处理，CG1V 与 CG1K 配对，CG2V 与 CG2K 配对。DSK 下游键键填充信号默认状态为：DSK1（CG1V）、DSK2（CG2V）、DSK3（CG1V）、DSK4（CG 2V）。可在 PP 级 DSK 母线选择键填充信号，DSK 母线默认设置为 DSK1 和 DSK2，当 ***DSK3*** 和 ***DSK4*** 按下并亮灯时，母线设置为 DSK3 和 DSK4。

图 1. 14

图 1. 15

图 1. 16

注：当选择 CG 作为 DSK 源信号时，首先要检查 DSK 菜单中“***KEY SOURCE***”为“***AUTO SELECT***”，而后在 PP 级 DSK 总线上选择键填充信号为 CG1V 或 CG2V。

2）键参数状态检查

若演播室切换台已存储配置文件，开机自动加载默认状态。

图 1. 17

PP 级 DSK1 键参数检查流程：

A. 双击 PP 级 ***DSK1*** 按钮，触摸屏菜单跳转到 DSK 状态参数页面；

B. 点击屏幕下方菜单“***Type***”，选择键类型“***Linear***”，并确认“***Key Source***”处于“***Auto Select***”状态；

C. 点击“***Linear***”，菜单右侧状态栏显示键参数调整页面；

图 1. 18

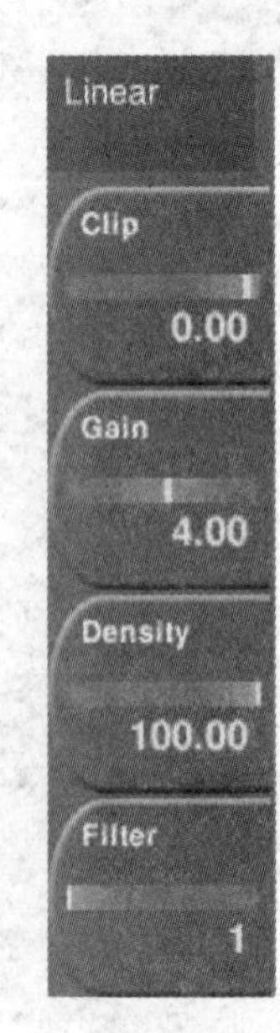

图 1. 19

D. 键默认参数为：

Clip	Gain	Density	Filter
0.00	4.00	100.00	1

若字幕机硬件板卡更换或更改板卡设置后，根据字幕机键测试信号，更改以上参数。

3）Key Source 键源方式选择

Key Source 菜单在页面下方，共有三种方式可选。“***Self***”为自键方式，“***AutoSelect***”为自动选择方式，“***Split***”为分离方式。当选择 CG 作为 DSK 源信号时，“***AUTO SELECT***”可自动找到已经配对的键填充和键信号。

6. TRANS 转换时间

PP 母线和 DSK 转换时间状态检查：

双击切换台上“***TRANS RATE***”键，触摸屏菜单跳转至“***Misc – Transition***”页面，查看触摸屏上 PP 母线和 DSK 的转换时间状态。例如可将演播室切换台转换时间默认状态为“10”。

图 1.20

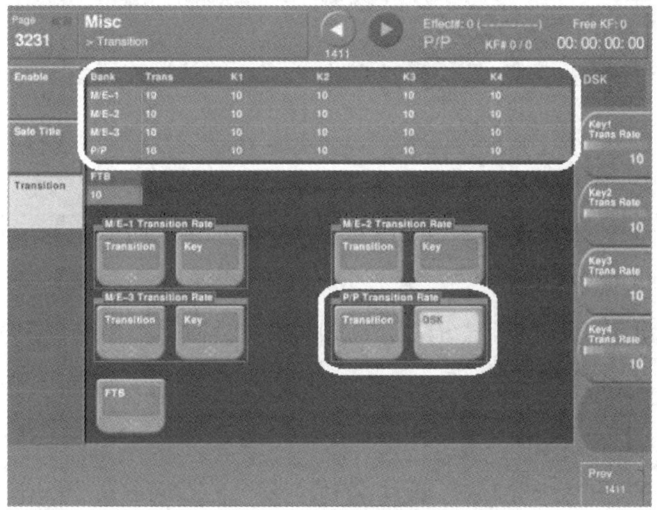

图 1.21

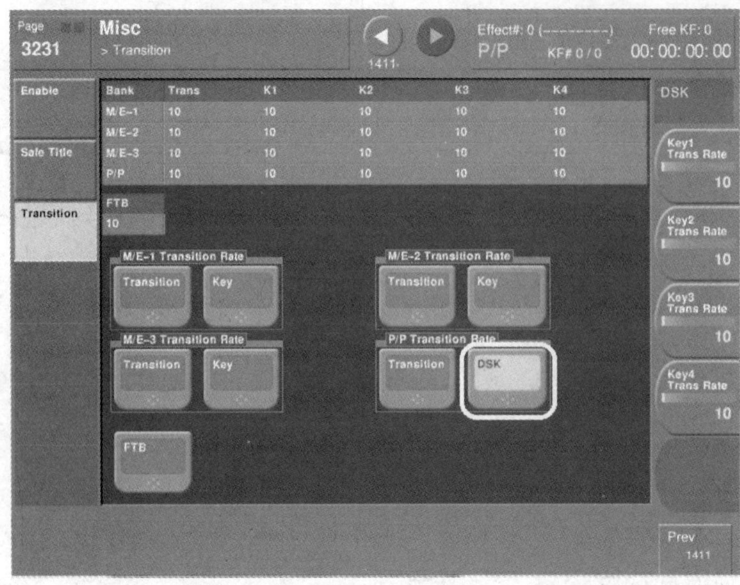

图 1.22

图 1.23

注：点击触摸屏菜单左上角“***Page***”菜单，输入“***3231***”，快速调用“***Misc – Transition***”页面。

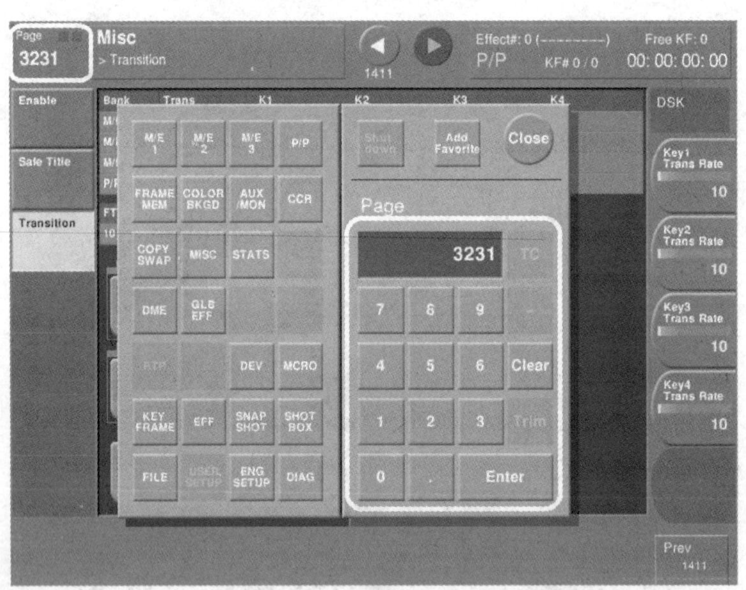

图 1.24

7. 调用帧存 Frame Memory

切换台存储的静帧图片或视频短片可通过母线上的 FM 通道调取，并送至 PGM 输出。

1）从远端主机调用预存图片

A. 点击触摸屏面板控制区“***FILE***”快捷键，触摸屏菜单会跳转到“***File***”页面；

B. 点击左侧菜单栏“***Frame Mem***”，进入帧存页面，页面右侧为远端主机中预存的静帧图片列表；

C. 点击右侧列表栏所需要的图片名称，例如“***2014***”，点击“***Load***”，将图片“***2014***”由远端主机存储中调用至切换台操作面板存储。

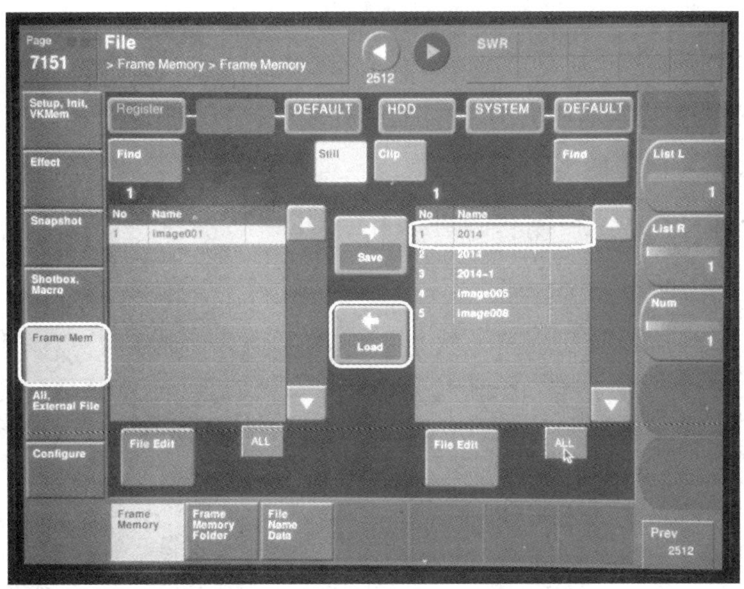

图 1.25

2）将静帧配置给 FM 通道

A. 点击触摸屏面板控制区“***FRAME MEM***”快捷键，触摸屏菜单跳转至“***Frame Memory***”页面；

B. 点击左侧菜单栏“***Still***”，页面将呈现上一步静帧调取后的图片，选中所需图片；

C. 选择需要调取的 FM 通道“***FM1***”，点击功能键“***Recall***”，静帧“***2014***”配置给 FM1 通道；

D. 找到 PP 级 ***FM***1 按键，将“2014”送至 PGM 母线输出。

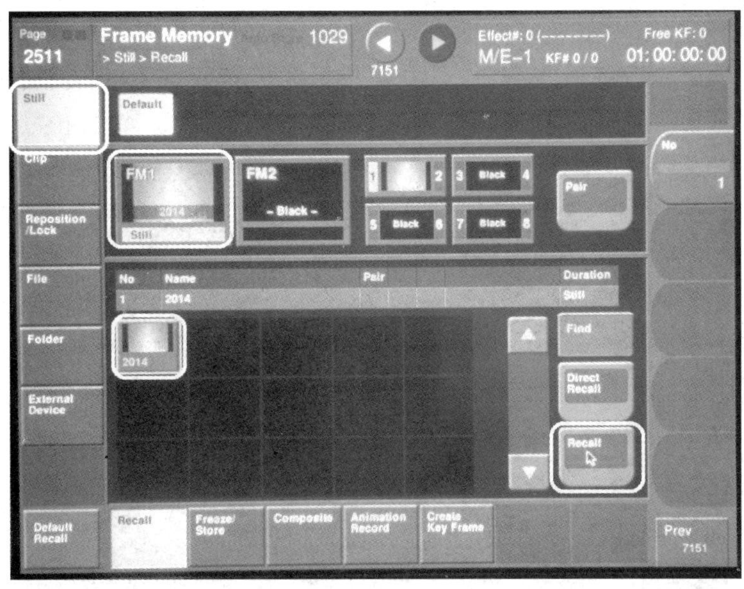

图 1.26

8. 抓取帧存 Frame Memory

MVS－6000 切换台可将输入信号采集为静帧图片或活动视频，存在近端面板或远端主机中。

1）利用 FMS1 通道抓取 CB 图像，并存为静帧图片

A. 在切换台控制面板上方 AUX 目的选择区，选择“***FMS 1***”，在源母线上选择需要的输入源信号（例如“CB”）；

B. 点击触摸屏面板控制区“***FRAME MEM***”快捷键，触摸屏菜单跳转至“Frame Memory”页面；

图 1.27

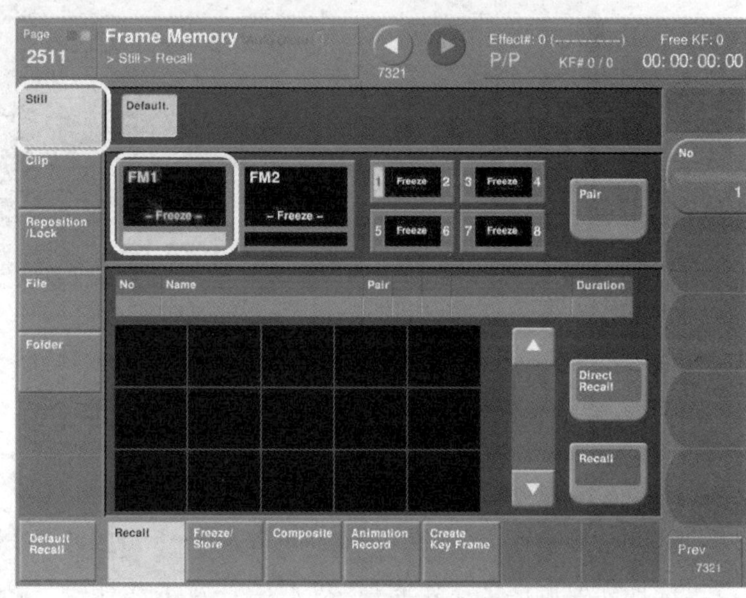

图 1.28

C. 点击左侧菜单栏“***Still***”，点击页面下方菜单栏“***Freeze/Store***”功能键，页面跳转为抓帧界面；

D. 依次点亮“***Freeze Enable***”、“***Frame***”功能键，再点击“***Store***”，页面将出现键盘窗口，输入名称后，点击“***ENTER***”，键盘页面关闭；

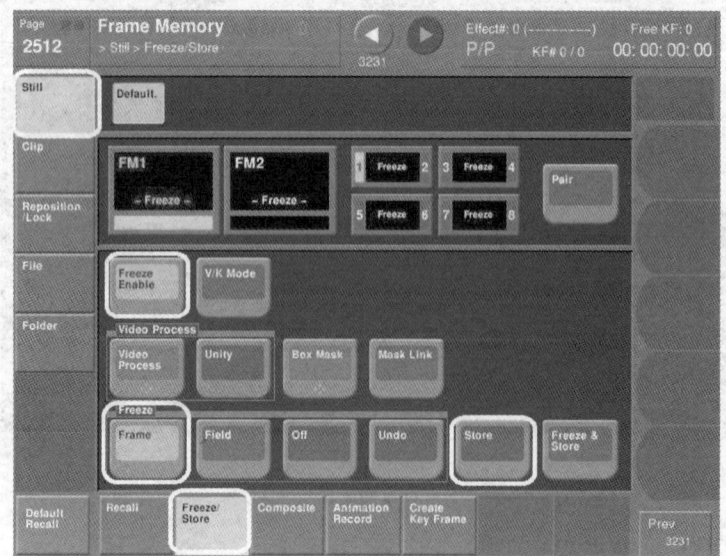

图 1.29

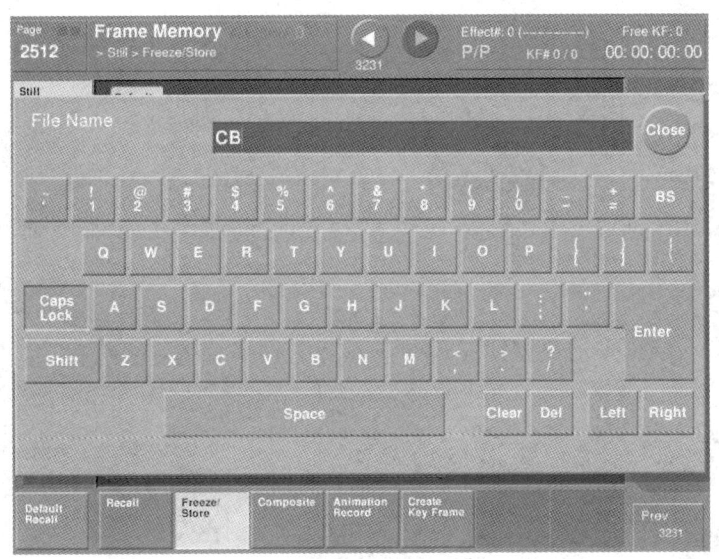

图 1.30

E. 此时，“***FM1***”窗口将出现静帧“缩略图”，确认图像内容正确后，抓帧操作结束。

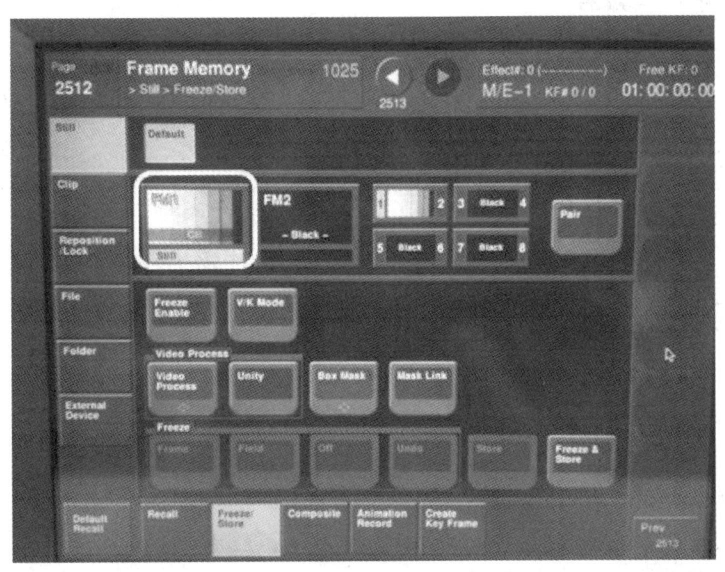

图 1.31

2）将静帧图片存储在远端主机中

A. 点击触摸屏面板控制区“***FILE***”快捷键，触摸屏菜单会跳转到“***File***”页面；

B. 点击左侧菜单栏“***Frame Mem***”，进入帧存页面（***Page 7151***），页面左侧为近端控制面板存储列表，列表中显示刚刚抓取的图片名称“CB”，右侧为远端主机中预存的静帧图片列表；

C. 点击左侧列表栏的图片名称，例“CB”，点击“***Save***”，将图片“CB”由近端控制面板存储到远端主机中。

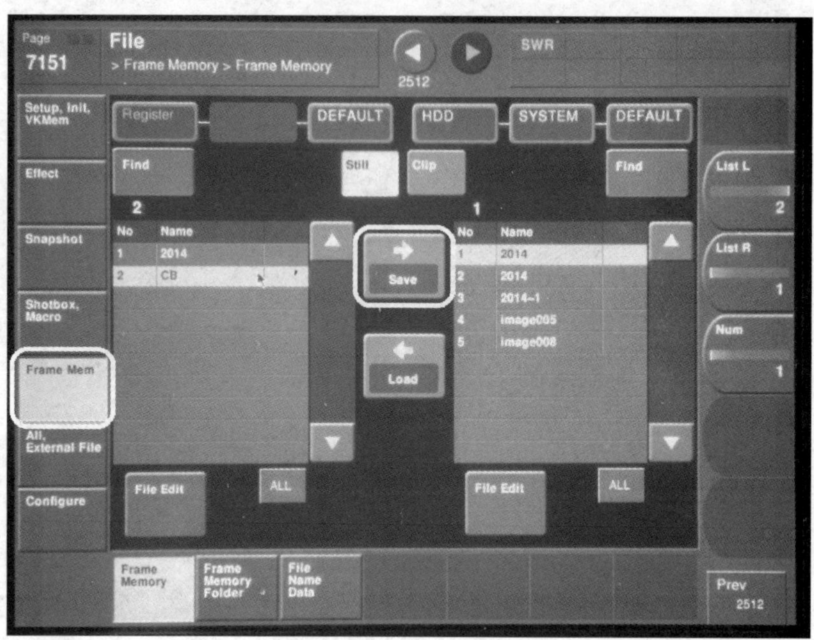

图 1.32

9. 调用快拍 Snapshot 及存储

1）调用快拍

快拍仅恢复母线交叉点状态，不能改变包括键参数在内的设置参数。如需要快速恢复各母线交叉点状态时，可参考以下操作方法：

A. 开启“SNAPSHOT”功能

点击切换台面板右下角数字键盘功能键“***SNAPSHOT***”。

B. 选择需要调用的母线

可点击“***ALL***”，将开启所有母线和通道调用状态；也可单击任意一条母线和通道调用状态。

C. 选择快拍号

点击“***RCLL***”，输入数字“***8***”，点击“***ENTER***”，调用快拍状态。

图 1.33

2）存储快拍

A. 开启"SNAPSHOT"功能

确认切换台面板所有按键处于正确位置后，点击切换台面板右下角数字键盘功能键"***SNAPSHOT***"。

B. 选择需要存储的母线

可点击"***ALL***"，将开启所有母线和通道调用状态；也可单击任意一条母线和通道调用状态。

C. 选择快拍号

点击"***STOR***"，输入数字例如"***8***"，点击"***ENTER***"，快拍状态已存；

例如存储快拍状态"SNAPSHOT ALL 08"，其状态与切换台开机启动后的状态相同。

10. 交叉点禁用与解禁

MVS－6000切换台可实现开机启动后保留已禁用的母线交叉点按键，如需开启交叉点或改变交叉点按键位置，参考以下操作方法：

1）进入交叉点设置菜单

A. 点击触摸屏左侧快捷键"***ENG SETUP***"；

B. 点击触摸屏菜单左侧"***Panel***"；

C. 点击页面下方"***Xpt Assign***"，进入交叉点设置菜单。

2）为母线指派交叉点设置列表（Table）

A. 例如，MVS－6000切换台母线默认使用"***Table1***"，在菜单页面中部确认母线列表中是否使用"***Table1***"；

B. 如母线列表改变不是"***Table1***"，由菜单页面右侧"***Table Assign***"列表中点击"***Table1***"，再点击"***Table Assign Set***"。

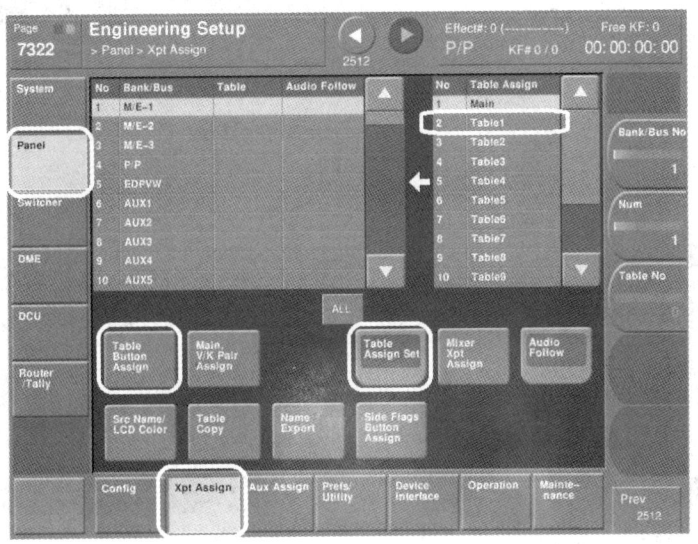

图1.34

3）编辑“Table”列表

A. 点击“***Table Button Assign***”，页面跳转到交叉点列表编辑界面；

B. 点选页面列表中灰色交叉点名称，反复点击页面下方“***Inhibit***”功能按钮，可开启或禁用的交叉点；

C. 如需在母线添加某些交叉点或改变位置，首先选择页面列表中相应位置，再找到页面右侧 V/K Pair 列表中需要添加的交叉点名称，点击“***Set***”功能按钮可将该位置替换为所需交叉点，点击“***Insert***”可在该位置插入所需交叉点，其下方交叉点按键位置顺延。

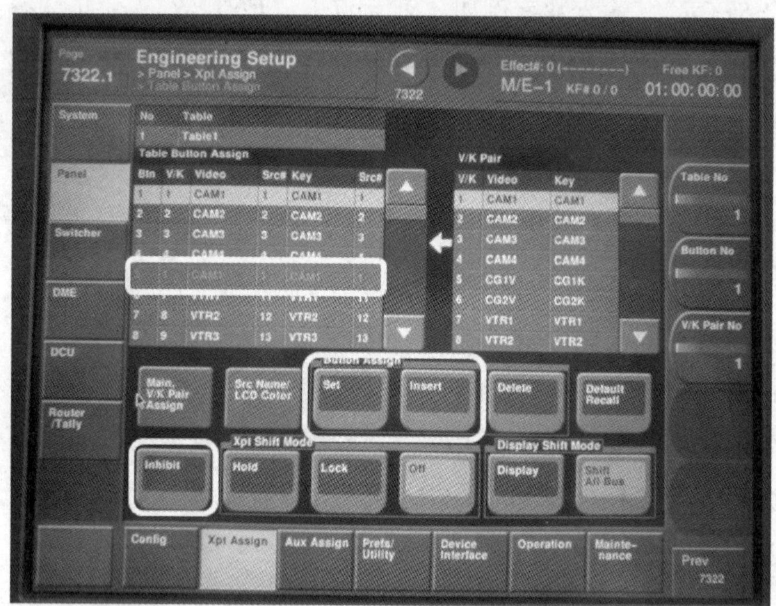

图 1.35

图 1.36

11. DME

MVS－6000 切换台结合 Resizer 和 DME 功能可同时制作多个二维窗口的数字特技。

在 M/E1 级制作四窗口特技的操作方法：

1）KEY1、KEY2 利用 RESIZE 功能制作特技窗口

A. 双击 M/E1 级 ***KEY1***（***KEY2***），触摸屏菜单转到 KEY1（KEY2）设置界面；

B. 在切换台的 ME1 的 KEY1（KEY2）母线上选择要做画中画特技的键填充信号；

图 1.37

图 1.38

C. 触摸屏上选择"***Processed Key***"键进入菜单页面，点"***Resizer***"页面右侧出现调整菜单，用对应的旋钮进行开窗画面大小和位置的调整。

注：通过 M/E1 的 PVW 监视器可查看窗口效果。

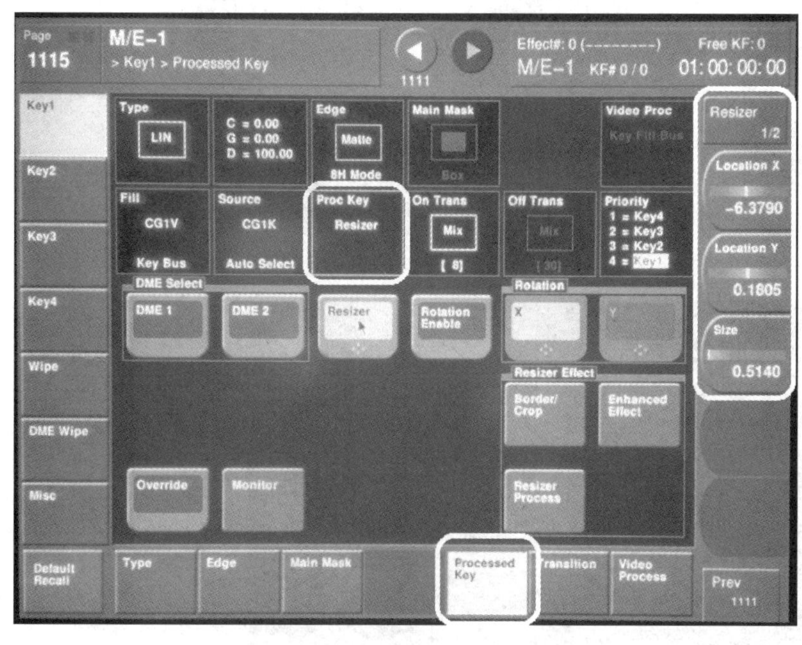

图 1.39

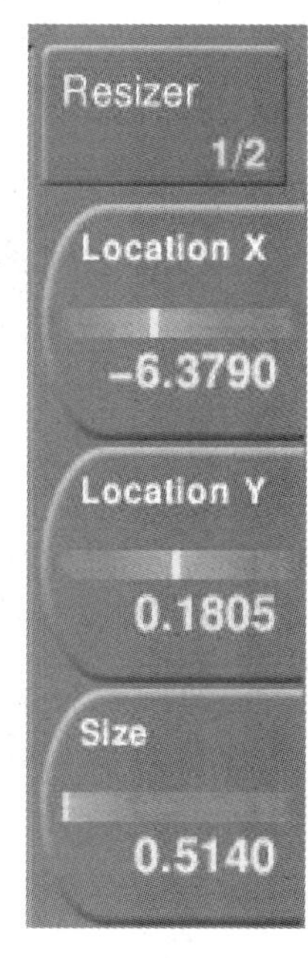

图 1.40

2）用 DME 方式做画中画特技，以 KEY3 为例

双击 ***KEY3***，进入“***Processed Key***”菜单页面点亮 DME 1。

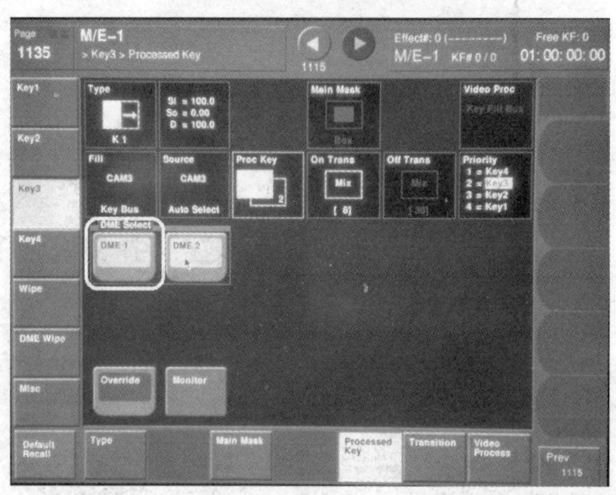

图 1.41

在切换台辅助母线上选择 DME 的键源信号，用切换台右侧的 DME 控制区来进行开窗画面大小和位置的调整。

注：***KEY4*** 用 DME　2 按上述操作实现制作第四个窗口。

打开 M/E1 的 ***KEY1***、***KEY2***、***KEY3***、***KEY4***，出现图示四窗口效果。

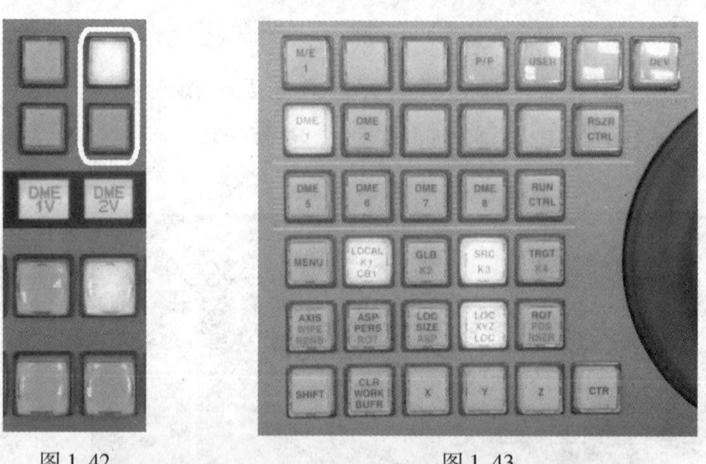

图 1.42　　　　图 1.43

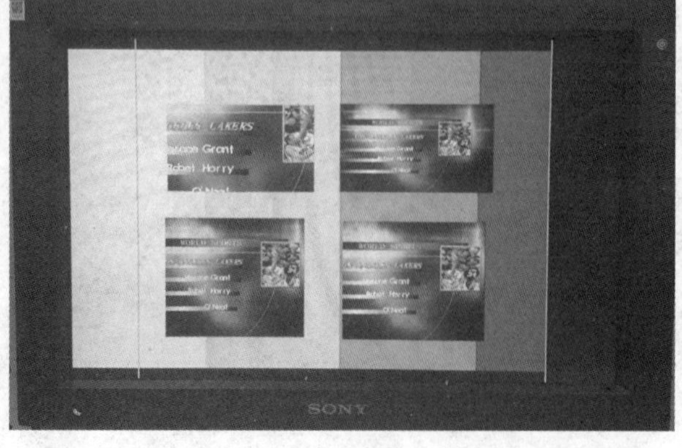

图 1.44

12. BUS LINK

1）概述

MVS－6000 切换台可以将 PP 级 PGM 母线和矩阵 EMG 输出做联动。矩阵 EMG 输出可跟随切换台 PGM 信号切换。联动功能是基于 S－BUS 和切换台“BUS LINK”实现的。

2）状态检查

A. 点击触摸屏左侧的“***ENG SETUP***”键，进入“***Panel***”－“***Config***”，点击“***Link/Program Button***”；

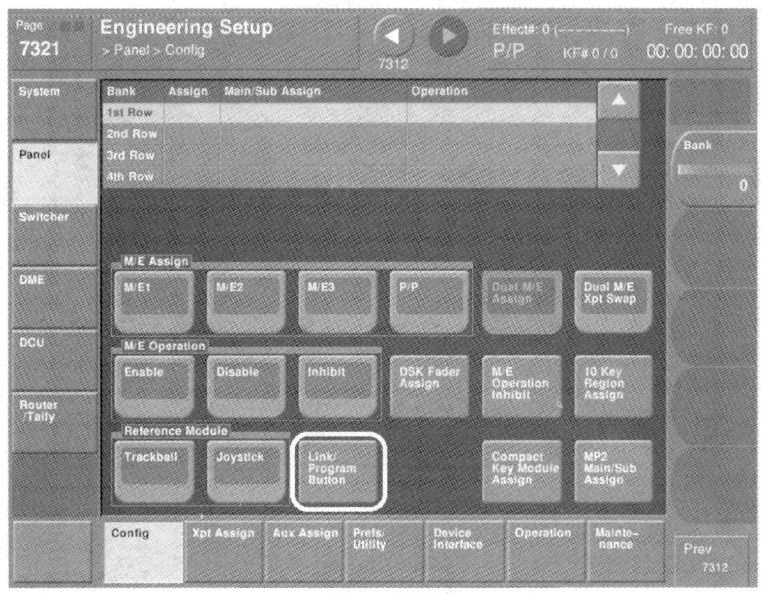

图 1.45

B. 点击“***External Bus Link***”；

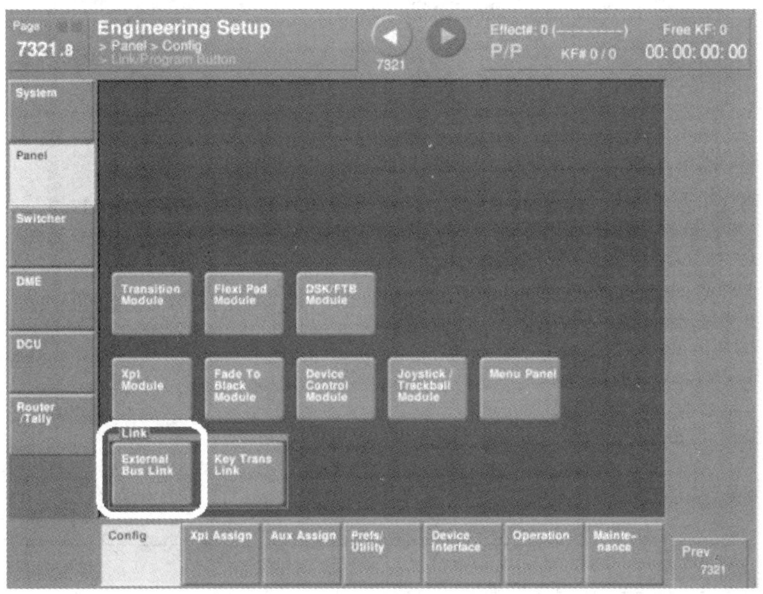

图 1.46

C. 在列表中显示已经设好的 BUS LINK。第一行显示 PP 母线与矩阵 EMG 输出联动状态；

Link	Master Bus	Matrix	Linked Destination
1	P/P Program	1	201 OUT201

D. 点击"***Link Bus Adjust***"查看切换台"P/P Program"是否对应着矩阵的"OUT 201"；

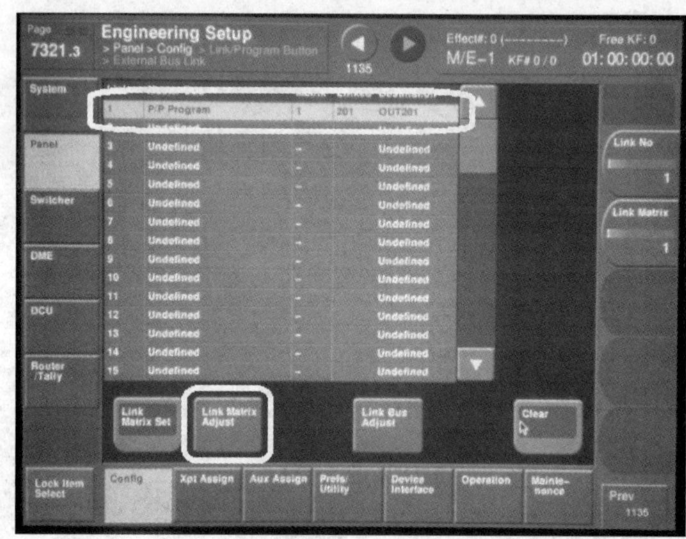

图 1.47

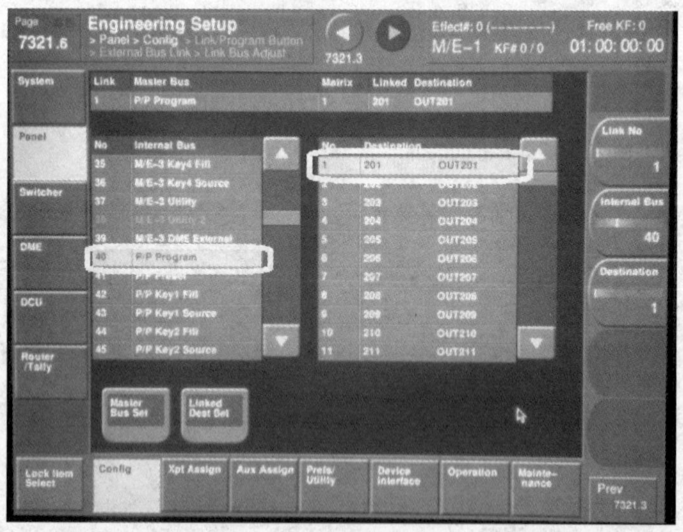

图 1.48

E. 检查输入源对应关系

点击"***Link Matrix Adjust***"查看矩阵的输入与输出的起始位置。如下表所示：

Matrix	Source	Destination	Level
1	200 IN200	201 OUT201	1

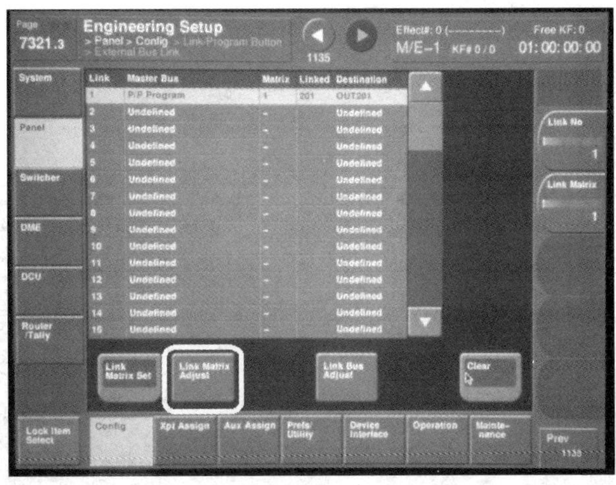

图 1.49

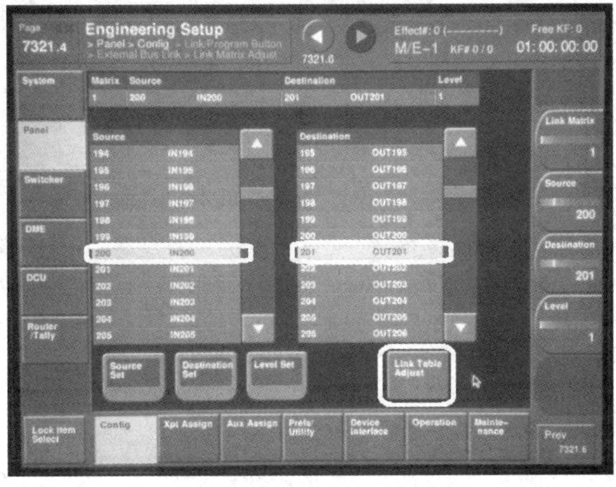

图 1.50

F. 设置“Link Table Adjust”;

将切换台 Table 列表与矩阵联动列表对应。由于切换台 MAIN TABLE 输入 1 为“BLACK”，所以矩阵的起始输入应从 200（BLACK）开始设置。此步骤决定着联动的信号源对应关系，至少应保证常用信号源关系正确。即 CAM、VTR、CG 等关键信号设置正确。

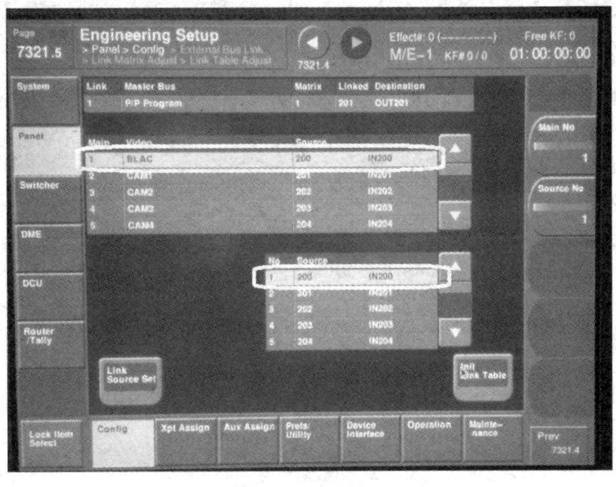

图 1.51

3）新建 BUS LINK

A. 点击触摸屏左侧的“***ENG SETUP***”，进入“***Panel***”–“***Config***”，点击“***Link/Program Button***”；

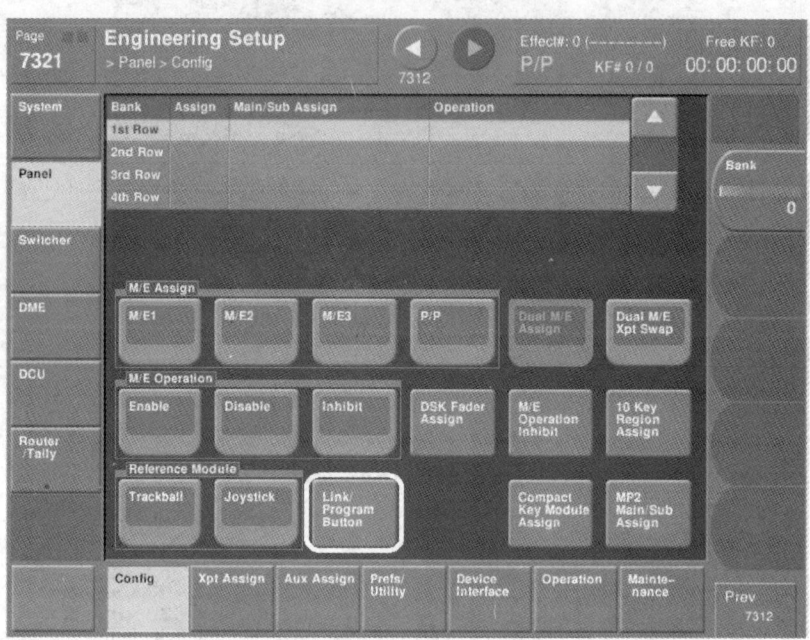

图 1.52

B. 点击“***External Bus Link***”；

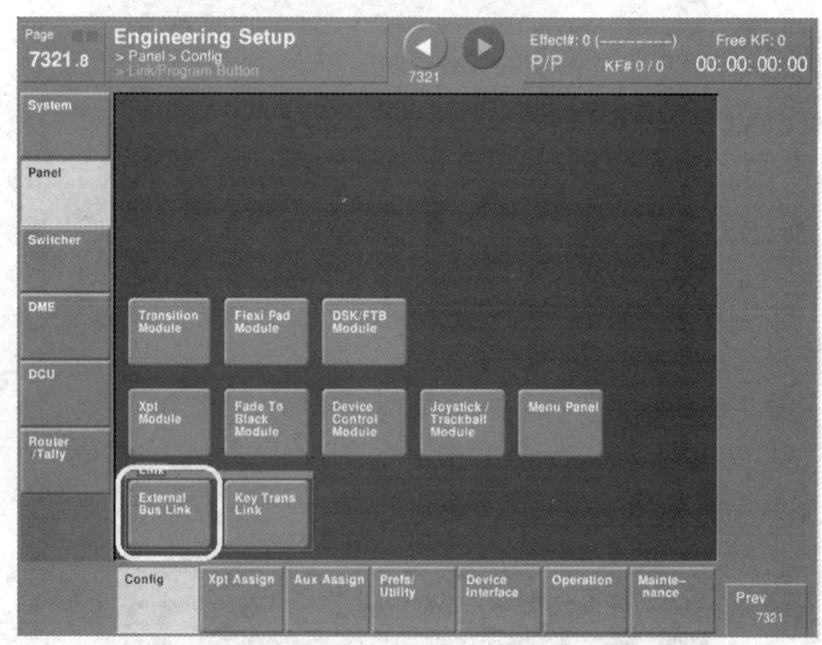

图 1.53

C. 通过面板右侧旋钮，选择空的“Link No. ”，例如“No. 2”；

D. 选择关联矩阵，只有一个矩阵，选择“***1***”；

E. 点击“***Link Matrix Set***”确认矩阵关联；

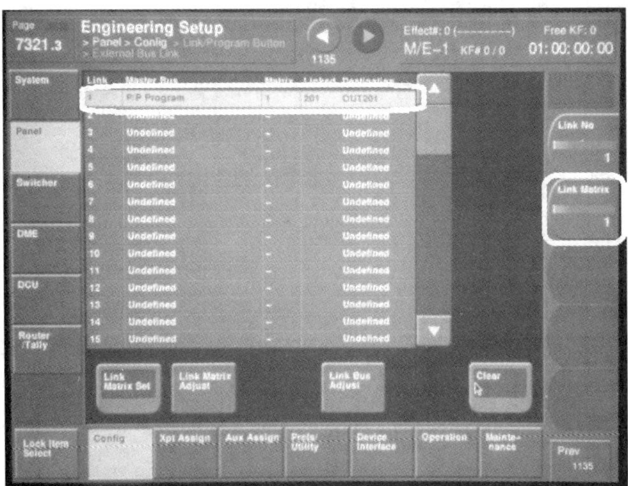

图 1.54

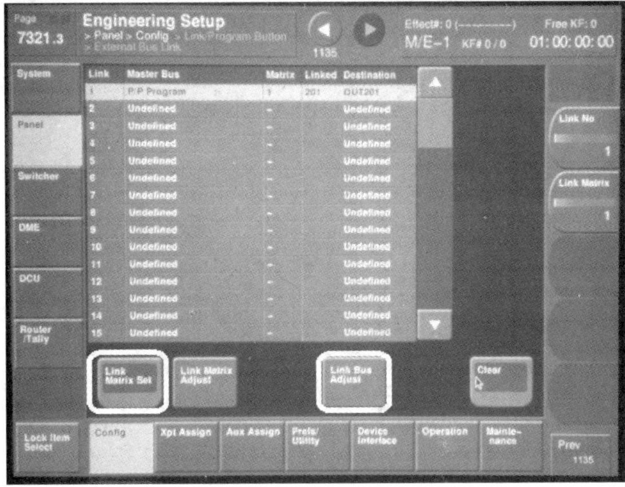

图 1.55

F. 设置母线：

a）点击“***Link Bus Adjust***”，进入以下页面；

b）选择切换台母线，例如“***M/E 1 Program***”；

c）点击“***Master Bus Set***”确认切换台母线；

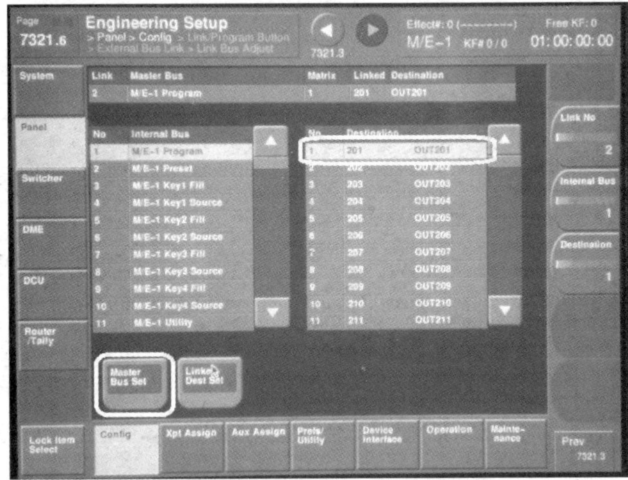

图 1.56

G. 选择矩阵输出端口，例如 EMG 母线“OUT201”；

点击“***Linked Dest Set***”确认矩阵输出端口。

如下表所示：

Link	Master Bus	Matrix	Linked Destination
2	M/E1 Program	1	201 OUT201

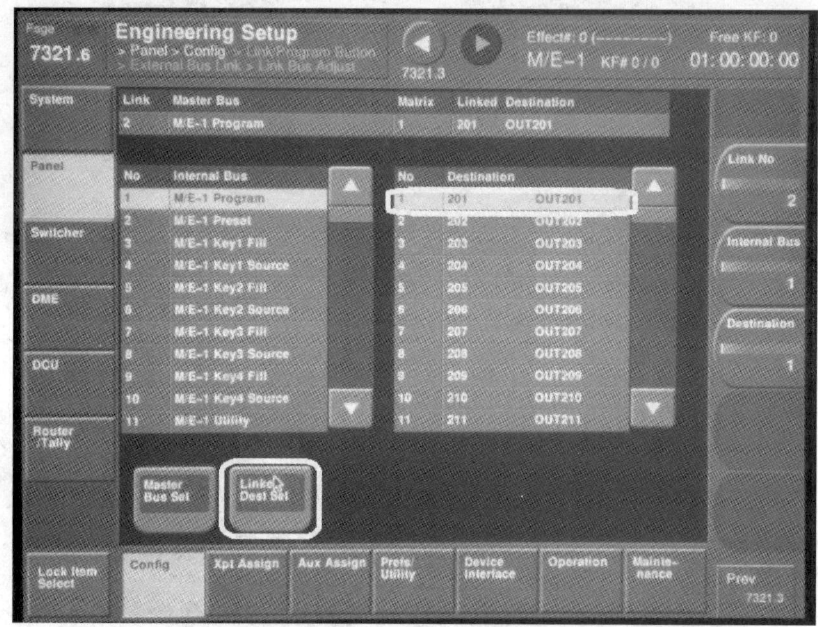

图 1.57

H. 回到上一级页面，确认联动设置正确；

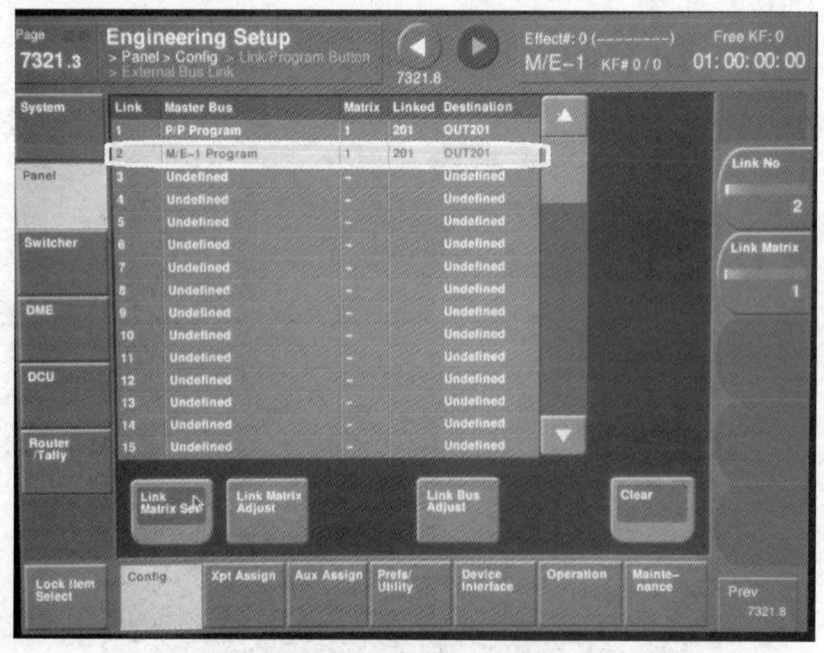

图 1.58

I. 通常地，母线联动设置正确后，不需改变输入信号对应关系。如发现问题，通过“***Link Table Adjust***”查看切换台 Table 列表与矩阵联动列表是否对应正确。

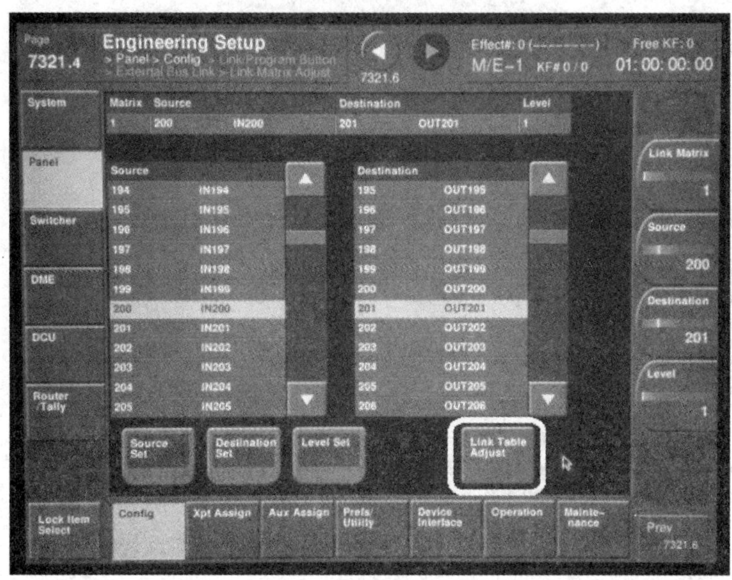

图 1.59

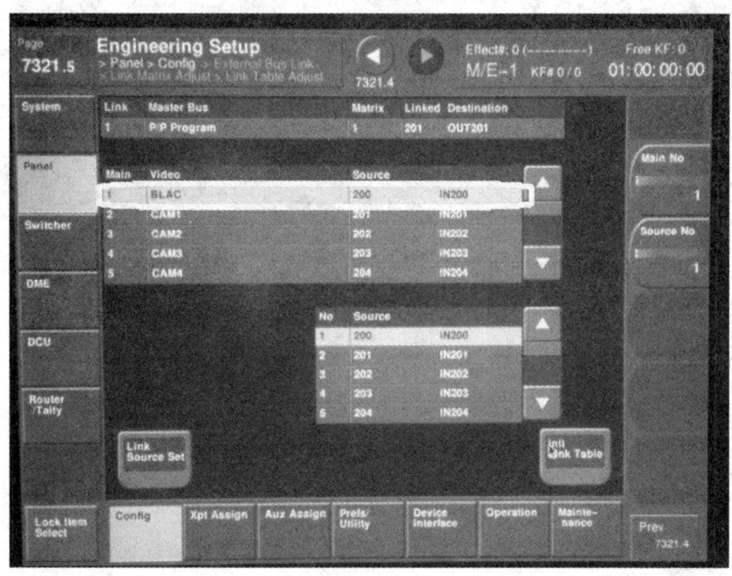

图 1.60

三、SONY DVS－9000

1. 开机

1）主机电源开关

切换台主机位于机柜上，共有四组电源开关，将四组开关打开，状态灯显示绿色。

视频系统中与切换台主机相关的设备包括：设备控制单元（MKS－8700）和矩阵（IXS－6600），开机动作和状态灯显示与切换台相同。

图 1.61

图 1.62

2）面板电源开关

切换台主面板电源开关位于控制台触摸屏下方。打开两组开关，切换台主面板和触摸屏将开始启动程序。等待触摸屏开机进度条完成后，表明切换台面板启动完成。

切换台卫星面板随主机开启。

切换台可以存储开机状态。例如存快拍“SNAPSHOT ALL 08”，遇紧急情况可调取使用。卫星面板的开机状态可以禁用母线按钮，如需解禁通过菜单开启。

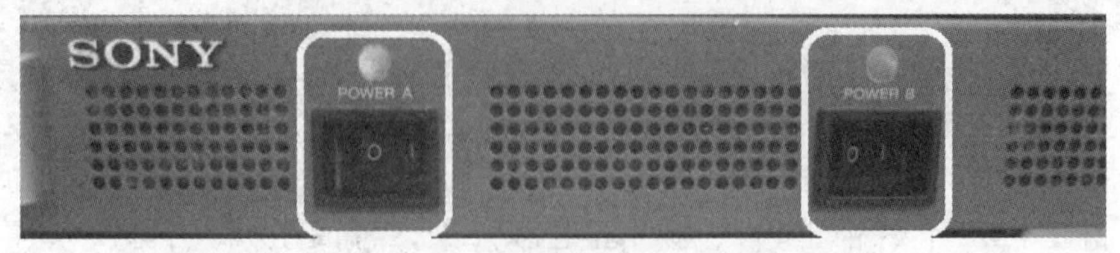

图 1.63

图 1. 64

2. 关机

1）触摸屏菜单

点击触摸屏左上角 ***PAGE*** 按钮，在弹出的对话框中点击 ***SHUTDOWN***，开始面板关闭程序。

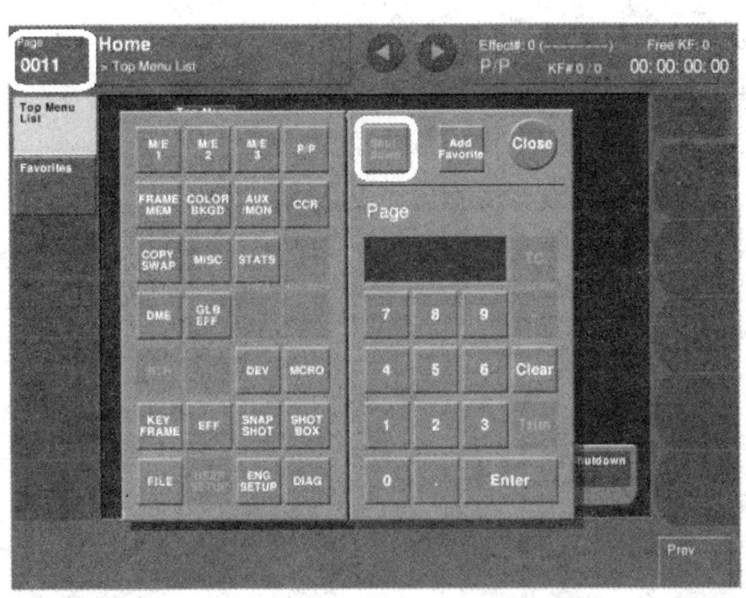

图 1. 65

2）面板电源开关

待触摸屏完全变黑无字符显示后，关闭切换台面板开关。共两组，关闭后状态灯熄灭。

3）主机电源开关

关闭控制室切换台四组主机电源，设备控制单元和矩阵，电源关闭后状态灯熄灭。

3. ME 识别和切换

1）各级 ME 识别

PP 级、ME2 级、AUX 母线。

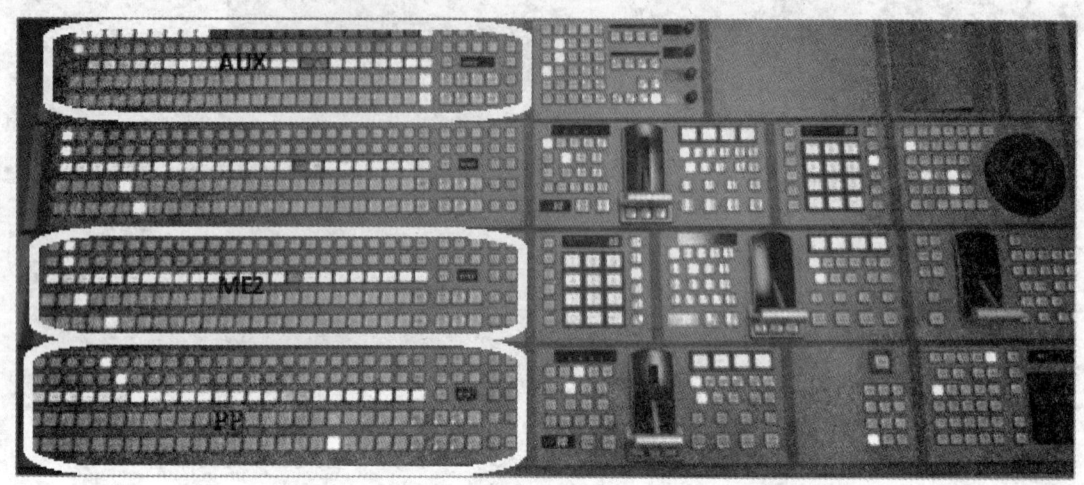

图 1.66

2）PP 级母线信号源选择

演播室常用信号源包括：CAM1 ~4、VGA1/2、VTR1 ~3、CG1V/2V 和 CB 等。

在 PGM 母线选择信号源后，状态灯为红色。

在 PVW 母线选择信号源后，状态灯为橙色。

图 1.67

3）母线转换方式

常用 MIX（混合）和 WIPE（划像）转换。

正常录制状态应在背景母线（***BKGD***）开启状态下，使用 ***MIX*** 状态，试录时使用 ***WIPE*** 状态，状态灯亮表示正在使用。

图 1.68

4）Fader 全程

PP 级和 ME2 级的推杆可对 PP 级和 ME2 级的 PGM 和 PVW 所选的画面进行划像、叠画等转换操作。上下划动推杆检查转换是否完整。开机后推杆会有刻度显示，全程划动后刻度显示消失。

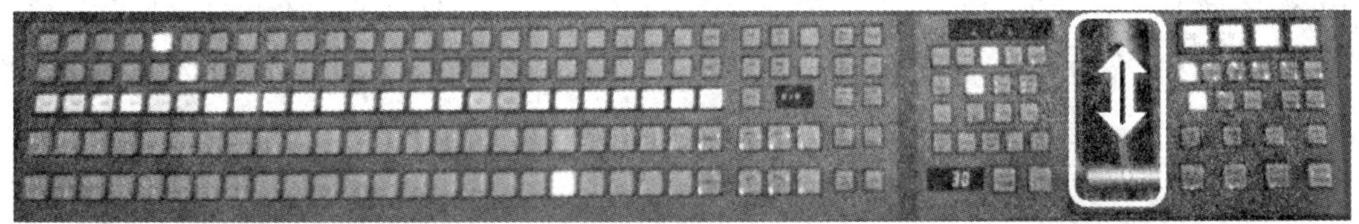

图 1.69

5）AUX 识别和切换

常用技术区 AUX 切换面板做通常的 AUX 目的和源信号选择，选中目的或源信号键会变红色。操作时应先选目的信号再选源信号。

常用 AUX 切换信号包括：AUX1 - M/E2（VTR5 单挂）等。

图 1.70

4. 下游键

1）检查开机后的下游键状态

PP 级共有四组下游键，分别为 DSK1、DSK2、DSK3 和 DSK4。

切换台可以存储开机状态，***DSK1*** 和 ***DSK2*** 默认开启，开启状态如图 1.71 所示：

图 1.71

某演播室常用键信号为 CG1K 和 CG2K，键填充信号为 CG1V 和 CG2V。通过切换台“V/K pair”配对处理，CG1V 与 CG1K 配对，CG2V 与 CG2K 配对。DSK 下游键键填充信号默认状态为：DSK1（CG1V）、DSK2（CG2V）、DSK3（CG1V）、DSK4（CG 2V）。可在 PP 级 DSK 母线选择键填充信号，DSK 母线默认设置为 DSK1 和 DSK2，当 ***DSK3*** 和 ***DSK4*** 按下并亮灯时，母线设置为 DSK3 和 DSK4。

图 1.72

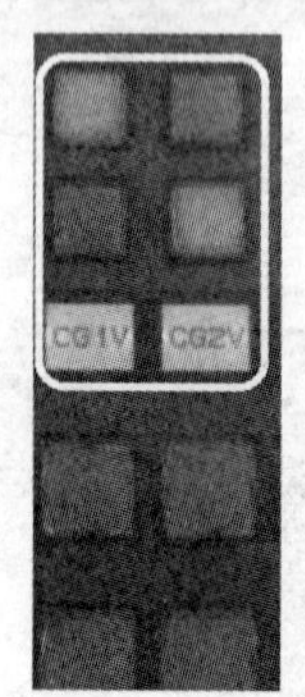

图 1.73

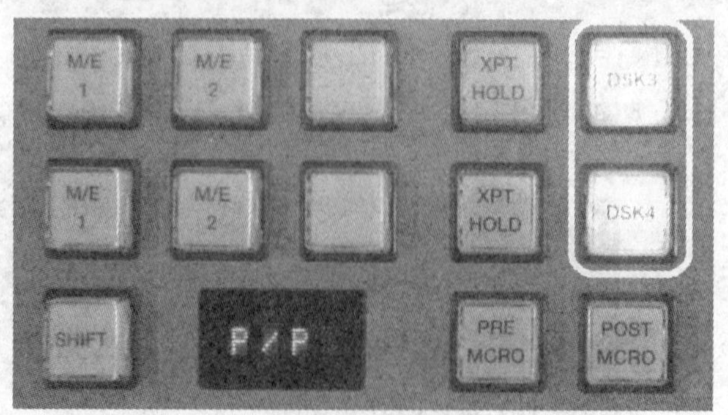

图 1.74

注：当选择 CG 作为 DSK 源信号时，首先要检查 DSK 菜单中“***KEY SOURCE***”为“***AUTO SELECT***”，而后在 PP 级 DSK 总线上选择键填充信号为 CG1V 或 CG2V。

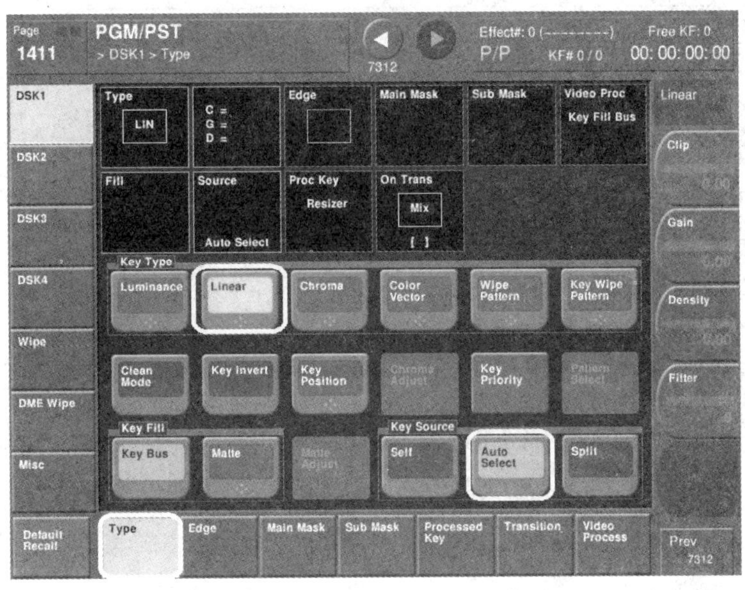

图 1.75

2）键参数状态检查

切换台可以存储标准配置文件，开机自动加载默认状态。

PP 级 DSK1 键参数检查流程：

A. 双击 PP 级 ***DSK1*** 按钮，触摸屏菜单跳转到 DSK 状态参数页面；

B. 点击屏幕下方菜单“***Type***”，选择键类型“***Linear***”，并确认“***Key Source***”处于“***Auto Select***”状态；

C. 点击“***Linear***”，菜单右侧状态栏显示键参数调整页面；

图 1.76

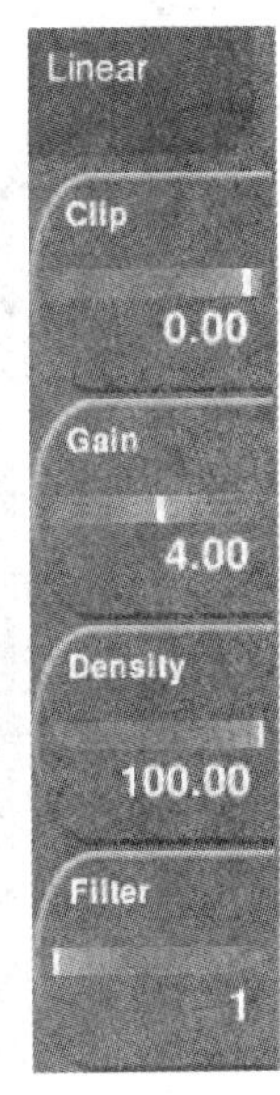

图 1.77

D. 键默认参数为：

Clip	Gain	Density	Filter
0.00	4.00	100.00	1

若字幕机硬件板卡更换或更改板卡设置后，根据字幕机键测试信号，更改以上参数。

3）Key Source 键源方式选择

Key Source 菜单在页面下方，共有三种方式可选。“***Self***”为自键，“***AutoSelect***”为自动选择，“***Split***”为分离方式。当选择 CG 作为 DSK 源信号时，“***AUTO SELECT***”可自动找到已经配对的键填充和键信号。

5. TRANS 转换时间

PP 母线和 DSK 转换时间状态检查：

双击切换台上“***TRANS RATE***”键，触摸屏菜单跳转至“***Misc – Transition***”页面，查看触摸屏上 PP 母线和 DSK 的转换时间状态。例如将转换时间默认状态设置为“10”。

图 1.78

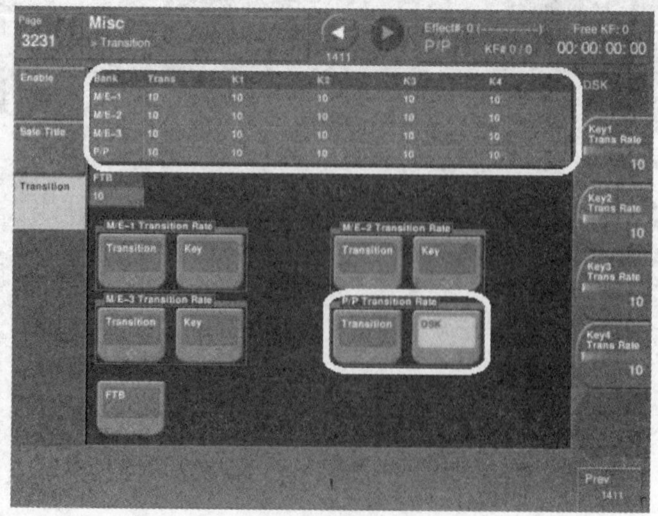

图 1.79

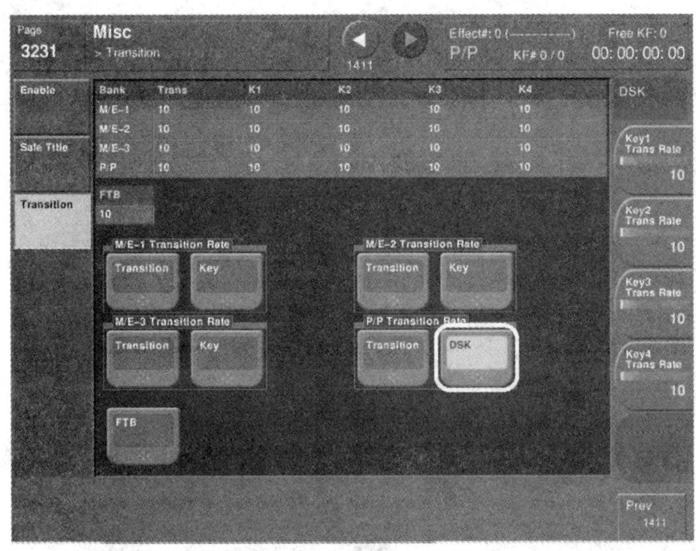

图 1.80

图 1.81

点击触摸屏菜单左上角“***Page***”菜单，输入“3231”，快速调用“Misc－Transition”页面。

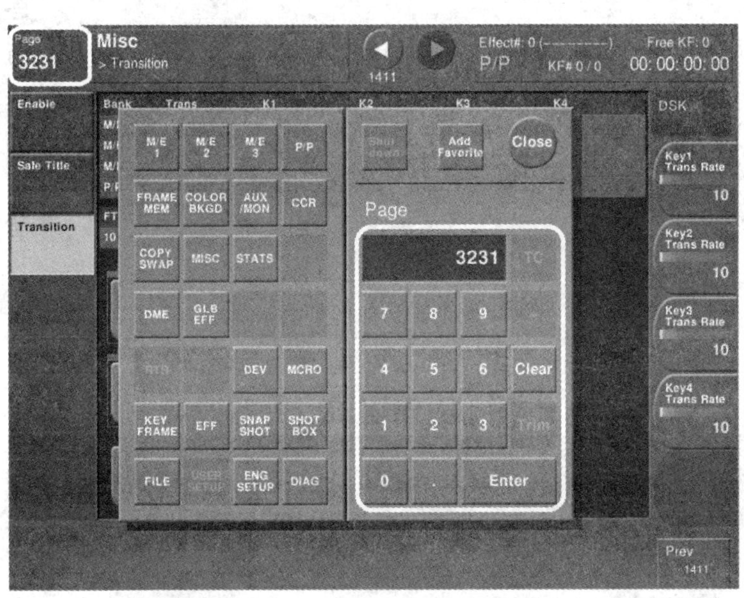

图 1.82

6. 调用帧存 Frame Memory

切换台存储的静帧图片或视频短片可通过母线上的 FM 通道调取，并送至 PGM 输出。

1）从远端主机调用预存图片

A. 点击触摸屏面板控制区“***FILE***”快捷键，触摸屏菜单会跳转到“File”页面；

B. 点击左侧菜单栏“***Frame Mem***”，进入帧存页面，页面右侧为远端主机中预存的静帧图片列表；

C. 点击右侧列表栏所需要的图片名称，例如“***7ri7***”，点击“***Load***”，将图片“***7ri7***”由远端主机存储中调用至切换台操作面板存储。

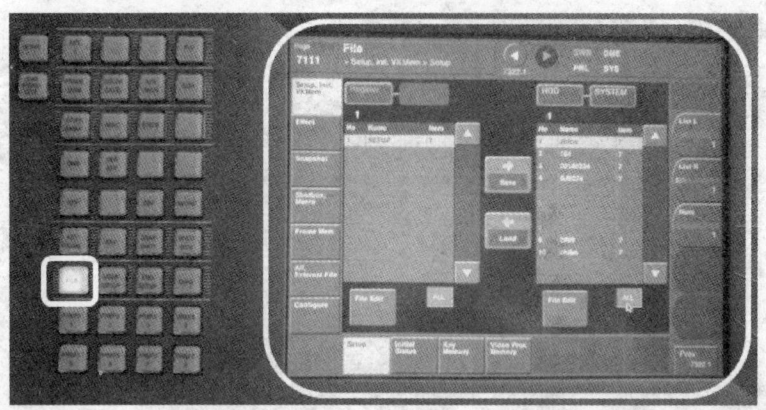

图 1.83

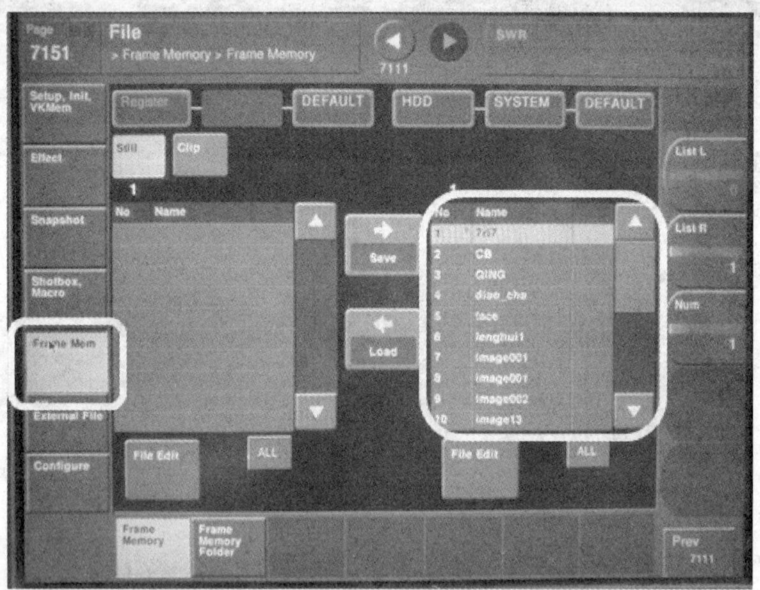

图 1.84

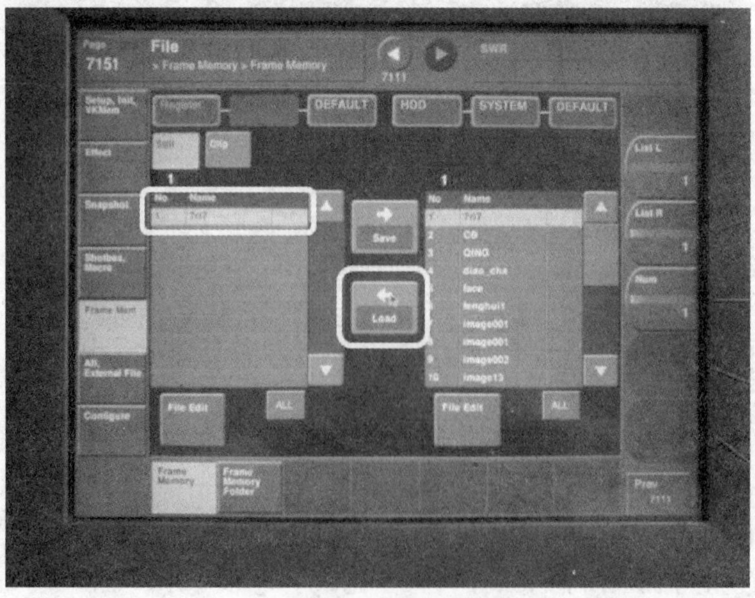

图 1.85

2）将静帧配置给 FM 通道

A. 点击触摸屏面板控制区“***FRAME MEM***”快捷键，触摸屏菜单跳转至“Frame Memory”页面；

B. 点击左侧菜单栏“***Still***”，页面将呈现上一步静帧调取后的图片，选中所需图片；

C. 选择需要调取的 FM 通道“***FM1***”，点击功能键“***Recall***”，静帧“***7ri7***”配置给 FM1 通道；

D. 找到 PP 级 FM1 按键，将“***7ri7***”送至 PGM 母线输出。

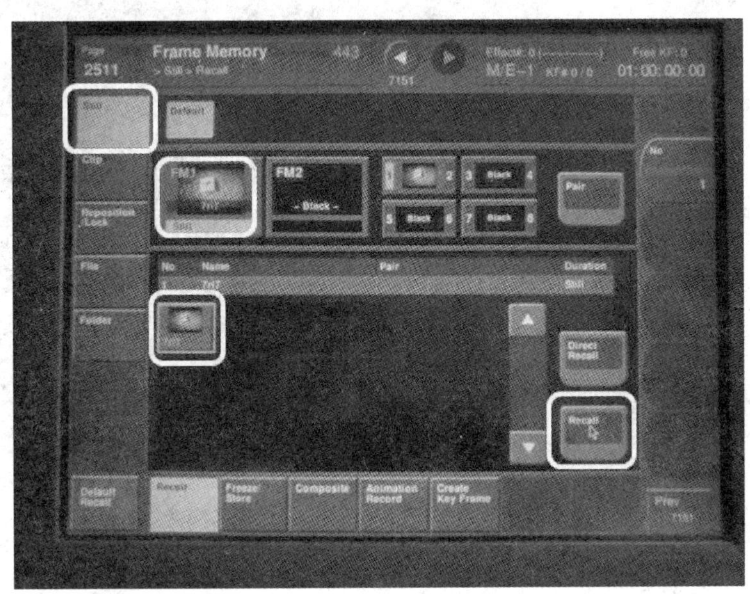

图 1.86

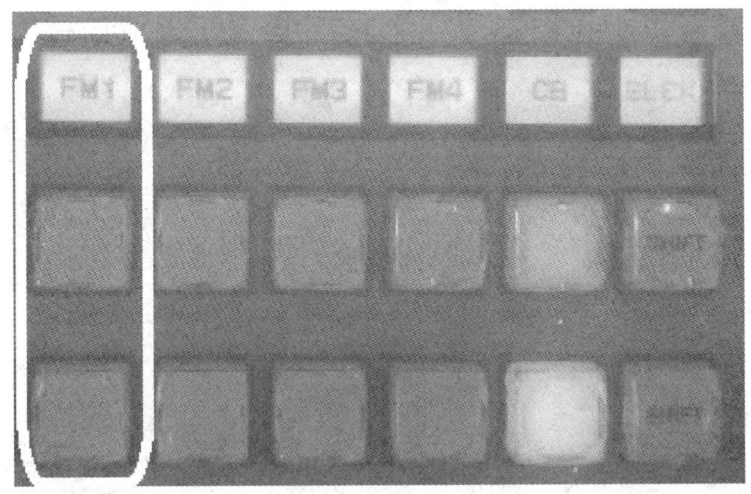

图 1.87

7. 抓取帧存 Frame Memory

切换台可将输入信号采集为静帧图片或活动视频，存在近端面板或远端主机中。

1）利用 FMS1 通道抓取 CB 图像，并存为静帧图片

A. 在切换台控制面板上方 AUX 目的选择区，选择“***FMS 1***”，在源母线上选择需要的输入源信号（例如“CB”）；

B. 点击触摸屏面板控制区“***FRAME MEM***”快捷键，触摸屏菜单跳转至“Frame Memory”页面；

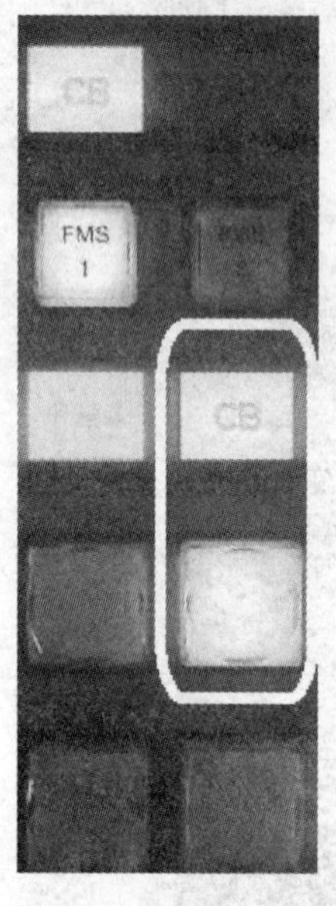

图 1.88

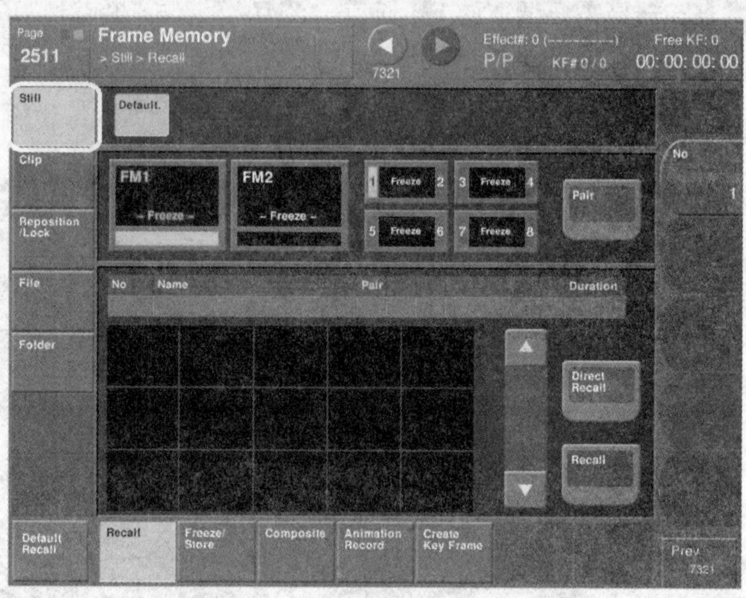

图 1.89

C. 点击左侧菜单栏“***Still***”，在点击页面下方菜单栏“***Freeze/Store***”功能键，页面跳转为抓帧界面；

D. 依次点亮“***Freeze Enable***”、“***Frame***”功能键，再点击“***Store***”，页面将出现键盘窗口，输入名称后，点击“***ENTER***”，键盘页面关闭；

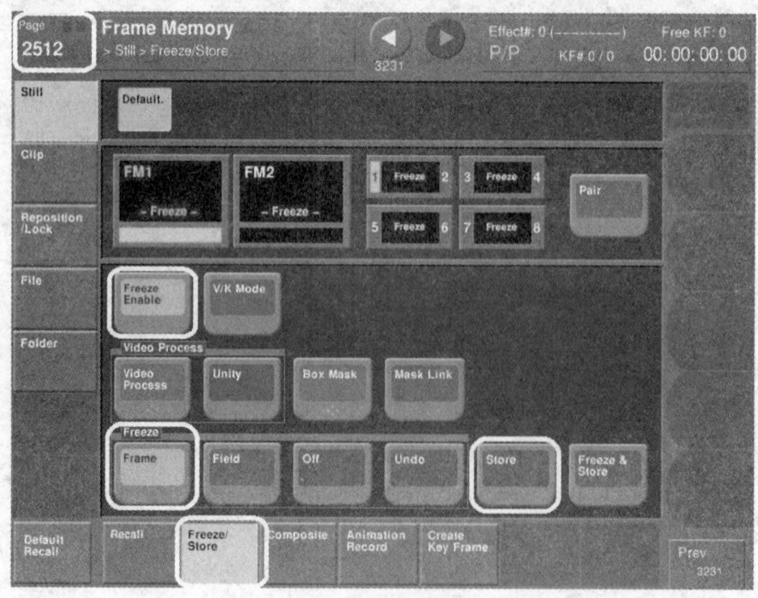

图 1.90

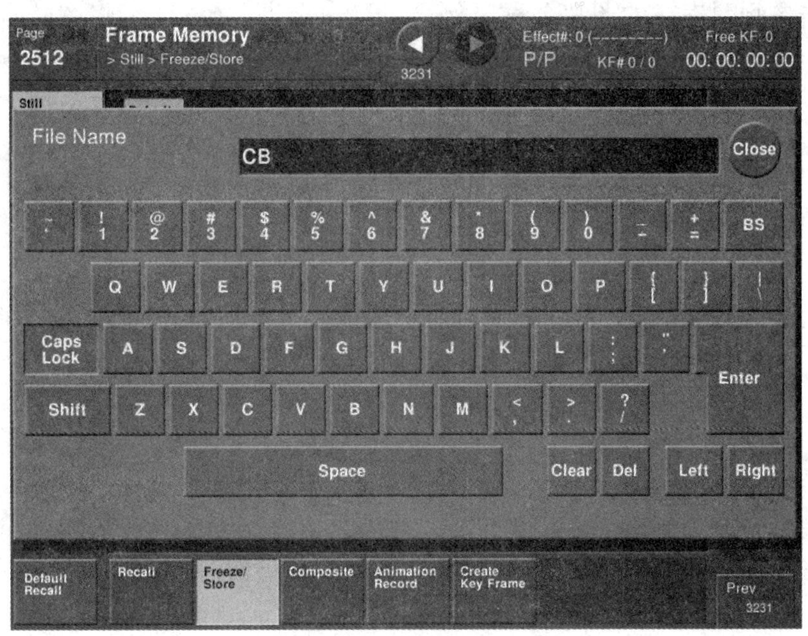

图 1.91

E. 此时，“***FM1***” 窗口将出现静帧“缩略图”，确认图像内容正确后，抓帧操作结束。

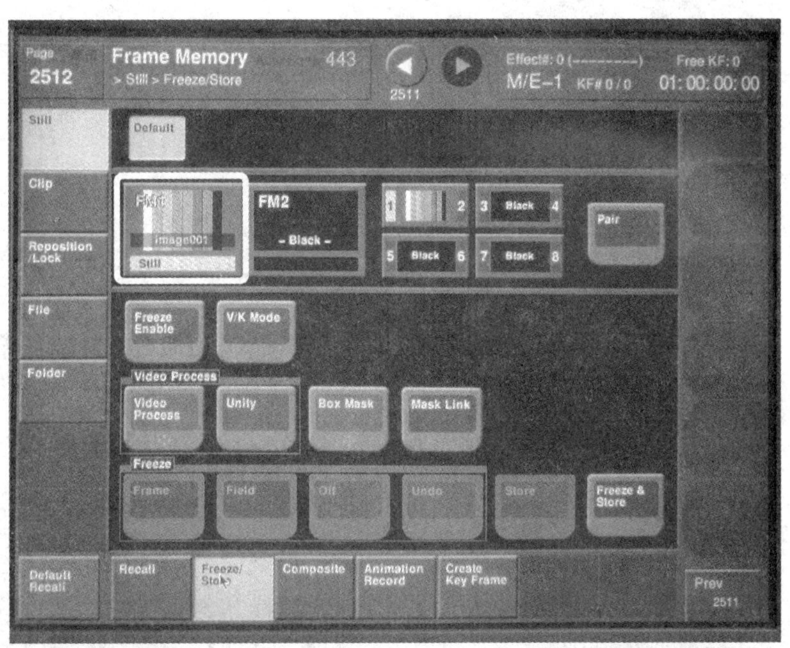

图 1.92

2）将静帧图片存储在远端主机中

A. 点击触摸屏面板控制区“***FILE***” 快捷键，触摸屏菜单会跳转到“File” 页面；

B. 点击左侧菜单栏“***Frame Mem***”，进入帧存页面（***Page7151***），页面左侧为近端控制面板存储列表，列表中显示刚刚抓取的图片名称“***CB***”，右侧为远端主机中预存的静帧图片列表；

C. 点击左侧列表栏的图片名称，例“***CB***”，点击“***Save***”，将图片“***CB***”由近端控制面板存储到远端主机中。

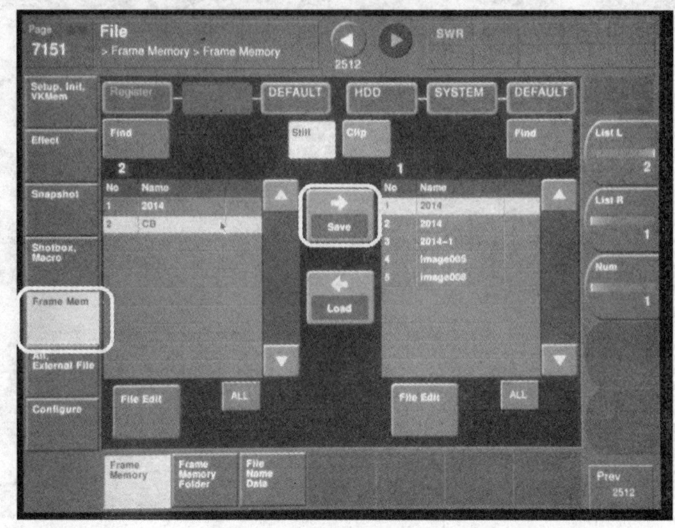

图 1.93

8. 调用快拍 Snapshot

例如演播室可以存储快拍状态“SNAPSHOT ALL 08”，其状态与切换台开机启动后的状态相同。

快拍仅恢复母线交叉点状态，不能改变包括键参数在内的设置参数。如需要快速恢复各母线交叉点状态时，可参考以下操作方法：

1）开启“SNAPSHOT”功能

点击切换台面板右下角数字键盘功能键“***SNAPSHOT***”。

2）选择需要调用的母线

可点击“***ALL***”，将开启所有母线和通道调用状态；也可单击任意一条母线和通道调用状态。

3）选择快拍号

点击“***RCALL***”，输入数字“***8***”，点击“***ENTER***”，调用快拍状态。

图 1.94

9. 键快拍 K－SS

键快拍“K－SS”可快速调用键预存状态。点亮键控制区域的“K－SS”按键，点亮“KEY1”，点击液晶显示按键，例如“CG”，可调取预存的键状态“CG”。“K－MOD ENBL”用于调取预存状态中的键类型等参数，“K－TR ENBL”用于调取键转换参数，“K－SS”默认调取键母线交叉点设置。

图 1.95

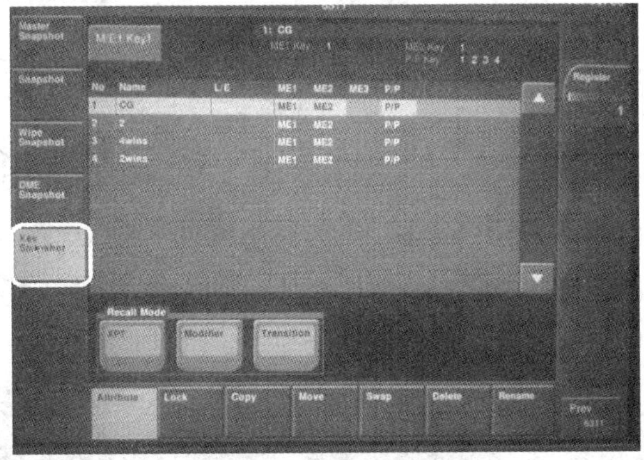

图 1.96

在快拍菜单页面中，“Key Snapshot”可对键快拍状态做拷贝、删除、命名等操作。

10. 交叉点禁用与解禁

若切换台开机启动状态已禁用部分母线交叉点，如需开启交叉点或改变交叉点按键位置，参考以下操作方法：

1）进入交叉点设置菜单

A. 点击触摸屏左侧快捷键“***ENG SETUP***”；

B. 点击触摸屏菜单左侧“***Panel***”；

C. 点击页面下方“***Xpt Assign***”，进入交叉点设置菜单。

2）为母线指派交叉点设置列表（Table）

A. 例如母线默认使用“***Table1***”，在菜单页面中部确认母线列表中是否使用“***Table1***”；

B. 如母线列表改变不是“***Table1***”，由菜单页面右侧“***Table Assign***”列表中点击“***Table1***”，再点击“***Table Assign Set***”。

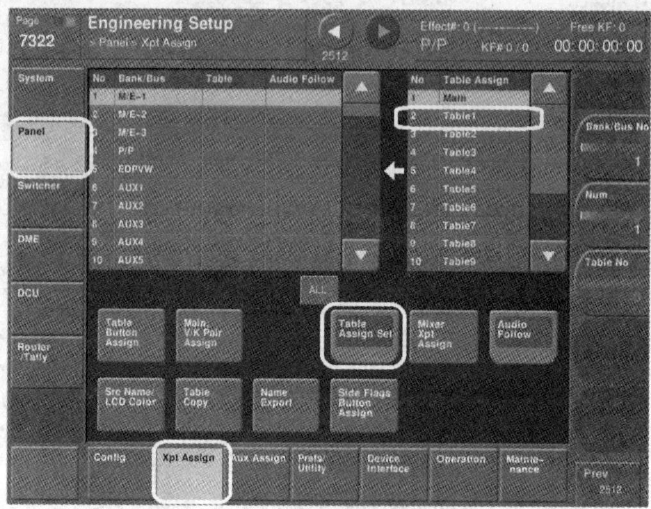

图 1.97

3）编辑“Table”列表

A. 点击“***Table Button Assign***”，页面跳转到交叉点列表编辑界面；

B. 点选页面列表中灰色交叉点名称，反复点击页面下方“***Inhibit***”功能按钮，可开启或禁用的交叉点；

C. 如需在母线添加某些交叉点或改变位置，首先选择页面列表中相应位置，再找到页面右侧 V/K PAIR 列表中需要添加的交叉点名称，点击“***Set***”功能按钮可将该位置替换为所需交叉点，点击“***Insert***”可在该位置插入所需交叉点，其下方交叉点按键位置顺延。

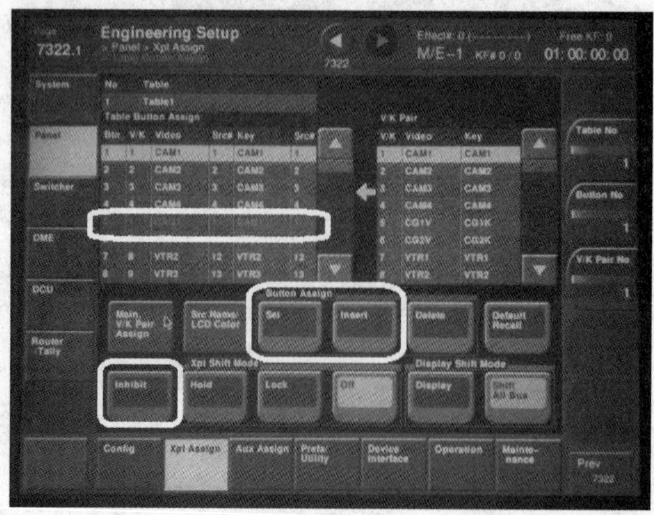

图 1.98

图 1.99

11. 卫星面板改变控制母线

A. 点击触摸屏左侧快捷键“***ENG SETUP***”，点击触摸屏菜单左侧“***Panel***”，点击页面下方“***Config***”，触摸屏菜单跳转到控制面板设置页面；

B. 点亮图示“***P/P***”或“***M/E2***”，控制面板在 P/P 级和 M/E2 级之间切换；

C. 点亮“***Inhibit***”，可将控制面板禁用。

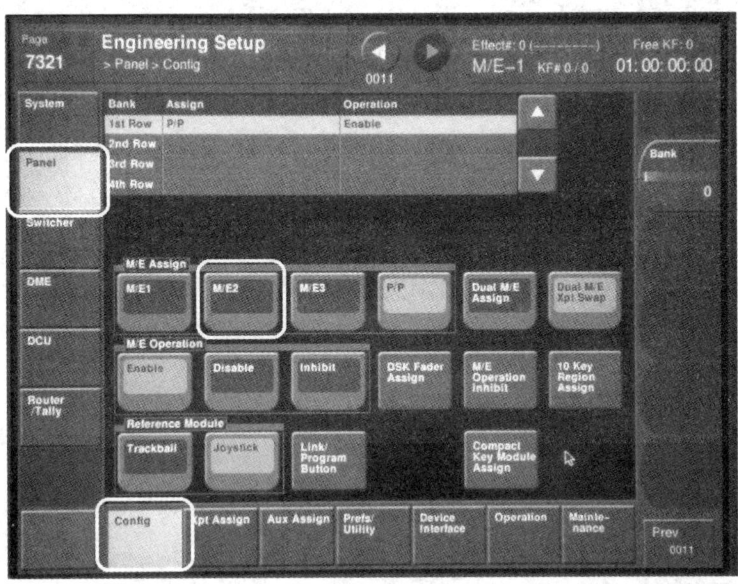

图 1.100

第二章 矩 阵

一、矩阵系统概述

视频矩阵是演播室视频系统中完成信号调度、分配、应急等信号处理流程的核心设备。如果一个矩阵有 M 个输入端和 N 个输出端，则该矩阵可称为 M×N 矩阵。矩阵除了处理视音频信号，还可以实现多种控制功能。

1. 矩阵分类

视频矩阵可按信号格式分为标清矩阵、高清矩阵、多格式矩阵；按使用方式可分为监看级切换矩阵、演播室矩阵、播出总控矩阵等。

2. 矩阵组成

矩阵系统通常由矩阵主机、控制系统、操作面板组成。矩阵主机通常由控制板卡、交叉点板卡、输入输出板卡等多个子系统组成。矩阵控制系统除了改变矩阵交叉点以外，还具有告警信息提示、主备控制系统切换、源名输出等功能。矩阵系统通常具有多种类型的操作面板可供选择，大体可分为单母线面板、多母线面板、以及 X－Y 面板。

本书以 SONY 和 Nvision 两款矩阵为例，介绍矩阵系统的常用设置和操作方法。内容包括矩阵初始设置、控制面板操作、软件配置方法等。文章中涉及的内容对其他矩阵系统有借鉴意义。

二、Nvision 矩阵系统

NV 矩阵系统包括矩阵主机（NV8144）、矩阵控制服务器（NV920D）、矩阵切换面板（NV9642、NV9601、NV9616）以及矩阵控制软件等。

1. 矩阵主机 NV8144

矩阵主机 NV8144 属于 NV8500 系列产品，可切换多格式视音频信号，包括嵌入音频的视频信号。NV8144 矩阵具备 144 输入×144 输出。NV8144 不需要进行开关机操作，系统加电即开启，系统下电即关闭。

矩阵主机通常位于机柜下方。

图 2.1 为开机后前面板 LED 灯的正常显示状态。最下方的两个灯为硬件状态灯，开机后的正常工作状态显示为绿灯，出现其他颜色的状态灯或不亮则视为硬件出现问题，需进行查看并检测。硬件状态灯上方的两个灯为主备控制卡的状态显示灯，右侧为主控制卡。剩余其他的显示灯如有亮灯闪烁或显示，表示设备有故障，需进行查验检测。

1）内部结构

打开矩阵前面板，面向机箱，内部结构如图 2.1、图 2.2 所示。

A. 机箱最上方是风扇。矩阵主机带有五速风扇用于制冷。机箱前部进风，后部出风，机箱前面板要处于关闭状态才能保证风扇正常工作。风扇需定期清理，状态显示灯为绿色时表示使用正常。

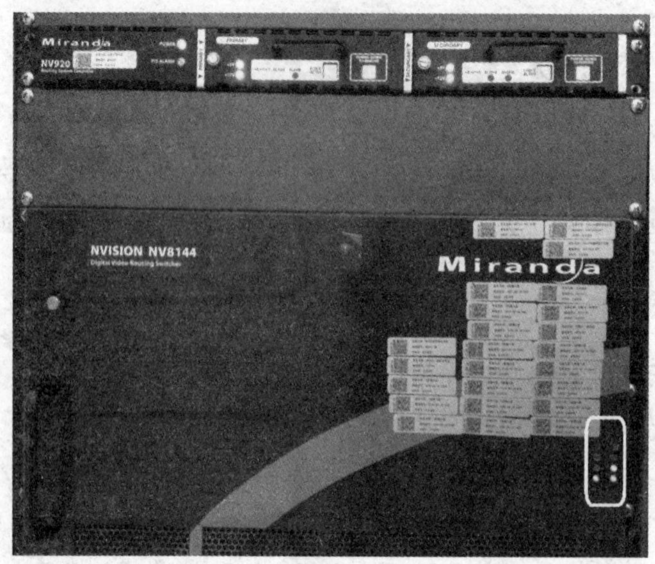

图 2. 1

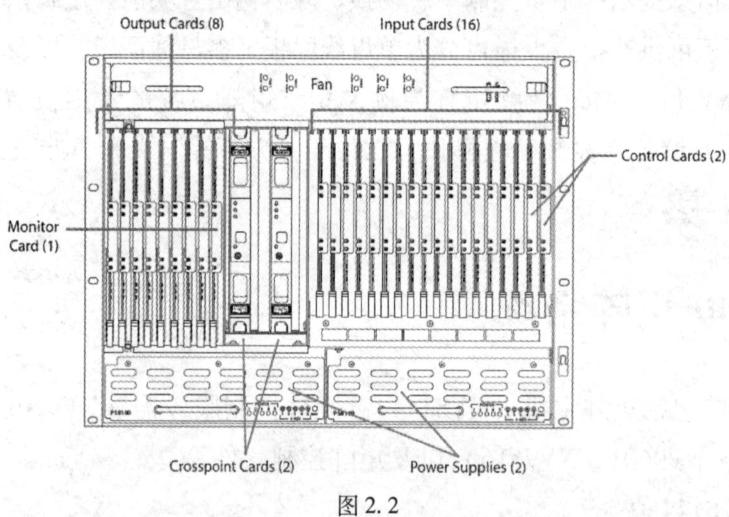

图 2. 2

B. 风扇下方是卡槽。左侧是 8 块输出卡槽，单块输出板卡为 18 路输出。

C. 中间是 2 块交叉点板卡槽，左侧是主卡槽，右侧是备份卡槽。交叉点板均为 144×144。当主卡出现故障时，需手动点击卡槽上的白色按钮将输入信号切换到备用板卡工作。手动方式的切换为无缝切换，不会给输入信号带来不良反应。通常情况下，交叉点卡出现问题的机率不大。

D. 交叉点板右侧是 16 块输入卡槽，单块输入板卡为 9 路输入。

E. 最右侧是两块控制板卡槽，外侧是主卡槽，内侧是备份卡槽。两块控制板卡同时接收外部控制信号，为输入、输出、交叉点板卡等发送控制信号。当处于“Active”状态的主卡出现故障时，系统将自动切换到备卡处理控制信号。

F. 机箱最下方是两组电源模块。电源模块分为五个部分，分别为五个区域服务，如其中一个出现问题时不影响其他的使用，因此故障排查时可参考状态灯的显示。正常工作状态显示为绿灯。

2）背面接口

主机背面布局如图 2. 3 所示。

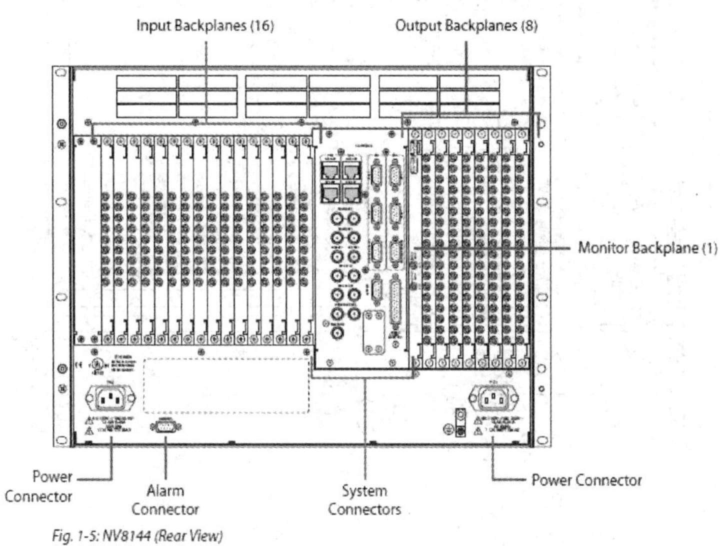

Fig. 1-5: NV8144 (Rear View)

图 2. 3

A. 最左侧是 16 块输入板卡背板。

B. 机箱中部是包括视频同步、音频同步、控制等信号接口。

C. 机箱右侧是 8 块输出板卡背板。

D. 机箱最下方是两组电源接口。

3）供电

矩阵主机带有主备电源，分别来自主备供电系统。确保电源线连接牢固，并检查主机前面板电源状态显示是否正常。

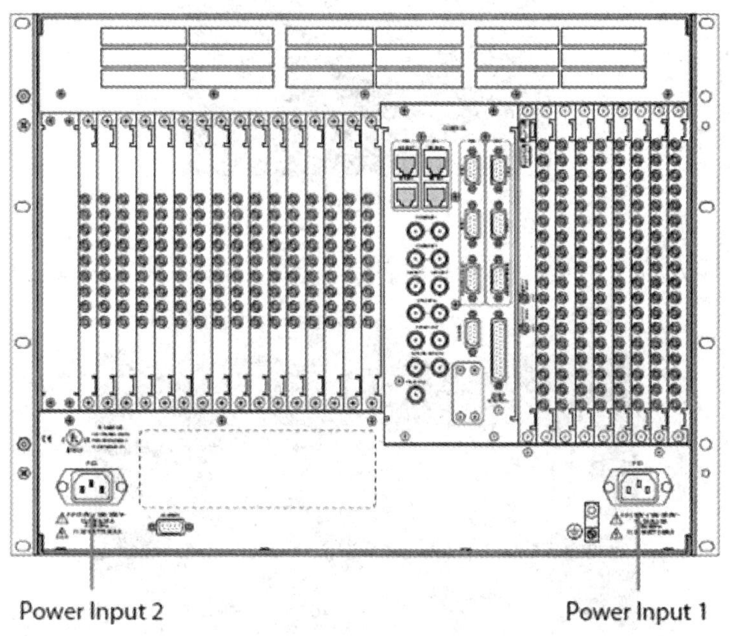

图 2. 4

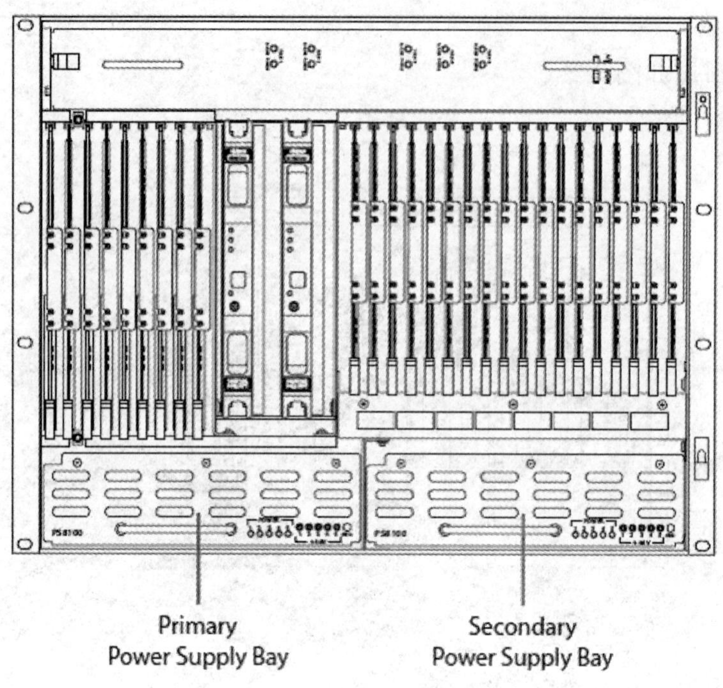

图 2. 5

4）安装输入/输出板卡的操作方法

安装矩阵板卡，或是输入/输出板卡出现故障需要更换时，需要进行安装板卡操作。

A. 面向矩阵主机前面板，打开前面板；

图 2. 6

B. 沿卡槽插入板卡，输入板卡卡槽有红色标记，输出板卡卡槽有白色标记；

图 2. 7

C. 按住“弹出”拨钮，双手推动板卡，保证板卡完全插入卡槽；正确将板卡插入卡槽后板卡上的状态显示灯将亮起。板卡工作正常时，显示灯为绿色，出现红色将视为板卡有故障需查验检测。

图 2.8

D. 关闭机箱前面板。

5）拆除输入/输出板卡的操作方法

拆除矩阵板卡，或是输入/输出板卡出现故障需要更换时，需要进行拆除板卡操作。板卡出现故障时状态灯会显示红色。

A. 面向矩阵主机前面板，打开前面板；

图 2.9

B. 找到需要拔出的板卡，输入板卡卡槽有红色标记，输出板卡卡槽有白色标记；

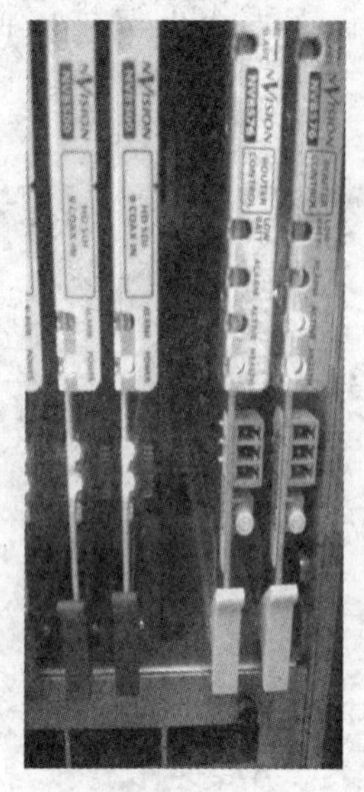

图 2.10

图 2.11

C. 将“弹出”拨钮拉出，听见脆响后双手将板卡拔出；

图 2.12

D. 关闭机箱前面板。

6）连接控制网线

矩阵控制服务器（NV920D）与矩阵主机通过网线连接。网线接口在主机背面。主备控制通道同时输出控制信号，当主路出现问题时，矩阵主机中的备份控制板卡将起作用。

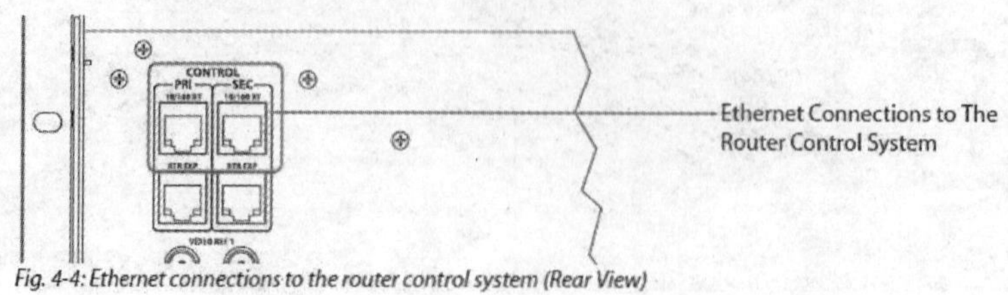

图 2.13

2. 矩阵控制服务器 NV920D

矩阵控制服务器为 1U 标准机箱，位于机柜下方。

图 2. 14

NV920D 具有主备独立输出，VGA、键盘和鼠标连接至机柜 2 的 KVM，主备通路分别对应 KVM 的第 2 路和第 3 路输入。

图 2. 15

1）开关方法

NV920D 为主备双电源，加电即开机，不用单独开机。

NV920D 的关机方式有两种：

第一种，在控制服务器上点击“***POWER - DOWN TO REMOVE***”直接关机。第二种，由于 NV920D 内部操作系统为 Windows，所以需要按步骤执行主备控制系统的关机程序，这样可以有效保护 NV920D 控制系统。

A. 打开 KVM 面板

左拨 KVM 面板锁，握手柄向外拉出面板，并向上抬起屏幕。

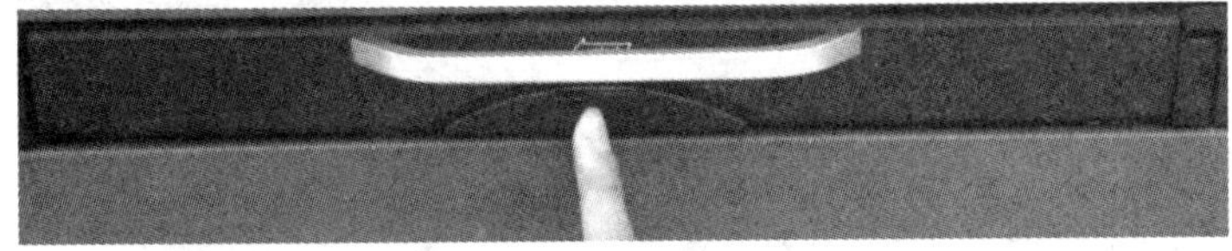

图 2. 16

B. 退出屏保

屏幕保护如图 2. 17 所示，用 KVM 键盘输入八位数字“***00000000***”，并按回车键确认，进入 KVM 操作界面。

图 2. 17

C. 关闭控制服务器主

选择 KVM 第 2 输入通路（按下“*2*”按钮），使其蓝灯亮，随之画面出现第 2 通路 VGA 画面，即控制服务器主路界面。

通过 KVM 触摸板和鼠标键，选择 ***Shut Down***，将控制主服务器关闭。

图 2. 18

图 2. 19

D. 关闭控制服务器备

选择 KVM 第 3 输入通路（按下“*3*”按钮），使其蓝灯亮，随之画面出现第 3 通路 VGA 画面，即控制服务器备路界面。

通过 KVM 触摸板和鼠标键，选择 ***Shut Down***，将控制服务器备关闭。

注：Windows 系统登录名为“EnvyAdmin”，密码为“software”。

图 2. 20

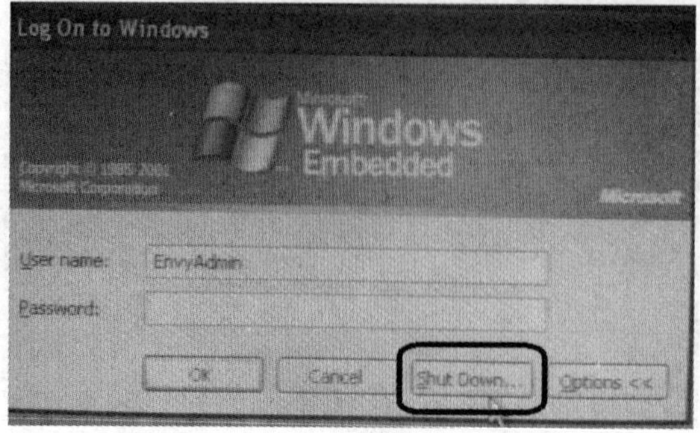

图 2. 21

2）状态灯显示

当矩阵控制服务器 NV920D 加电并正常启动后，控制器将自动识别主备状态，“PRIMARY”主路“ACTIVE”灯亮灯即显示为主机状态。

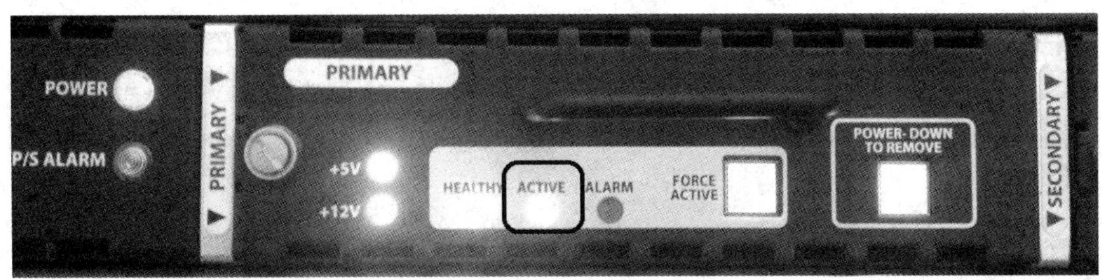

图 2. 22

3）主备切换方法

如控制服务器主路出现问题时，控制服务器备路将自动变为“Active”状态，如需手动启动备路，可点亮备机上的“***FORCE ACTIVE***”键强制切换。

图 2. 23

3. 矩阵切换面板 NV9642

NV9642 矩阵控制面板带有 34 个 LCD 按键。每个按键窗口可显示最多三行提示字符，并可显示七种底色。下面将以某一个新媒体演播室为例，介绍矩阵切换面板的功能。新媒体演播室共使用 8 个 NV9642 面板。如下图所示：

Panel ID	Panel Name	Panel Type	Configuration Name	User	Description
1	EMG	NV9642	\nvision\envy\usersys\live\EMG.642	EnvyUser	
2	SW	NV9642	\nvision\envy\usersys\live\SW.642	EnvyUser	
3	MV1	NV9642	\nvision\envy\usersys\live\MV1.642	EnvyUser	
4	MV2	NV9642	\nvision\envy\usersys\live\MV2.642	EnvyUser	
5	MV3	NV9642	\nvision\envy\usersys\live\MV3.642	EnvyUser	
6	MON	NV9642	\nvision\envy\usersys\live\MON.642	EnvyUser	
7	TECH	NV9642	\nvision\envy\usersys\live\TECH.642	EnvyUser	
8	EXT	NV9642	\nvision\envy\usersys\live\EXT.642	EnvyUser	
9	XY	NV9601	\nvision\envy\usersys\live\XY.601	EnvyUser	
10	9616	NV9616	\nvision\envy\usersys\live\9616.616	EnvyUser	

图 2. 24

1）面板设置

8 个面板依据演播室的工位和功能作为设置基础，面板的初始页面如下：

A. EMG 面板

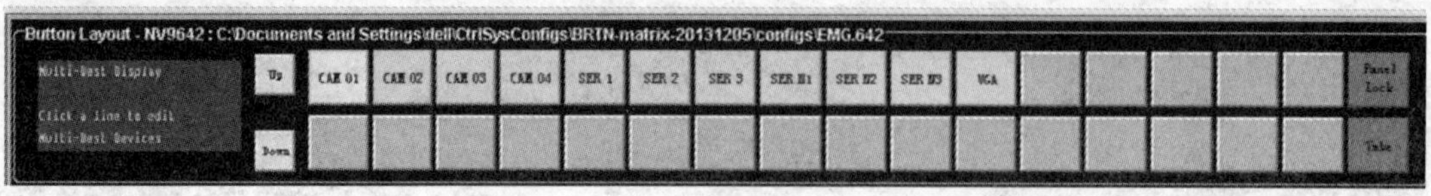

图 2.25

EMG 面板位于切换台面板前方，设为单目的面板（EMG），信号源均为直切键（quick source），还包括“***Panel Lock***”和“***Take***”键。

B. SW 面板

图 2.26

SW 面板位于导播与 CG 工位之间，其作用是为 LPD 大屏幕切换信号源，包括“***TO LPD***”输出分组、常用直切信号源、信号源分组、“***Panel Lock***”和“***Take***”键。

C. MV1 面板

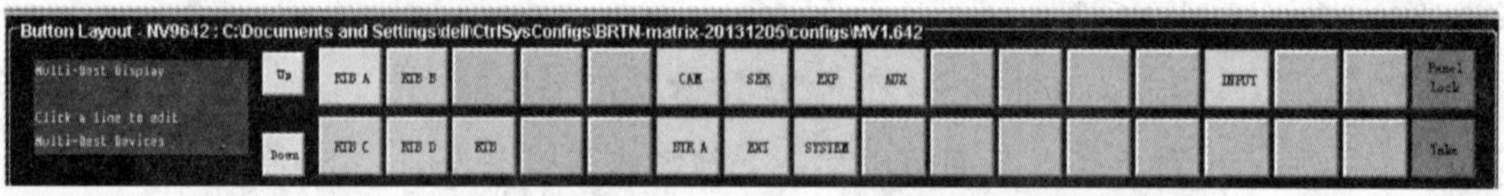

图 2.27

MV1 面板位于 CG 工位前方，其作用是为 RTB（Router To Box）通路切换信号源，包括常用的四组“***RTB***”输出分组、常用直切信号源、信号源分组、“***Panel Lock***”和“***Take***”键。

D. MV2 面板

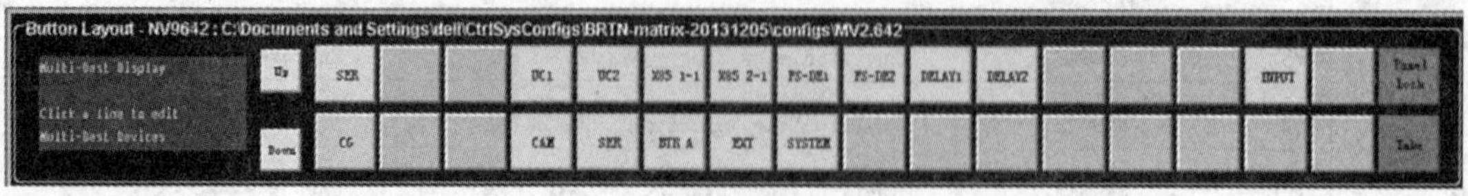

图 2.28

MV2 面板位于 CG 工位前方，其作用是为 SER（录制服务器）和 CG（字幕机）切换信号源，包括“***SER***”和“***CG***”输出分组、常用直切信号源、信号源分组、“***Panel Lock***”和“***Take***”键。

E. MV3 面板

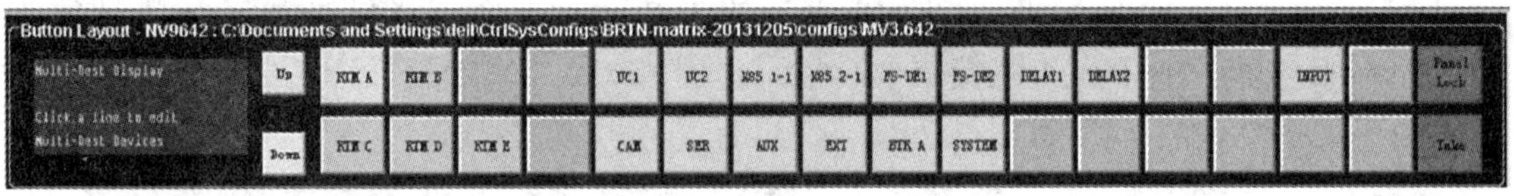

图 2.29

MV3 面板位于 CG 工位与技术区之间，其作用是为 RTM（Router To Monitor），即电视墙画面分割器切换信号源，包括五组“***RTM***”输出分组、常用直切信号源、信号源分组、“***Panel Lock***”和“***Take***”键。

F. MON 面板

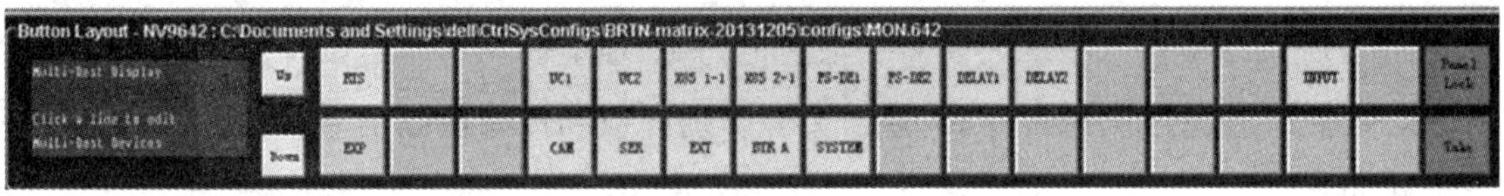

图 2.30

MON 面板位于技术区，其作用是为 RTS（Router To Switcher）矩阵送切换台通路，以及 EXP（EXT Process）扩展功能模块通路切换信号源，包括“***RTS***”和“***EXP***”输出分组、常用直切信号源、信号源分组、“***Panel Lock***”和“***Take***”键。

G. TECH 面板

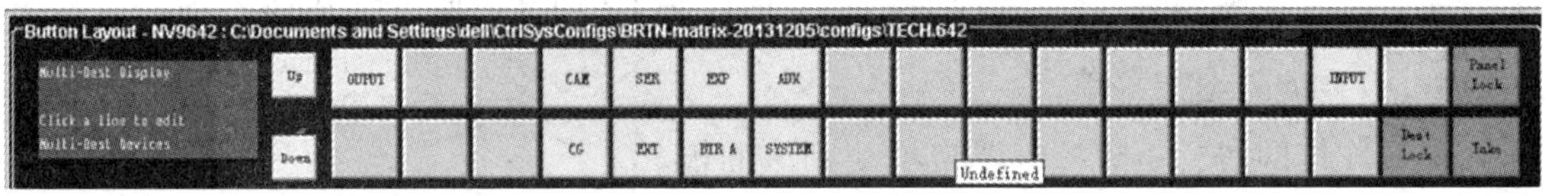

图 2.31

TECH 面板位于技术区，其作用是为技术人员设置所有矩阵交叉点使用，设置级别为最高级，包括“***OUTPUT***”输出分组、所有信号源分组、“***Panel Lock***”、“***Dest Lock***”和“***Take***”键。

H. EXT 面板

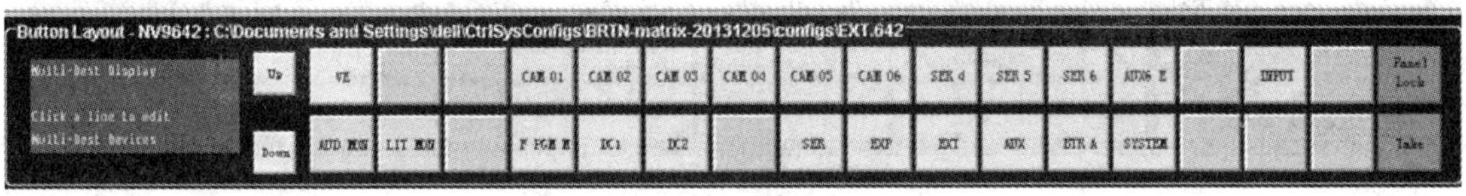

图 2.32

EXT 面板位于技术区，其作用是为技术区、灯光、音频工位切换监看信号，包括“***VE***”、“***AUD MON***”和“***LIT MON***”输出、常用直切信号源、信号源分组、“***Panel Lock***”和“***Take***”键。

2）NV9642 面板连接方法

NV9642 为 1U 标准 19 英寸机架尺寸，带有机架安装架。网线通过交换机连接至矩阵控制服务器。电源为 4 芯接口。

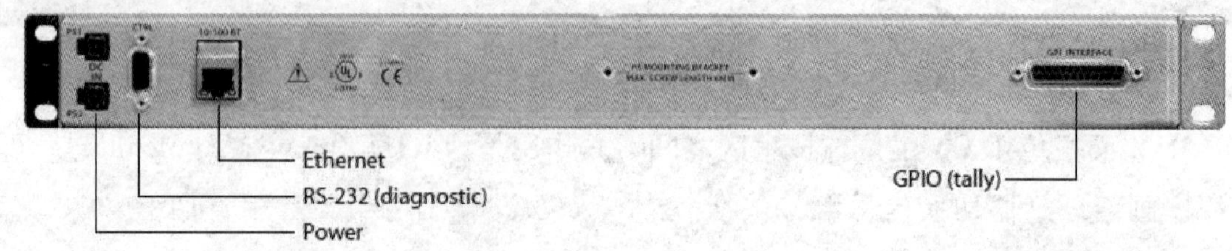

图 2. 33

控制面板出厂设置默认为动态 IP 地址，只需要设置 ID 号。但是，为了便于管理 IP 地址资源，面板接入系统之前需要设置静态 IP 地址。

矩阵控制器通过识别面板 ID 号，实现识别面板和传输控制信号，设置 ID 号的操作步骤如下：

- 给控制面板加电，断开网线。经过数秒之后，窗口将显示“***Acquire IP Address***”，并显示当前面板 ID；
- 最右侧按键显示“***Menu***”；
- 按下“***Menu***”进入菜单；
- 按下“***Enter Panel ID***”，面板按键将显示 10 个数字；
- 输入正确的 ID 号，并保证不与其他面板 ID 冲突，按下“***Save***”保存，按下“***Exit***”退出菜单；
- 连接网线，矩阵控制器将检测到该面板。

注：当面板更换时，只需要将新面板的 ID 号设为原面板的 ID 号，即可代替原面板。

3）操作方法

A. 面板布局

新媒体演播室为 NV9642 面板设置了常用状态，初始页面布局如下：

图 2. 34

左侧琥珀色的按键为目的分组，除 EMG 面板外，其他面板都是多目的母线状态；

中间绿色按键为源信号，其中前一部分是直切源信号无需“Take”，空一格的后一部分是源信号分组，可进入分组找到所需信号源；

绿色“***INPUT***”是所有信号源分组，可以找到矩阵 144 个信号源；

红色“***Panel Lock***”是面板锁定按键，开启该按键后，面板将关闭，再次开启后正常；

红色“***Take***”是切换交叉点的执行键（直切源信号不需要“Take”）。

B. 切换方法

a. 选择目的，如“***VE***”，或选择输出分组，再找到需要的目的；

b. 选择源信号，如“***CAM 01***”，或选择输入分组，再找到需要的源信号；

c. 执行，按下“***Take***”；

d. 左侧液晶屏面板将显示交叉点状态。

C. 交叉点锁定与解锁

新媒体演播室设置的交叉点锁定状态通常为：***F PGM M－DC1***、***AUX6E－DC2*** 等。“***Destination Lock***”仅在技术区的 TECH 面板存在，其他面板不设置目的锁定功能键。

a. 通过“TECH”面板，找到需要的交叉点，例如“***F PGM M－DC1***”；

b. 点亮“***Dest Lock***”按键；

c. “F PGM M－DC1”交叉点将被锁定，任何面板无法修改该交叉点；

d. 如需解锁，找到需要的交叉点，点灭“***Dest Lock***”按键。

4. 矩阵切换面板 NV9601

NV9601 矩阵切换面板高 2RU，位于技术区，具有较大尺寸的字符显示窗口，36 个功能设置按键，8 个菜单操作按键，以及两个翻页键。NV9601 在新媒体的应用方式定位于交叉点状态检查。

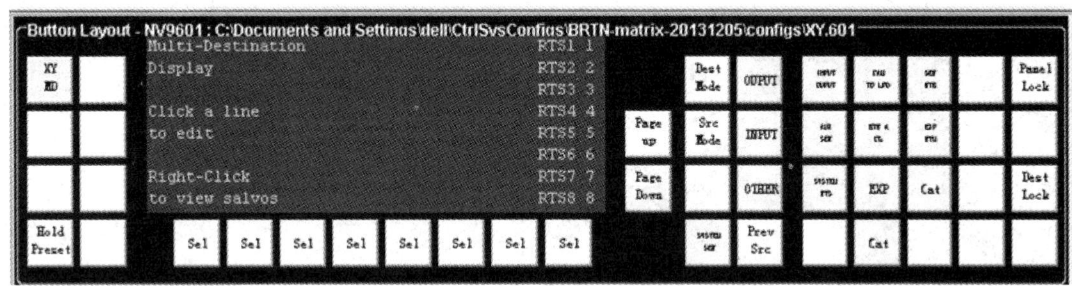

图 2. 35

1）查看交叉点状态操作方法

A. 点击左上角“***XY/MD***”按键，将屏幕显示方式改为“***X－Y***”模式；

B. 屏幕中将显示 8 组交叉点状态；

C. 通过屏幕右侧的“***Page Up***”和“***Page Down***”查看不同页面的交叉点状态。

5. 矩阵切换面板 NV9616

NV9616 矩阵切换面板可实现群组切换、快速切换等特殊操作。由于新媒体演播室暂时未有相关操作需求，该面板通常处于面板锁定状态。

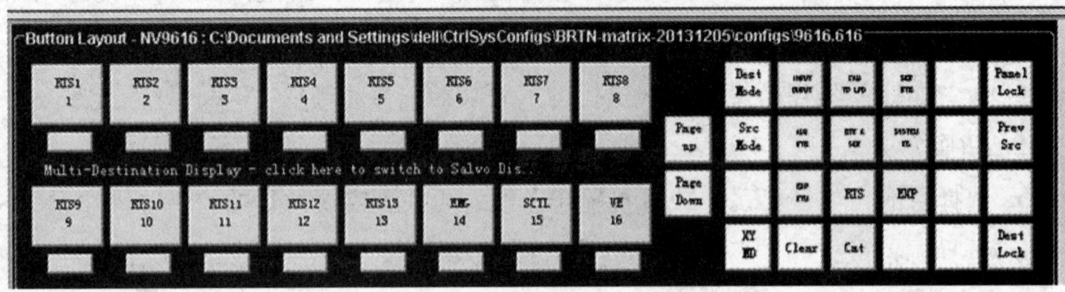

图 2.36

6. 矩阵控制软件 NV9000－SE Utilities

1）功能

NV9000－SE 控制软件包含的主要功能包括建立与输入/输出有关的数据库、设置分组以及设置切换面板等。使用专用笔记本电脑或台式机，可以修改矩阵接口名称，更改切换面板按键等日常操作。

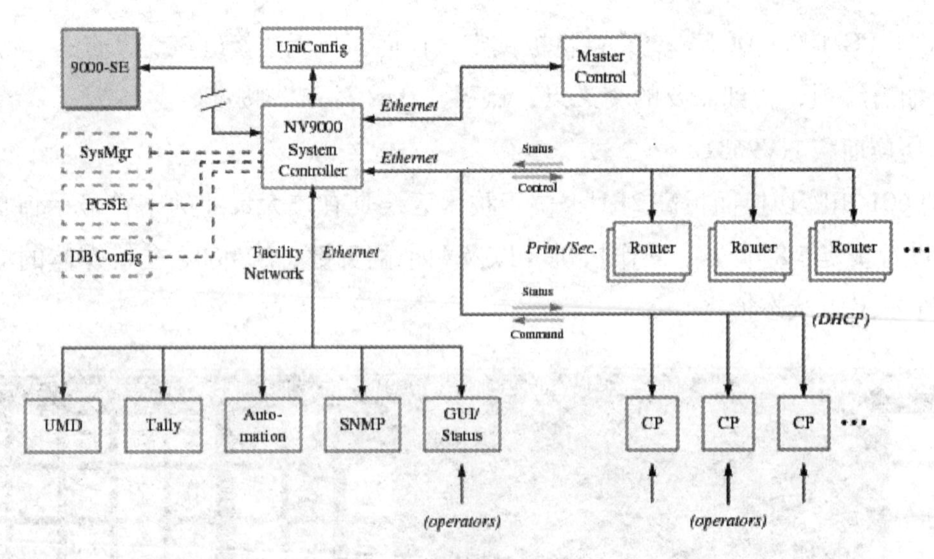

图 2.37

NV9000－SE 初始设置矩阵系统的步骤如下：

第一步，增加矩阵控制服务器；

第二步，加入矩阵主机；

第三步，建立层；

第四步，描述设备，即增加矩阵输入与输出端口，只有当建立层以后才能增加设备，添加设备的同时需要为该设备选层；

第五步，建立分组，分组有利于高效管理设备，如按照设备类型、位置、用途等方式分组。新媒体演播室分组原则是按照设备类型分组；

第六步，添加切换面板。

2）开启

将电脑连接控制台上预留的专用网线；

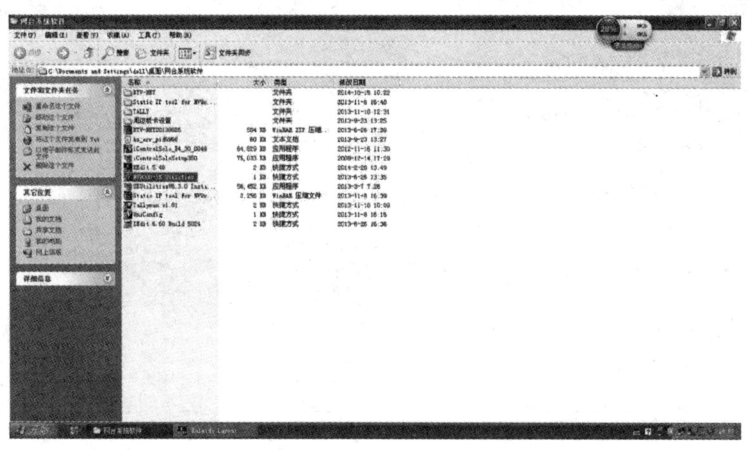

图 2.38

在专用调试电脑中打开“***NV9000 - SE Utilities***”图标。

软件运行稳定后，界面如图 2.39 所示。

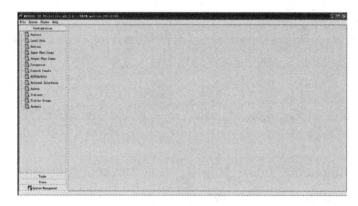

图 2.39

3）加入矩阵

双击左侧导航栏“***Routers***”菜单，界面将显示已加入矩阵列表，如图 2.40 所示：

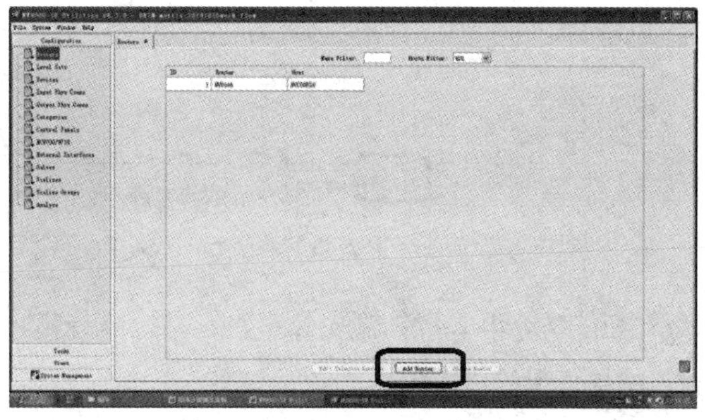

图 2.40

点击界面下方“***Add Router***”，将显示如图2.41所示界面。

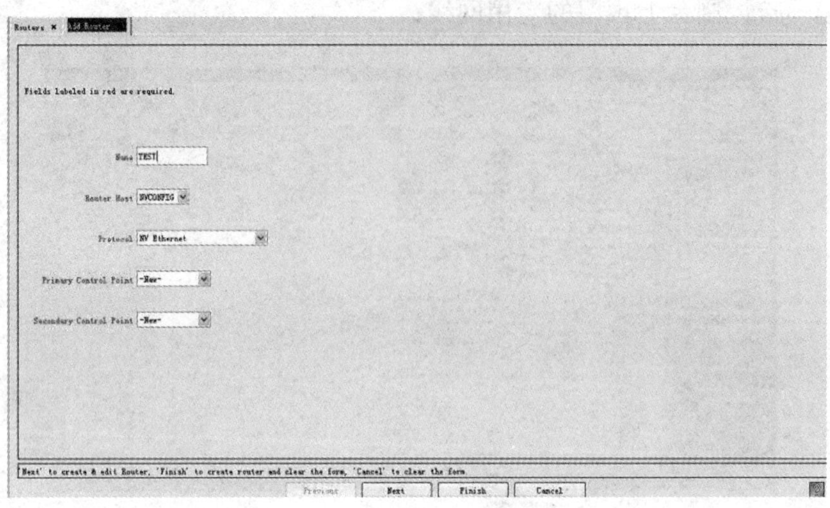

图2.41

输入矩阵名称（如“***TEST***”），点击“***NEXT***”进入下一级设置菜单。

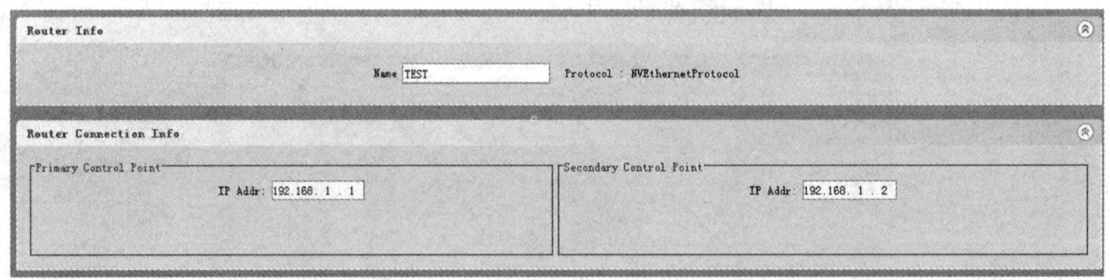

图2.42

在“***Router Connection Info***”界面中，正确输入矩阵控制卡的主备IP地址，新媒体演播室的主备IP地址分别为：***192.168.1.5***和***192.168.1.6***。

在页面下方，点击“***Add***”可设置矩阵通道数量：

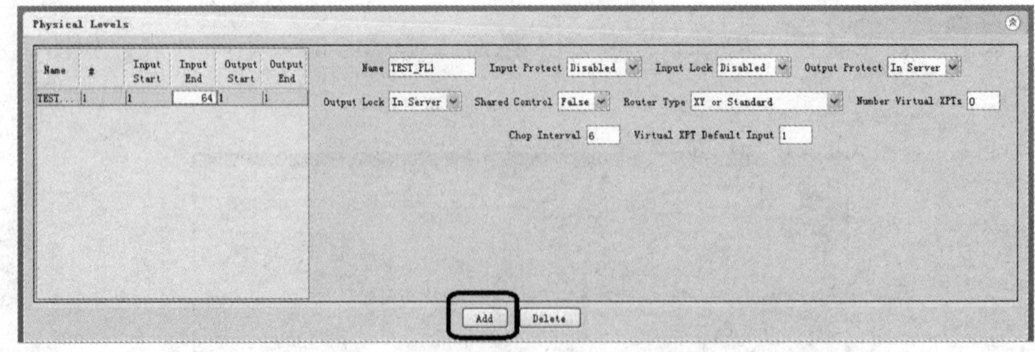

图2.43

在“***Input End***”和“***Output End***”输入数字，定义矩阵规模，例如“***144***”，该数字应等于矩阵输入输出板卡的最大数量。

点击页面最下方“***Save***”，将参数保存，完成加入矩阵操作步骤。

4）设置层

矩阵交叉点和设备由层管理。单一层只能处理规定格式信号。所有交叉点都要指派到一个层来管理。对于矩阵管理的设备接口来说，有的设备例如 VTR 同时输出高清、标清、AES 等信号，这就需要矩阵分别建立不同的层来管理设备接口。新媒体演播室对 NV8144 设置了一个虚拟层“HD”。

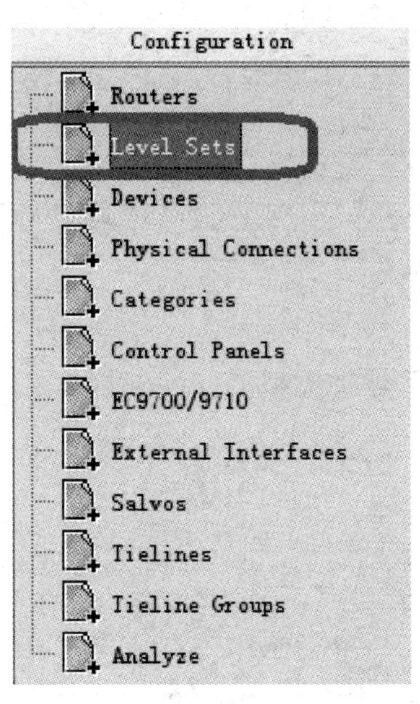

图 2.44

图 2.45

A. 点击左侧导航栏中的“***Level Sets***”，进入层设置页面；

B. 点击页面下方的“***Add Level Set***”进入增加层页面；

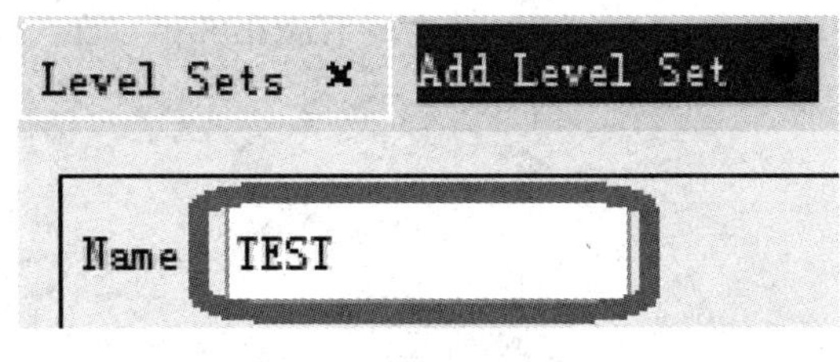

图 2.46

C. 在“***Name***”栏中添加输出层的名称，例如“***TEST***”；

D. 点击页面下方的“***NEXT***”进入层设置页面；

E. 建立虚拟层；

虚拟层可将物理层细分，可按信号格式或用途设计虚拟层。物理层中可存在多个虚拟层。在新媒体演播室系统中，只存在一个虚拟层“HD”。

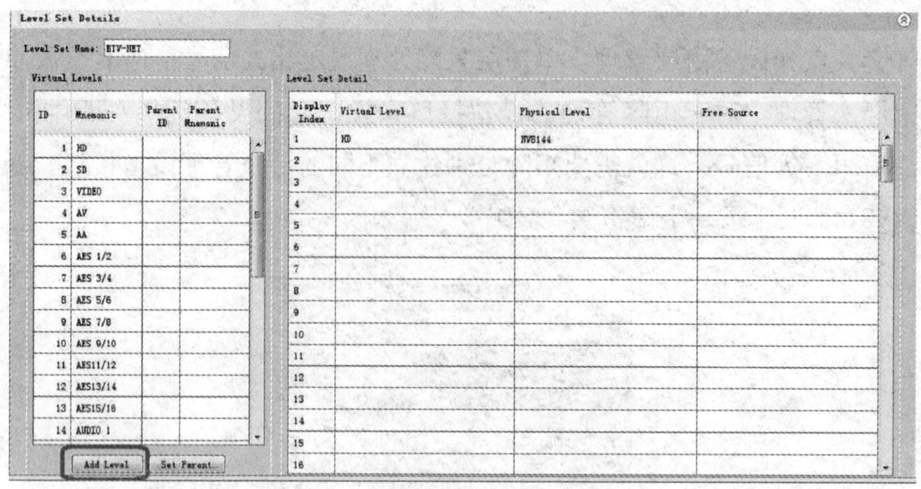

图 2.47

点击左下角“Add level”增加虚拟层。

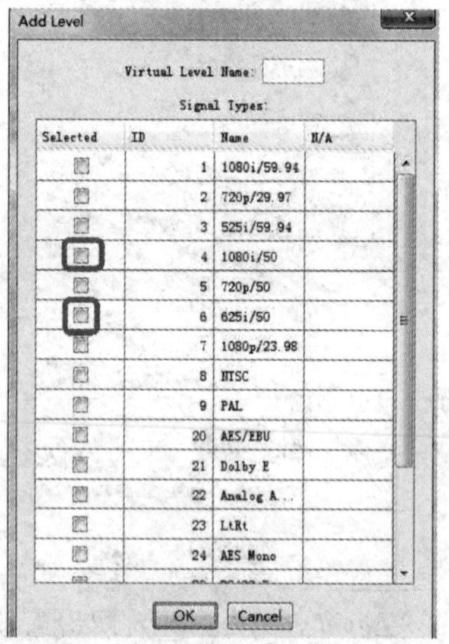

图 2.48

在弹出窗口中勾选信号格式，例如勾选“1080i/50”和“625i/50”。

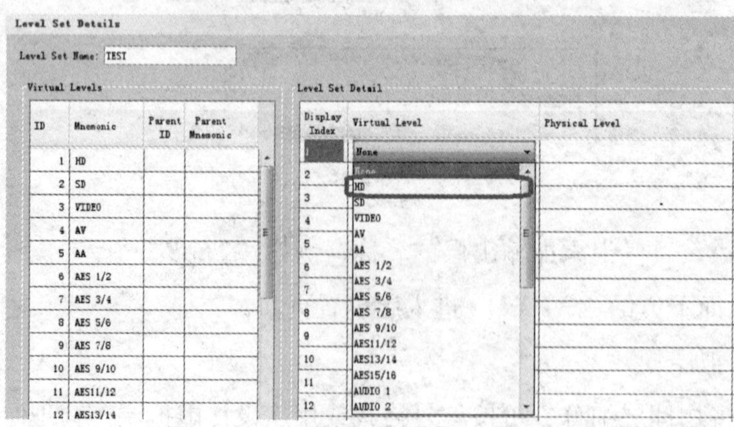

图 2.49

F. 建立虚拟层与物理层的链接，例如在“Virtual Level”下拉菜单中选择“HD”，“***Physical Level***”中选择“***NV8144***”；

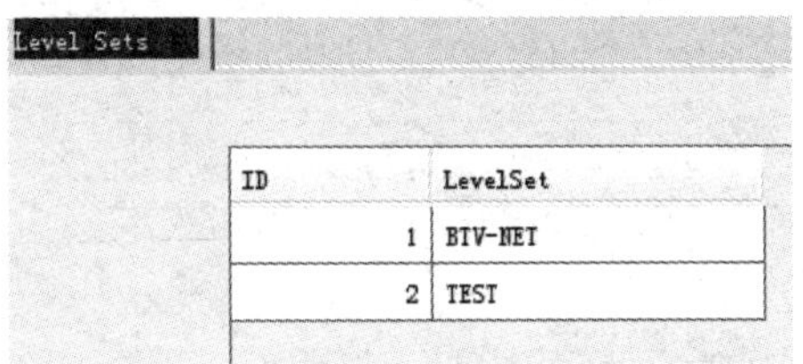

图 2.50

G. 点击页面下方的“***Save***”，即保存设置，为矩阵 NV8144 增加了一个层“***TEST***”，并设置为虚拟层“***HD***”。

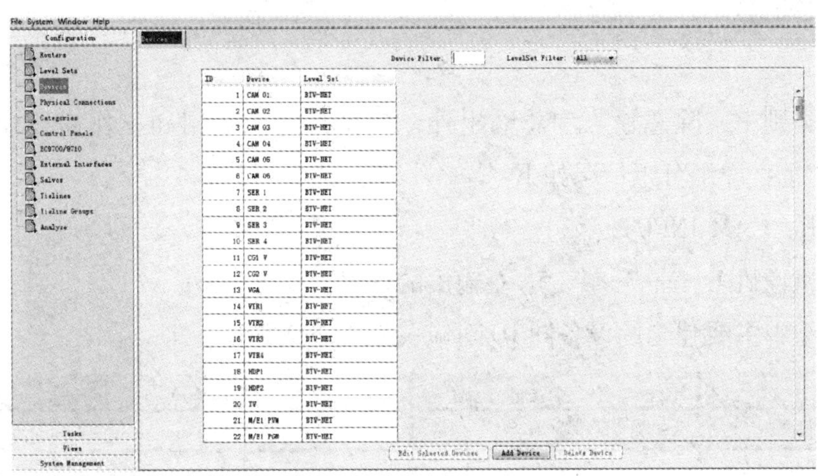

图 2.51

5）描述设备

描述设备的目的是将矩阵的输入与输出端口定义，NV8144 共有 288 个设备 ID，其中 1～144 默认为输入端口，145～288 默认为输出端口。

双击进入“***Device***”设置窗口来修改设备名称等参数，其中，“***Input***”或“***Output***”的序号是控制系统设别端口的唯一标识，“***Name***”和“***ID***”仅做显示和索引使用。

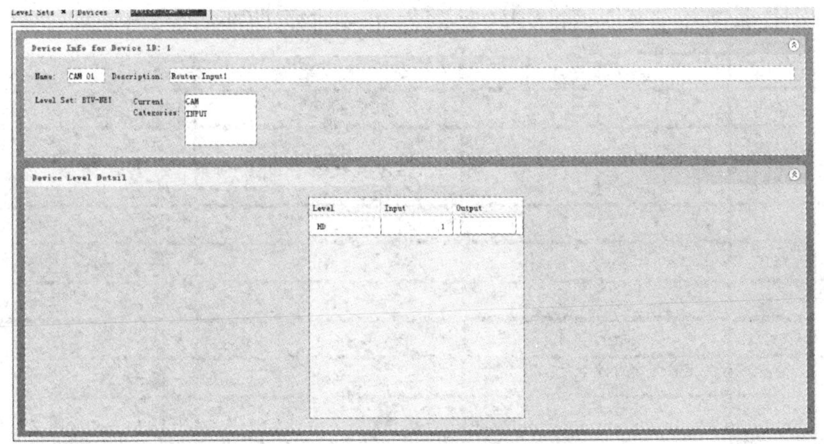

图 2.52

6）建立分组

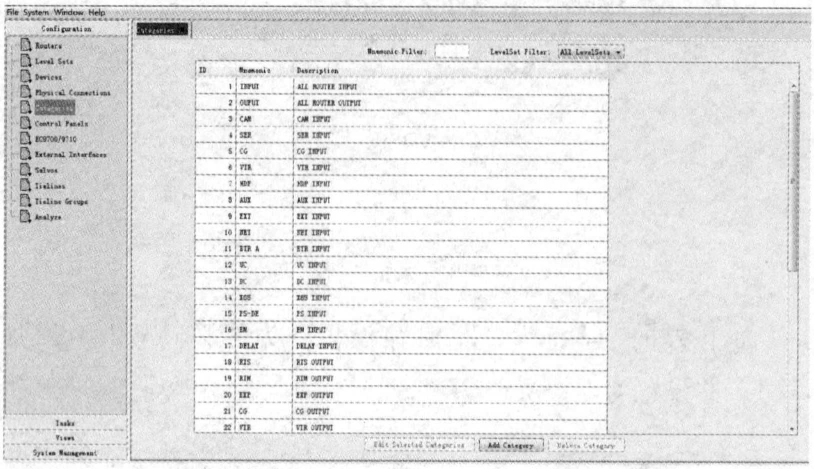

图 2.53

在分组类别中，除总输入和总输出外，按日常功能应用和工作需要建立多个分组，例如 38 个，详细分组情况如下：

- 3 组：CAM INPUT

  为摄像机 1、2、3、4、5、6 输出的信号。

  分组中主要包含的设备同 ID 对应关系如下表所示：

Device ID	Device Mnemonic	Index	备注
1	CAM 01	1	摄像机1
2	CAM 02	2	摄像机2
3	CAM 03	3	摄像机3
4	CAM 04	4	摄像机4
5	CAM 05	5	摄像机5
6	CAM 06	6	摄像机6

- 4 组：SER INPUT

  为服务器（高码流）1、2、3、4、5、6 及服务器（低码流）1、2、3、4 输出的信号。

  分组中主要包含的设备同 ID 对应关系如下表所示：

Device ID	Device Mnemonic	Index	备注
7	SER 1	1	服务器（高码流）1
8	SER 2	2	服务器（高码流）2
9	SER 3	3	服务器（高码流）3
10	SER 4	4	服务器（高码流）4
90	SER 5	5	服务器（高码流）5
91	SER 6	6	服务器（高码流）6
92	SER N1	7	服务器（低码流）1
93	SER N2	8	服务器（低码流）2
94	SER N3	9	服务器（低码流）3
95	SER N4	10	服务器（低码流）4

- 5 组：CG INPUT

  为字幕机 1、2 输出的填充信号。

  分组中主要包含的设备同 ID 对应关系如下表所示：

Device ID	Device Mnemonic	Index	备注
11	CG1 V	1	字幕机1
12	CG2 V	2	字幕机2

- 6 组：VTR INPUT

  为录像机 1、2、3、4 输出的信号。

  分组中主要包含的设备同 ID 对应关系如下表所示：

Device ID	Device Mnemonic	Index	备注
14	VTR1	1	录像机1
15	VTR2	2	录像机2
16	VTR3	3	录像机3
17	VTR4	4	录像机4

- 7 组：HDP INPUT

  为硬盘服务器 1、2 输出的信号。

  分组中主要包含的设备同 ID 对应关系如下表所示：

Device ID	Device Mnemonic	Index	备注
18	HDP1	1	硬盘放像机1
19	HDP2	2	硬盘放像机2

- 8 组：AUX INPUT

  为切换台辅助母线 AUX1 ~5 输出的信号。

  分组中主要包含的设备同 ID 对应关系如下表所示：

Device ID	Device Mnemonic	Index	备注
31	AUX1	1	辅助信号1
32	AUX2	2	辅助信号2
33	AUX3	3	辅助信号3
34	AUX4	4	辅助信号4
35	AUX5	5	辅助信号5

- 9 组：EXT INPUT

  为外来信号。

  分组中主要包含的设备同 ID 对应关系如下表所示：

Device ID	Device Mnemonic	Index	备注
38	EXT 1	1	外来信号1
39	EXT 2	2	外来信号2
40	EXT 3	3	外来信号3
41	EXT 4	4	外来信号4
42	EXT 5	5	外来信号5
43	EXT 6	6	外来信号6
44	EXT 7	7	外来信号7
45	EXT 8	8	外来信号8
46	EXT 9	9	外来信号9
47	EXT 10	10	外来信号10
48	EXT 11	11	外来信号11
49	EXT 12	12	外来信号12
50	EXT 13	13	外来信号13
51	EXT 14	14	外来信号14
52	EXT 15	15	外来信号15
53	EXT 16	16	外来信号16
54	EXT 17	17	外来信号17
55	EXT 18	18	外来信号18
56	EXT 19	19	外来信号19
57	EXT 20	20	外来信号20
58	EXT 21	21	外来信号21
59	EXT 22	22	外来信号22
60	EXT 23	23	外来信号23
61	EXT 24	24	外来信号24
62	EXT 25	25	外来信号25
63	EXT 26	26	外来信号26
64	EXT 27	27	外来信号27

- 10 组：NET INPUT

  为预留网络服务器接口。

  分组中主要包含的设备同 ID 对应关系如下表所示：

Device ID	Device Mnemonic	Index	备注
65	NET1	1	网络输入
66	NET2	2	网络输入

- 11 组：BTR INPUT

  为从接口箱 A 直接接入矩阵的信号。

  分组中主要包含的设备同 ID 对应关系如下表所示：

Device ID	Device Mnemonic	Index	备注
67	BTR A-1	1	接口箱一矩阵 A-1
68	BTR A-2	2	接口箱一矩阵 A-2
69	BTR A-3	3	接口箱一矩阵 A-3
70	BTR A-4	4	接口箱一矩阵 A-4
71	BTR A-5	5	接口箱一矩阵 A-5
72	BTR A-6	6	接口箱一矩阵 A-6
73	BTR A-7	7	接口箱一矩阵 A-7
74	BTR A-8	8	接口箱一矩阵 A-8
75	BTR A-9	9	接口箱一矩阵 A-9

- 12 组：UC INPUT

  为经上变换器 1、2 处理的信号。

  分组中主要包含的设备同 ID 对应关系如下表所示：

Device ID	Device Mnemonic	Index	备注
76	UC1	1	上变换器1
77	UC2	2	上变换器2

- 13 组：DC INPUT

  为经下变换器 1、2 处理的信号。

  分组中主要包含的设备同 ID 对应关系如下表所示：

Device ID	Device Mnemonic	Index	备注
78	DC1	1	下变换器1
79	DC2	2	下变换器2

- 14 组：X85 INPUT

  为经交叉变换器 1、2 处理的信号。

  分组中主要包含的设备同 ID 对应关系如下表所示：

Device ID	Device Mnemonic	Index	备注
80	X85 1-1	1	交叉变换器 1-1
81	X85 1-2	2	交叉变换器 1-2
82	X85 2-1	3	交叉变换器 2-1
83	X85 2-2	4	交叉变换器 2-2

- 15 组：FS INPUT

为经帧同步、解嵌器 1、2 处理的信号。

分组中主要包含的设备同 ID 对应关系如下表所示：

Device ID	Device Mnemonic	Index	备注
84	FS-DE1	1	帧同步&解嵌器1
85	FS-DE2	2	帧同步&解嵌器2

- 16 组：EM INPUT

为经加嵌器 1、2 处理的信号。

分组中主要包含的设备同 ID 对应关系如下表所示：

Device ID	Device Mnemonic	Index	备注
86	EM1	1	加嵌器1
87	EM2	2	加嵌器2

- 17 组：DELAY INPUT

为经延时器 1、2 处理的信号。

分组中主要包含的设备同 ID 对应关系如下表所示：

Device ID	Device Mnemonic	Index	备注
88	DELAY1	1	延迟器1
89	DELAY2	2	延迟器2

- 18 组：RTS OUTPUT

为矩阵输出到切换台的信号。

分组中主要包含的设备同 ID 对应关系如下表所示：

Device ID	Device Mnemonic	Index	备注
145	RTS1	1	矩阵—切换台 1
146	RTS2	2	矩阵—切换台 2
147	RTS3	3	矩阵—切换台 3
148	RTS4	4	矩阵—切换台 4
149	RTS5	5	矩阵—切换台 5
150	RTS6	6	矩阵—切换台 6
151	RTS7	7	矩阵—切换台 7
152	RTS8	8	矩阵—切换台 8
153	RTS9	9	矩阵—切换台 9
154	RTS10	10	矩阵—切换台 10
155	RTS11	11	矩阵—切换台 11
156	RTS12	12	矩阵—切换台 12
157	RTS13	13	矩阵—切换台 13

- 19 组：RTM OUTPUT

  为矩阵输出到监看的信号。

  分组中主要包含的设备同 ID 对应关系如下表所示：

Device ID	Device Mnemonic	Index	备注
164	RTM1	1	矩阵—监看 1
165	RTM2	2	矩阵—监看 2
166	RTM3	3	矩阵—监看 3
167	RTM4	4	矩阵—监看 4
168	RTM5	5	矩阵—监看 5
169	RTM6	6	矩阵—监看 6
170	RTM7	7	矩阵—监看 7
171	RTM8	8	矩阵—监看 8
172	RTM9	9	矩阵—监看 9
173	RTM10	10	矩阵—监看 10
174	RTM11	11	矩阵—监看 11
175	RTM12	12	矩阵—监看 12
176	RTM13	13	矩阵—监看 13
177	RTM14	14	矩阵—监看 14
178	RTM15	15	矩阵—监看 15
179	RTM16	16	矩阵—监看 16
180	RTM17	17	矩阵—监看 17
181	RTM18	18	矩阵—监看 18
182	RTM19	19	矩阵—监看 19
183	RTM20	20	矩阵—监看 20
184	RTM21	21	矩阵—监看 21
185	RTM22	22	矩阵—监看 22
186	RTM23	23	矩阵—监看 23
187	RTM24	24	矩阵—监看 24
188	RTM25	25	矩阵—监看 25
189	RTM26	26	矩阵—监看 26
190	RTM27	27	矩阵—监看 27
191	RTM28	28	矩阵—监看 28
192	RTM29	29	矩阵—监看 29
193	RTM30	30	矩阵—监看 30
194	RTM31	31	矩阵—监看 31
195	RTM32	32	矩阵—监看 32
196	RTM33	33	矩阵—监看 33
197	RTM34	34	矩阵—监看 34
198	RTM35	35	矩阵—监看 35
199	RTM36	36	矩阵—监看 36
200	RTM37	37	矩阵—监看 37
201	RTM38	38	矩阵—监看 38
202	RTM39	39	矩阵—监看 39
203	RTM40	40	矩阵—监看 40
204	RTM41	41	矩阵—监看 41
205	RTM42	42	矩阵—监看 42
206	RTM43	43	矩阵—监看 43

207	RTM44	44	矩阵一监看 44
208	RTM45	45	矩阵一监看 45
209	RTM46	46	矩阵一监看 46
210	RTM47	47	矩阵一监看 47
211	RTM48	48	矩阵一监看 48
212	RTM49	49	矩阵一监看 49
213	RTM50	50	矩阵一监看 50
214	RTM51	51	矩阵一监看 51
215	RTM52	52	矩阵一监看 52

- 20 组：EXP OUTPUT

为矩阵输出到上变换器、下变换器、交叉变换器、帧同步机、加嵌器及延时器的信号。

分组中主要包含的设备同 ID 对应关系如下表所示：

Device ID	Device Mnemonic	Index	备注
216	UC1	1	上变化器1
217	UC2	2	上变化器2
218	DC1	3	下变化器1
219	DC2	4	下变化器2
220	X85 1-1	5	交叉变换器1-1
221	X85 1-2	6	交叉变换器1-2
222	X85 2-1	7	交叉变换器2-1
223	X85 2-2	8	交叉变换器2-2
224	FS-DE1	9	帧同步&解嵌器1
225	FS-DE2	10	帧同步&解嵌器2
226	EM1	11	加嵌器1
227	EM2	12	加嵌器2
228	DELAY1	13	延时器1
229	DELAY2	14	延时器2

- 21 组：CG OUTPUT

为矩阵输出到字幕机 1、2 的信号。

分组中主要包含的设备同 ID 对应关系如下表所示：

Device ID	Device Mnemonic	Index	备注
230	CG1A	1	字幕机1A
231	CG1B	2	字幕机1B
232	CG2A	3	字幕机2A
233	CG2B	4	字幕机2B

- 22 组：VTR OUTPUT

  为矩阵输出到录像机 1、2、3、4 的信号。

  分组中主要包含的设备同 ID 对应关系如下表所示：

Device ID	Device Mnemonic	Index	备注
234	VTR1	1	录像机1
235	VTR2	2	录像机2
236	VTR3	3	录像机3
237	VTR4	4	录像机4

- 23 组：HDR OUTPUT

  为矩阵输出到硬盘录像机 1、2 的信号。

  分组中主要包含的设备同 ID 对应关系如下表所示：

Device ID	Device Mnemonic	Index	备注
238	HDR1	1	硬盘录像机1
239	HDR2	2	硬盘录像机2

- 24 组：SER OUTPUT

  为矩阵输出到服务器（高码流）1、2、3、4、5、6 及服务器（低码流）1、2、3、4 的信号。

  分组中主要包含的设备同 ID 对应关系如下表所示：

Device ID	Device Mnemonic	Index	备注
240	SER1	1	服务器（高码流）1
241	SER2	2	服务器（高码流）2
242	SER3	3	服务器（高码流）3
243	SER4	4	服务器（高码流）4
266	SER 5	5	服务器（高码流）5
267	SER 6	6	服务器（高码流）6
268	SER N1	7	服务器（低码流）1
269	SER N2	8	服务器（低码流）2
270	SER N3	9	服务器（低码流）3
271	SER N4	10	服务器（低码流）4

- 25 组：TO LPD OUTPUT

  为矩阵输出到 LPD 大屏幕的信号。

  分组中主要包含的设备同 ID 对应关系如下表所示：

Device ID	Device Mnemonic	Index	备注
245	TO LPD1	1	到大屏1
246	TO LPD2	2	到大屏2
247	TO LPD3	3	到大屏3
248	TO LPD4	4	到大屏4
249	TO LPD5	5	到大屏5
250	TO LPD6	6	到大屏6
251	TO LPD7	7	到大屏7
252	TO LPD8	8	到大屏8
253	TO LPD9	9	到大屏9
254	TO LPD10	10	到大屏10
255	TO LPD11	11	到大屏11
256	TO LPD12	12	到大屏12

- 26 组：DE OUTPUT

  为矩阵输出到解嵌器 1、2、3、4 的信号。

  分组中主要包含的设备同 ID 对应关系如下表所示：

Device ID	Device Mnemonic	Index	备注
257	DE1	1	解嵌器1
258	DE2	2	解嵌器2
259	DE3	3	解嵌器3
260	DE4	4	解嵌器4

- 27 组：RTB D OUTPUT

  为矩阵输出到接口箱 D 的信号。

  分组中主要包含的设备同 ID 对应关系如下表所示：

Device ID	Device Mnemonic	Index	备注
261	RTB D-1	1	矩阵一接口箱 D-1
262	RTB D-2	2	矩阵一接口箱 D-2
263	RTB D-3	3	矩阵一接口箱 D-3
264	RTB D-4	4	矩阵一接口箱 D-4
265	RTB D-5	5	矩阵一接口箱 D-5
272	RTB D-12	12	矩阵一接口箱 D-12
273	RTB D-13	13	矩阵一接口箱 D-13
274	RTB D-14	14	矩阵一接口箱 D-14
275	RTB D-15	15	矩阵一接口箱 D-15
276	RTB D-16	16	矩阵一接口箱 D-16

- 28 组：RTB A OUTPUT

为矩阵输出到接口箱 A 的信号。

分组中主要包含的设备同 ID 对应关系如下表所示：

Device ID	Device Mnemonic	Index	备注
277	RTB A-1	1	矩阵—接口箱 A-1
278	RTB A-2	2	矩阵—接口箱 A-2
279	RTB A-3	3	矩阵—接口箱 A-3
280	RTB A-4	4	矩阵—接口箱 A-4

- 29 组：EXP INPUT

为经由上变换器、下变换器、交叉变换器、帧同步机、加嵌器及延时器处理过之后得到的信号。

分组中主要包含的设备同 ID 对应关系如下表所示：

Device ID	Device Mnemonic	Index	备注
76	UC1	1	上变换器1
77	UC2	2	上变换器2
78	DC1	3	下变换器1
79	DC2	4	下变换器2
80	X85 1-1	5	交叉变换器1-1
81	X85 1-2	6	交叉变换器1-2
82	X85 2-1	7	交叉变换器2-1
83	X85 2-2	8	交叉变换器2-2
84	FS-DE1	9	帧同步&解嵌器1
85	FS-DE2	10	帧同步&解嵌器2
86	EM1	11	加嵌器1
87	EM2	12	加嵌器2
88	DELAY1	13	延时器1
89	DELAY2	14	延时器2

- 30 组：UNUSE INPUT

为非常用输入信号分组。

分组中主要包含的设备同 ID 对应关系如下表所示：

Device ID	Device Mnemonic	Index	备注
90	SER 5	1	未接端口
91	SER 6	2	未接端口
92	SER N1	3	未接端口
93	SER N2	4	未接端口
94	SER N3	5	未接端口
95	SER N4	6	未接端口
96	IN 96	7	未接端口
97	IN 97	8	未接端口

98	IN 98	9	未接端口
99	IN 99	10	未接端口
100	IN 100	11	未接端口
101	IN 101	12	未接端口
102	IN 102	13	未接端口
103	IN 103	14	未接端口
104	IN 104	15	未接端口
105	IN 105	16	未接端口
106	IN 106	17	未接端口
107	IN 107	18	未接端口
108	IN 108	19	未接端口
109	IN 109	20	未接端口
110	IN 110	21	未接端口
111	IN 111	22	未接端口
112	IN 112	23	未接端口
113	IN 113	24	未接端口
114	IN 114	25	未接端口
115	IN 115	26	未接端口
116	IN 116	27	未接端口
117	IN 117	28	未接端口
118	IN 118	29	未接端口
119	IN 119	30	未接端口
120	IN 120	31	未接端口
121	IN 121	32	未接端口
122	IN 122	33	未接端口
123	IN 123	34	未接端口
124	IN 124	35	未接端口
125	IN 125	36	未接端口
126	IN 126	37	未接端口
127	IN 127	38	未接端口
128	IN 128	39	未接端口
129	IN 129	40	未接端口
130	IN 130	41	未接端口
131	IN 131	42	未接端口
132	IN 132	43	未接端口
133	IN 133	44	未接端口
134	IN 134	45	未接端口

135	IN 135	46	未接端口
136	IN 136	47	未接端口
137	IN 137	48	未接端口
138	IN 138	49	未接端口
139	IN 139	50	未接端口
140	IN 140	51	未接端口
141	IN 141	52	未接端口
142	IN 142	53	未接端口
143	IN 143	54	未接端口
144	IN 144	55	未接端口

- 31 组：RTB B OUTPUT

  为矩阵输出到接口箱 B 的信号。

  分组中主要包含的设备同 ID 对应关系如下表所示：

Device ID	Device Mnemonic	Index	备注
281	RTB B-1	1	矩阵—接口箱 B-1
282	RTB B-2	2	矩阵—接口箱 B-2
283	RTB B-3	3	矩阵—接口箱 B-3
284	RTB B-4	4	矩阵—接口箱 B-4

- 32 组：RTB C OUTPUT

  为矩阵输出到接口箱 C 的信号。

  分组中主要包含的设备同 ID 对应关系如下表所示：

Device ID	Device Mnemonic	Index	备注
285	RTB C-1	1	矩阵—接口箱 C-1
286	RTB C-2	2	矩阵—接口箱 C-2
287	RTB C-3	3	矩阵—接口箱 C-3
288	RTB C-4	4	矩阵—接口箱 C-4

- 33 组：ROUTER OUTPUT RTM A

  为矩阵输出到画分 A 的信号。

  分组中主要包含的设备同 ID 对应关系如下表所示：

Device ID	Device Mnemonic	Index	备注
171	RTM8	1	矩阵—监看 8
172	RTM9	2	矩阵—监看 9
173	RTM10	3	矩阵—监看 10
174	RTM11	4	矩阵—监看 11
175	RTM12	5	矩阵—监看 12
176	RTM13	6	矩阵—监看 13
177	RTM14	7	矩阵—监看 14
178	RTM15	8	矩阵—监看 15
179	RTM16	9	矩阵—监看 16
209	RTM46	10	矩阵—监看 46
210	RTM47	11	矩阵—监看 47
211	RTM48	12	矩阵—监看 48

212	RTM49	13	矩阵一监看 49
213	RTM50	14	矩阵一监看 50
214	RTM51	15	矩阵一监看 51
215	RTM52	16	矩阵一监看 52

- 34 组：ROUTER OUTPUT RTM B

为矩阵输出到画分 B 的信号。

分组中主要包含的设备同 ID 对应关系如下表所示：

Device ID	Device Mnemonic	Index	备注
185	RTM22	1	矩阵一监看 22
186	RTM23	2	矩阵一监看 23
187	RTM24	3	矩阵一监看 24
188	RTM25	4	矩阵一监看 25
189	RTM26	5	矩阵一监看 26
190	RTM27	6	矩阵一监看 27
191	RTM28	7	矩阵一监看 28
192	RTM29	8	矩阵一监看 29
193	RTM30	9	矩阵一监看 30
194	RTM31	10	矩阵一监看 31
195	RTM32	11	矩阵一监看 32
196	RTM33	12	矩阵一监看 33
197	RTM34	13	矩阵一监看 34
198	RTM35	14	矩阵一监看 35
199	RTM36	15	矩阵一监看 36
200	RTM37	16	矩阵一监看 37

- 35 组：ROUTER OUTPUT RTM C

为矩阵输出到画分 C 的信号。

分组中主要包含的设备同 ID 对应关系如下表所示：

Device ID	Device Mnemonic	Index	备注
164	RTM1	1	矩阵一监看 1
165	RTM2	2	矩阵一监看 2
166	RTM3	3	矩阵一监看 3
201	RTM38	4	矩阵一监看 38
202	RTM39	5	矩阵一监看 39
203	RTM40	6	矩阵一监看 40
204	RTM41	7	矩阵一监看 41

- 36 组：ROUTER OUTPUT RTM D

为矩阵输出到画分 D 的信号。

分组中主要包含的设备同 ID 对应关系如下表所示：

Device ID	Device Mnemonic	Index	备注
167	RTM4	1	矩阵一监看 4
168	RTM5	2	矩阵一监看 5
169	RTM6	3	矩阵一监看 6
170	RTM7	4	矩阵一监看 7

- 37 组：ROUTER OUTPUT RTM E

  为矩阵输出到画分 E 的信号。

  分组中主要包含的设备同 ID 对应关系如下表所示：

Device ID	Device Mnemonic	Index	备注
180	RTM17	1	矩阵—监看 17
181	RTM18	2	矩阵—监看 18
182	RTM19	3	矩阵—监看 19
183	RTM20	4	矩阵—监看 20
184	RTM21	5	矩阵—监看 21
205	RTM42	6	矩阵—监看 42
206	RTM43	7	矩阵—监看 43
207	RTM44	8	矩阵—监看 44
208	RTM45	9	矩阵—监看 45

- 38 组：SYSTEM INPUT

  为输入矩阵的系统主干信号。

  分组中主要包含的设备同 ID 对应关系如下表所示：

Device ID	Device Mnemonic	Index	备注
21	M/E1 PVW	1	切换台M/E1 PVW输出
22	M/E1 PGM	2	切换台M/E1 PGM输出
23	M/E2 PVW	3	切换台M/E2 PVW输出
24	M/E2 PGM	4	切换台M/E2 PGM输出
25	CLEAN	5	CLEAN
26	F PGM M	6	最终 PGM 主路
27	F PGM B	7	最终 PGM 备路
28	AUX6 E	8	辅助6 加嵌输出
29	SCTL E	9	矩阵加嵌—分控
30	DSK PVW	10	键控器 PVW

- 39 组：OTHER OUTPUT

  为矩阵的其他一些输出信号。

  分组中主要包含的设备同 ID 对应关系如下表所示：

Device ID	Device Mnemonic	Index	备注
158	EMG	1	应急输出
159	SCTL	2	矩阵—分控
160	VE	3	技监
161	WOHLER	4	解嵌监听器
162	AUD MON	5	音频工位监看
163	LIT MON	6	灯光工位监看
244	CAM RET2	7	摄像机返送2

- 40 组：ROUTER OUTPUT RTB

  为矩阵输出到接口箱 A、B、C、D 的信号。

  分组中主要包含的设备同 ID 对应关系如下表所示：

Device ID	Device Mnemonic	Index	备注
261	RTB D-1	1	矩阵—接口箱 D-1
262	RTB D-2	2	矩阵—接口箱 D-2
263	RTB D-3	3	矩阵—接口箱 D-3
264	RTB D-4	4	矩阵—接口箱 D-4
265	RTB D-5	5	矩阵—接口箱 D-5
272	RTB D-12	12	矩阵—接口箱 D-12
273	RTB D-13	13	矩阵—接口箱 D-13
274	RTB D-14	14	矩阵—接口箱 D-14
275	RTB D-15	15	矩阵—接口箱 D-15
276	RTB D-16	16	矩阵—接口箱 D-16
277	RTB A-1	17	矩阵—接口箱 A-1
278	RTB A-2	18	矩阵—接口箱 A-2
279	RTB A-3	19	矩阵—接口箱 A-3
280	RTB A-4	20	矩阵—接口箱 A-4
281	RTB B-1	21	矩阵—接口箱 B-1
282	RTB B-2	22	矩阵—接口箱 B-2
283	RTB B-3	23	矩阵—接口箱 B-3
284	RTB B-4	24	矩阵—接口箱 B-4
285	RTB C-1	25	矩阵—接口箱 C-1
286	RTB C-2	26	矩阵—接口箱 C-2
287	RTB C-3	27	矩阵—接口箱 C-3
288	RTB C-4	28	矩阵—接口箱 C-4

7）增加切换面板

A. 在 NV9000 - SE Utilities 软件中，选择“***Control Panels***”，软件界面中将出现现有的控制面板信息；

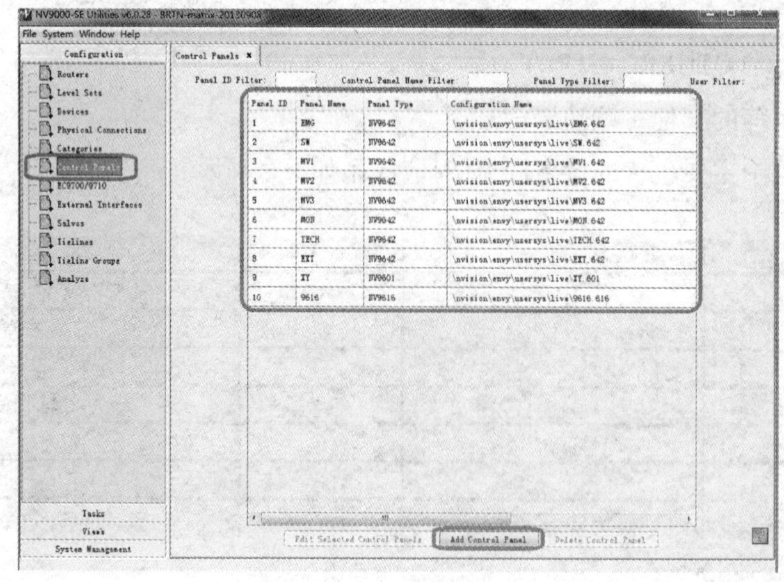

图 2.54

B. 选择页面下方的“*Add Control Panel*”，进入子菜单；

C. 在“*Type*”下拉菜单中选择面板型号，如“*NV9642*”；

D. 在 ID 信息栏中输入该面板 ID 号码；

E. 为该面板起识别名称；

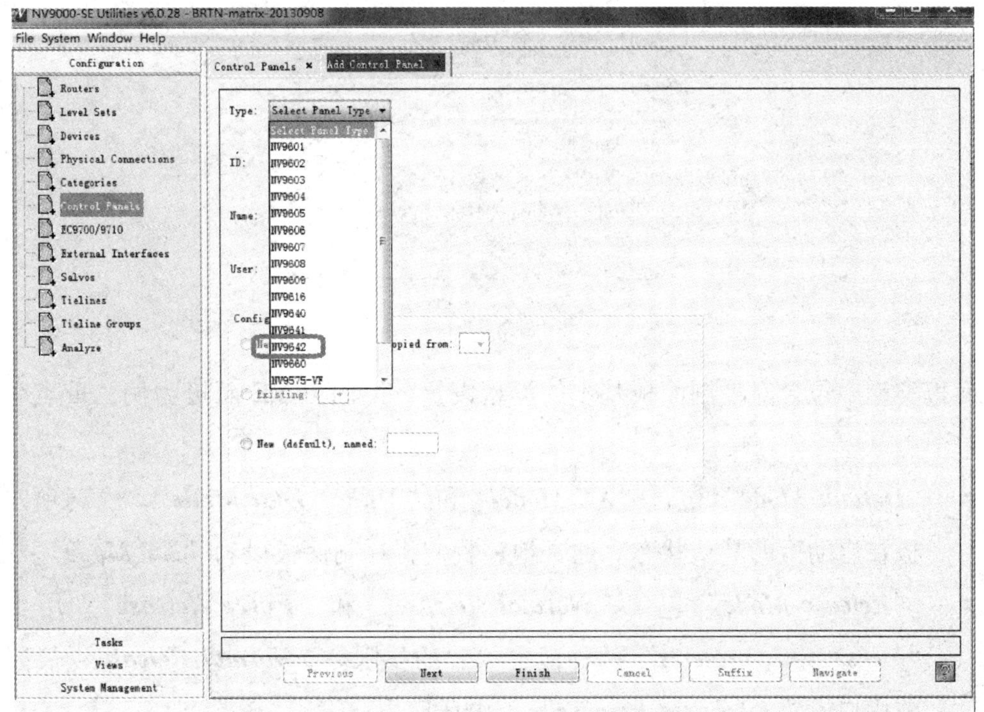

图 2.55

F. 回到“*Control Panels*”页面查看面板是否加入到列表中；

G. 修改控制面板设置参数；

H. 双击列表中的控制面板名称，菜单页面将显示该面板参数页面；

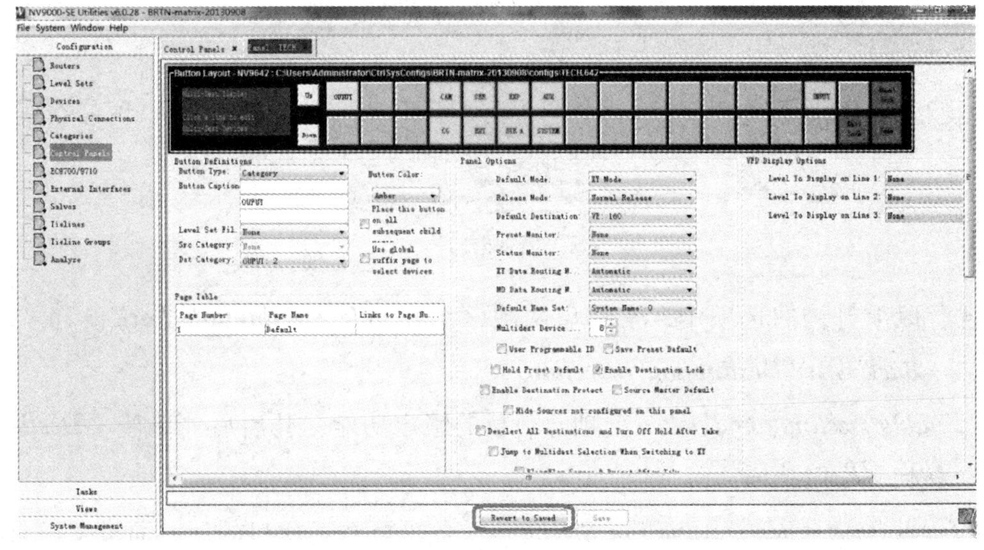

图 2.56

I. 页面下方有两项保存按钮，“***Save***”可保存更改，“***Revert to Saved***”恢复到上一次正常保存的设置。

8）设置控制面板

A. 选择面板类型；

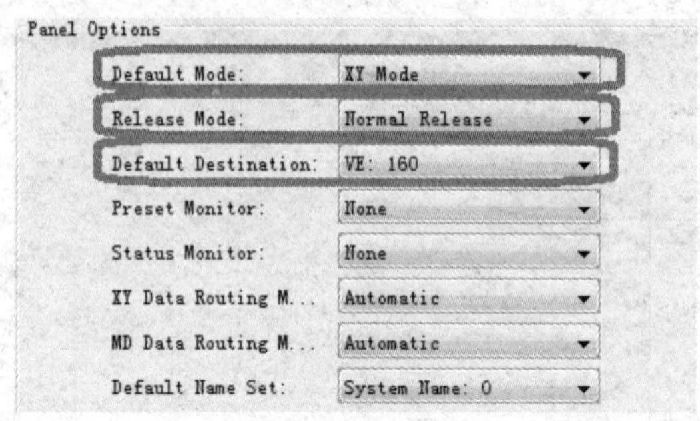

图 2.57.1

面板类型中包含对控制面板基本的类型设置，下面以 VE 面板为例，重点介绍常用菜单：

- “***Default Mode***”包含“***XY Mode***”和“***Multi – Dest Mode***”。这两项定义面板在启动后的默认状态。通常地，我们将控制面板设为“***XY Mode***”。
- “***Release Mode***”包含“***Normal Release***”和“***Force Release***”。用于设置“***locks***”和“***protects***”两种锁定状态的权限。“***Normal Release***”仅能有当前用户设置，“***Force Release***”可由任何用户设置。
- “***Default Destination***”默认目的。此项可设定面板启动后默认目的。如果是单母线面板，此项推荐设为该面板的目的母线。

图 2.57.2

- 以上打钩的选项中，常开启两项，“***Enable Destination Lock***”和“***Jump Back After Destination Selection***”。

“***Enable Destination Lock***”此项开启目的锁定功能，开启后才能使“***Destination Lock***”按钮起作用；

“***Jump Back After Destination Selection***”此项可在选择目的后，面板按键页面恢复到默认初始页面，便于选源操作。

B. 设置按键功能；

未定义的按键为灰色且无名称，可按需求将按键设为功能按键、分组、输入或输出等。

新媒体演播室使用的 NV9642 矩阵控制面板页面布局基本相同。

- 设置按键为目的群组功能：

“***Button Type***” 下拉菜单选择 “***Category***” 分组；

“***Dst Category***” 下拉菜单选择输出分组中的一个，例如 “***OUTPUT***”；

“***Button Color***” 按键颜色设为琥珀色。

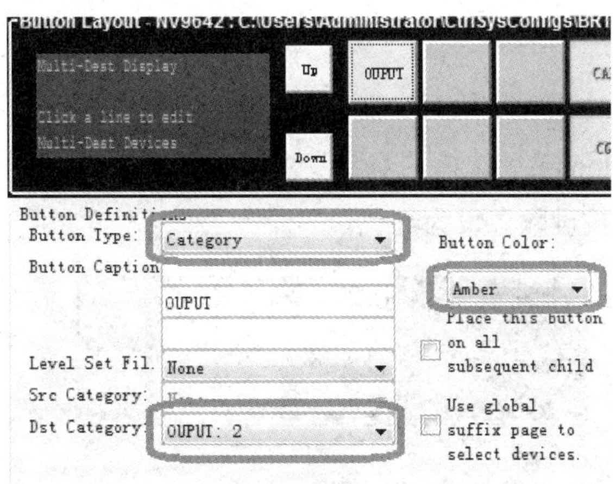

图 2. 57. 3

- 设置按键为直切源信号功能：

“***Button Type***” 下拉菜单选择 “***Quick Source***” 快速源信号；

“***Source Device***” 下拉菜单选择源信号，例如 “***CAM 01***”；

“***Button Color***” 按键颜色设为绿色。

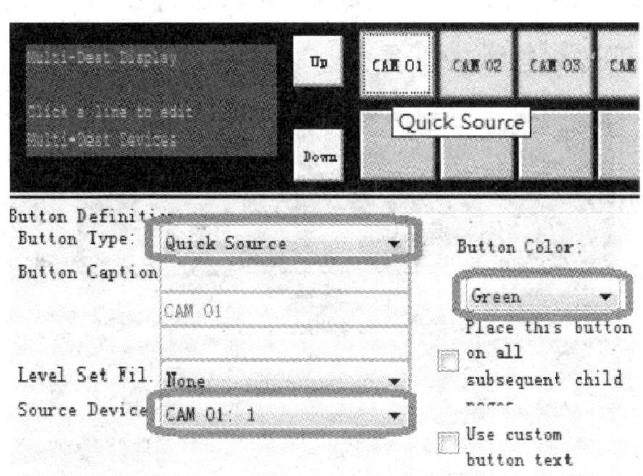

图 2. 57. 4

- 设置按键为源分组功能：

“***Button Type***” 下拉菜单选择 “***Category***” 分组；

“***Src Category***” 下拉菜单选择源信号分组，例如 “***CAM***”；

“***Button Color***” 按键颜色设为绿色。

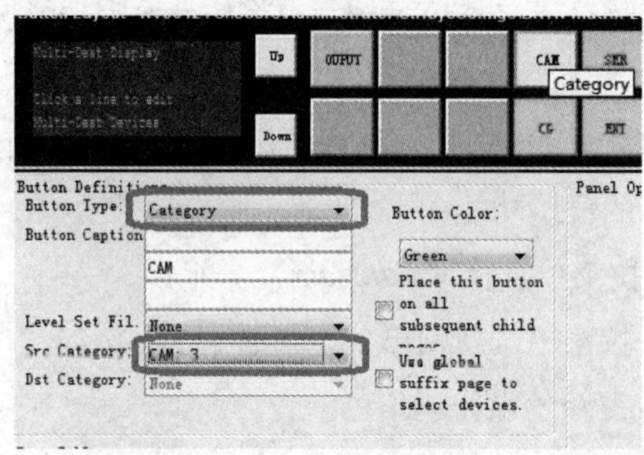

图 2.57.5

- 设置按键为“***Take***”执行功能：

“***Button Type***”下拉菜单选择“***Take***”执行；

“***Button Color***”按键颜色设为红色。

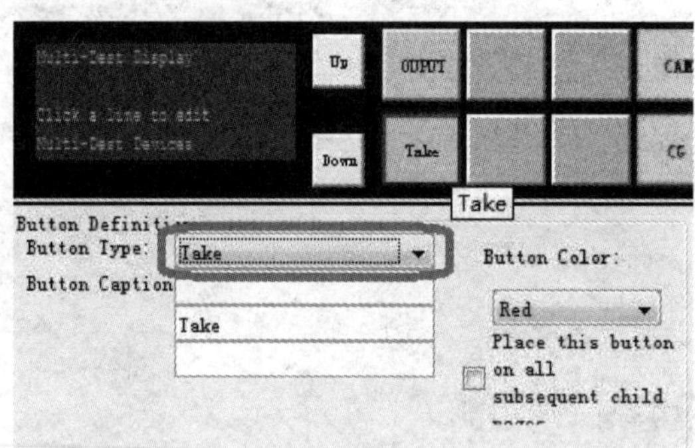

图 2.57.6

- 设置按键为“***Panel Lock***”锁定面板；

“***Button Type***”下拉菜单选择“***Panel Lock***”执行；

“***Button Color***”按键颜色设为红色。

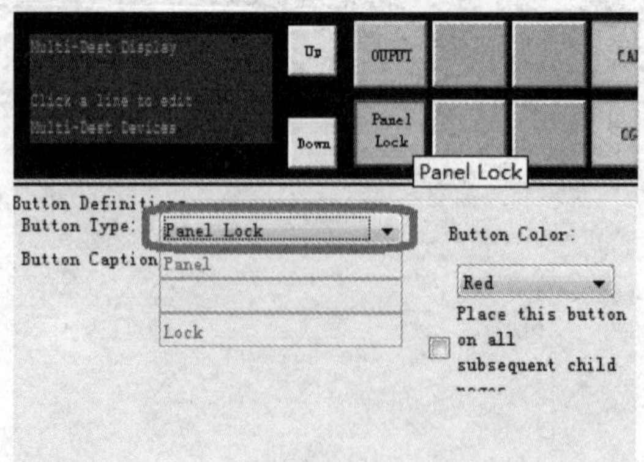

图 2.57.7

- 设置“***Destination Lock***”目的锁定；

设置按键为“***Destination Lock***”目的锁定；

“***Button Type***”下拉菜单选择“***Panel Lock***”执行；

“***Button Color***”按键颜色设为红色；

锁定后，该目的母线的交叉点状态将被锁定；

新媒体演播室设置的交叉点锁定状态通常为：

F PGM M－DC1、***AUX6E－DC2*** 等；

“***Destination Lock***”仅在技术区的 TECH 面板存在，其他面板不设置目的锁定功能键。

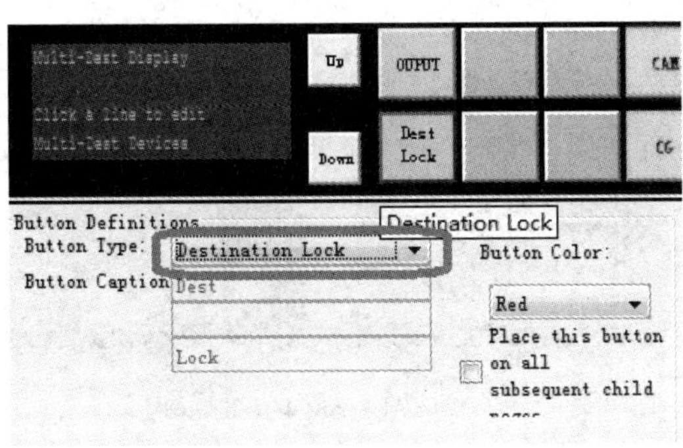

图 2. 57. 8

9）系统配置文件的导入与导出

A. 读取矩阵控制服务器的配置文件

NV9000－SE 控制软件连接矩阵控制服务器 NV920D 后，首先应将控制服务器中的配置文件读取到 NV9000－SE 控制软件中。

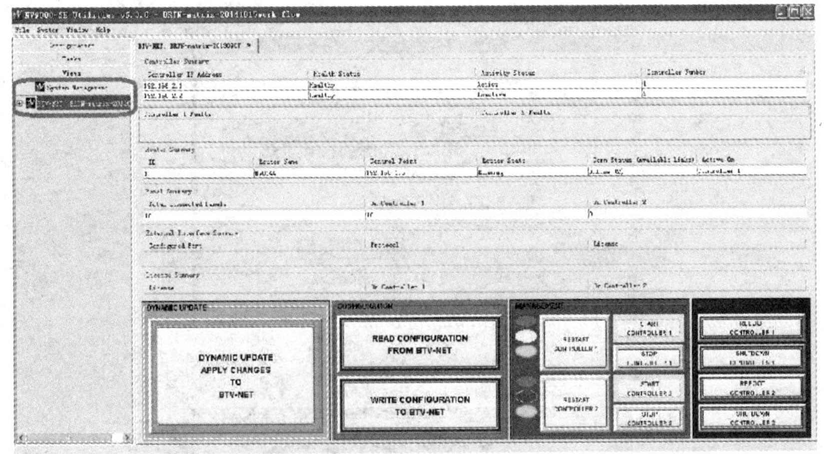

图 2. 58. 1

点击左侧导航栏中的“***System Management***”，进入 BTVNET 工程文件，软件界面将显示矩阵系统的信息。

Controller Summary

Controller IP Address	Health Status	Activity Status	Controller Number
192.168.2.1	Healthy	Active	1
192.168.2.2	Healthy	Inactive	2

图 2. 58. 2

第一部分显示矩阵主备控制服务器的工作状态。

接下来是矩阵主机与切换面板的工作状态。

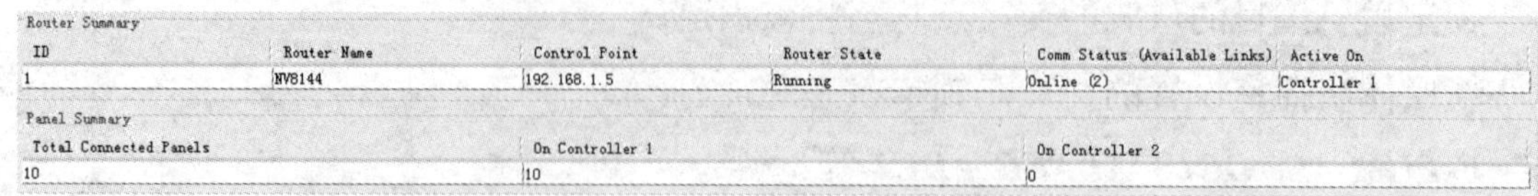

Router Summary
ID
Router Name
Control Point
Router State
Comm Status (Available Links)
Active On
1
NV8144
192.168.1.5
Running
Online (2)
Controller 1
Panel Summary
Total Connected Panels
On Controller 1
On Controller 2
10
10
0

图 2.58.3

页面下方是最为重要的操作部分。

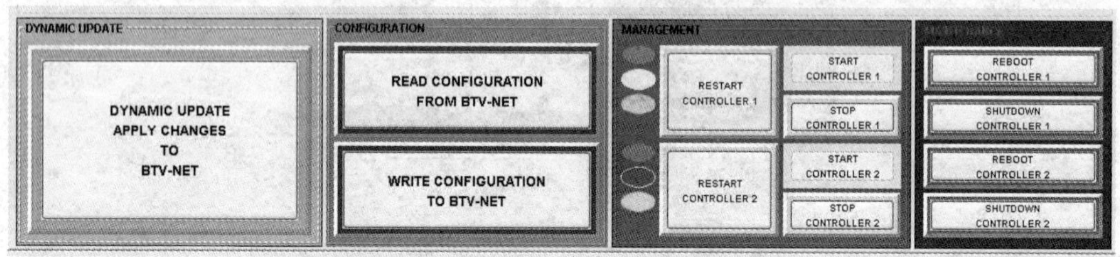

图 2.58.4

左侧绿色部分是“***DYNAMIC UPDATE***”动态上传控制区，一些简单的应用类修改，例如更改面板按键页面、按键位置等操作，可以点击此绿色按钮，切换面板可以实时修改；

中间蓝色区域是配置控制区，分为“***READ***”读和“***WRITE***”写。在修改配置文件之前，需要确认当前配置数据是从控制服务器中读取的最新数据。

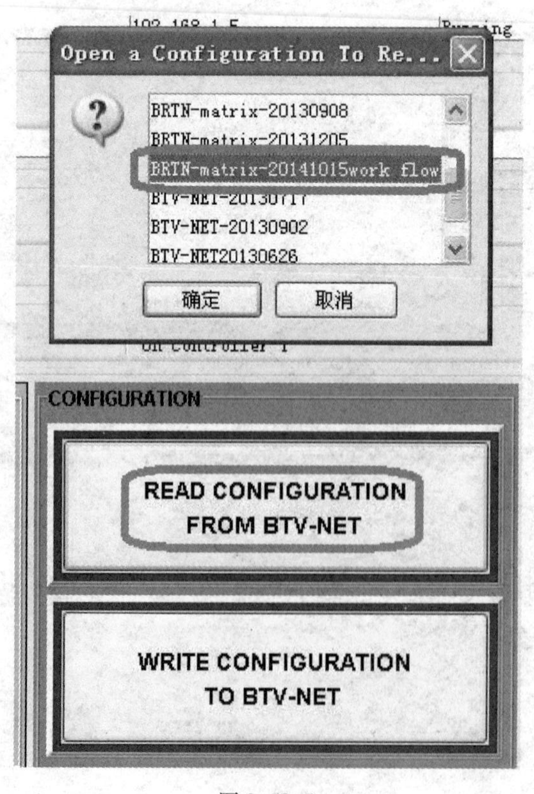

图 2.58.5

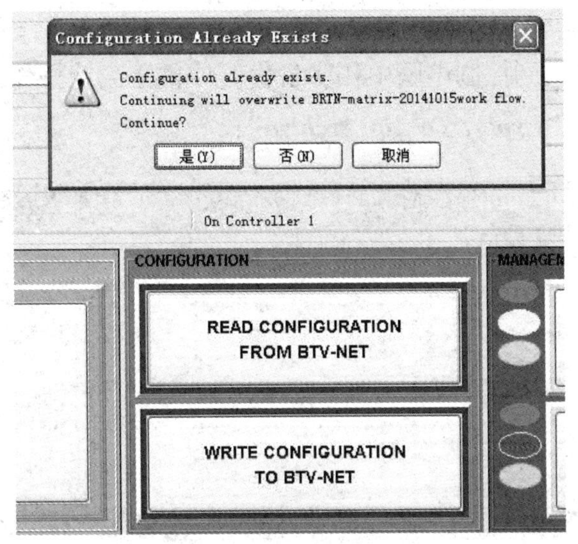

图 2.58.6

点击“***READ CONFIGURATION FROM BTV－NET***”，即从矩阵控制服务器“***BTV－NET***”工程文件中读取配置信息，屏幕上方将出现选择对话框，需要选择一个已存的配置文件目录，或新建一个配置文件存在 NV9000－SE 控制软件中；

点击“确定”以后，将出现对话框，提示是否覆盖当前配置信息，选择“是”，控制软件将开始读取配置数据；

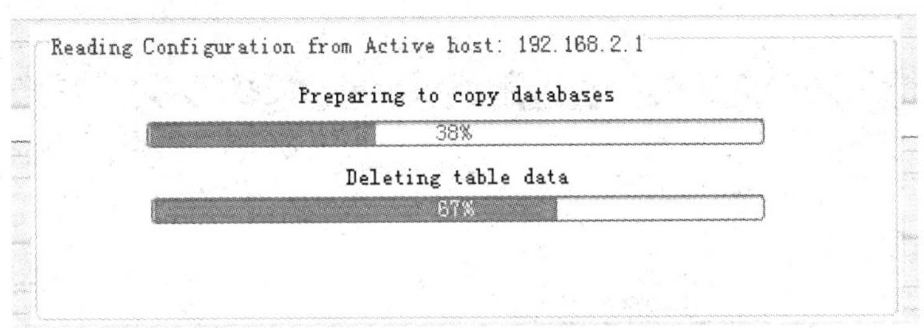

图 2.58.7

读取进度条关闭后，所有数据读取完毕，即可确定软件中的配置数据为当前矩阵控制服务器中的数据。

B. 写入配置文件

在控制软件中修改配置数据之后，需要将配置数据写入到控制服务器中，才能使矩阵系统生效。点击“***WRITE CONFIGURATION TO BTV－NET***”完成写入操作；

分别点击“***RESTART CONTROLLER2***”和“***RESTART CONTROLLER1***”，重启服务器，使新的配置生效。

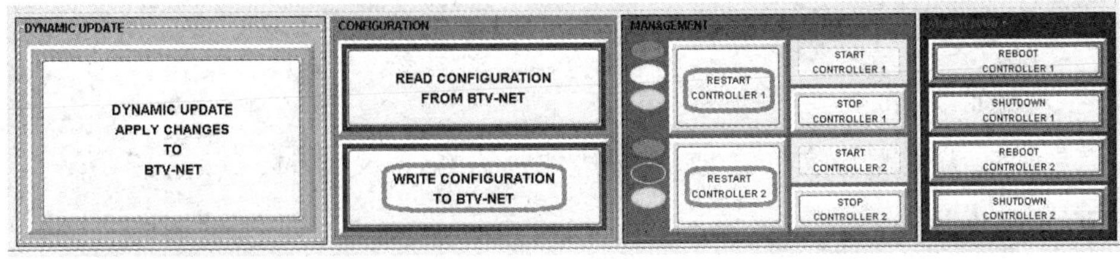

图 2.58.8

C. 导出配置文件

配置文件需要保存到控制电脑中作为备份，或便于离线操作。

点击“***File***” – “***Export To Zip Archive***”；

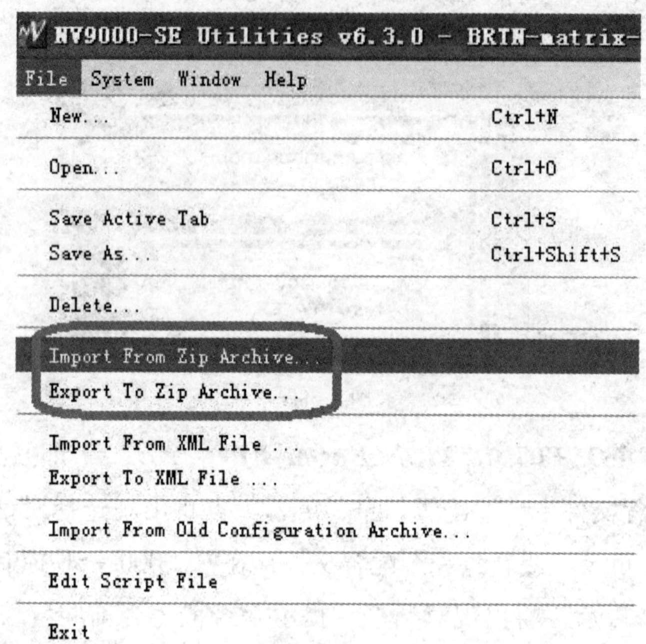

图 2. 58. 9

图 2. 58. 10

新建文件名，保存在调试电脑中。

D. 导入配置文件

如需要离线编辑配置文件，或调取其他已存配置文件时，点击“***File***” –“***Import To Zip Archive***”；

选择需要调取的“. Zip”文件。

三、SONY 矩阵系统

1. 切换面板 BKS - R3219A

1）概述

SONY 矩阵切换面板 BKS - R3219A 为 1U 切换面板。

图 2. 59

切换面板可根据演播室的系统功能和结构进行设计，例如某演播室共有十三块 BKS - R3219A 切换面板，分别为：ZJF、CG、EMG、TECH、AUDIO、RTM、RTS、TW、VE、U/C、LIGHT、X - Y、WB/JK。可满足通常状态下矩阵信号切换需求。

2）矩阵面板切换

红色状态灯按钮是目的选择键，当点亮时即显示对其当前的目的选择键进行操作；

绿色状态灯按钮是源信号选择键，当按键点亮时当前源信号为选定状态；

切换时先选目的再选源信号。

图 2. 60

图 2. 61

2. 某系统常用矩阵交叉点设置表

功能	目的	源
现场等离子	TW1	VTR1
现场等离子	TW2	UC1
上变换一	UC1	VTR5
上变换二	UC2	VTR6
20 寸技监	VE	FPGM
42 寸监视器	TECH3	UC1
技术区示波器	TECHM	FPGM

3. X－Y 切换面板 BKS－R3220

1）概述

SONY 矩阵 X－Y 切换面板 BKS－R3220 有改变矩阵所有交叉点设置，并设置交叉点保护等功能。

注：通常地，X－Y 面板是其他 32 键切换面板在功能上的补充。

图 2.62

2）矩阵面板切换方法

若演播室 X－Y 面板已设置 11 个源按钮和 2 个目的直切按钮，切换方式参考 32 键面板操作方法。

X－Y 切换方法：

举例说明：将矩阵目的端口“VE”切换为源信号“FPGM”。

切换 ***SOUR/DEST/LEVEL*** 按键呈橙色时，屏幕显示“DEST”，面板此时处于目的切换状态。使用面板右侧旋钮，选择目的信号，并点击“***TAKE***”键确认（图例将目的由“LIGM”改变为“DLPM”）。

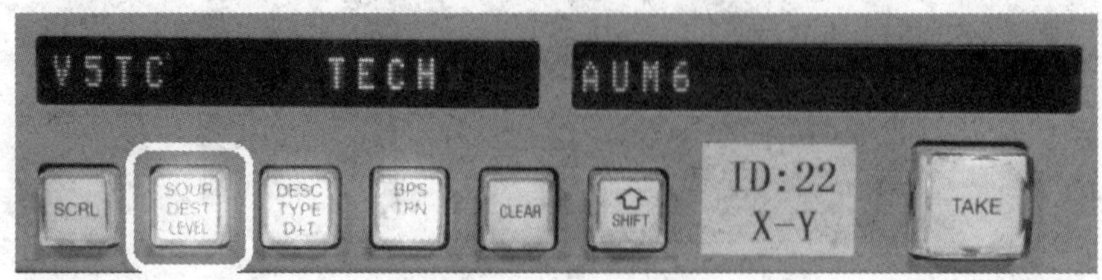

图 2.63

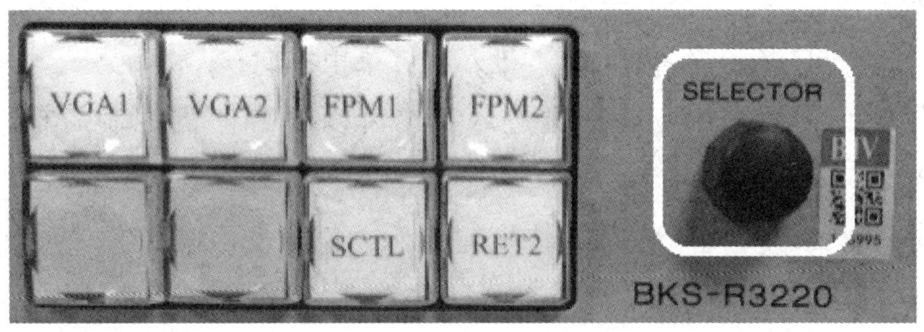

图 2.64

SOUR/DEST/LEVEL 按键呈绿色时，屏幕显示“SOURCE”，面板处于源信号选择状态。使用面板右侧旋钮，选择源信号，点击“***TAKE***”按钮，确认交叉点改变。X－Y 面板切换动作完成（图例将源信号由“Fpm1”改变为“V4TC”）。

图 2.65

4. S－BUS 基本操作方法

1）演播室控制系统概况

演播室控制系统可以基于 SONY 的 S－BUS 协议构成。矩阵作为控制核心连接切换台、AUX 面板、矩阵单母线面板以及 X－Y 面板等。

2）连接 S－BUS

A. 使用专用调试电脑，打开“***TERA TERM PRO***”软件；

B. 在登录界面输入矩阵 IP 地址：***192.168.0.1***，TCP PORT 端口号输入：***1001***，点击“***OK***”后，完成登录；

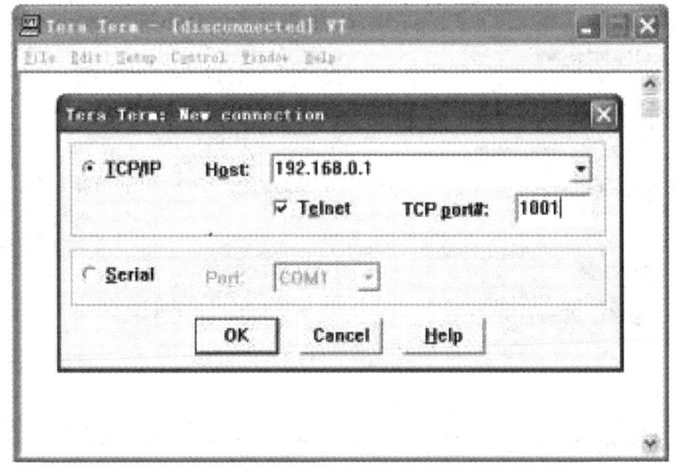

图 2.66

3）软件操作方法

A. 登录后，同时按下 ***CTRL*+*X***，进入软件菜单界面；

B. 所有菜单项可用对应快捷键进入，也可以用方向键控制游标，按回车键进入；

C. 任何一项菜单界面下方均有快捷键提示，例如翻页（***F3/F7***）、回到主界面（***Ctrl*+*E***）、发送（***S***）等。

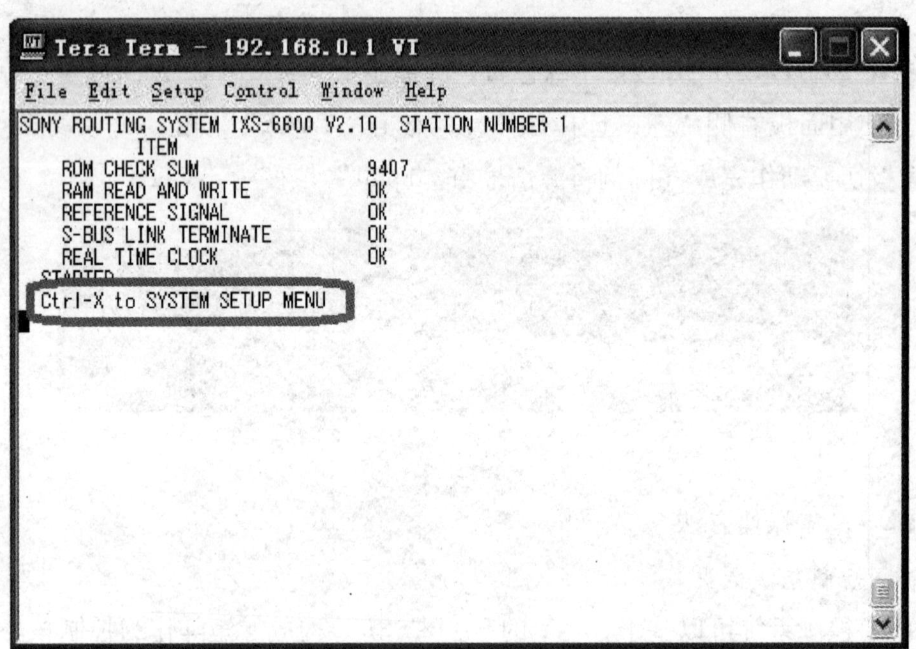

图 2.67

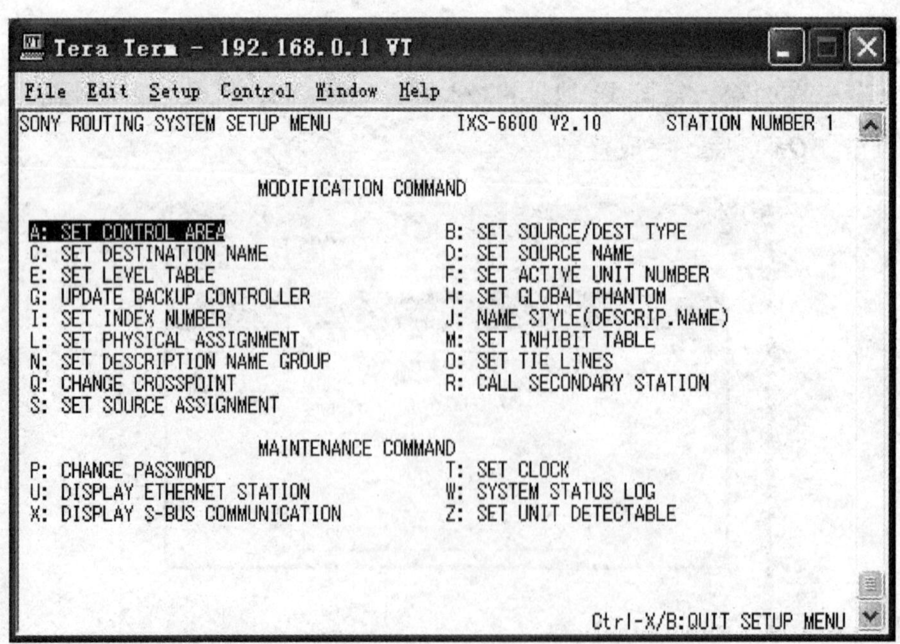

图 2.68

5. S－BUS 初始设置

S－BUS 的初始设置需要编写目的名称、信号源名称以及添加控制面板等操作。

1）设置目的

A. 在主菜单页面按下 ***C***：SET DESTINATION NAME，进入“设置目的名称”菜单页面；

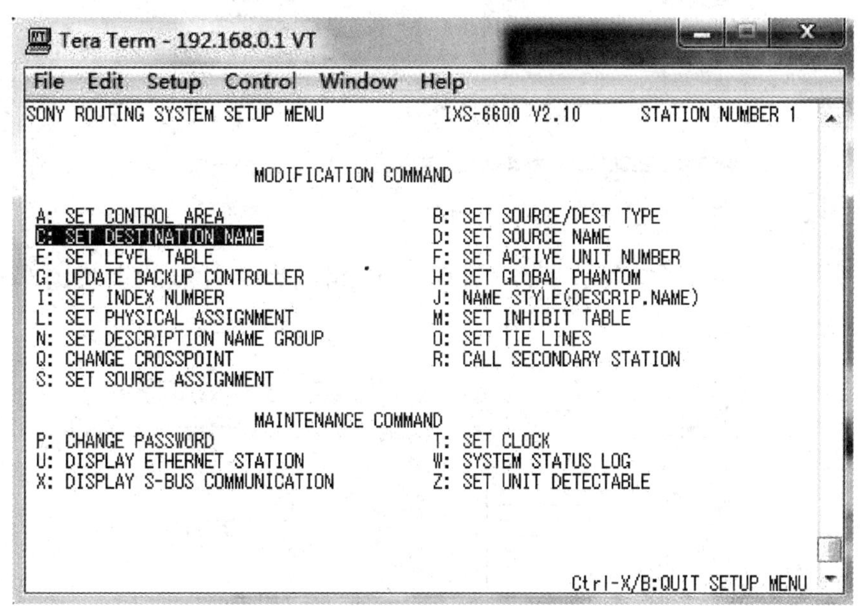

图 2.69

B. 将光标移至对应位置回车，输入目的名称。根据演播室的实际情况，若切换台具有 24 路输出，可对照系统图 ***0001～0024*** 输入目的名称；

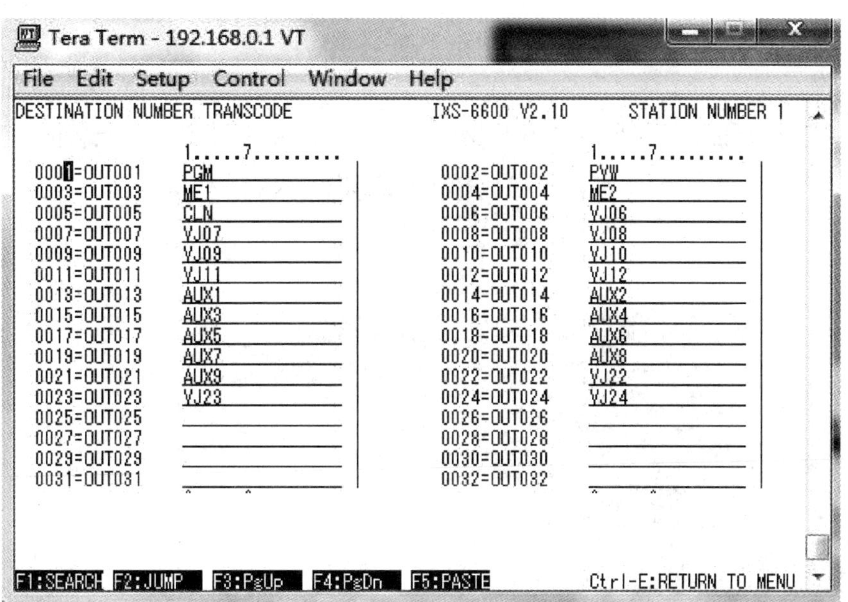

图 2.70

C. 按下快捷键“***F2***”或“***F6***”，输入序列号“***201***”；或下翻页至“***0201***”；

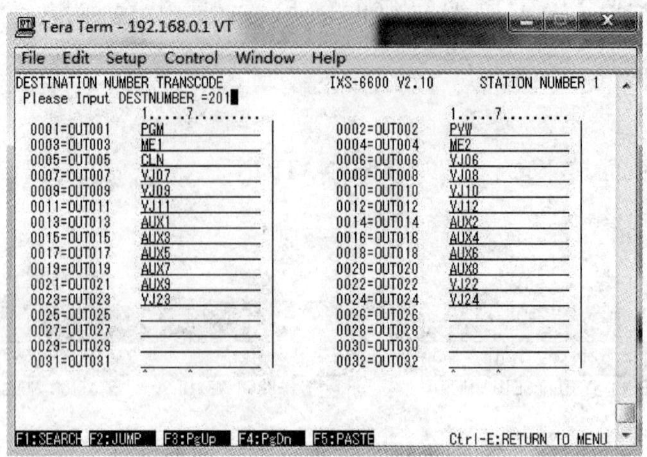

图 2.71

D. 根据演播室的实际情况，若矩阵具有 64 路输出，可对照系统图 ***0201～0264*** 输入目的名称。

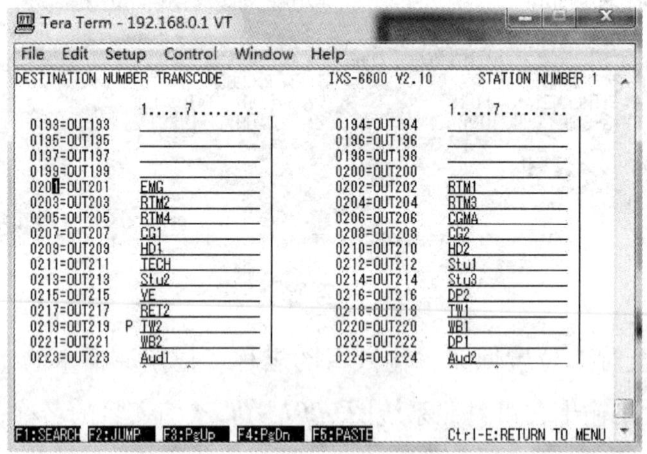

图 2.72

2）设置源名

A. 在主菜单页面按下 ***D***：SET SOURCE NAME，进入“设置信号源名称”菜单页面；

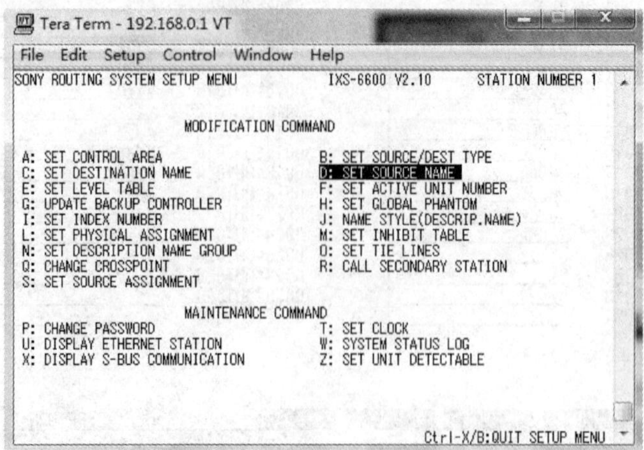

图 2.73

B. 将光标移至对应位置回车，输入信号源名称。根据演播室的实际情况，若切换台具有 34 路输入，可对照系统图 ***0001*** 至 ***0034*** 输入信号源名称；

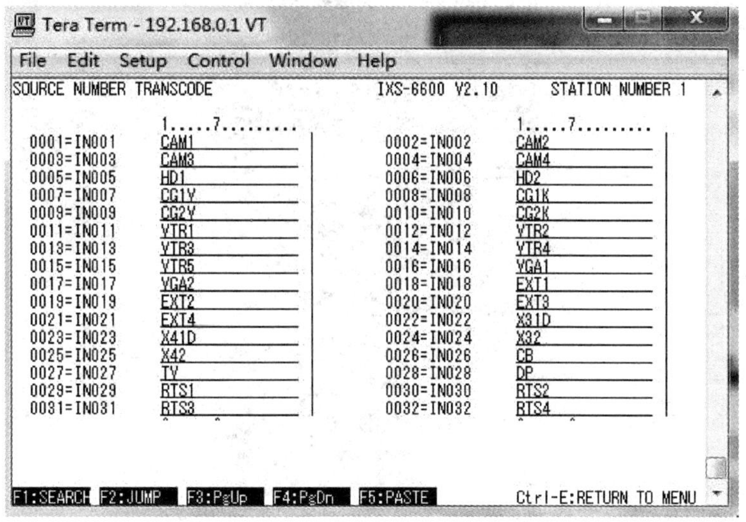

图 2.74

C. 按下快捷键“***F2***”或“***F6***”，输入序列号“***201***”；或下翻页“***F4***”至“***0201***”；

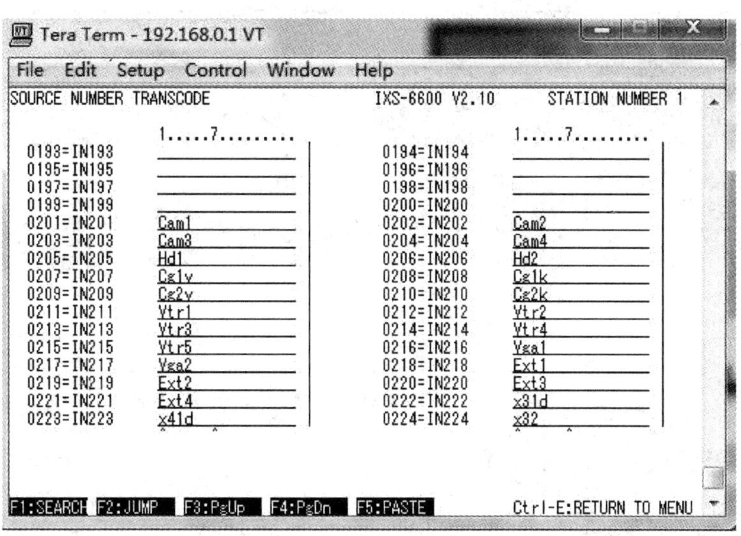

图 2.75

D. 根据演播室的实际情况，若矩阵具有 64 路输入，可对照系统图 ***0201*** 至 ***0264*** 输入信号源名称。

3）添加矩阵控制面板

矩阵控制面板需要设置正确的 ID 号，才能在 S－BUS 设置软件中激活并使用。ID 号是控制面板的唯一识别标志。现以添加 ID 号为 23 的面板为例，操作如下：

A. 将矩阵控制面板连接并加电；

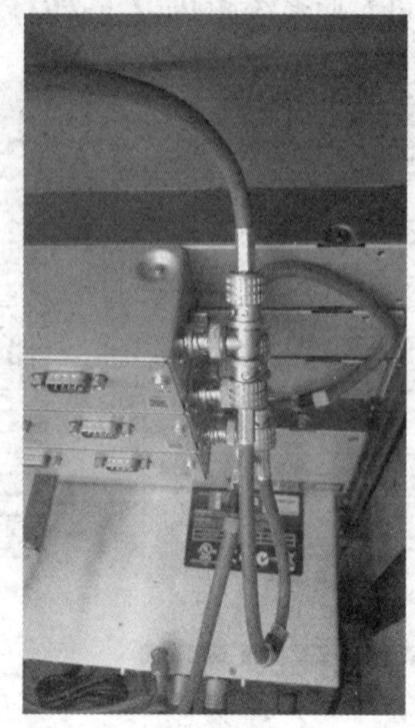

图 2.76

B. 同时按面板左侧的“***STATS*** + ***MONI*** + ***PROT*** + ***LOCK***（***CHOP***）”组合键重新启动面板；

图 2.77

C. 启动面板过程中同时按“STATS + MONI”组合键及控制面板第一排的前四个按键，等面板启动完成后松开；

图 2.78

D. ID 号设置以二进制为基准，可参照对照表来选择需要添加的 ID 号；

注：按键亮起代表二进制“1”，按键不亮代表二进制“0”。

对照表如下：

十进制 ID	二进制 ID	面板按键显示	十进制 ID	二进制 ID	面板按键显示
0	0	0	13	1101	1011
1	1	1	14	1110	0111
2	10	01	15	1111	1111
3	11	11	16	10000	00001
4	100	001	17	10001	10001
5	101	101	18	10010	01001
6	110	011	19	10011	11001
7	111	111	20	10100	00101
8	1000	0001	21	10101	10101
9	1001	1001	22	10110	01101
10	1010	0101	23	10111	11101
11	1011	1101	24	11000	00011
12	1100	0011	25	11001	10011

ID 号 23 的面板按键状态如图 2-79，选择完后按“LOCK（CHOP）”键确认。

图 2.79

E. 在控制面板设置 ID 后，需要激活该 ID 号，才能在 S-BUS 中识别该面板。在主菜单页面按 ***F***：SET ACTIVE UNIT NUMBER 进入“设置激活设备单元号码”菜单；

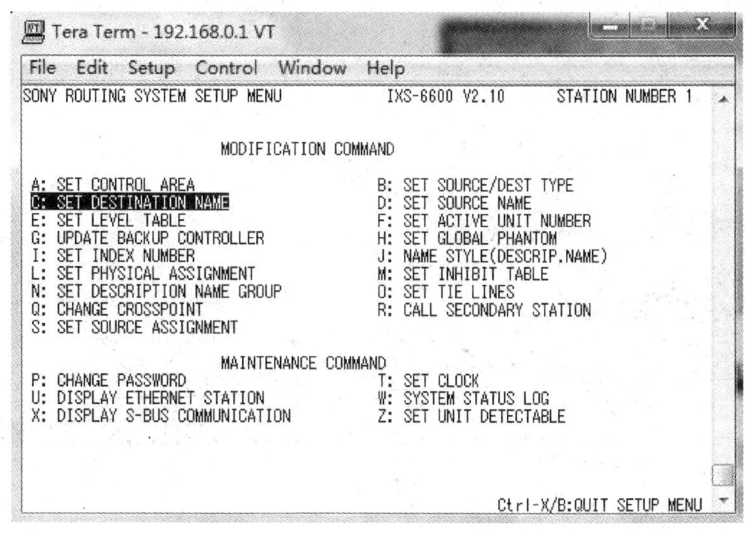

图 2.80

F. 将光标放置在所需要激活的位置“23”，回车后，出现“E”符号，表明激活ID号23的设备，激活ID号以后，可对该面板的按键进行设置；

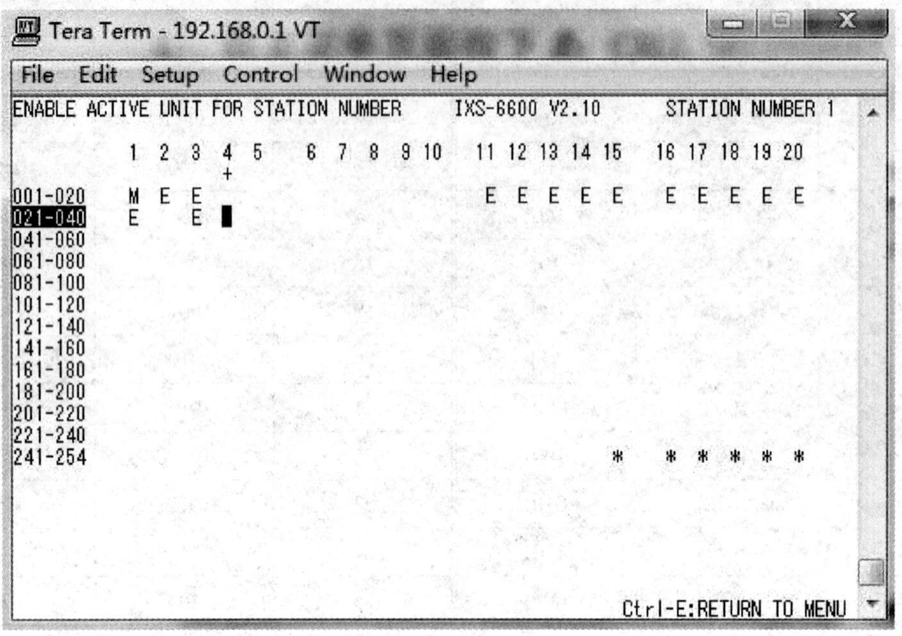

图 2.81

G. 在主菜单页面，输入“R” CALL SECONDARY STATION，进入调取控制面板选择菜单页面；

H. 在“CALL STATION NUMBER”后，输入面板ID号“23”，将进入控制面板设置菜单页面；

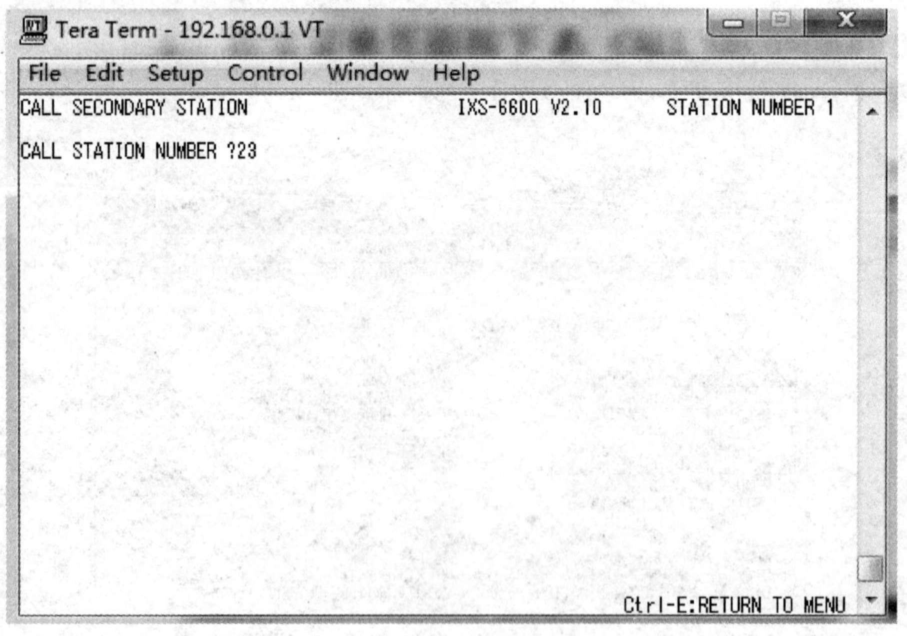

图 2.82

I. 输入“N”：SET PANEL TABLE，进入控制面板按键设置页面；

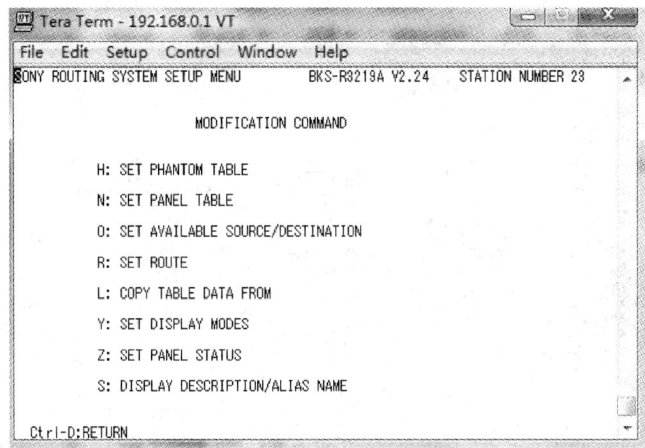

图 2. 83

J. 按键设置面板共分为两部分，包括 SET PANEL TABLE（SOURCE）和 SET PANEL TABLE（DESTINATION），每个部分的 32 个位置，对应着控制面板的 32 个按键；

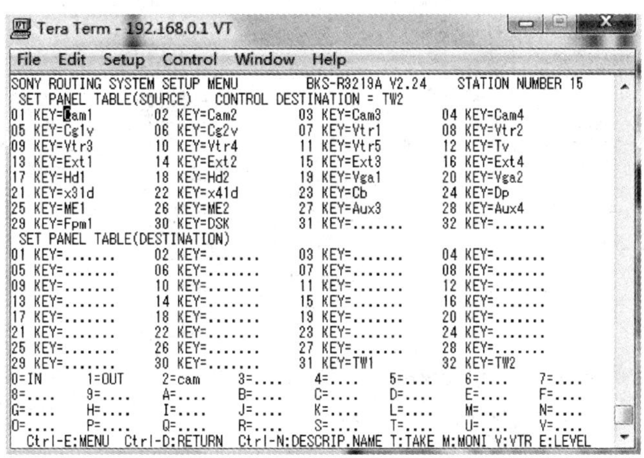

图 2. 84

K. 根据 S－BUS 初始设置中的目的和源名列表，为对应按键配置源或目的功能。例如，在 SET PANEL TABLE（SOURCE）中的“30”位置，回车；

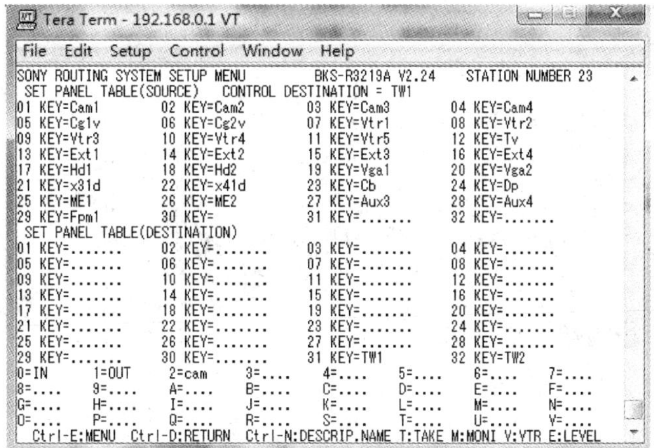

图 2. 85

L. 输入“0”，选择输入分组，“30”位置将显示“IN”；

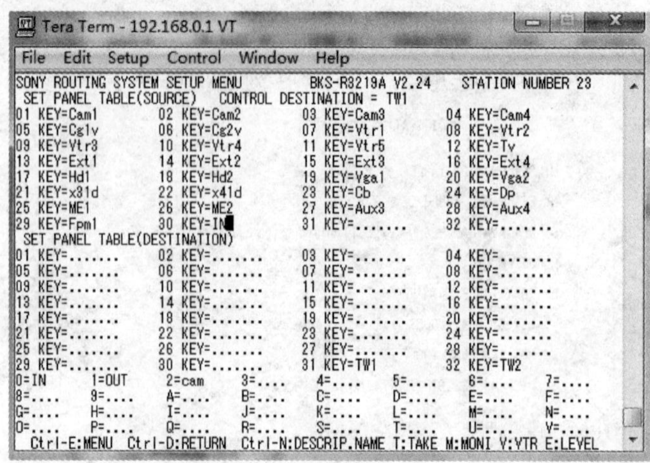

图 2.86

M. 输入“30”位置对应的信号源序号，例如“262”；

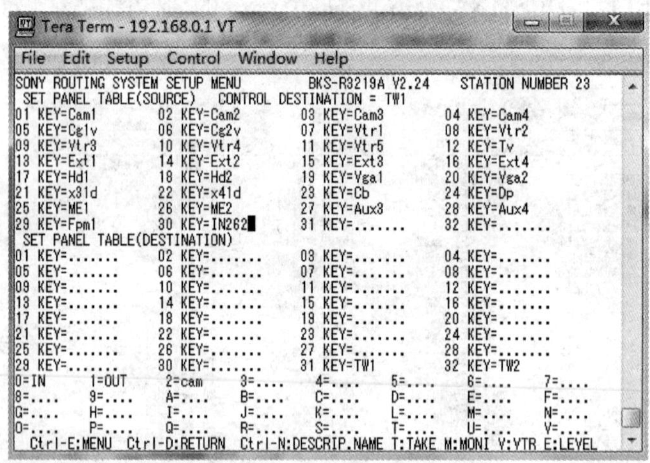

图 2.87

N. 回车，“30”位置将显示信号源分组中的名称“DSK”。

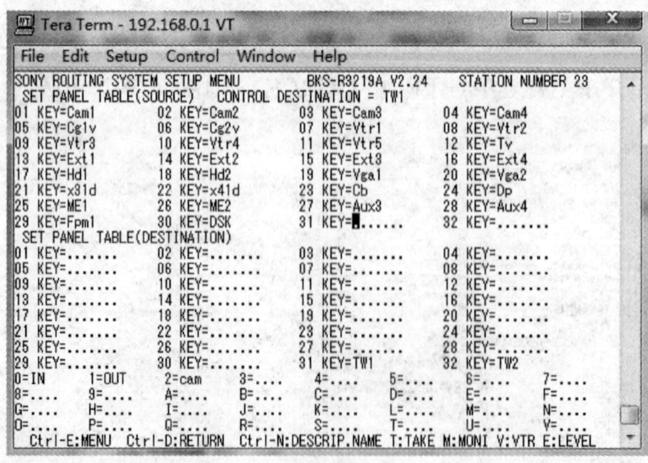

图 2.88

注：控制面板的按键信息需要发送，才能存储在面板中，这将在后续部分中说明。

6. S－BUS 常用修改方法

1）改变矩阵切换面板按键的操作方法

A. 在主菜单页面按下 ***R***：CALL SECONDARY STATION（设置分站），进入后输入面板的 ID 号，例如“***15***”（TW 面板），菜单页面将进入分站菜单；

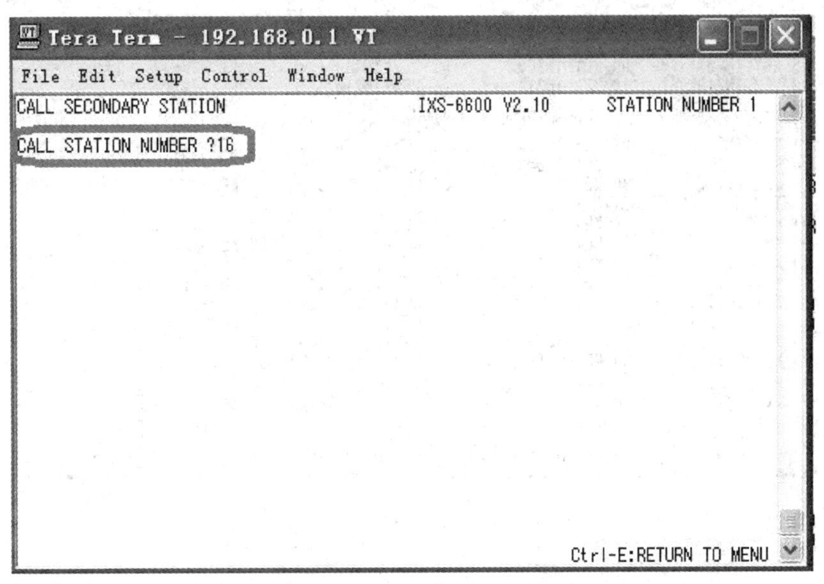

图 2.89

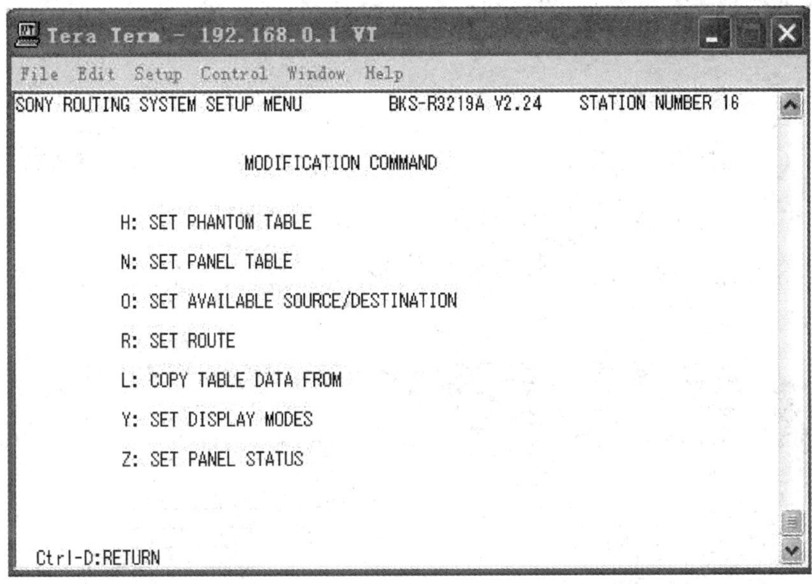

图 2.90

B. 按 ***N***：SET PANEL TABLE（设置面板按键列表），进入面板设置页面；

C. 此面板（R3219）为矩阵 32 键切换面板，可设置目的或源按键共 32 个。上半部分为源信号列表，下半部分为目的信号列表。如同一按键设为源信号后将不能再设为目的按键。通常地，最后几个按键会设为目的按键；

D. 利用方向键控制游标找到需要更改的按键，按回车进行设置，输入“***0***”会直接显示为“***IN***”，输入“***1***”会直接显示为“***OUT***”；

E. 根据系统图，找到需要设置的输入源序号。例如“***CAM1***”，输入“***0***”，再输入***201***。矩阵输入源序号默认从“200”开始；

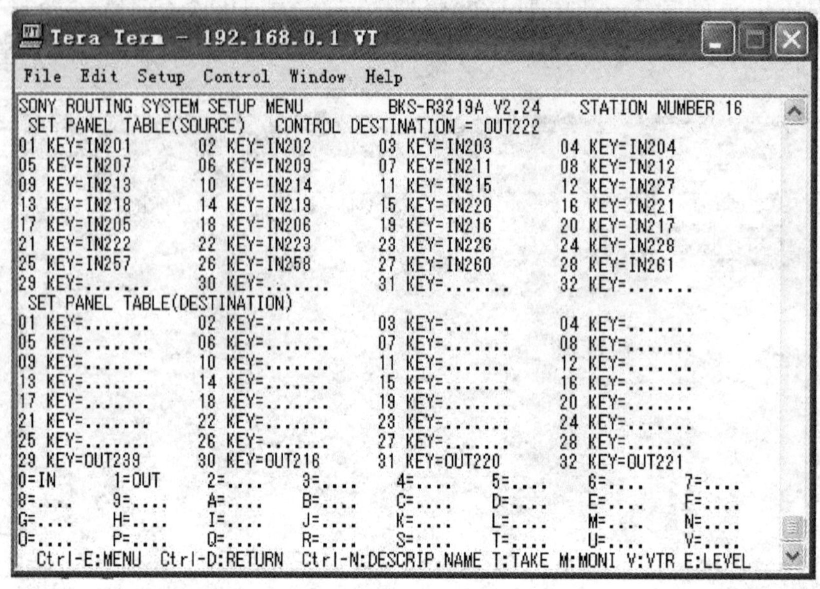

图 2.91

F. 改变矩阵面板按键的操作可以在线完成。当改变对应按键的源或目的序号后，面板上对应的按键将立即更新；

G. 按 ***CTRL*** + ***E*** 返回主菜单。

2）改变名称显示的操作方法

A. 按下 ***C***：SET DESTINATION NAME（设置目的名字），按下 ***F3*** 或 ***F8*** 以及 ***F4*** 或 ***F9*** 进行上下翻页，0001～0200 为切换台输出设置，0201～0400 为矩阵输出设置，在对应物理口序号的位置输入新的目的名字，按 ***CTRL*** + ***E*** 返回菜单；

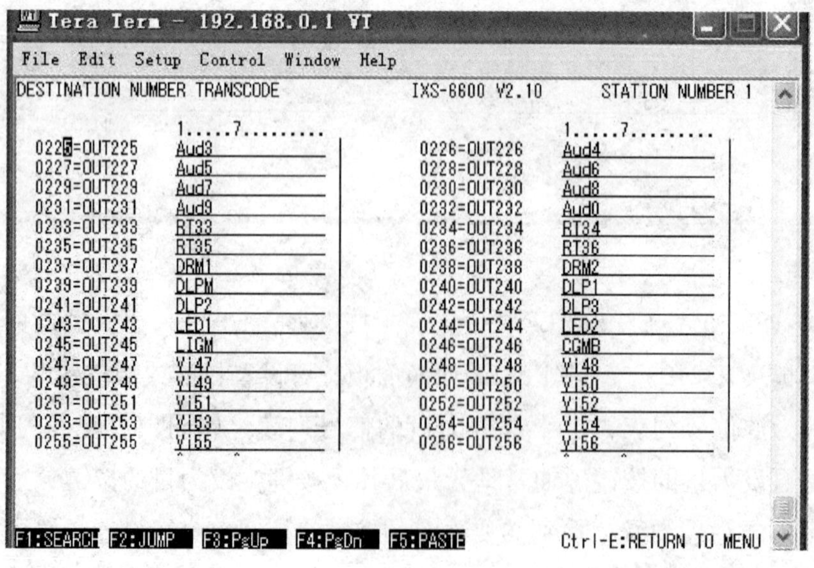

图 2.92

B. 按下 ***D***：SET SOURCE NAME（设置源的名字），按下 ***F3*** 或 ***F8*** 以及 ***F4*** 或 ***F9*** 进行上下翻页，0001 ~ 0200 为切换台输入设置，0201 ~ 0400 为矩阵输入设置，在对应物理口序号的位置输入新的源和目的名字，按 ***CTRL*** + ***E*** 返回菜单；

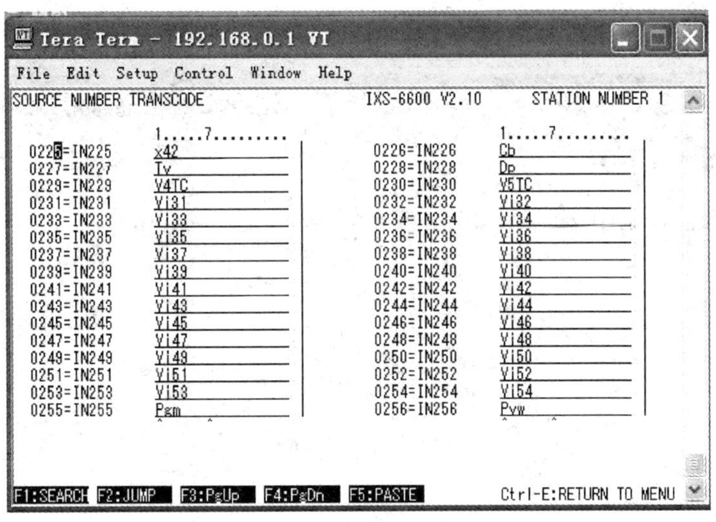

图 2.93

C. 设置好源和目的后，再按下 ***N***：SET DESCRIPTION NAME GPOUP（设置描述名字的编组）把新增的信号名字找到相应的端口，按 ***F1*** 或 ***F6*** 在下方找到改好的名字进行移动，回车确认。按 ***F3*** 或 ***F7*** 可进行下方源和目的的切换。按 ***B*** 可选择不同的编组，编组 ***1*** 为输入组，编组 ***2*** 为输出组。把所有编组都改好后先按 ***S***，再按 ***A*** 进行保存，这样新增或改变的信号名字就保存到矩阵主机及面板上了；

D. 如需改变 X - Y 面板显示名称，需要先按"***S***"，再输入 X - Y 面板序号"***22***"。

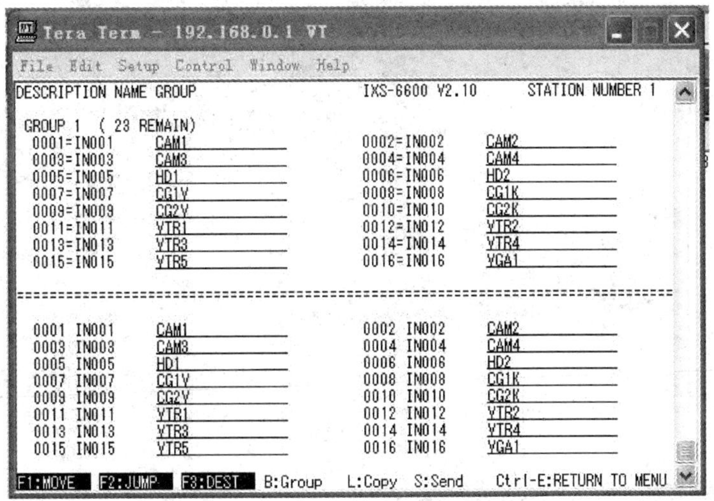

图 2.94

7. S－BUS 其他操作方法

1）设置 S－BUS 虚拟矩阵规模

在主菜单界面按下 ***A***：SET CONTROL AREA（设置控制区域），信号源为 0001～1024，信号目的为 0001～1024。其中，切换台的规模由 1×1 到 136×138，矩阵规模由 201×201 到 264×268。

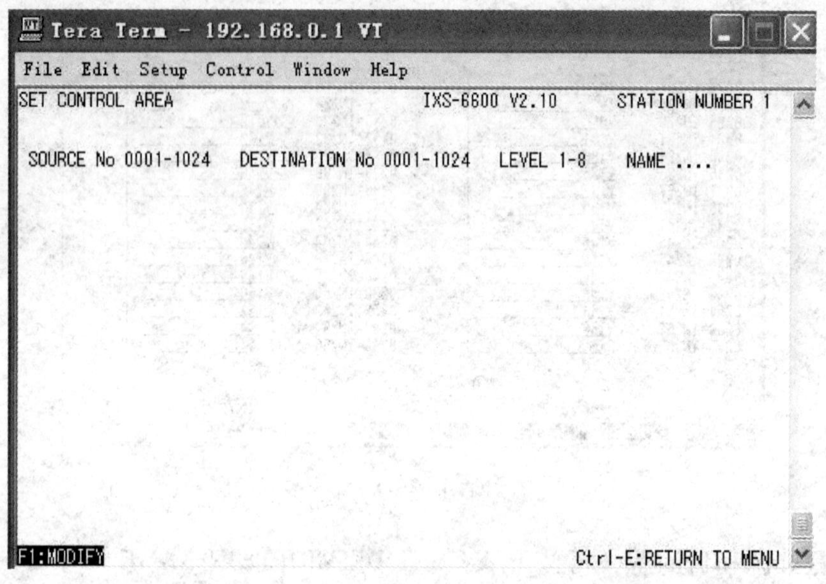

图 2.95

2）设置快捷代码

按下 ***B***：SET SOURCE/DEST TYPE（设置源和目的的类型），例如某演播室默认状态：***0*** 为 IN，***1*** 为 OUT。在源和目的序号设置步骤时，可通过“***0***”和“***1***”快速输入“***IN***”和“***OUT***”。

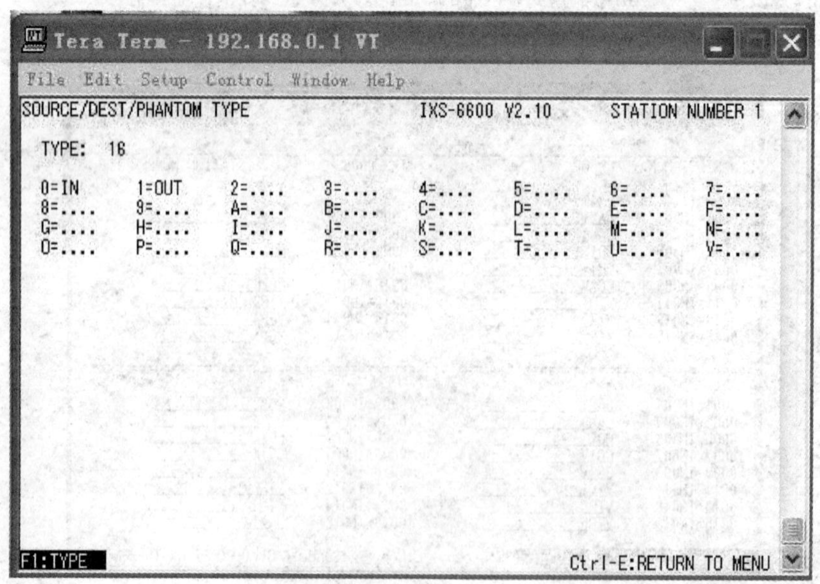

图 2.96

3）设置层

如需要增加多层控制方式，可设置层列表菜单。按下 ***E***：SET LEVEL TABLE（设置层表），按下 ***F3*** 或 ***F8*** 进行设置层。演播室不需要设置多层，所有控制点在 LEVEL1。

```
Tera Term - 192.168.0.1 VT
File  Edit  Setup  Control  Window  Help
LEVEL TABLE                          IXS-6600 V2.10      STATION NUMBER 1
                                                  LEVEL:1-8
                  1=1    2=2    3=3    4=4    5=5    6=6    7=7    8=8

 No. out          1      2      3      4      5      6      7      8
 0202 RTM1        1      ....   ....   ....   ....   ....   ....   ....
 0203 RTM2        1      ....   ....   ....   ....   ....   ....   ....
 0204 RTM3        1      ....   ....   ....   ....   ....   ....   ....
 0205 RTM4        1      ....   ....   ....   ....   ....   ....   ....
 0206 CGM         1      ....   ....   ....   ....   ....   ....   ....
 0207 CG1         1      ....   ....   ....   ....   ....   ....   ....
 0208 CG2         1      ....   ....   ....   ....   ....   ....   ....
 0209 HD1         1      ....   ....   ....   ....   ....   ....   ....
 0210 HD2         1      ....   ....   ....   ....   ....   ....   ....
 0211 TECH        1      ....   ....   ....   ....   ....   ....   ....
 0212 Stu1        1      ....   ....   ....   ....   ....   ....   ....
 0213 Stu2        1      ....   ....   ....   ....   ....   ....   ....
 0214 Stu3        1      ....   ....   ....   ....   ....   ....   ....
 0215 VE          1      ....   ....   ....   ....   ....   ....   ....
 0216 DP2         1      ....   ....   ....   ....   ....   ....   ....
 0217 RET2        1      ....   ....   ....   ....   ....   ....   ....
 0218 TW1         1      ....   ....   ....   ....   ....   ....   ....
F1:SEARCH F2:JUMP  F3:LEVEL F4:ENA                 Ctrl-E:RETURN TO MENU
```

图 2.97

4）设置面板状态

在主菜单界面按下 ***F***：SET ACTIVE UNIT NUMBER（设置运行单元的编号），在对应 ID 序号的位置回车，显示"***E***"代表激活该面板。当加入面板或改变面板序号时，需要操作此步骤。

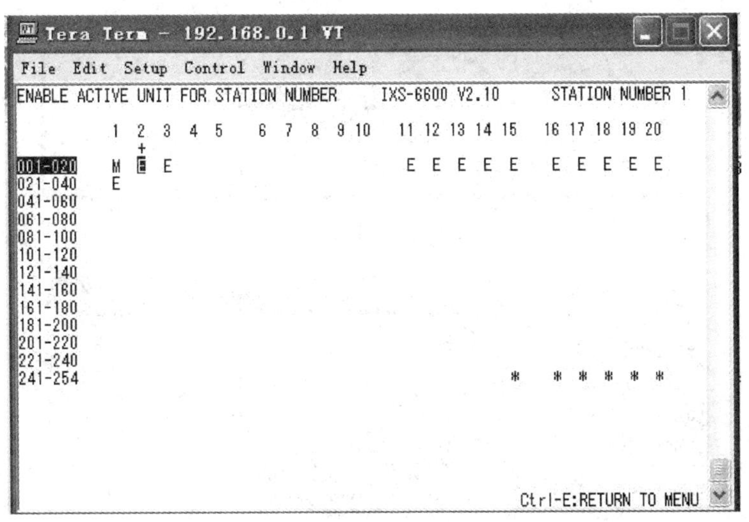

```
Tera Term - 192.168.0.1 VT
File  Edit  Setup  Control  Window  Help
ENABLE ACTIVE UNIT FOR STATION NUMBER     IXS-6600 V2.10      STATION NUMBER 1

             1  2  3  4  5   6  7  8  9 10   11 12 13 14 15   16 17 18 19 20
                +
001-020      M  E  E                          E  E  E  E  E    E  E  E  E  E
021-040      E
041-060
061-080
081-100
101-120
121-140
141-160
161-180
181-200
201-220
221-240
241-254                                                 *    *  *  *  *  *

                                                          Ctrl-E:RETURN TO MENU
```

图 2.98

5）设置名称显示方式

名称显示方式有两种：类型 + 序号、文字描述。按下 ***J***，NAME STYLE 在"***DESCRIP + NAME***"和"***Type + Num***"之间切换。通常地，在做 S – BUS 基础设置时使用序号方式，在修改按键位置时使用文字描述方式。

6）禁用交叉点

通常地，高标清兼容系统中会存在部分交叉点禁用情况。在某演播室系统中，“EMG”、“RET2”、“U/C1”、“U/C2”、“CG1”、“CG2”、“RTS”等目的，设有部分禁用源信号。

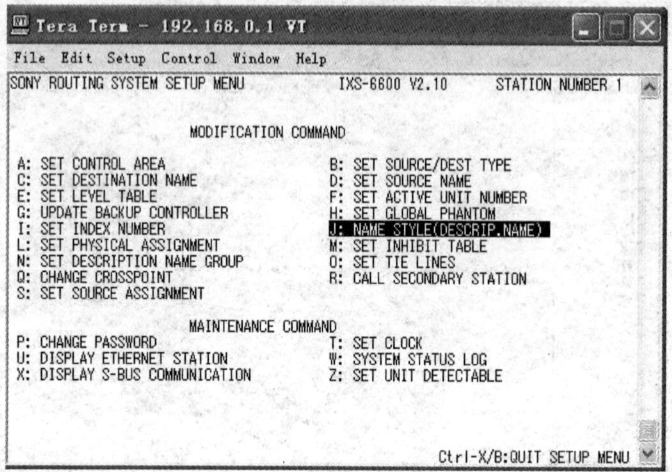

图 2.99

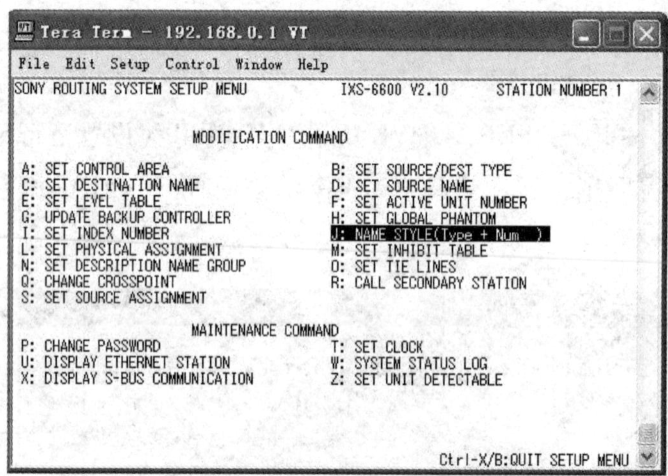

图 2.100

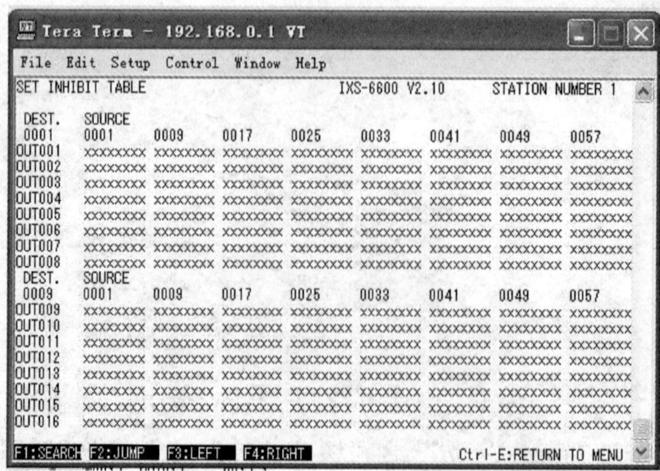

图 2.101

8. 附 S－BUS 设置流程 （仅供参考）

Flow chart of the setup procedure is shown.

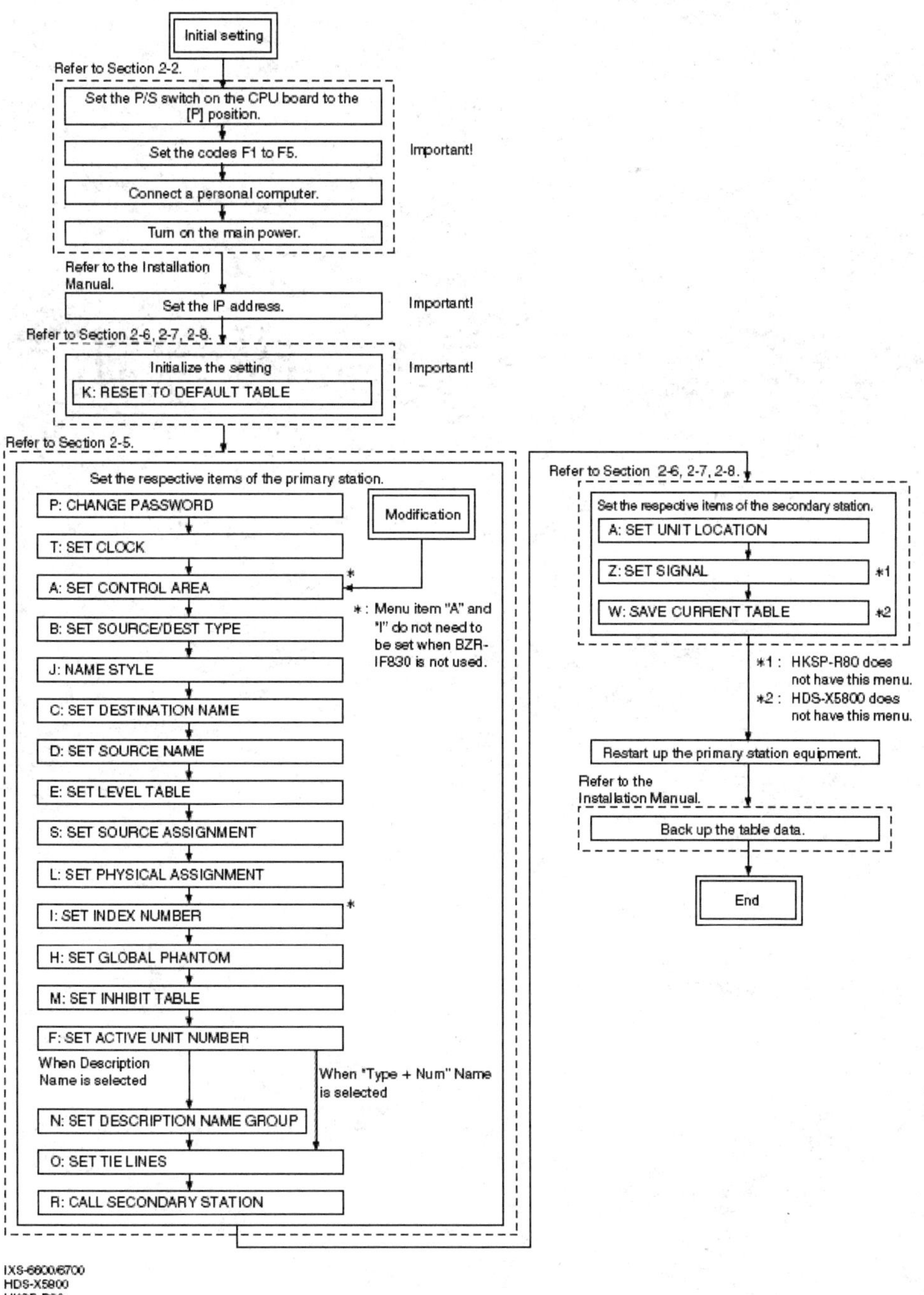

图 2. 102

第三章 摄像机系统

一、摄像机概述

摄像机是演播室系统中重要的信号源。摄像机利用光—电转换，将镜头前景物的光信号转换成相应电信号。摄像机的主要性能指标通常包括清晰度、信噪比、调制深度、灵敏度、量化比特数等。

1. 摄像机组成

摄像机系统除了演播室摄像机机身，还包含摄像机控制单元、控制面板、镜头、伺服、脚架、摇臂等子系统。演播室摄像机机身部分包含镜头、滤色片、分光系统、光电转换器、信号处理系统、辅助处理系统等。

2. 摄像机分类

摄像机根据使用方式分类，可分为新闻采访（ENG）摄像机和现场节目制作（EFP）摄像机；按承载方式可分为便携式演播室摄像机和可支持箱式镜头的重型演播室摄像机。

本文以 SONY 和 GV 两款演播室摄像机为例，介绍常用操作方法。内容包括寻像器和镜头的使用、通话与伺服的使用、白平衡调整等。另外，本书还包括了三脚架与摇臂系统的操作方法。文章中涉及的内容对其他类型的演播室摄像机系统有借鉴意义。

二、摄像机（SONY HDC－1580）

SONY HDC－1580 摄像机系统包含摄像机控制单元（HDCU－1080）、摄像机机身（HDC－1580）、控制面板（RCP－1500）以及光缆、镜头、伺服等附件。

1. 开机

1）CCU 电源开关

CCU（HDCU－1080）电源开关在 CCU 主机面板上，分别为 ***MAIN POWER*** 和 ***CAMERA POWER***。先开 ***MAIN POWER***，再开 ***CAMERA POWER***；关机顺序相反，先关 ***CAMERA***，再关 ***MAIN***。

图 3.1

图 3.2

2）摄像机机身电源开关

当机身电源开关处于"***CCU***"位置，状态灯为绿色，摄像机机身电源由 CCU 提供，绿色灯表示开启，红色灯表示 CCU 未给机身供电；当开关处于"***OFF***"位置，状态灯红色，摄像机机身电源未开启，但 CCU 电源开启。

当摄像机机身有特殊操作，例如拔光缆、换镜头等操作时，需要将机身电源关闭，开关置于"***OFF***"位置，保证状态灯红色。

图 3.3

图 3.4

2. 寻像器

1）接口

寻像器可拆卸。安装时顺着机身上方的三角形卡槽平推，听到"咔啪"声。然后将连接线与机身连接即可。拆卸时，按住卡槽两边的按钮，同时用力并将寻像器向外拉出卡槽即可。

图 3.5

图 3.6

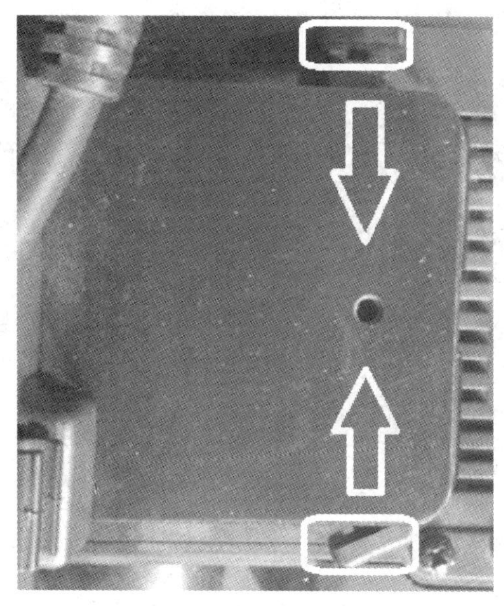

图 3.7

2）寻像器角度调整

寻像器可根据摄像师的不同要求进行不同角度的调整。

寻像器支架在俯仰方向分两部分。上方锁止旋钮可以调整寻像器角度。下方支架锁止旋钮可以调整支架俯仰角度。

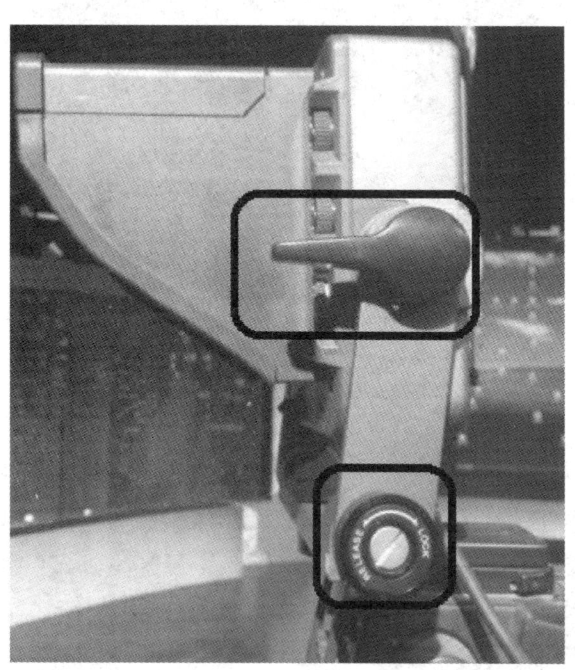

图 3.8

3）标志器

根据演播室视频系统的录制要求，如是高清制作标清记录，画面构图应以 4∶3 为主，兼顾 16∶9。寻像器设置 4∶3 标志器。如需修改寻像器标志器显示方式，操作方法如下：

A. 打开机身侧面的“***MENU***”开关，寻像器上显示菜单页面；

图 3.9

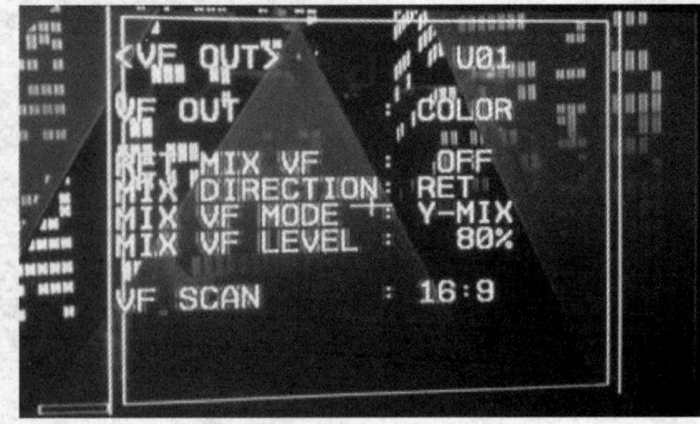

图 3.10

B. 旋转机头前方的搜索轮找到“U06”页，按下搜索轮将“?”变为“➡”确认所选页面；

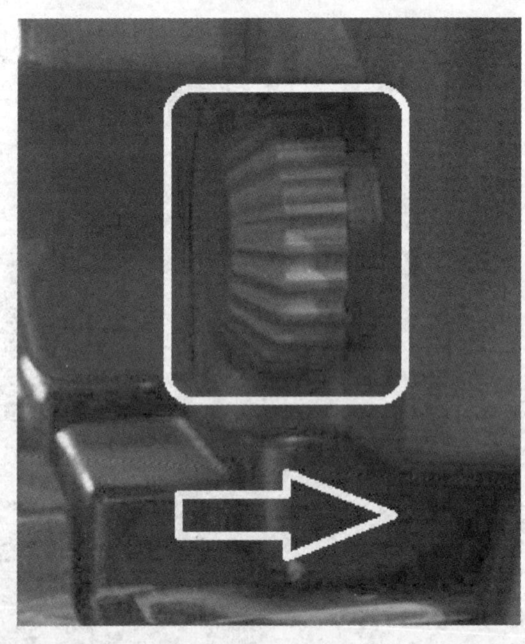

图 3.11

图 3.12

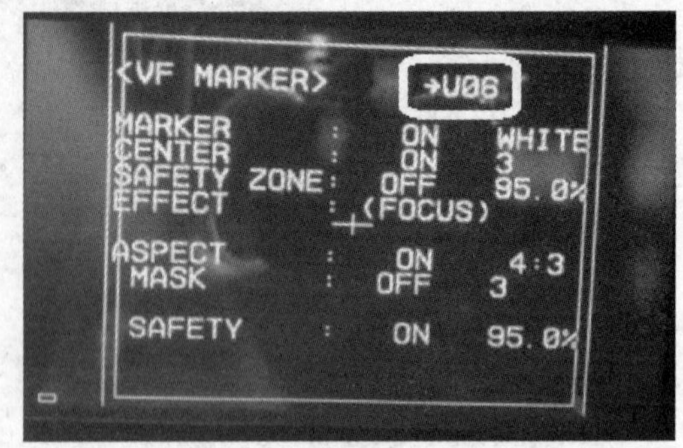

图 3.13

C. 再次旋转搜索轮将箭头移动至“***4:3***”选项，按搜索轮确认，然后再旋转搜索轮找到“***16:9***”选项，继续按搜索轮确认即可。

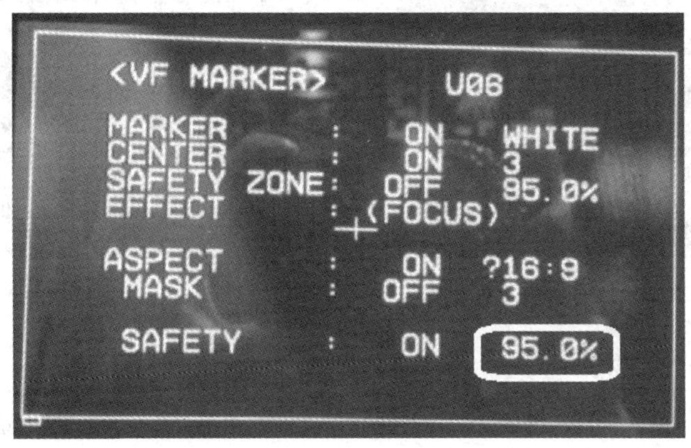

图 3.14

4）ZEBRA

ZEBRA“斑马纹”的作用是通过寻像器显示画面亮度程度的提示信息。摄像机拍摄的画面中，亮度值超过标称值的区域，会出现黑白相间的斜纹，即斑马纹。演播室斑马纹通常为“OFF”状态，由 OCP 控制画面亮度。如需在摄像机上做手动光圈控制，可打开“ZEBRA”菜单，并设置合适的标称值。

调整操作如下：

A. 打开“***MENU***”键，寻像器上显示菜单页面；

B. 旋转机头前方的搜索轮找到“U08”页；

C. 按下搜索轮将“?”变为“➡”确认所选页面；

D. 使用搜索轮，将“***OFF***”变为“***ON***”；

E. 将光标移到“***ZEBRA LEVEL***”，改变标称值，出厂设置为 70%。

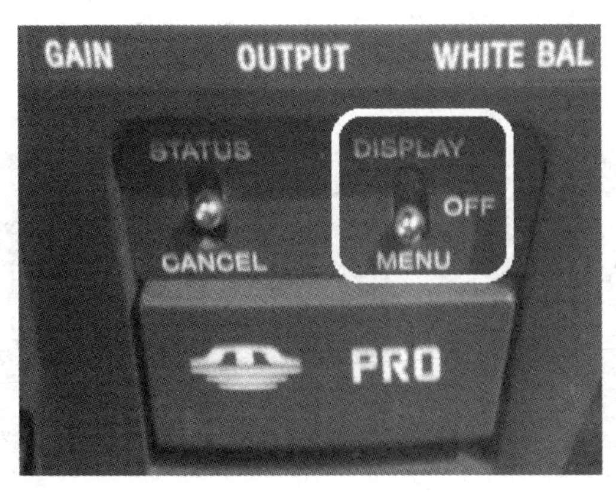

图 3.15

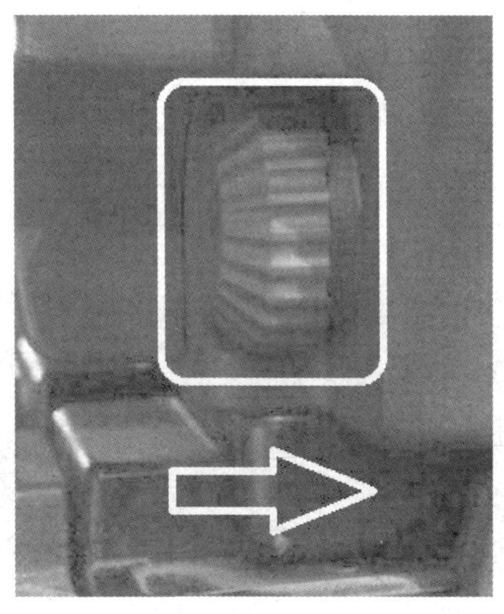

图 3.16

图 3. 17

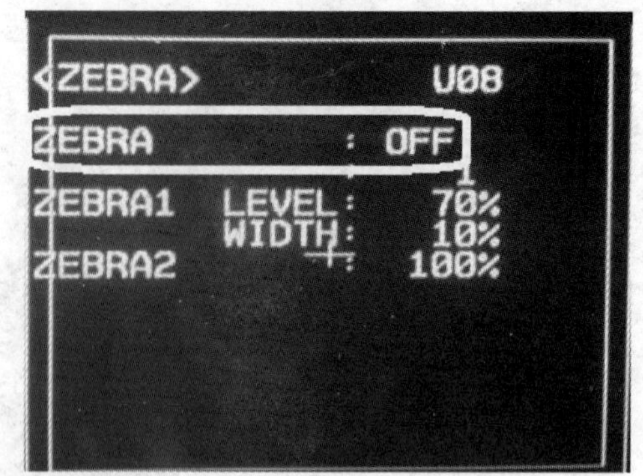

图 3. 18

5）PEAKING

PEAKING 可以改变寻像器显示的锐度，使画面轮廓更明显。适当提高“PEAKING”效果可使画面更锐，有利于聚焦。

图 3. 19

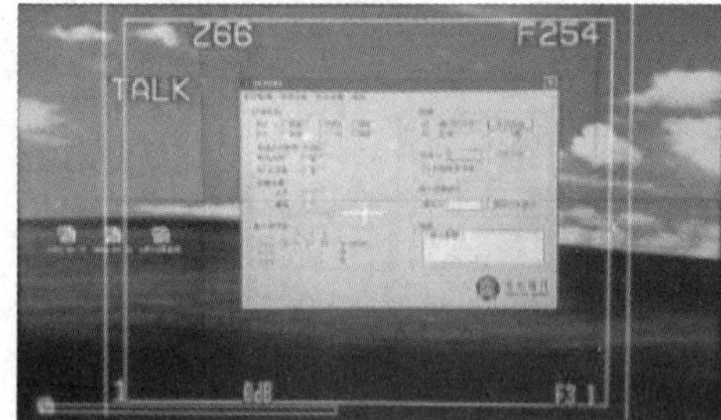

图 3. 20　调整前

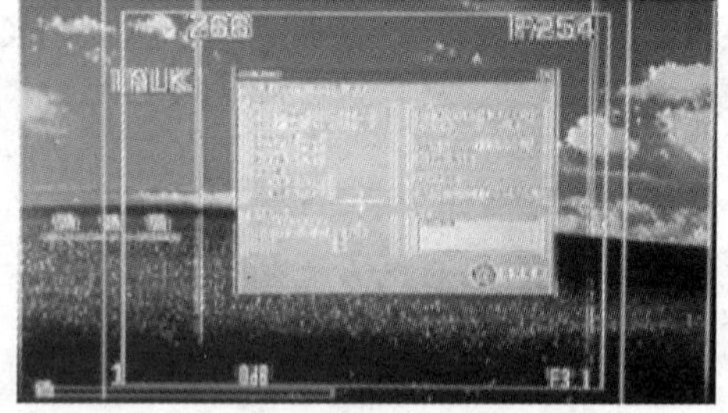

图 3. 21　调整后

3. 倍率镜

倍率镜位于摄像机机头的左下方，倍率镜打开的情况下 OCP 面板上的“***EXT***”显示亮灯状态。对于大部分镜头来说，打开倍率后，光圈减小一倍，画面亮度降低，注意跟光圈（将光圈档位提高一倍）。

注：倍率镜开启后，画质降低。当不使用倍率镜时，即时提醒摄像师关闭倍率镜。

图 3. 22

图 3. 23

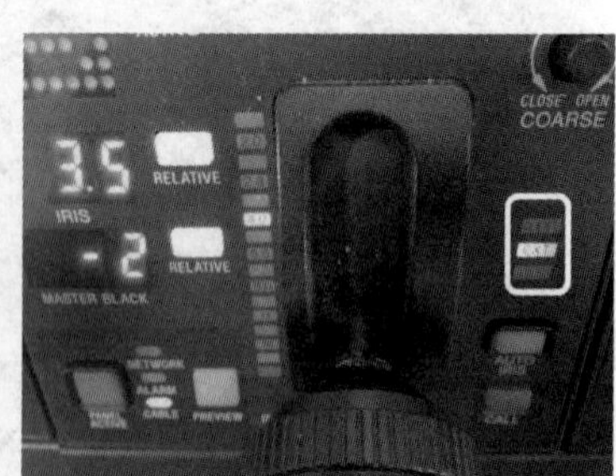

图 3. 24

4. 通话

1）摄像机通话操作方法

摄像机机身上有两个通话接口（INTERCOM 1、INTERCOM2），可接摄像机单耳通话耳机。通话线和接口是四芯，通话信号由 CCU 输入，通过光缆传输，可传输两通道通话信号“ENG”和“PROD”。

通道分配可根据使用习惯设计。例如，四线矩阵通话系统连接 ENG 通道作为主，party－line 二线系统经“二四线转换器”，送给 PROD 作为备。通过图示旋钮（图 3.25）可调整两通道监听音量。

注：关于通话通道配置情况，请参考本手册通话部分。

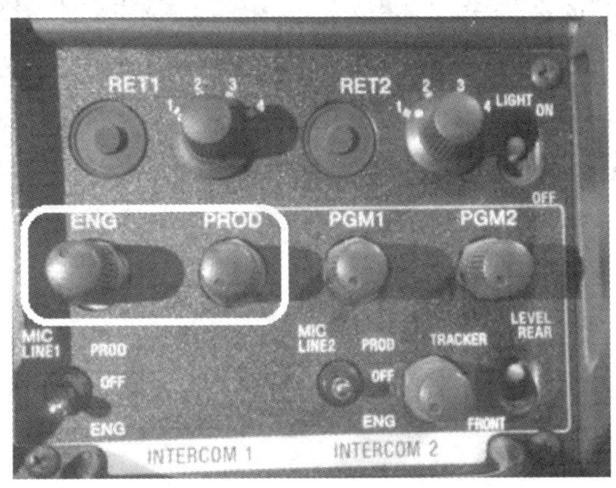

图 3.25

通过 ***MIC LINE 1*** 和 ***MIC LINE 2*** 可调整通话“说”状态，***OFF*** 状态为关闭通话 MIC，通常处于 ***OFF*** 状态。摄像师需要沟通时，打开 ***ENG***；当主通话系统出现故障时，打开 ***PROD*** 作为应急使用。

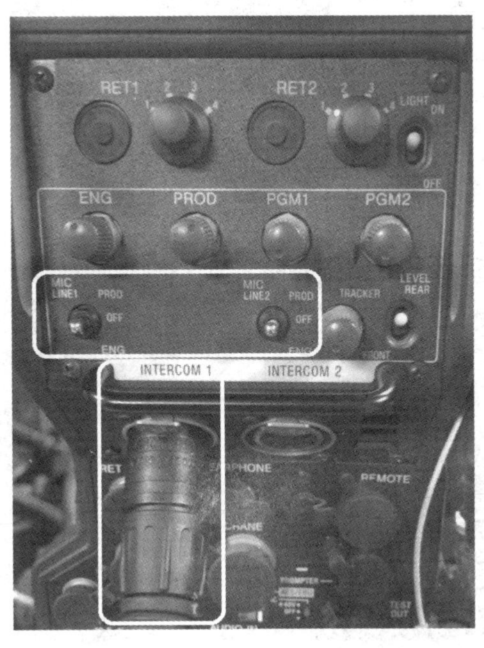

图 3.26

2）摄像耳机话筒设置

摄像耳机话筒通常有电容（CARBON）和动圈（DYNAMIC）两种。摄像机需要根据耳机话筒类型修改摄像机机身菜单，才能使话筒正常工作。

例如，摄像耳机话筒类型为动圈，而摄像机默认菜单项为电容。在用户菜单第 13 项“***U13***”，将“***INTERCOM1***”或“***INTERCOM2***”的“***MIC***”话筒类型由“***CARBON*** ”改为“***DYNAMIC*** ”。

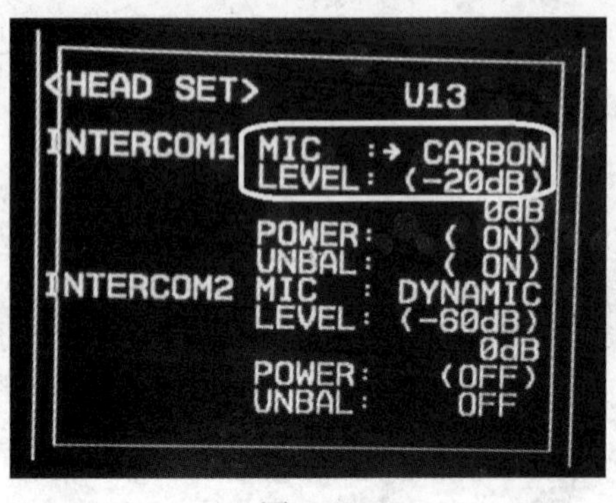

图 3.27

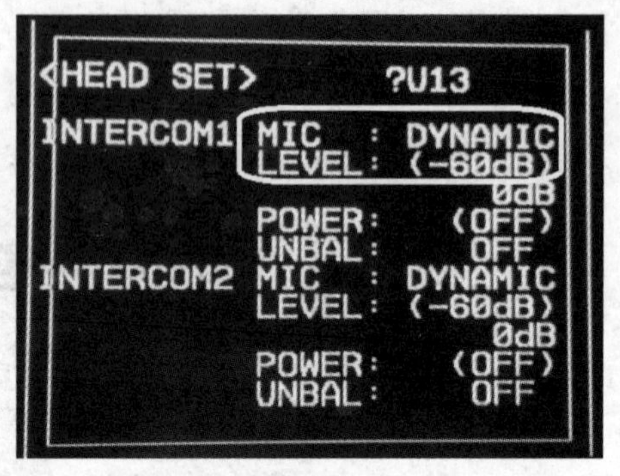

图 3.28

5. 伺服

1）概述

伺服系统包括变焦和聚焦。

通常地，变焦手柄装在右侧，聚焦手柄装在左侧。控制线连接到镜头对应接口上。连接接口时要将凹槽对准，适当用力推进插槽，并听到“咔啪”声。摘下控制线时，首先要将外圈拉下，均匀用力把控制线从插槽拔下。

图 3.29

图 3.30

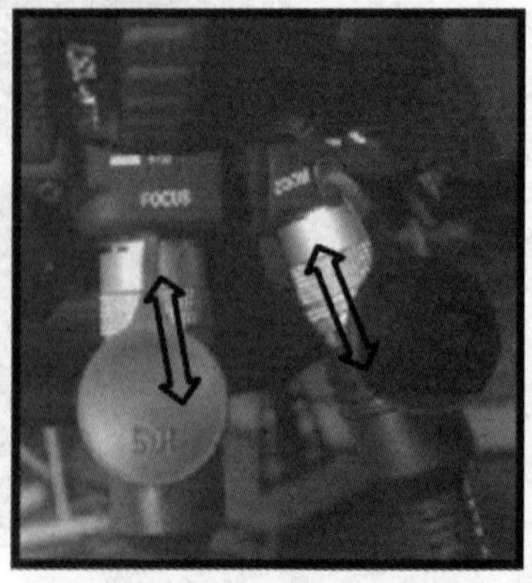

图 3.31

2）伺服与手柄的安装方法

- 松开外侧支架。
- 将支架固定。
- 调整锁止旋钮，使安装架固定在手柄上。

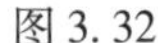
图 3.32

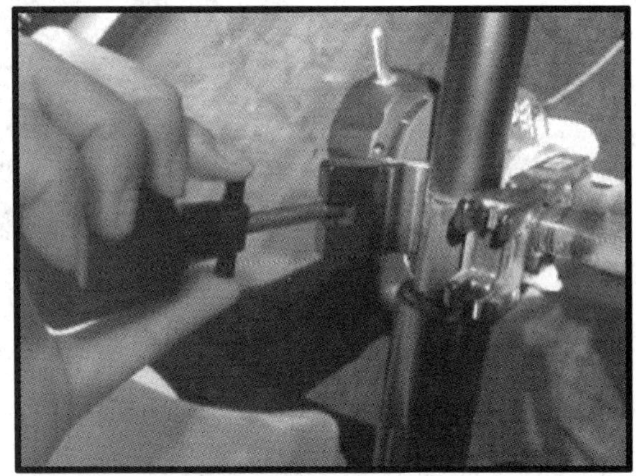

图 3.33

图 3.34

图 3.35

3）手动聚焦和手动变焦

伺服可以通过切换开关在手动控制与伺服控制之间转换。拨动机身下方的手动拨钮，转到“***S***”位置时，处于伺服状态，变聚焦通过伺服马达驱动；拨钮转到“***M***”位置时，处于手动状态。

图 3.36

聚焦变焦拨到手动方式时，需手动转动镜头变焦轮和聚焦轮完成变焦和聚焦操作。

图 3.37

6. 摇臂监看连接方法

摄像机（摇臂）如果没有 HD－SDI 数字高清输出接口，需要用 TEST OUT 和 PROMPTER 接口输出本机和返送信号。

图 3.38

1）TEST OUT

测试信号输出接口，接到了摇臂监视器的模拟复合输入，用来监看本机信号。

图 3.39

TEST OUT 输出的 VBS 本机模拟复合信号，需要对输出通路和下变换方式做调整。在 U17 菜单中，选择下变换方式，ASPECT 项选为 EC 切边。

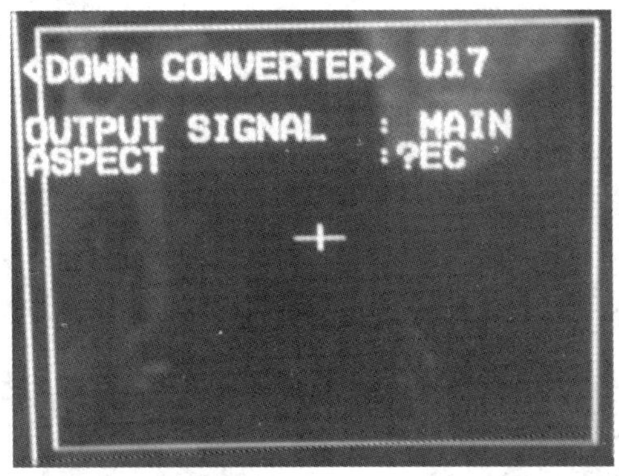

图 3.40

TEST OUT 有 VF、VBS、SD－SYNC、HD－SYNC 四个选项可选，需要时可在菜单中选择，在菜单 U16 页中调整。

- VF：寻像器显示；
- VBS：本机标清模拟复合；

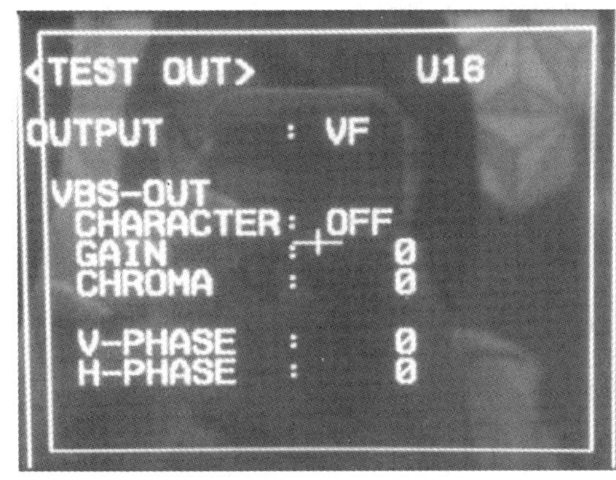

图 3.41

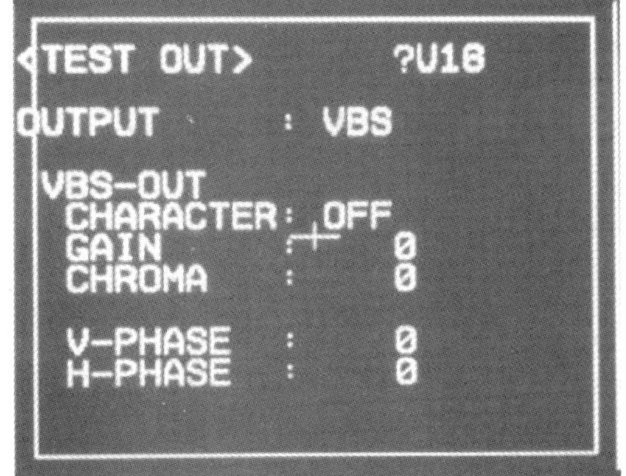

图 3.42

- SD－SYNC：标清同步（BB）；
- HD－SYNC：高清同步（三电平）。

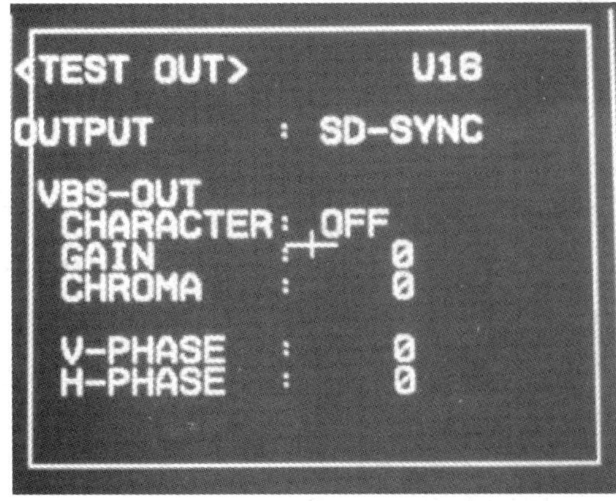

图 3.43

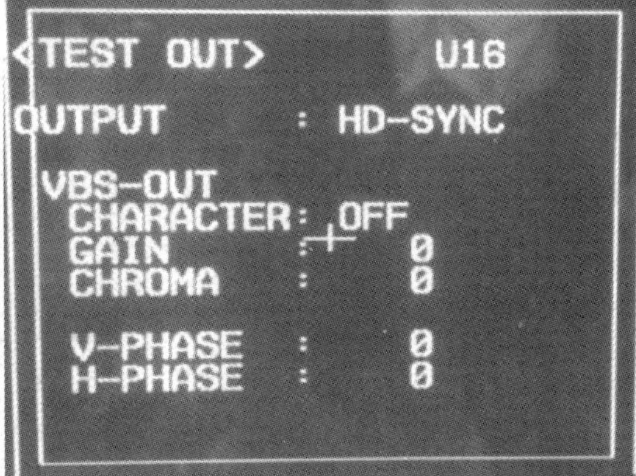

图 3.44

2）PROMPTER

PROMPTER 是一条模拟复合信号传输通路，由 CCU 输入，摄像机机身输出。PROMPTER 通道可以传输 PGM VBS 信号，供摇臂返送监视器使用。接到摇臂返送监视器模拟复合输入。

图 3.45

图 3.46

7. 场景 SCENE

CCU 开启后，OCP 面板（RCP－1500）将随之启动。

1）存储状态

根据录制节目场景的不同需求，可对摄像机的参数进行调整，然后保存为不同的“***SCENE***”状态。

A. 确认 OCP 菜单状态正确；

B. 点击“***STORE***”键开始闪烁，选择要存储的状态号；

C. 对应状态灯亮起，“***STORE***”显示灯关闭，完成存储操作。

2）调用状态

直接点亮所需场景按键。

图 3.47

8. 白平衡

1）自动白平衡

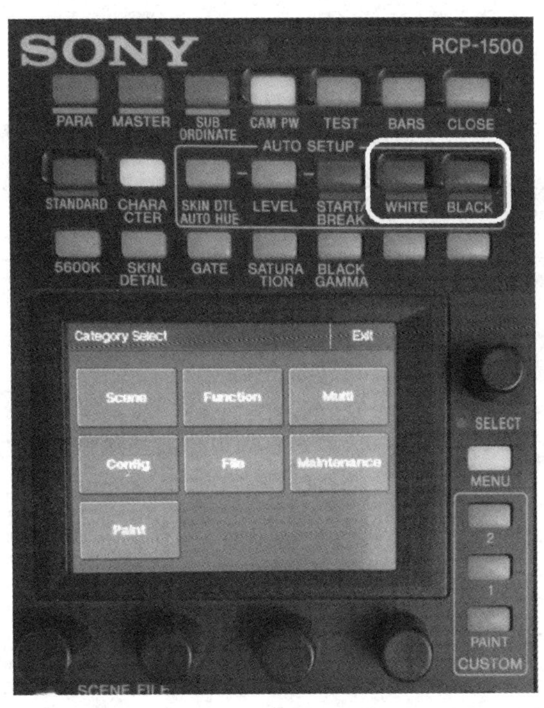

图 3. 48

A. 演播室布置调白灯光环境，关闭有色光源、大屏背景切黑；

B. 在适当位置放置灰度卡，调整摄像机位置，将摄像机尽可能地放置在距离灰度卡 3 米以内的同一水平位置；

C. 摄像机按图示方式构图，尽量将灰度卡充满画面，避开其他高亮度物体，保留灰度卡四周灰色区域；

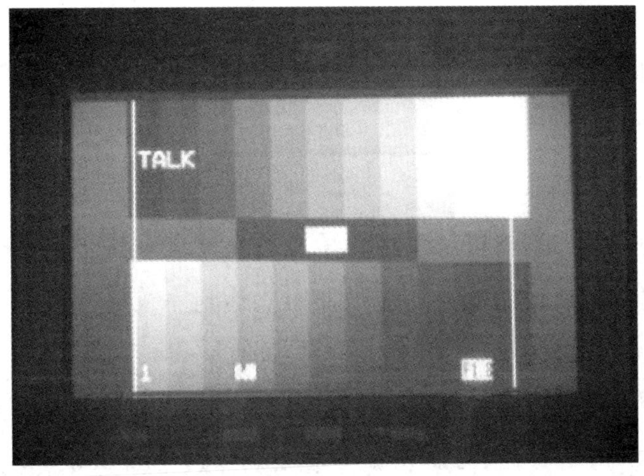

图 3. 49

D. 检查摄像机状态是否正常，包括倍率镜关闭、黑电平为 0、增益为 0、快门正常等；

E. 通过示波器将光圈调整到最大亮度幅值为700mv，并能够分辨出大部分灰度层次；

F. 点击“***BLACK***”键进行三次黑平衡调整；

注：因为摄像机是三片CCD结构，所以要进行三次黑平衡调整，能保证三片CCD都进行过一次校正；

图3.50

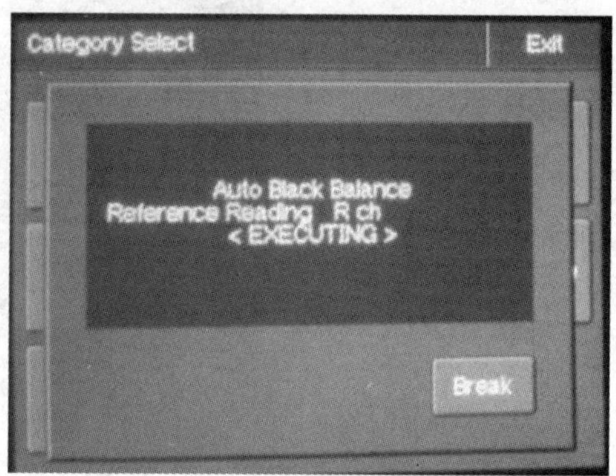

图3.51

G. 点击“***WHITE***”键进行自动白平衡调整；

H. OCP显示屏上显示“***OK***”为白平衡调整完毕；

I. 进入“***PAINT***”菜单，“***Color Temp***”项查看色温值；

J. 白平衡调整完毕后检查各讯道色温值是否有较大差别。不同类型镜头，色温值会有200K左右差异；

K. 通过技术监视器画面，主观检查色彩是否一致，若有细微差别可手动调整R和B通道增益。

2）手动调整白平衡

通常地，使用自动白平衡可使摄像机色温调整到正确状态。但是，由于各讯道之间的硬件差异和主观因素，造成自动白平衡不能达到一致性要求。这时需要利用示波器矢量功能，手动调整R和B通道增益。

注：示波器调整方法可参考手册中“示波器”部分内容。

A. 自动白平衡后，保持摄像机和灰度卡不动，尽量使灰度卡充满整个画面；

B. 通过技术监视器，确定一个或两个讯道为标准效果；

C. 打开示波器矢量显示功能（***VECTOR***）；

D. 打开示波器增益（***GAIN***），至少×**5**以上；

E. 使用矩阵面板（*VE*），在讯道之间切换，观察矢量示波器图形区别；

F. 以标准效果的画面为基础，通过调整 ***R*** 和 ***B*** 的 ***GAIN*** 旋钮，使矢量图形尽量接近标准效果；

G. 最终通过技术监视器反复切换 CAM，使主观感受尽量一致。

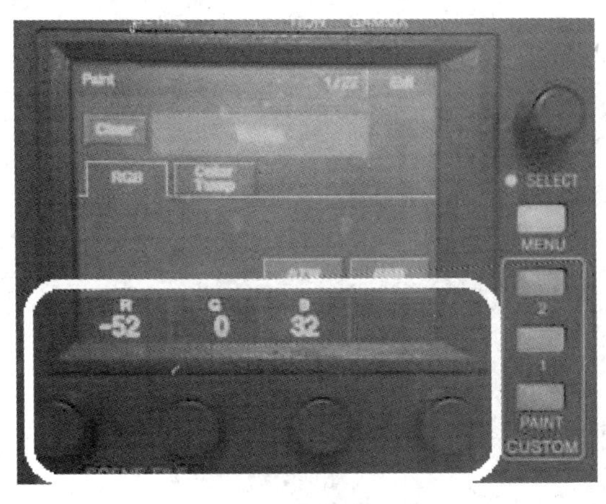

图 3. 52

图 3. 53

9. 快门和电子扫描

1）SHUTTER 和 ECS

SHUTTER（电子快门）在拍摄快速运动物体时可以使用，共有 6 档可选，分别是：1/60、1/125、1/250、1/500、1/1000、1/2000。提高快门速度将降低画面亮度。

ECS（扩展扫描）在拍摄 CRT 或 LED 屏幕时使用，可在 50. 00Hz 至 4700Hz 之间精确调整。准确的 ECS 设置可以消除“爬行”效果。

2）操作方法

点亮面板上的“***MENU***”按键，在显示屏上点击“***Paint***”，操作“***SELECT***”旋钮进入“Shutter”菜单页面（11/22）；

点亮“***Shutter***”或点亮“***ECS***”可开启对应功能；

用对应下方的旋钮结合拍摄画面，对数值进行更改。

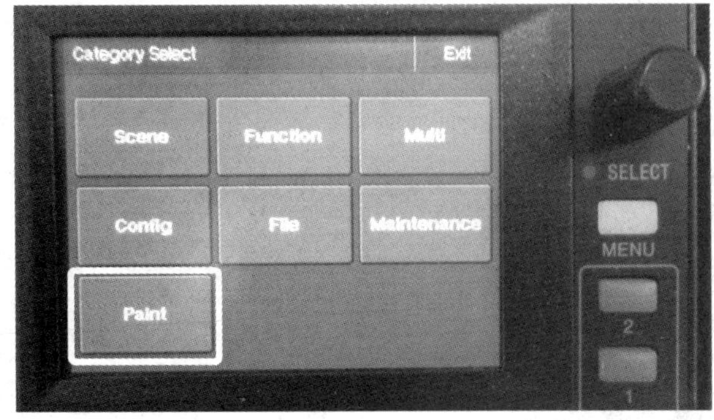

图 3. 54. 1

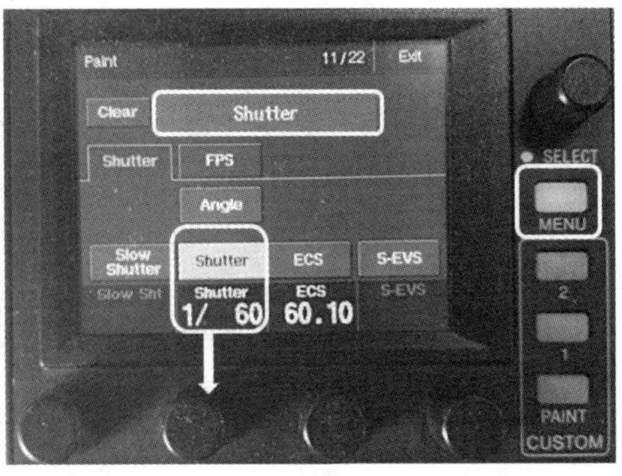

图 3. 54. 2

10. 黑底

黑底主电平（***MASTER BLACK***）决定画面亮度波形黑底位置，适当降低黑底电平，可以提高对比度，使画面更“透”。

OCP 面板上操纵杆的下方调节轮可调整黑底电平，幅度由 **99** 至 **-99**。通常地，黑电平值可设为 **-3** 至 **-1** 之间。

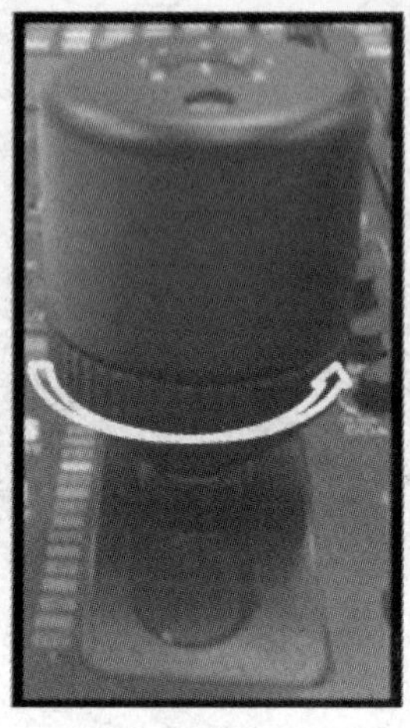

图 3. 55

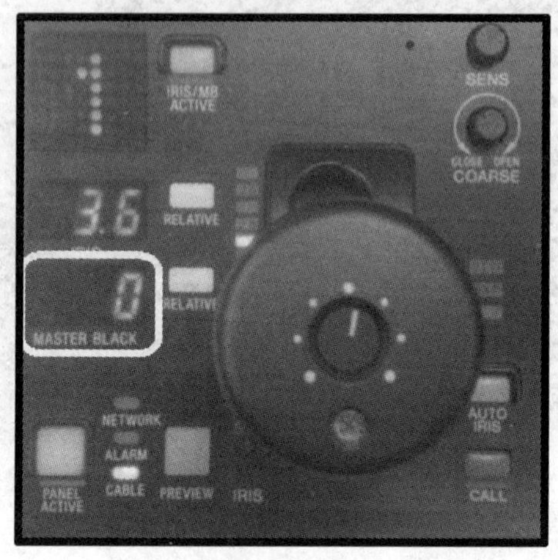

图 3. 56

11. 光圈

1）光圈调整方法

A. 根据画面实时亮度结合示波器确定光圈值；

B. 手握光圈推杆将光圈置于合适位置；

C. 光圈读数可从 OCP 面板和讯道监视器读出。

图 3. 57

2）判别标准

A. 合适的光圈值需要主观和客观综合判定；

B. 利用波形示波器，使画面有效信息波形处于80%位置；

C. 利用讯道监视器，使画面主体位置不过亮不过暗，来确定最合适的光圈。

图3.58 光圈值过高

图3.59 光圈值过低

3）光圈设置全程方法

结合限幅开关RELATIVE，SENS和COARSE；

A. 打开 ***RELATIVE***，光圈和黑底仅能在读数附近小范围调整。当关闭 ***RELATIVE***，光圈和黑底可全程调整。若光圈推杆不能全程调整，需要操作 ***SENS*** 和 ***COARSE*** 旋钮设置推杆位置。

B. 关闭 ***RELATIVE***，光圈向上推到顶，调整 ***SENS***，使光圈到 ***1.4***（或 ***1.8***）；

C. 向下拉到底，调整 ***COARSE***，使光圈读数显示"***CLS***"；

D. 检查推杆，是否能在"CLS"至"1.4"之间调整；

E. 准备工作时，应将光圈设置全程。

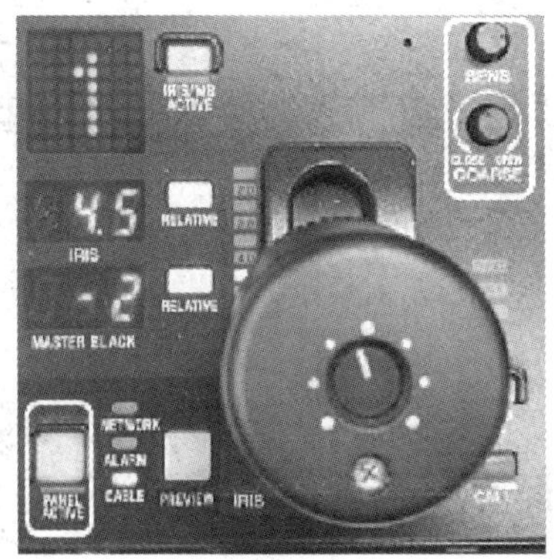

图3.60

12. 伽玛

伽玛曲线决定着画面质感，通常不需要改变。

伽玛默认设在"***STANDARD***" – "***5***"，如有需要进行伽玛状态检查，操作如下：

点亮面板上的“***MENU***”按键，在显示屏上点击“***Paint***”结合“***SELECT***”旋钮找到“***Gamma Table***”菜单页面（22/22），用正对下方的旋钮对“***STANDARD***”进行调整。

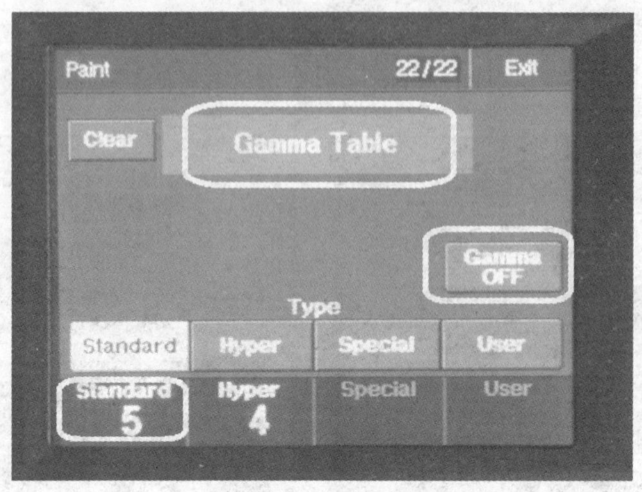

图 3.61

13. 黑伽玛

黑伽玛通过改变画面暗部层次，可有效提高画面对比度。黑伽玛与黑底电平配合，是提高画面质感、使画面更“透”的有效方法。

A. 点亮面板上的“***MENU***”按键，在显示屏上点击“***Paint***”结合“***SELECT***”旋钮找到“***Black Gamma***”菜单页面（9/22）开关为 ***ON***；

B. 暗部细节分四段：***Low***、***L Mid***、***H Mid*** 和 ***High***，通常改为 ***High***；

C. 通常使用“***Master***”而不使用 RGB 通道；

D. 降低“***Master***”，使黑伽玛高阶部分波形压低，达到增加画面对比度的效果。

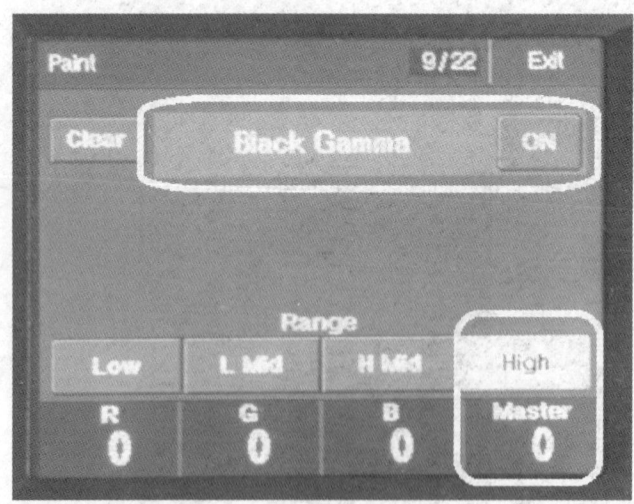

图 3.62

14. 面板锁定开关

面板锁定开关（***PANEL ACTIVE***）可禁止面板大部分操作。通常状态下，面板锁定开关应处于关闭状态。

注：在面板锁定状态下，可以将旋钮恢复到正常位置和角度。

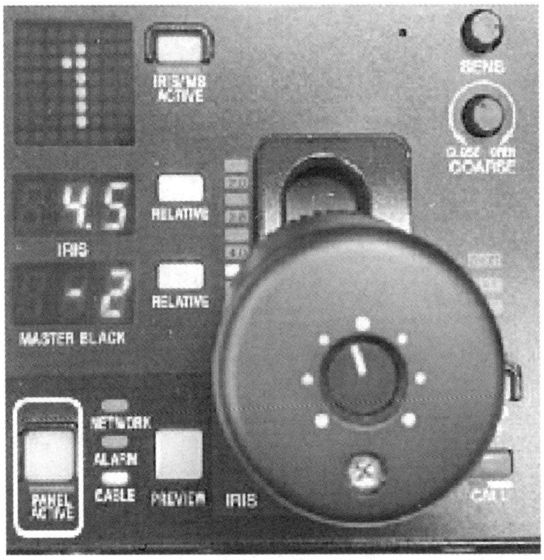

图 3.63

15. ND 灰片

ND 选项共分 1 ~5 五个等级，可用上下按钮来进行选择。每增加一档摄像机拍摄的通光亮就会产生变化，1 ~4 为每档通光亮依次衰减 4 倍，第五档为星光镜选项。正常拍摄设置为 1 档。

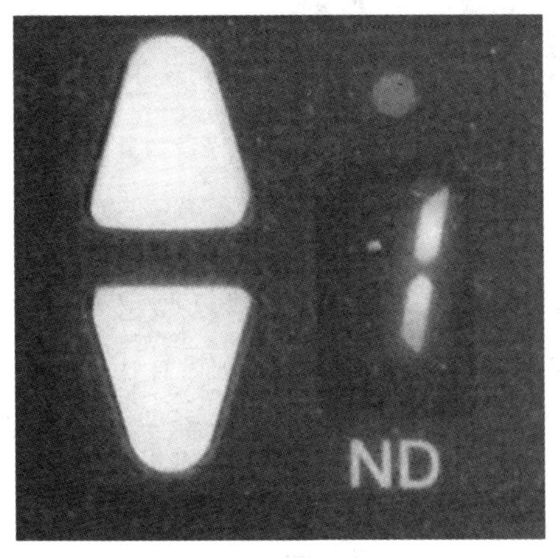

图 3.64

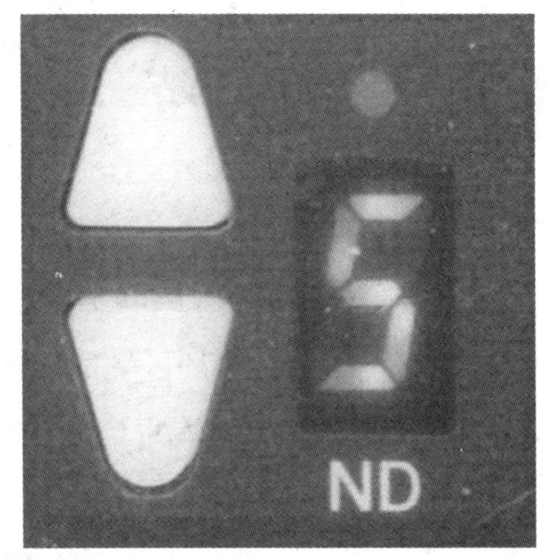

图 3.65

16. 增益

增益（Gain）可改变画面亮度整体幅度。演播室通常为 0，当有特殊需要而提升增益时，参考以下方法：

A. 点亮面板上的“***MENU***”按键，在显示屏上点击“***Paint***”结合“***SELECT***”旋钮找到“***Gain***”菜单页面（7/22）；

B. 用正对下方的旋钮对“***M White***”进行调整；

C. 调整分 ***-3***、***0***、***3***、***6***、***9***、***12*** 六档；

注："***-3***"与降低黑底电平效果相似，可提高画面对比度。

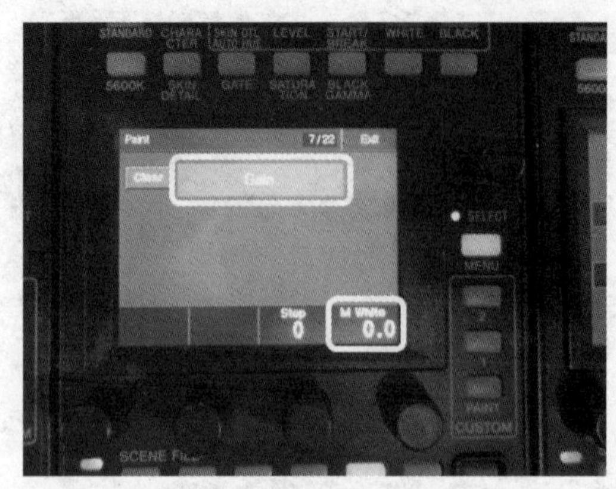

图 3.66

D. 面板操作方法；

OCP 面板上也可调整增益，找到"***MASTER GAIN***"用"▲"来调整档位。

图 3.67

17. 皮肤细节

皮肤细节电平（***Skin Detail***），可以通过圈定特定范围区域进行调节，应用在主持人面部柔化。当选定面部区域后，适当降低细节电平，可使面部更柔和。

A. 点亮面板上的"***MENU***"按键，在显示屏上点击"***Paint***"结合"***SELECT***"旋钮找到"***Skin Detail***"菜单页面（5/22）开关为 ***ON***；

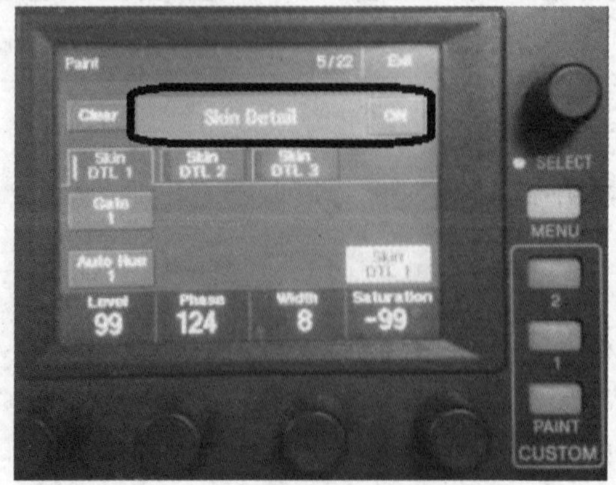

图 3.68

B. 改变 ***Phase***、***Width*** 和 ***Saturation***，圈定面部区域；

C. 改变 ***Level***，通常为负值，通过监视器主观观测来确定效果；

D. ***Skin DTL*** 可存储 3 个状态，配合节目需要可直接调用；

E. 点击面板上的“***SKIN DTL AUTO HUE***”可对皮肤细节调整的区域快速选取。

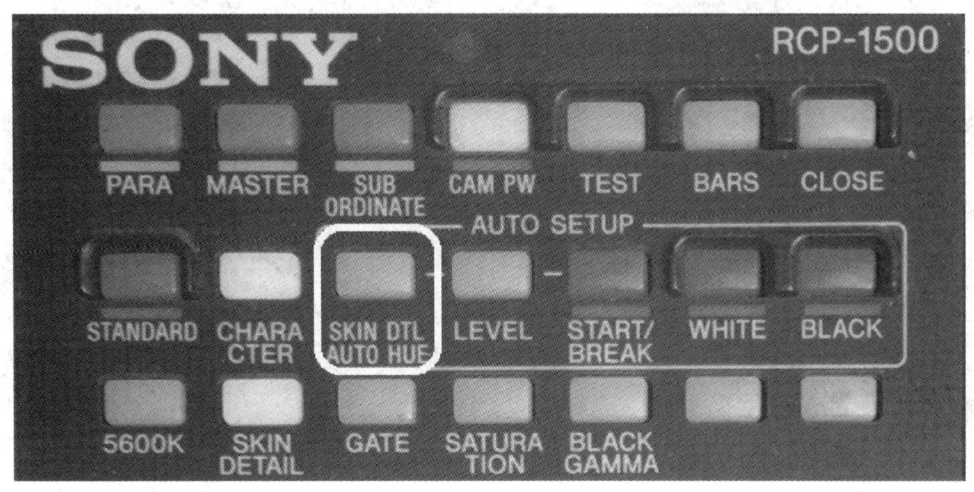

图 3. 69

18. 备机与备缆

当摄像机出现供电或硬件板卡故障时，可考虑更换备机，调整备机相关参数后临时使用；如遇到光缆或接口发生损坏时，可考虑更换备缆，并尽快维修故障电缆。更换备缆时要确认光缆与摄像机的连接已经牢固。

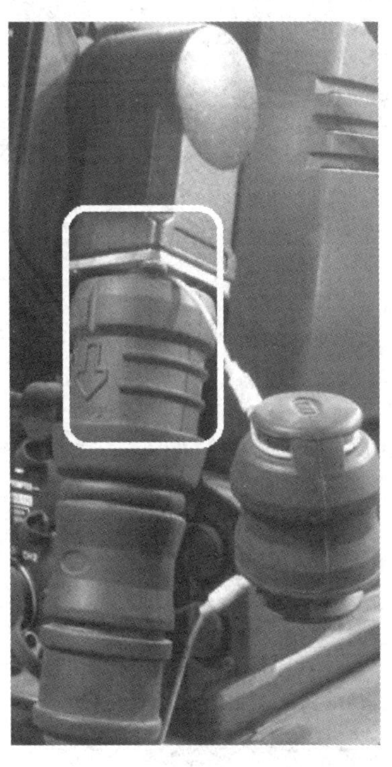

图 3. 70

19. 字符显示开关

控制面板上的"***CHARACTER***"按钮为调整 CCU 的显示菜单，通常处于点亮状态，显示器上有字符显示。

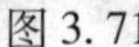
图 3.71

图 3.72

如显示器上有其他菜单显示需要取消，则需反复按"***CHARACTER***"键，直至菜单消失。

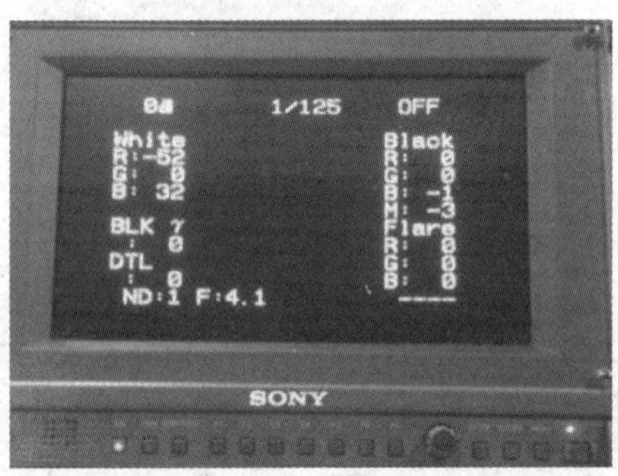

图 3.73

图 3.74

20. PAINT 菜单

摄像机 ***Paint*** 菜单需要通过 ***ENG MENU***（工程师）菜单开启，才能在 ***RCP*** 菜单中显示和操作。开启方法如下：

A. 开启 RCP 菜单"***MENU***"；

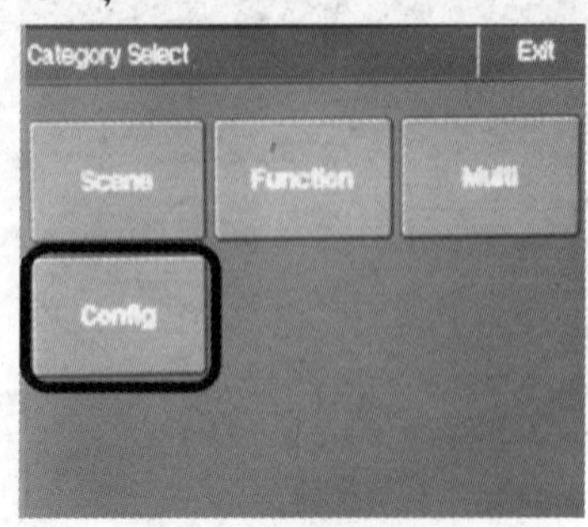

图 3.75

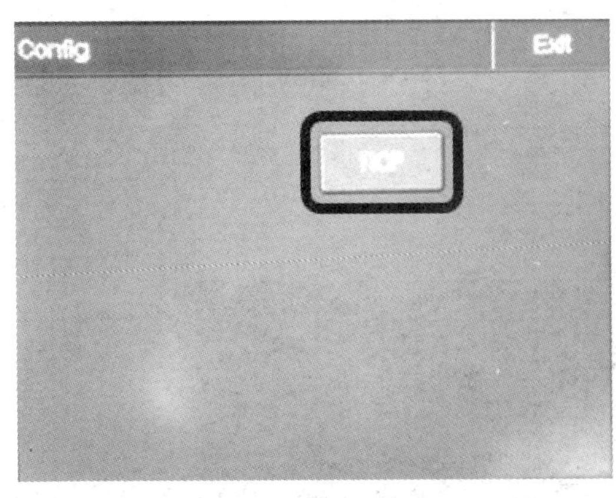

图 3.76

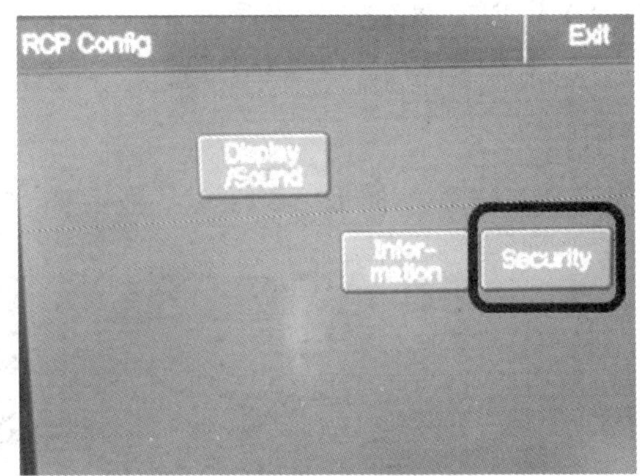

图 3.77

B. 进入“***CONFIG***”-“***RCP***”-“***Security***”页面；

图 3.78

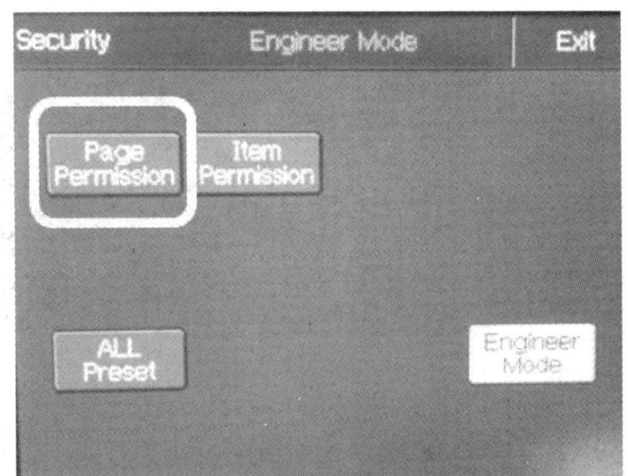

图 3.79

C. 开启“***Engineer Mode***”（工程师模式）；

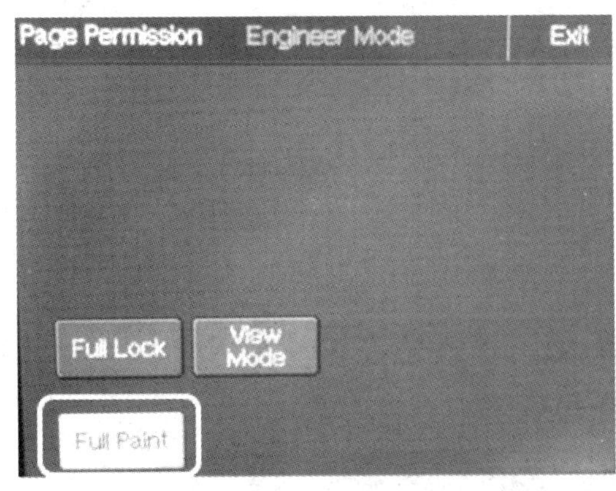

图 3.80

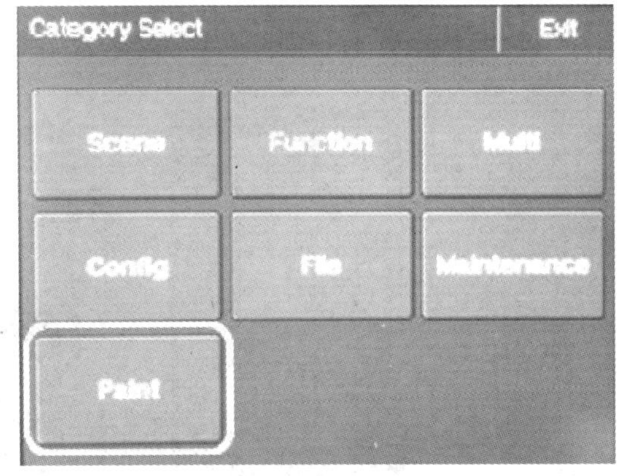

图 3.81

D. 进入“***Page Permission***”；

E. 打开“***Full Paint***”选项；

F. 退出“***Engineer Mode***”（工程师模式）；

G. ***PAINT*** 菜单可在 ***RCP*** 菜单中显示。

21. CCU 板卡同步选择开关

CCU 机箱中的 AT－167 同步板卡带有切换开关，可对 CCU 同步输入的类型和相位做调整。

打开 CCU 前面板，AT－167 板卡如图 3.82 所示。

图 3.82

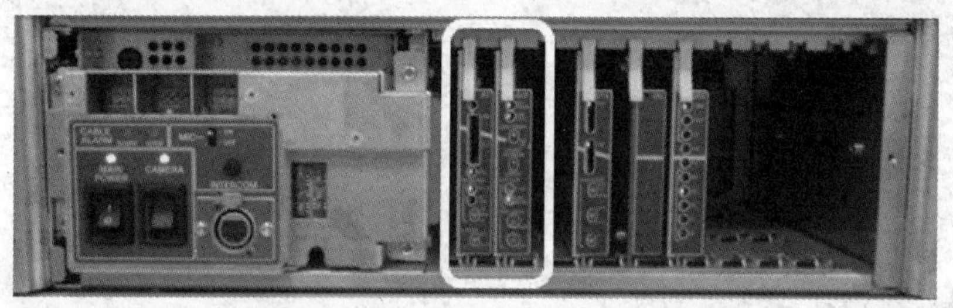

图 3.83

当 CCU 同步由外同步信号锁定后，“***REF IN***” 状态灯长亮。

拨码开关有三个状态：“***HD***”、“***REM***”、“***SD***”。当系统同步源为标清 BB 时，选择“***SD***”；当系统同步源为高清三电平时，选择“***HD***”；选择“***REM***”（REMOTE），CCU 相位跟随 RCP 菜单状态调整。某演播室 CCU 同步源信号为高清三电平，经过 RCP 菜单调整同步信号格式为三电平，并做相位调整，所以选择“***REM***”档位。

图 3.84

图 3.85

22. CCU 板卡控制选择开关

CCU 机箱中的 AT－167 同步板卡还带有控制选择开关，可对 CCU 的控制方式进行选择。拨码开关有两个状态：“***LEGACY/NETWORK***”、“***LEGACY***”。当由网线和控制线同时控制 CCU 时开关选择“***LEGACY/NETWORK***”，当只有控制线时选择“***LEGACY***”。以某演播室为例，CCU 控制开关选择“***LEGACY/NETWORK***”。

图 3.86

图 3.87

23. 后焦

摄像机在使用过程中会出现长焦端焦点聚实后，在变为广角端的过程中出现焦点不实现象。通常地，产生这种现象的原因是后焦不实。这种情况常见于更换摄像机镜头或摄像机长时间不使用时。

后焦调整方法：

A. 将后焦卡放置在距离摄像机 3 米左右的位置；

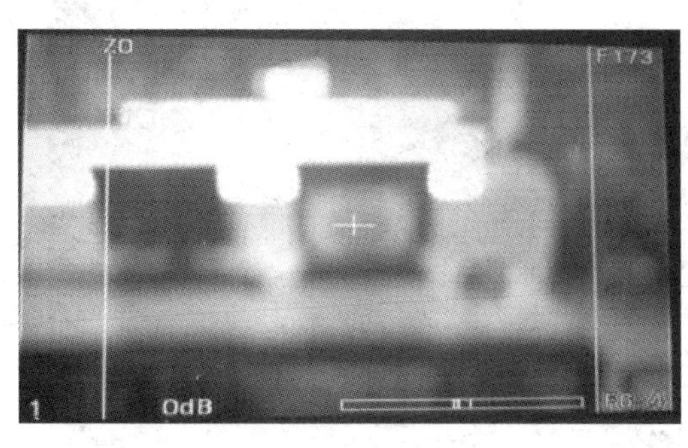

图 3.88

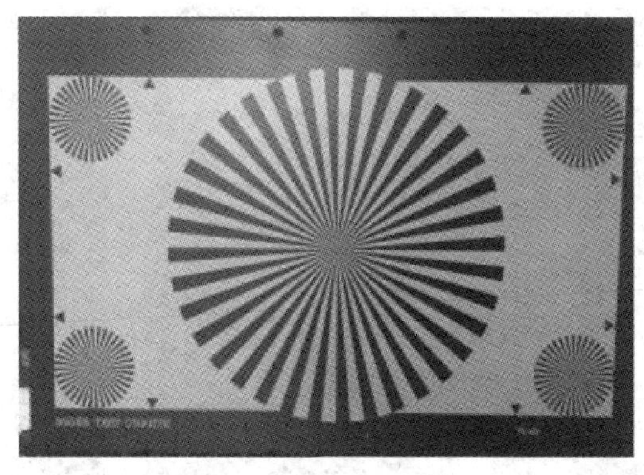

图 3.89

B. 确认“微距镜”关闭，松开摄像机镜头的后焦调整环上的固定螺丝；

图 3.90

C. 将镜头设置到长焦端（镜头推上），手动调整手柄聚实前焦点；

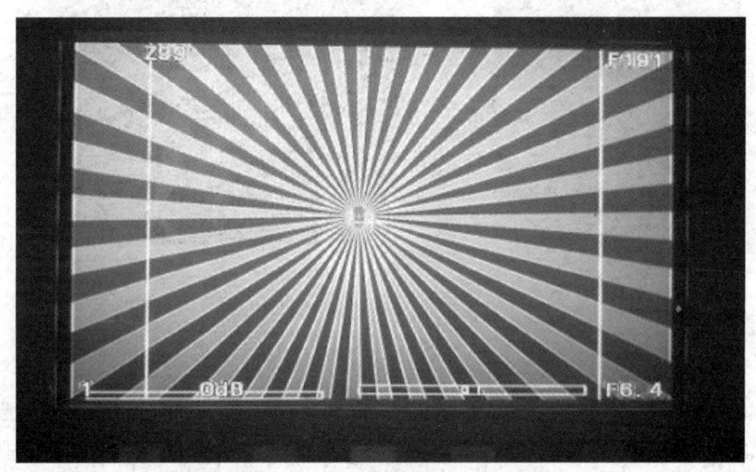

图 3.91

D. 将镜头调整到广角端（镜头拉开），拔起后焦环上的固定杆，转动后焦环至画面清晰；

图 3.92

图 3.93

E. 重复 C、D 项，直至从长焦到广角端所拍摄的画面都能清晰聚焦；

F. 最后拧紧后焦环上的固定螺丝。

24. 返送 RET

1）返送信号输入

CCU 共有 4 路高清返送信号输入，可根据演播室使用需求接入返送信号。例如，第 1 路来自 PGM，第 2 路来自矩阵 RET2 输出。

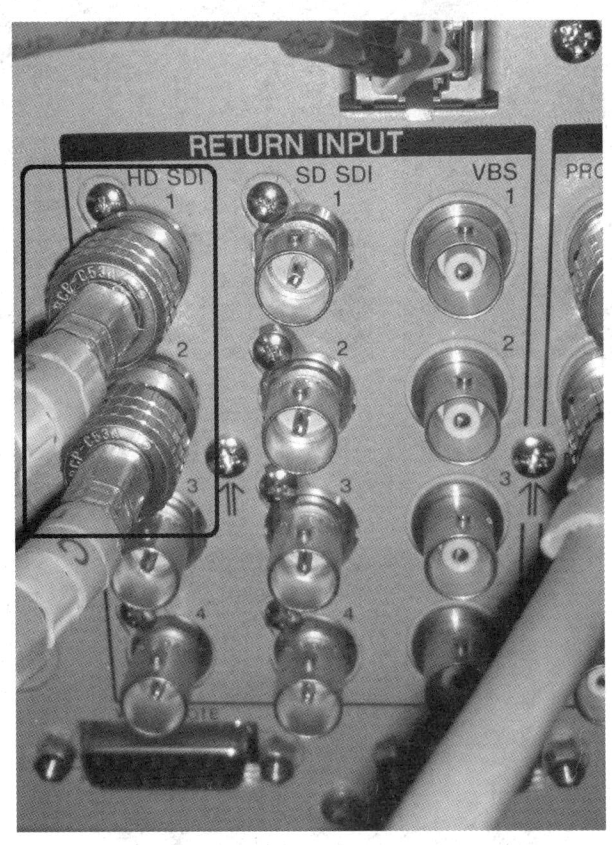

图 3.94

2）返送信号切换

在摄像机机身后部，有两组返送信号切换开关："RET1" 和 "RET2"。开关选择的 "1、2、3、4" 对应 CCU 的 "RETURN INPUT" 返送输入通路。例如，"1" 来自于 PGM，"2" 来自于矩阵 RET2。

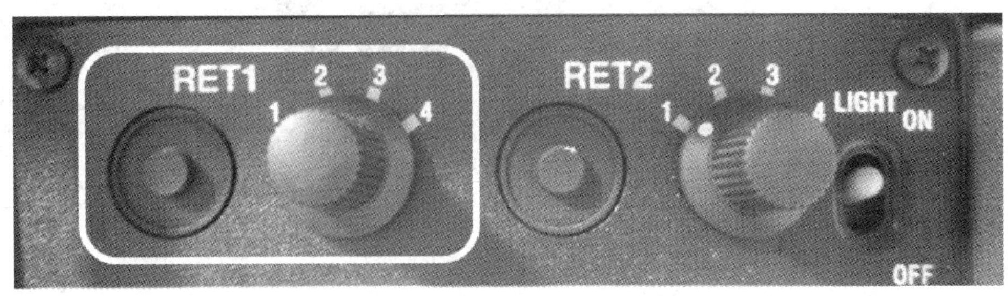

图 3.95

3）开启寻像器返送显示

开启寻像器的返送显示可通过镜头返送开关或控制手柄按钮。

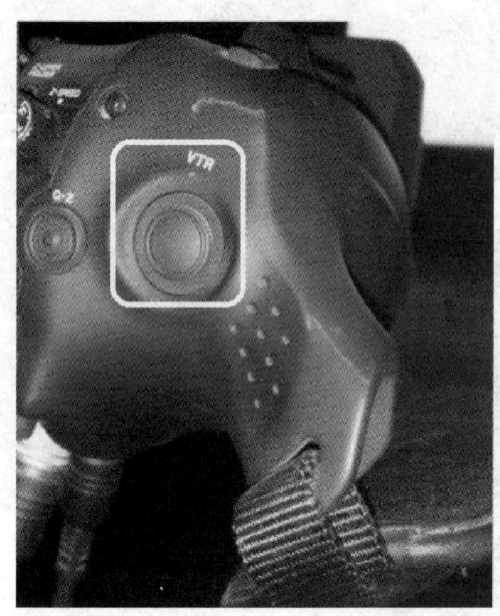

图 3.96

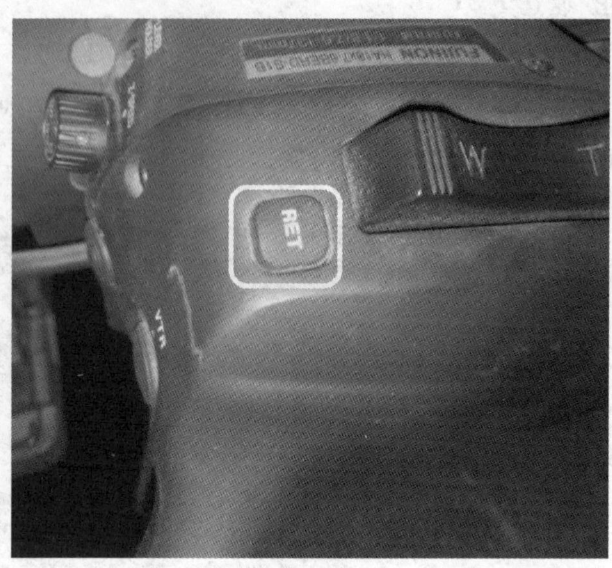

图 3.97

镜头“***VTR***”录制键可开启“RET1”通道，“***RET***”键可开启“RET2”通道。

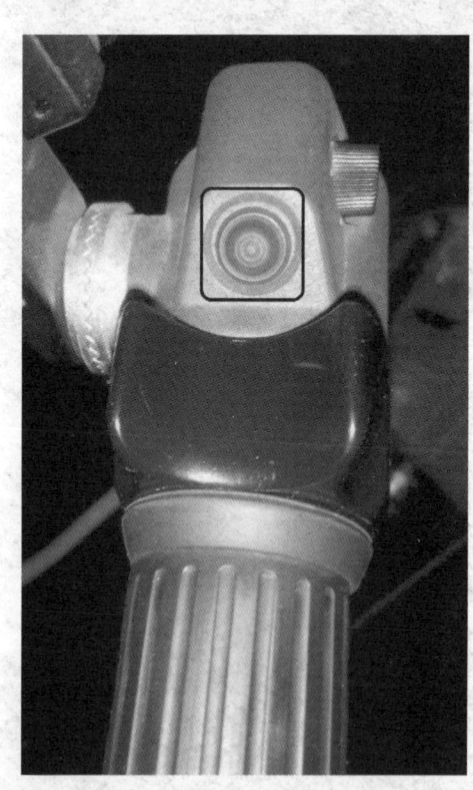

图 3.98

伺服手柄正面按钮可开启“RET1”，手柄背面按钮可开启“RET2”。

三、摄像机 (LDK400)

1. 开机

1）CCU 电源开关

CCU 电源开关在 CCU 主机面板上，电源开关如图 3. 99、3. 100 所示。

图 3. 99

图 3. 100

2）摄像机机身电源开关

开机顺序应为先开 CCU 电源后再开摄像机机身电源，关机顺序相反。

通常状态下摄像机机身电源处于“***Power On***”。

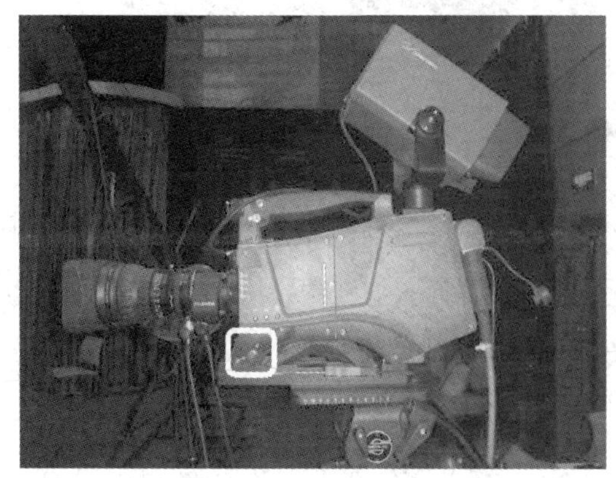

图 3. 101

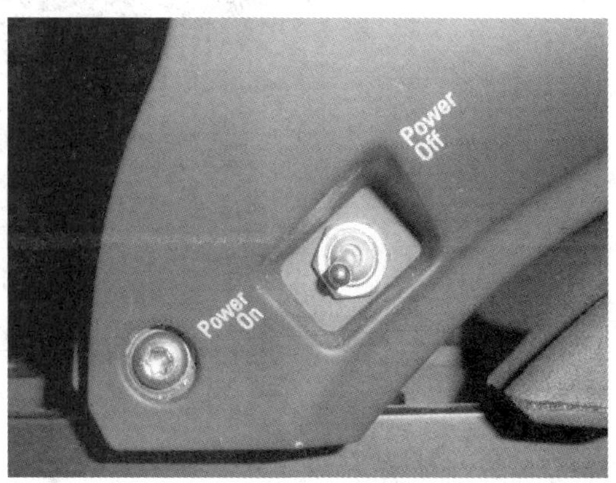

图 3. 102

2. OCP 面板操作

CCU 开启后，OCP 面板将随之启动。

1）检查状态

常用菜单状态共有三页，使用图上标记的“***PREV***”和“***NEXT***”翻页；

图 3. 103

菜单状态页面如图图 3. 104、图 3. 105、图 3. 106 所示，如果有差别，做相应调整。

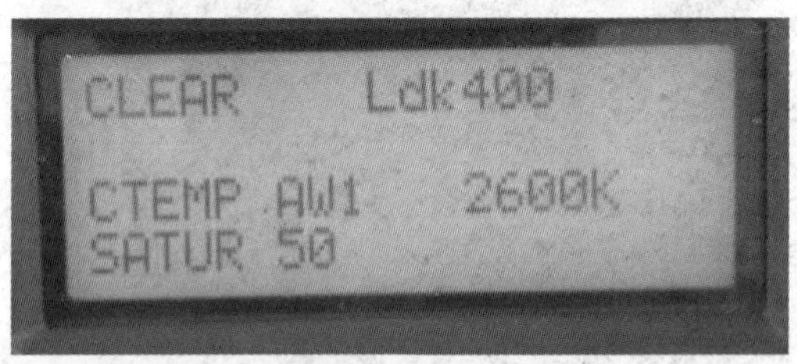

图 3. 104

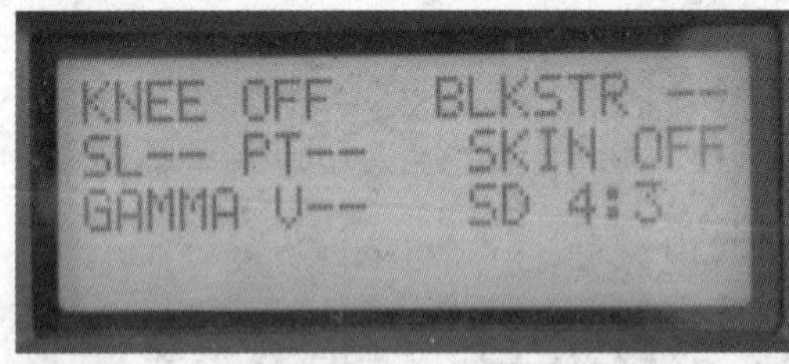

图 3. 105

图 3. 106

注：摄像机可存储常用状态。点击 ***FILE – RECALL 1*** 至 ***4***，可快速调用已存状态。其中包括色温、增益以及其他参数。

2）白平衡

注：LDK400 摄像机带有自动黑电平电路调整功能，因此不需要进行黑平衡调整。

如若色温有大差别，使用图上标记的“***WHITE BALANCE***”调整白平衡。

白平衡调整色温必须处在 ***AW1*** 档。因此首先按“***COLOR***”键进入菜单，按左上“▼”，随后拧旋钮调整 ***COLOR TEMPRATURE*** 至 ***AW1*** 档。

A. 首先确认演播厅内所有色光关闭，背景大屏切黑色背景；

B. 确认摄像机不在 ON AIR 状态，TALLY 灯不是红色；

C. 将所有机位保证亮度电平在示波器上显示为 700mv；

D. 将每个机位对准测试卡；

E. 点击图中“***WHITE BALANCE***”待指示灯闪烁后再按一次进行调白；

F. 通过技监检查所有摄像机颜色是否一致，如不一致不建议手动“***Gain***”进行调整补偿。

图 3. 107

3）快门和同步扫描

试拍景区大屏有画面抖动等现象，点亮图上标记“***EXP TIME***”调出菜单，结合“▲”“▼”和旋钮进行调整。

A. 点亮“***EXP TIME***”调出菜单，按左上“▼”随后拧旋钮调整出“***VAR***”。

B. 按左下“▲”随后拧旋钮调整数值，同时观察拍摄画面直到画面中的屏幕不再抖动为止。

注：如果关机时调整的电子快门没有恢复，将会影响再次开机后的快门数值（1/2000）。

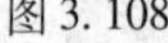
图 3. 108

图 3. 109

4）倍率

OCP 面板上的 ***EXTENDER*** 灯亮显示倍率打开，需提醒摄像师。

图 3. 110

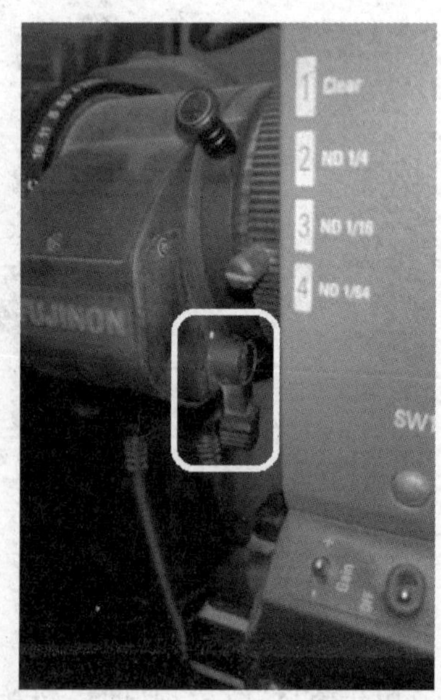

图 3. 111

5）光圈调整

根据画面实时亮度结合示波器确定光圈值。

A. 手握光圈推杆将光圈置于合适位置；

B. 光圈读数可从 OCP 面板读出。合适的光圈可使画面亮度感觉自然，不过暗不过亮，WFM 示波器上显示的亮度波形，使画面主体波形置于 80% 左右的位置。

图 3. 112

6）伽玛

摄像机伽玛曲线类型默认设置为“***RAI***”，在“***GAMMA***”菜单页中设置。不建议修改伽玛曲线参数。

图 3. 113

图 3. 114

7）面板锁定开关

图 3. 115

面板锁定开关（***PANEL LOCK***）可禁止面板所有操作。通常状态下，面板锁定开关应处于关闭状态。

注意：当面板调整旋钮（包括 ***GAIN***、***BLACK***、***DTL***、甚至光圈推杆等）处于非标准位置时，可通过面板锁定开关来调整恢复旋钮位置，但不会改变旋钮控制的参数。

8）备机与备缆

如摄像机出现供电或硬件板卡故障时，可考虑更换备机，调整备机相关参数后临时使用；如遇到三同轴电缆或接口发生损坏时，可考虑更换备缆，并尽快维修故障电缆。更换备缆时要确认三同轴电缆与摄像机的连接牢固。LDK400 摄像机使用雷蒙接口。

四、Gension（杰讯）摄像机升降摇臂

1. 摇臂系统概述

摇臂是一种常见的摄影器材，用摇臂配合广角镜头可以制作出宏大壮观的场面效果，还可以实现低空掠过的航拍效果和低角度急升等特殊视角冲击效果，还能做到任意角度旋转追踪俯拍。

Gension（杰讯）摄像机升降摇臂，臂身采用六角型铝合金材质和工艺，不同型号可组成 4 米、6 米、8 米、10 米和 12 米等不同长度的摇臂。以杰讯 Gension Cam-Cranes－10MKIII 10 米摄像机摇臂组装 8 米摇臂为例，云台回转半径 6.6 米，摇臂最大高度 7.5 米，镜头最大高度（三脚架未伸展）6.9 米，镜头最小高度 －3.7 米，俯仰角度范围 －55°至 +55°，三脚架高度 1.55 ~ 1.8 米。

不同面积的演播室通常选择不同长度的摇臂系统。例如，在 $160m^2$、$250m^2$、$400m^2$、$800m^2$ 和新媒体演播室的摇臂情况如下：

演播室	摇臂长度	移动方式
$160m^2$	4 米	滚轮
$250m^2$	6 米	轨道
$400m^2$	8 米	轨道
$800m^2$	6/8/10 米	滚轮/轨道
新媒体	8 米	滚轮

2. 配件

摇臂系统主要分以下部分：三脚架、延伸臂、钢缆、监视器、电缆、控制系统、滑轨、脚轮、配重等。对摄像师来说，摇臂要具有以下动作要点：升、降、摇、移、推、拉、变焦、聚焦。

1）配件汇总表

配件名称	规格	数量	存放位置	备注
延伸臂	0.7 米	2 节	2 号携带箱	1 号短臂和 2 号臂
延伸臂	1 米	7 节	2、3、4、5 号携带箱	1 号长臂，3～9 号臂
机头臂	1.2 米	1 节	2 号携带箱	没有编号
云台		1 套	航空箱	
遥控机箱		1 套	航空箱	
摄像机托盘		1 个	4 号携带箱	
控制手柄		2 只	航空箱	
外接聚焦伺服		2 套	航空箱	包含马达、齿轮、电缆
综合电缆	10 米	1 套	4 号携带箱	
主钢缆	6/8/10 米	各 1 条	4、5 号携带箱	两端有黑色胶皮标识
侧缆	6/8/10 米	各 2 条	4、5 号携带箱	两端有蓝色胶皮标识
平衡缆	6/8/10 米	各 1 条	4、5 号携带箱	两端有红色胶皮标识
视频线		3 条	4 号携带箱	返送用 2 条，本机用 1 条
4 芯电源线		2 条	4 号携带箱	监视器电源线
通话线	12 米	1 条	4 号携带箱	耳机通话线
2 芯电源线		2 条	4 号携带箱	云台电机电源
螺丝		30 个	航空箱	详见分表
三脚架和摇臂托盘		1 个	4 号携带箱	
地面脚轮		3 个	5 号携带箱	
轨道脚轮		3 个	3 号携带箱	
轨道	1.2 米×0.8 米	8 节	航空箱上	6 节延伸节，1 节头节，1 节尾节
地面脚轮拉杆		1 个	5 号携带箱	
支撑三脚架		1 个	3 号携带箱	
水平尺及专用工具		1 套	航空箱	水平尺 1 把，内六角 6 个，固定扳手 1 把
PVC 携带箱（带轮）		4 个		编号为 2、3、4、5
航空箱		1 个		
液晶监视器	9 寸高清/标清	2 台	航空箱	HDMI、复合、HD/SD SDI
包胶配重	2.5/5/10/15kg	13 个	800 机库	15kg×9，10kg×1，5kg×1，2.5kg×2
货运推车		1 辆		

2）配件全图

图 3.116

图 3.117

3）延伸臂

延伸臂是摇臂的主体结构，通过连接不同长度、不同数量的延伸臂，可以组装成6米、8米、10米三种长度的摇臂。总共有11节臂身，每节臂身两端标有安装序号，机头臂无编号一端带有云台套筒。

摇臂长度	组装延伸臂臂号
6米	1（短臂），2，3，4，5，机头臂
8米	1（短臂），2，3，4，5，6，7，机头臂
10米	1（长臂），2，3，4，5，6，7，8，9，机头臂

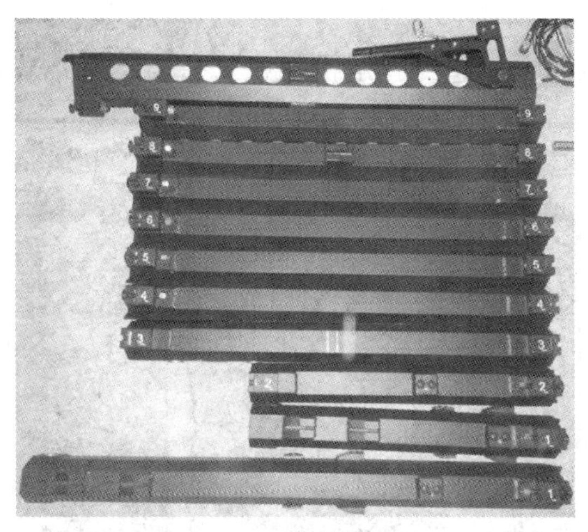

图 3.118　延伸臂

4）L 型云台总成

云台连接摄像机与延伸臂，并且是摄像机传输控制信号的传输装置，配有两个电机控制云台进行垂直、水平移动，顶端可连接综合缆用于传输视频信号、手柄控制信号。云台上的接口及作用如图 3.119 所示：

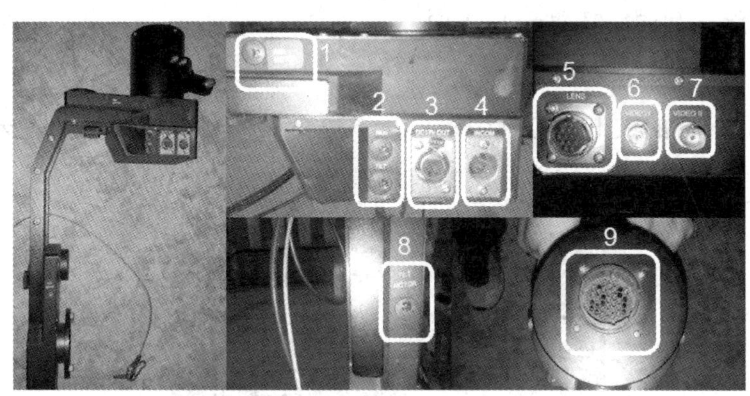

图 3.119　云台

① ***PAN MOTOR***：水平电机，连接 DC 电源线。

② ***PAN***：电源输出端口，为水平电机供电，连接 DC 电源线。

TILT：电源输出端口，为垂直电机供电，连接 DC 电源线。

③ ***DC 12V OUT***：12V 直流电电源输出口，通常不需要连接。

④ ***INCOM***：通话端口，通常不需要连接。

⑤ ***LENS***：多芯端口，可控制镜头的变焦、聚焦和光圈。

⑥ ***VIDEO*** Ⅰ：模拟视频传输接口，可将视频信号传送至综合缆。

⑦ ***VIDEO*** Ⅱ：模拟视频传输接口，可将视频信号传送至综合缆。

⑧ ***TILT MOTOR***：垂直电机，连接 DC 电源线。

⑨ 综合缆接口：连接多芯综合缆，传输摄像机云台控制电源、视频信号、通话、云台水平垂直运动控制信号、变焦/聚焦控制信号。

5）摄像机托盘

连接摄像机与云台总成，起到固定摄像机和垂直运动的作用。收起时为折叠状态，使用时展开。

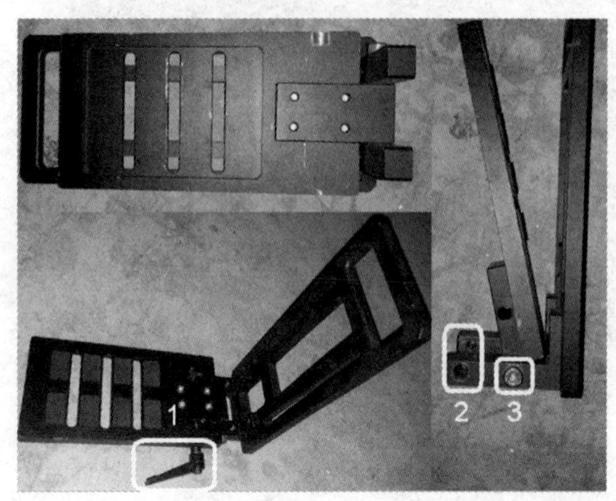

图 3.120　摄像机托盘

① L 型螺丝。

② 螺丝插入端，起固定托盘作用。

③ 六角螺丝，起固定托盘轴心作用。

6）遥控机箱

遥控机箱是摇臂的供电和控制中枢单元。可对监视器、控制手柄、云台总成、伺服进行供电，并可传输视频信号、控制信号等。

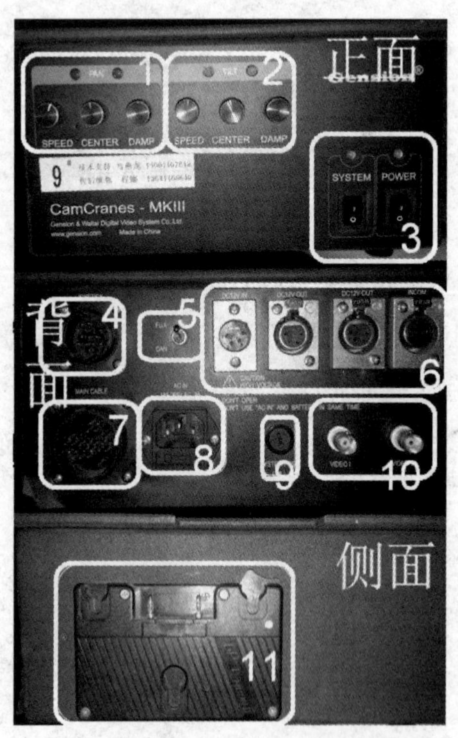

图 3.121　遥控机箱

① PAN：水平方向控制区，***SPEED*** 旋钮可控制水平方向移动速度；***CENTER*** 旋钮可使摄像机（单机情况下）平滑、无限制地水平旋转，也可在中心位置发生偏移的时候进行反向补偿，使摄像机稳定在水平中心位置；***DAMP*** 旋钮可调整水平移动时的阻尼大小。

② TILT：垂直方向控制区，***SPEED*** 旋钮可控制垂直方向移动速度，***CENTER*** 旋钮可使摄像机（单机情况下）平滑、无限制地垂直旋转，也可在中心位置发生偏移的时候进行反向补偿，使摄像机稳定在垂直中心位置；***DAMP*** 旋钮可调整垂直移动时的阻尼大小。

③ 电源、系统开关和指示灯。

④ 控制手柄多芯接口。

⑤ 镜头选择开关，向上为富士镜头，向下为佳能镜头。

⑥ 电源与通话接口，包括 12V 直流电源输入、12V 直流电源和通话。

⑦ 综合缆多芯接口。

⑧ 220V 交流电源接口。

⑨ 保险丝，最大通过电流为 8A。

⑩ ***VIDEO***：视频信号接口，连接云台总成的 ***VIDEO*** 接口。

⑪ 外接电池接口。

7）外接聚焦伺服

外接聚焦伺服，安装在摄像机镜头上，通过控制手柄远程控制，经齿轮咬合可以调整镜头聚焦。

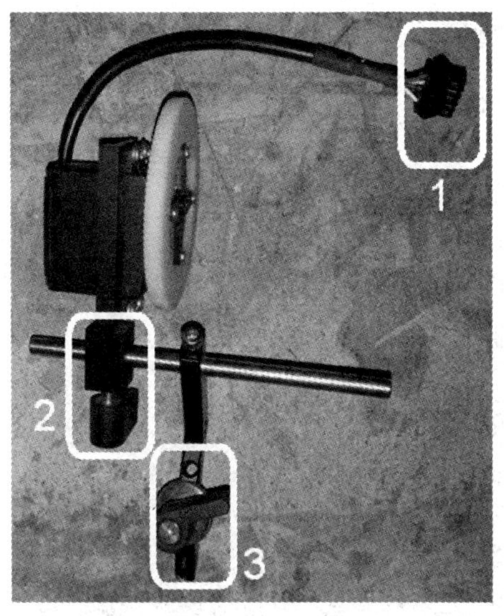

图 3.122　外接聚焦伺服

① 排线接口：为电机供电。

② 齿轮固定旋钮：齿轮与镜头聚焦环咬合后起固定作用。

③ 外接支架固定旋钮：固定在镜头上。

8）控制手柄

控制手柄，是摄像师控制云台和摄像机的主要装置，可控制聚焦、变焦和云台镜头水平、垂直移动和基本参数设置。

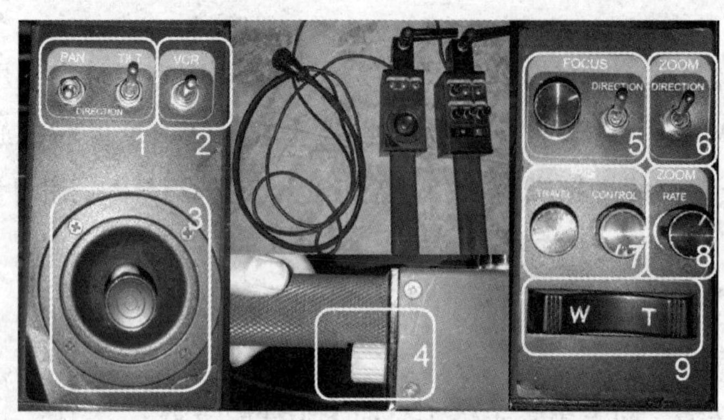

图 3.123　控制手柄

① 控制水平与垂直的移动方向。

② ***VCR***：可控制自录一体机录制的开关，对演播室摄像机无影响。

③ 方向摇杆：控制云台的水平与垂直方向移动。

④ 聚焦旋钮：控制摄像机的聚焦。

⑤ FOCUS：***DIRECTION*** 开关为聚焦方向、***TRAVEL*** 旋钮为控制聚焦调整范围。

⑥ ***ZOOM DIRECTION***：控制变焦方向。

⑦ IRIS：***TRAVEL*** 为控制光圈调整范围，***CONTROL*** 控制光圈大小，演播室摄像机由 OCP 控制，特殊情况下也可由控制手柄控制。

⑧ ***ZOOM RATE***：调整镜头变焦速度。

⑨ 变焦控制键：***W***（wide）广角，***T***（telescope）长焦。

9）线缆

A. 综合缆

连接摄像机与遥控机箱的电缆，可传输供电、返送信号（不可传送高清视频信号）、变焦/聚焦信号、控制信号等，长度 10 米。

图 3.124　综合缆

B. 视频线

长视频线，可传输摄像机本机信号；短视频线，分别连接摄像机输出 PGM 返送信号至云台 VIDEO 和控制机箱 VIDEO 至 9 寸监视器。

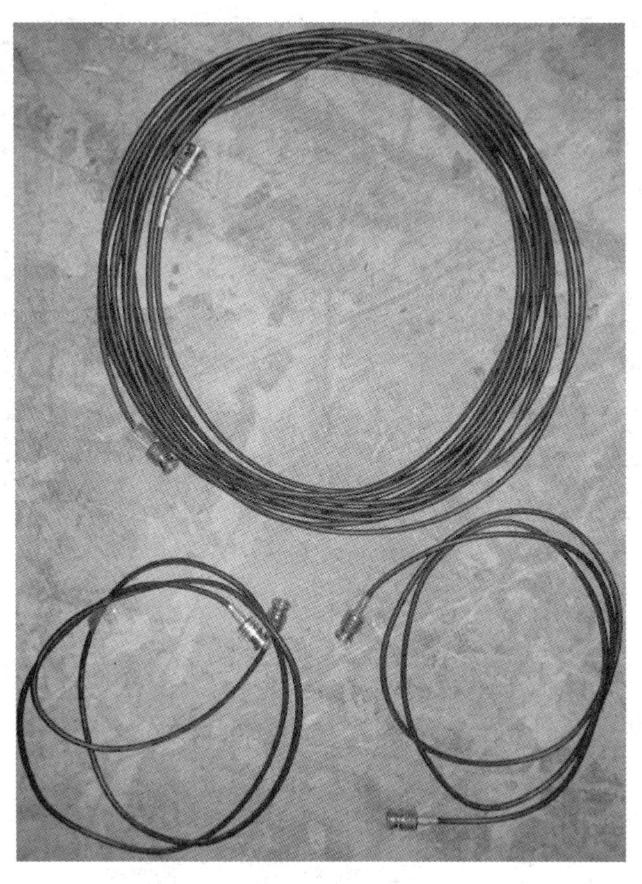

图 3.125 视频线

C. 电源线

4 芯电源线，通过遥控机箱给两个监视器供电（直流 12V）。

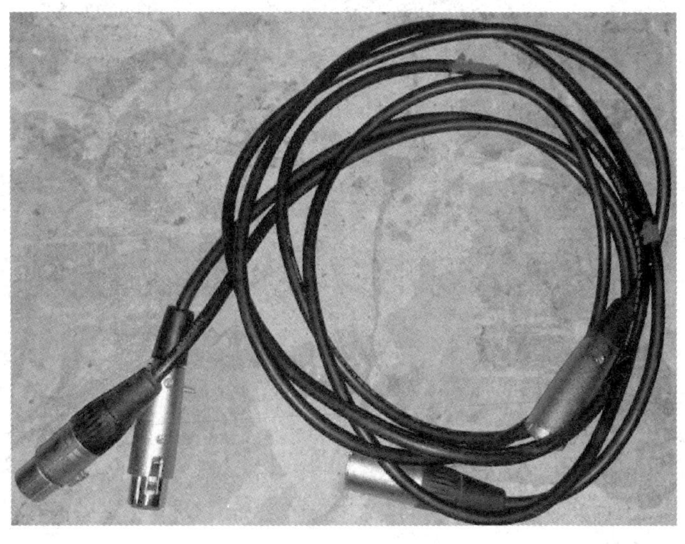

图 3.126 电源线

D. 通话线

12 米通话线，一端连接摄像机 INCOM 1，另一端连接摄像耳机。由于通话线距离过长，使得通话方式变为“只能听不能说”。

图 3.127 通话线

E. 伺服控制缆

连接云台 LENS 口与外接聚焦伺服和镜头变焦伺服，从而控制摄像机的变焦与聚焦。控制缆卡口自匹配佳能镜头，富士镜头需安装转接线。

图 3.128 伺服控制线

10）钢缆

钢缆是保持摇臂水平和垂直方向平衡的重要部件，分为主缆、侧缆、平衡缆三种。演播室摇臂套装共有三套（6 米、8 米、10 米）钢缆。每一套包括平衡缆一根、主缆一根、侧缆两根，每根钢缆的两头都标有长度（6M、8M、10M）。

A. 平衡缆（红色）：保证摇臂在移动拍摄时云台时刻处于水平位置。

B. 主缆（黑色）：保证摇臂臂身在运动过程中不发生垂直偏移。

C. 侧缆（蓝色）：保证摇臂臂身在运动过程中不发生水平偏移。

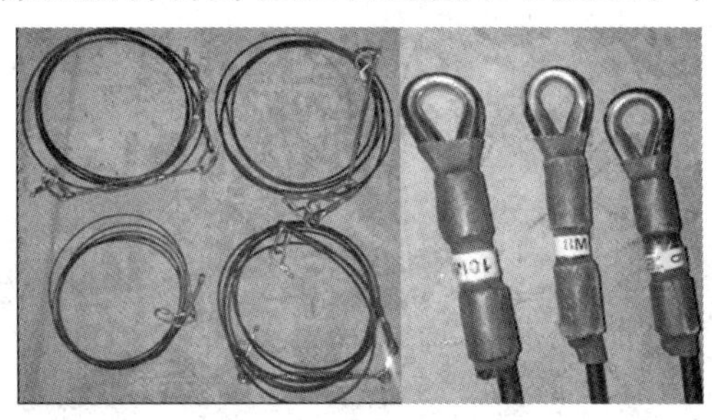

图 3. 129 钢缆

11）钢缆固定架、支撑滑轮杆

钢缆固定架，是安装在 3 号延伸臂上的架构，用于固定支撑滑轮杆。

支撑滑轮杆，安装在钢缆固定架三个方向的支撑杆，分别支撑主缆、侧缆，起支点作用。

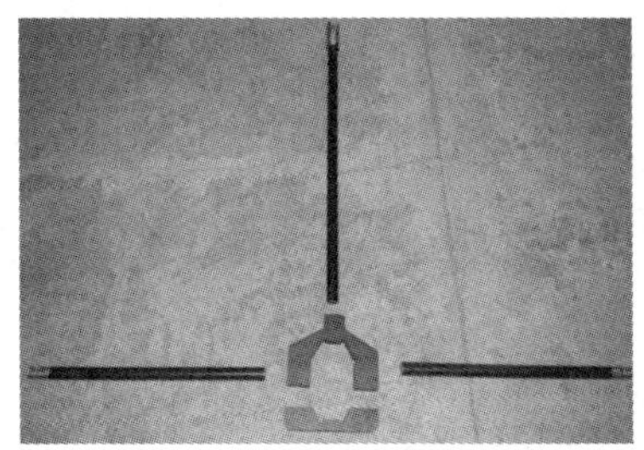

图 3. 130 钢缆固定架、支撑滑轮杆

12）地面脚轮、轨道脚轮与“T”型脚架

不同的脚轮安装在“T”型脚架上可支持摇臂进行不同的移动方式。地面脚轮可使摇臂在地面上进行万向移动，轨道脚轮可使摇臂在预铺好的滑轨上进行平滑的前后移动。脚轮侧面都带有锁止旋钮。

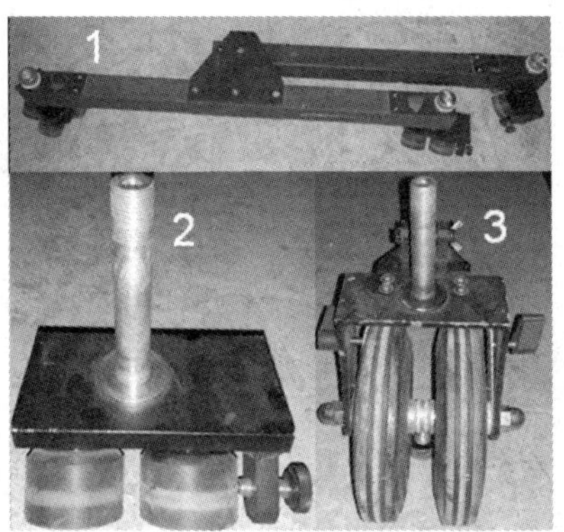

图 3. 131 脚轮与“T”型脚架

（1）“T”型脚架；

（2）轨道脚轮；

（3）地面脚轮。

13）滑轨

滑轨，可以根据节目需求组装成不同长度的轨道。滑轨分为两种，带有编号“1”和“2”的为头节和尾节，各有一节，展开为“L”型，节的一端带有缓冲弹簧。其他无编号的为中间延伸节，共有 6 节。安装时中间延伸节安装在头节和尾节之间，最长可组装成长 7.2 米的轨道。

图 3.132　滑轨

14）三脚架与摇臂托盘

三脚架是支撑摇臂臂身的支架，是摇臂的承重部件，高度可调。

摇臂托盘与支撑三脚架相结合，是摇臂垂直、水平旋转的轴心，摇臂的支点具有水平锁止和垂直锁止功能。

图 3.133　三脚架

图 3.134　摇臂托盘

15）工具包

摇臂安装和调试时使用的工具（包括内六角5个、扳手1个、水平尺1把）。

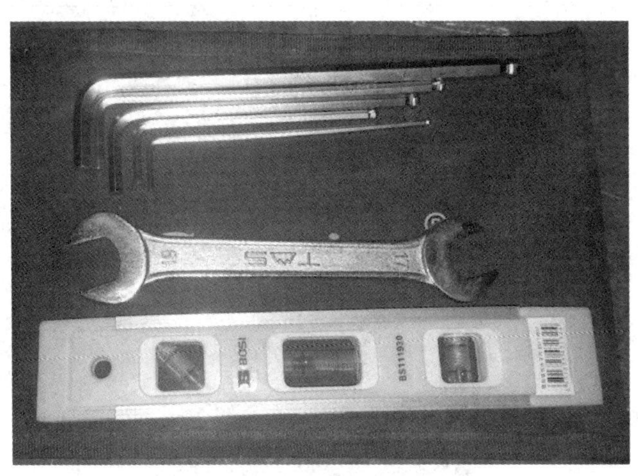

图3.135　工具包

16）支撑三脚架

安装、拆卸摇臂时用于支撑臂身。

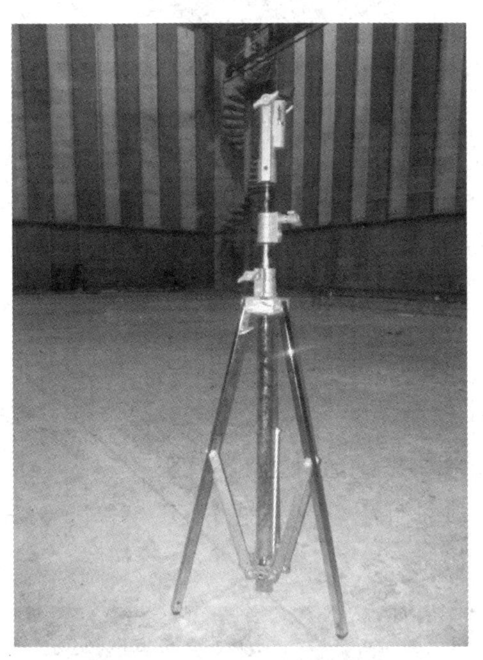

图3.136　支撑三脚架

17）包胶配重、配重支撑杆

配重支撑杆，安装在1号延伸臂上，两侧安装包胶配重及控制手柄。

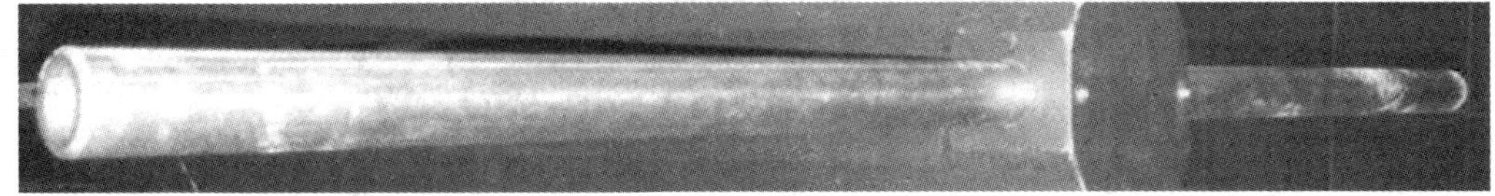

图3.137　配重支撑杆

包胶配重，安装在1号延伸臂的配重支撑杆上，对摇臂平衡起关键作用。

重量	数量
15KG	9个
10KG	1个
5KG	1个
2.5KG	2个

图3.138 配重

18）PVC携带箱（带轮）

PVC携带箱共有四个，是收纳臂身与钢缆的便携箱，箱体铭牌上有数字编号。通常在演播室使用8米摇臂时，只需使用2号、3号、4号携带箱中的配件即可。

2号箱：小1、2、3、4、5号延伸臂，机头臂，滑轮支撑杆，监视器拉杆，配重支撑杆。

3号箱：6、7号延伸臂，支撑三脚架，“T”型脚架（带轨道脚轮）。

4号箱：三脚架，摇臂托盘，钢缆（8米用），线缆，综合缆。

5号箱：长1、8、9号延伸臂，地面脚轮（三个），移动拉杆，钢缆（6米，10米），备用通话线。

图3.139 携带箱

19）航空箱与货运推车

航空箱，收纳螺丝、云台、遥控机箱、线缆、摄像机托盘及其他零件的金属箱。

货运推车，移动航空箱的工具。

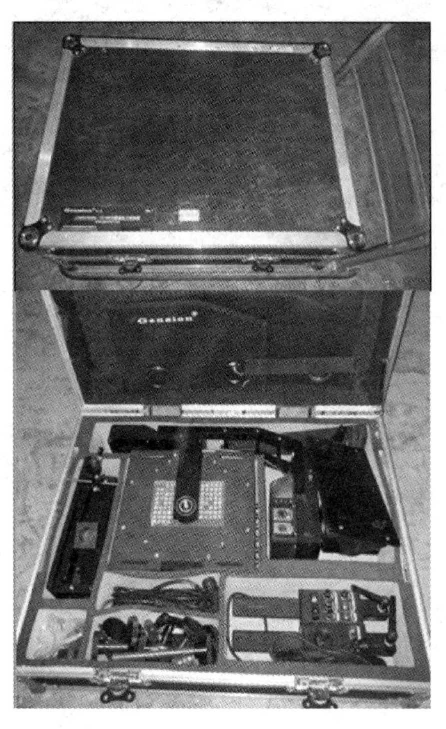

图 3.140 航空箱

20）航空箱内小附件

A. 螺丝及“L”型螺丝

规格	数量	使用位置
3.5 cm×1.0cm	12 个	延伸臂底部、配重支撑杆两端和监视器支架防脱扣使用
6.0 cm×1.0cm	3 个	三脚架与摇臂托盘固定使用
17 cm×1.3cm	1 个	三脚架与“T”型脚架固定使用
10 cm×1.0cm	2 个	钢缆支撑架使用
2.3 cm×0.5cm	4 个	监视器拉杆使用两个备用
5.5 cm×1.0cm	1 个	固定监视器支撑杆使用
3.5 cm×0.8cm	2 个	摄像机托盘与云台固定使用
3.9 cm×0.6cm	1 个	摄像机托板底部固定摄像机使用
3.6 cm×1.0cm	1 个	摄像机托板底部固定摄像机使用
“L”型螺丝	1 个	摄像机托盘固定平衡用
“L”型螺丝带垫片	2 个	摇臂垂直运动锁止用

图 3.141 螺丝

B. 皮筋

整理综合缆、视频线、通话线、光纤等，捆绑在延伸臂上。

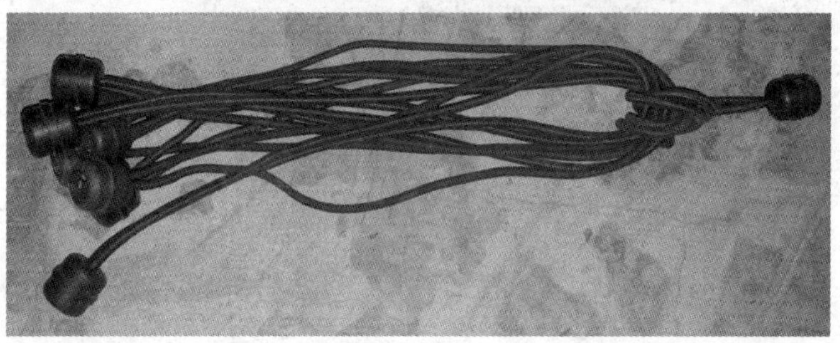

图 3.142 皮筋

21）GS－M900HD 液晶监视器与支架

A. 液晶监视器

9 寸高清/标清液晶监视器，共有两个，安装在监视器支架上。监视器两侧的旋钮可调整俯仰角度，便于观看。两台监视器分别监看摄像机本机信号与 PGM 返送信号，可提供 TALLY 显示。

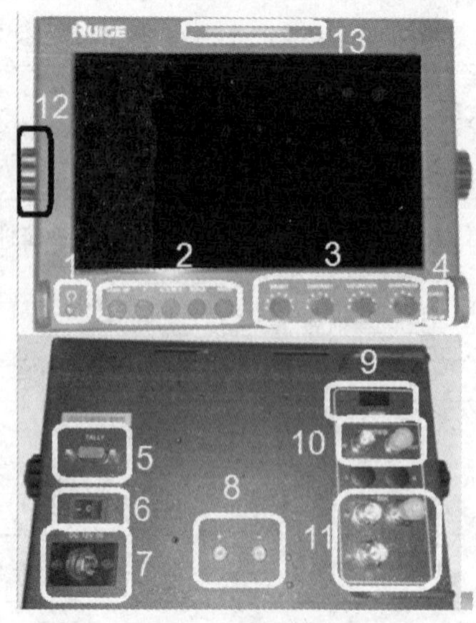

图 3.143 监视器

① 耳机插孔

当使用带麦克风的单机或 PGM 返送加嵌后的信号时，可使用耳机监听。

② 菜单功能区

- ***LOCK UP***：按键锁定。
- ***F***：菜单键，按下 F 键后可使用 ***BRIGHT*** 旋钮选择菜单中的选项。
- ***4:3/16:9***：画幅显示，可提供4:3/16:9/信箱/AUTO 格式切换。
- ***SCALE***：安全框显示，可提供 80%、85%、90%、93%、96% 安全框标记线切换。

③ 画面控制区

这四个旋钮每个分别控制两项菜单，单次向下按下旋钮可切换选项。

- ***BRIGHT/MENU***：可以调节监视器画面亮度，当旋钮按下时切换到菜单开关键。
- ***CONTRAST/VOLUME***；可以调节监视器画面对比度，当旋钮按下时切换到音量键。
- ***SATURATION/B/W***：可以调节监视器画面饱和度，当旋钮按下时切换到黑白画面。
- ***SHARPNESS/ZOOM***：可以调节监视器画面锐度，当旋钮按下时在象限和中心点之间选定某一区域放大显示，便于对焦。

④ 状态显示灯

- ***POWER*** 灯：监视器已供电时显示红色，未供电时熄灭。
- ***LOCK UP*** 灯：长按 ***LOCK UP*** 键锁定面板按键后，显示绿色。取消面板按键锁定后，熄灭。

⑤ ***TALLY*** 端口：连接 TALLY 线可传输 TALLY 信号。

⑥ 监视器电源开关。

⑦ ***DC 12V IN***：12V 直流电源输入接口。

⑧ **+ -**：监视器外接电源接口。

⑨ ***HDMI*** 接口。

⑩ ***VIDEO IN/OUT***：复合视频信号输入/输出接口。

⑪ ***SDI IN/OUT***：SDI 视频信号输入/输出接口，两个输入一个输出接口。

⑫ 监视器固定旋钮。

⑬ ***TALLY*** 灯。

B. 监视器支架

支撑监视器的架子，通过拉杆调节可使监视器随时保持与地面垂直。

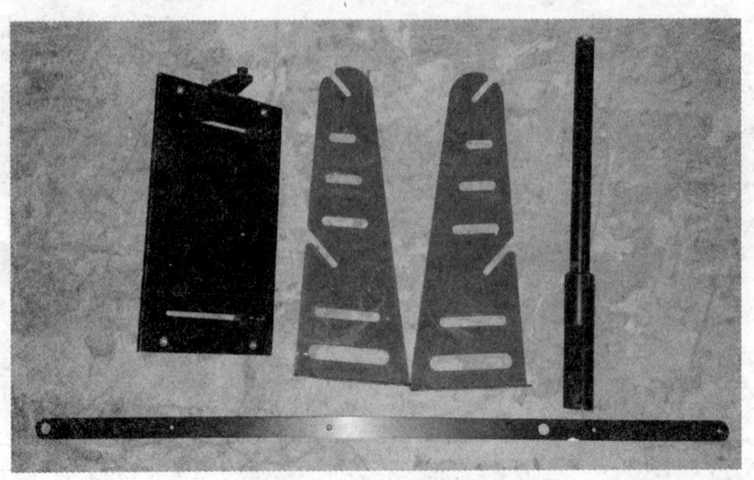

图 3.144 监视器支架

C. 遮光罩

在室外使用时，会有光线干扰，使用遮光罩，会减少干扰。

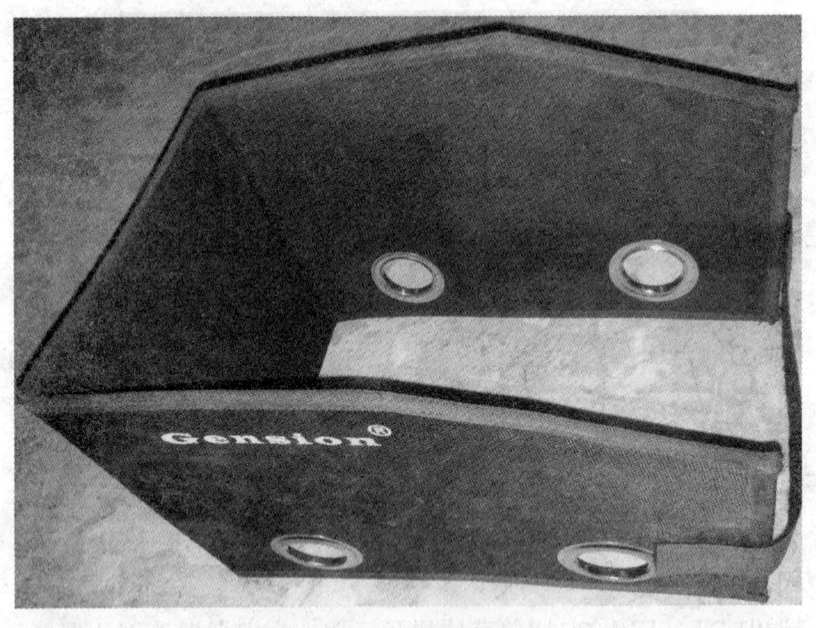

图 3.145 遮光罩

3. 安装

1）铺装滑轨

① 将标有 1、2 号的头节拉开成“L”型，1 号在前，2 号在后。

② 将延伸节拉开各角成 90°，放在 1、2 号节中间。

③ 将各节之间银色连接柱套入相邻节的套筒内。

④ 用六角螺丝刀将各个套筒内的螺丝顺时针拧紧至少两圈，保证节与节之间连接紧密并在一条水平线上（拆卸时逆时针旋转两圈即可，防止膨胀螺丝丢失）。

⑤ 安装后形成一个“目”字形（根据节目的需求和实际情况进行定位增加或减少延伸节的数量来调整摇臂的行程）。

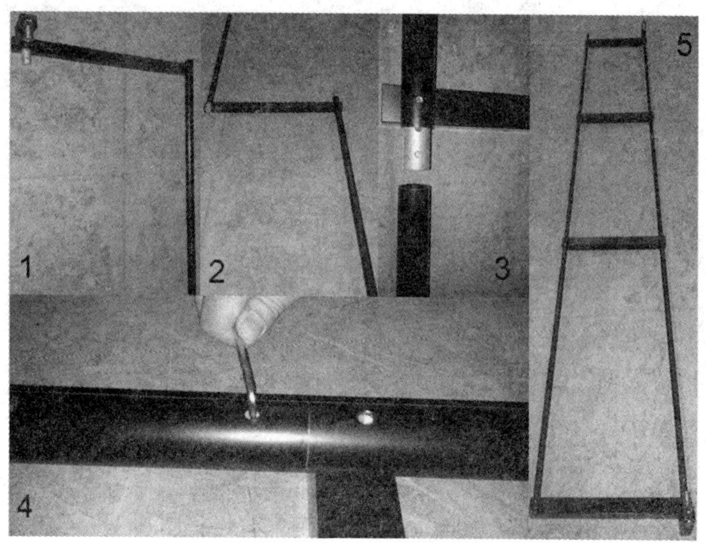

图 3.146 铺装滑轨

2）安装脚轮

A. 轨道脚轮

① 脚架三个腿末端各有一个圆孔。

② 脚轮的顶部有一带螺纹的铁柱。

③ 将脚轮铁柱插入脚架圆孔内。

④ 垫上垫片。

⑤ 拧紧螺母。

图 3.147 安装轨道脚轮

B. 地面脚轮

地面脚轮的安装方法与轨道脚轮一致，安装完成后需要添加移动拉杆。

① 拉杆底部有孔。

② 地面脚轮其中有一个有拉杆卡槽。

③ 将螺丝套入拉杆内，拧紧螺丝。

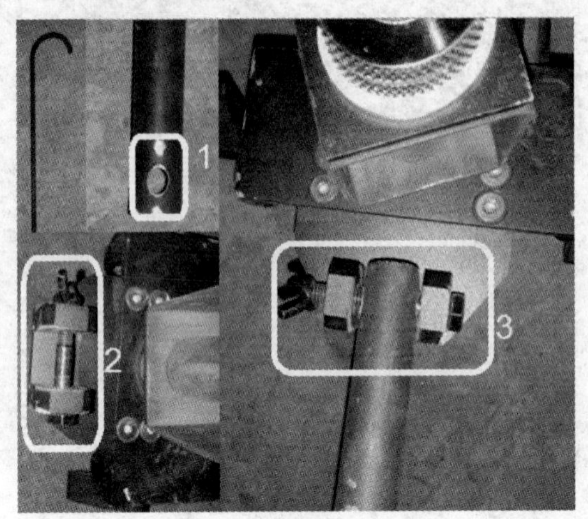

图 3.148 安装地面脚轮

C. 垫片安装顺序

垫片安装顺序：塑料垫片、滚珠垫片、金属垫片。

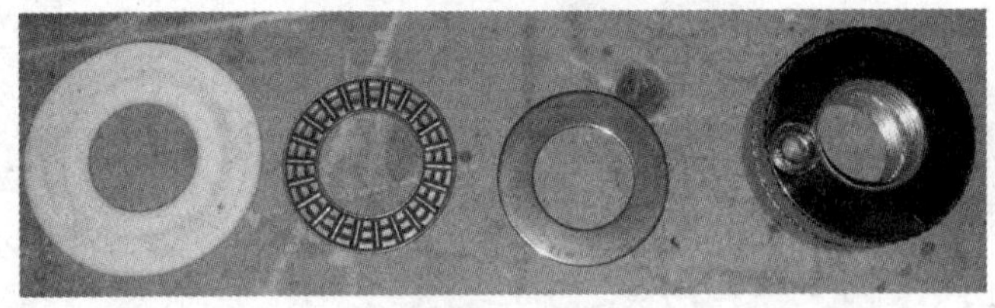

图 3.149 垫片

3）展开“T”型脚架

①“T”型脚架的交叉点有一个银色卡隼，按下卡隼展开脚架。

② 推出支脚至卡孔处卡隼弹出。

③ 拨正脚轮位置与轨道同方向。

④ 将有两个脚轮的一端放在有缓冲弹簧的轨道上，前后滑动滑轨检查滑动过程是否顺滑。

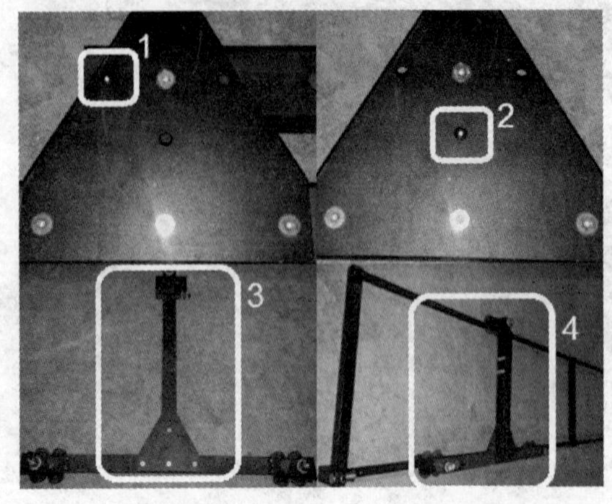

图 3.150 展开“T”型脚架

4）安装三脚架与摇臂托盘

A. 三脚架

① 拧松旋钮掰开三脚架的三条腿。

②“T”型脚架末端各有一个半圆形卡口。

③ 将三脚架的三条腿卡入半圆形卡口内。

④ 将螺丝穿过“T”型脚架拧入三脚架的中柱螺口内。

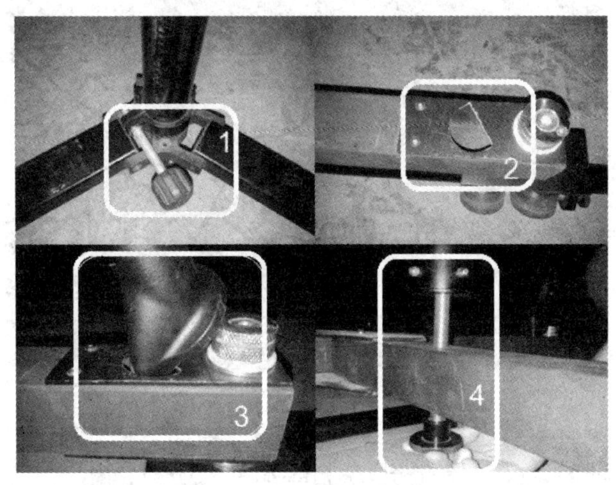

图 3.151 安装三脚架

B. 摇臂托盘

① 将摇臂托盘放在三脚架的平台上。

② 三脚架与摇臂托盘各有三个位置相同的螺丝孔，移动摇臂托盘位置使各孔对齐。

③ 将三颗螺丝拧入螺孔内。

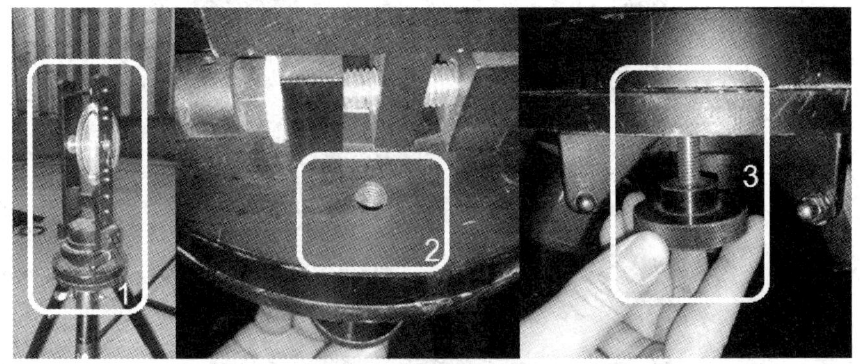

图 3.152 安装摇臂托盘

5）安装延伸臂

A. 3 号延伸臂

① 拔下三脚架上旋转架的防脱扣。

② 抽出支点固定棒。

③ 将3号延伸臂（两端标有数字的面向上，侧面带有螺孔两个金色圆盘，与摇臂托盘银色圆盘同向）套入摇臂托盘内，保持3号延伸臂的孔洞与摇臂托盘孔洞在同一水平线上（注意：3号延伸臂的孔洞内侧各有一个滚珠轴承，安装时确保轴承完全卡入延伸臂卡槽内）。

④ 插回固定棒，扣上防脱扣。

图3.153　安装3号延伸臂

⑤ 安装好3号延伸臂后，将带有垫片的垂直运动锁止扣（“L”型螺丝）通过摇臂托盘的银色圆盘卡槽拧入3号延伸臂侧面的两个螺孔。

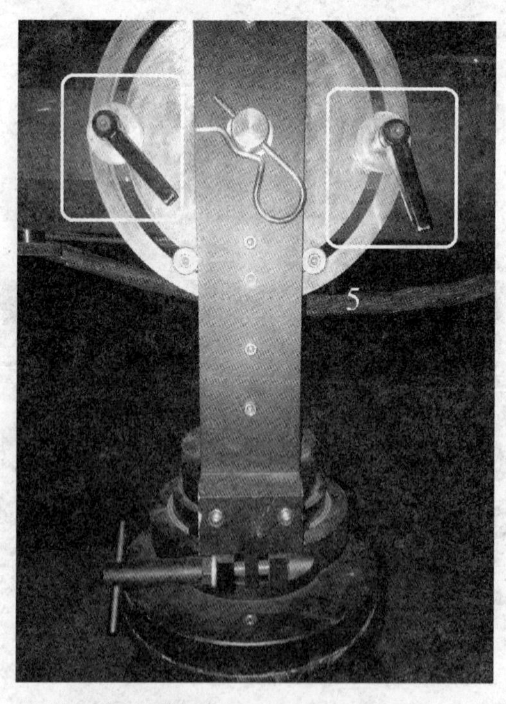

图3.154　安装垂直运动锁止扣

B. 其他延伸臂

3号延伸臂安装完成后，以面对摇臂托盘银色圆盘为基准往左侧依次安装2号、1号延伸臂，往右侧依次安装4、5、6、7号延伸臂和机头臂。

① 将4号延伸臂带螺丝一侧对准3号延伸臂。

② 将4号延伸臂的螺丝卡扣卡入3号延伸臂的卡槽内。

③ 将螺丝拧入3号延伸臂底部的螺孔内。

④ 用固定扳手拧紧螺丝。

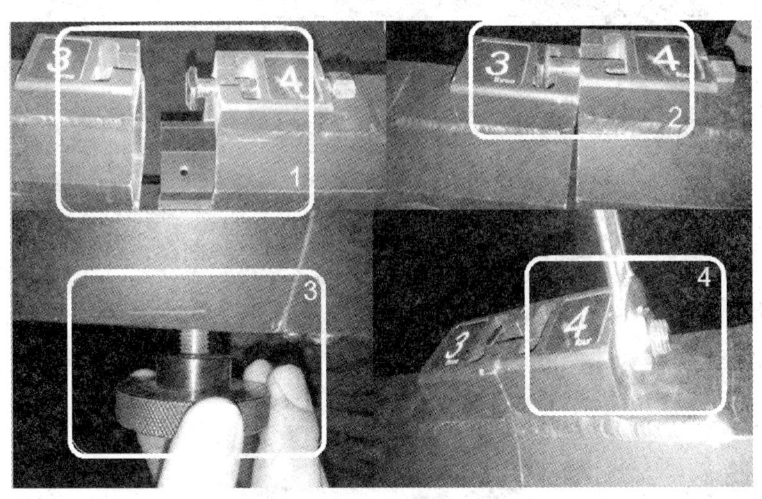

图3.155 安装其他延伸臂

按照上述方法安装延伸臂和机头臂，安装顺序为3、4、5、2、1、6、7号延伸臂机头臂，安装延伸臂和机头臂时用支撑三脚架支撑在前一延伸臂下方便安装。

注：安装延伸臂时为保证安全和方便安装，可增加配重使摇臂前后重量趋于平衡，详见第14部分配重。

图3.156 安装延伸臂总体效果图

6）安装钢缆固定架、支撑滑轮杆

① 将“人”字形固定架扣在3号延伸臂线槽上。

② 扣上底座，将螺丝穿过底座拧在固定架上（两侧各有一颗）。

③ 上顶插入最长的一根支撑杆，两侧插入两根较短的支撑杆。

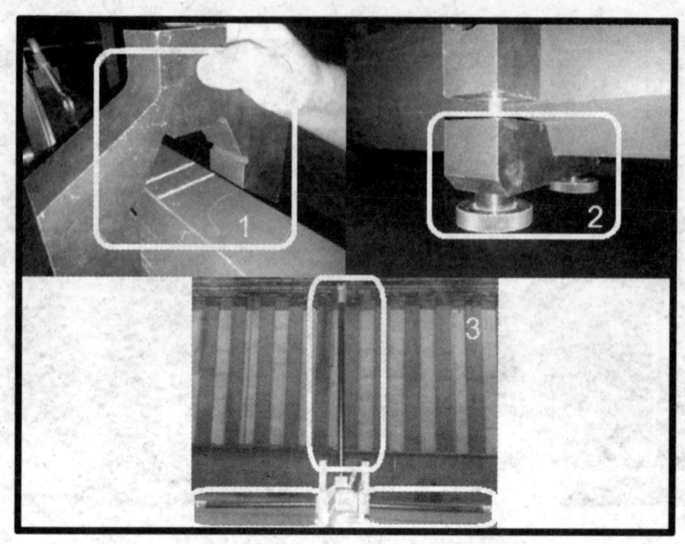

图3.157 安装钢缆固定架和支撑滑轮杆

7）连接钢缆

A. 平衡缆

① 将两端标有8米红色的平衡缆打开安全扣连接摇臂托盘接口。

② 另一头连接机头臂接口。

③ 连接时使“螺旋松紧扣”留有余量，好调节平衡。

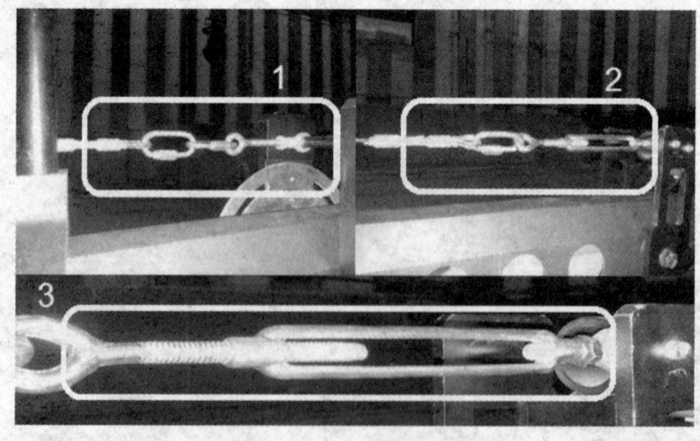

图3.158 安装平衡缆

B. 主缆

① 把主缆两端的“b”型卡扣弧面向外对准卡槽。

② 把有螺旋松紧扣的一端卡入机头臂顶面的卡槽内。

③ 让主缆通过顶面钢缆支撑杆的滑轮。

④ 另一端卡入1号延伸臂顶面的远端卡槽内。

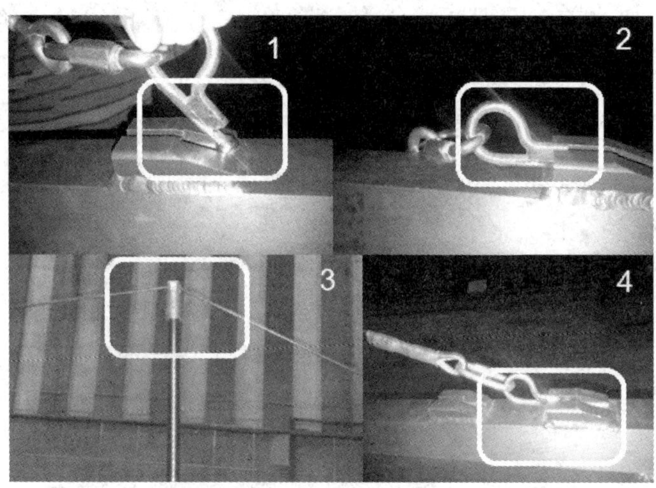

图3.159 安装主缆

C. 侧缆

① 把有螺旋松紧扣的一端卡入机头臂侧面的卡槽内，弧面向外。

② 把侧缆卡入侧面钢缆支撑杆。

③ 另一端卡入机头臂同侧侧面卡槽内。

图3.160 安装侧缆

侧缆有两根，除安装位置相对外，安装方式一样。安装完成后在机头臂上旋转螺旋松紧扣拉紧钢缆，松紧度合适即可。

图3.161 双侧缆纵视图

8）安装云台总成与摄像机托盘

A. 云台总成

在安装云台总成之前，要保证云台总成水平/垂直旋转电机的齿轮处于松开的状态。

① 将云台水平旋转电机的两个螺丝拧松，向云台弯曲方向扭动螺丝，把齿轮松开。

② 将云台垂直旋转电机的两个螺丝拧松，向上方扭动螺丝，把齿轮松开。

③ 卸下云台水平旋转机头的两颗固定螺丝。

④ 插入机头臂的卡口。

⑤ 用内六角上紧螺丝。

图 3.162　云台总成安装图

B. 摄像机托盘

① 用内六角拧松螺丝，打开托盘。

② L 型螺丝插入孔内。

③ 拧紧螺丝。

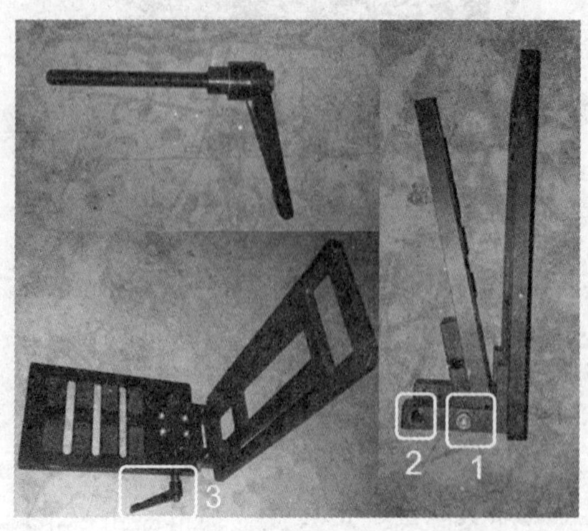

图 3.163　摄像机托盘展开图

C. 连接托盘与云台

① 摄像机托盘垂直卡槽。

② 云台垂直卡槽。

③ 将两个卡槽相互嵌入。

④ 拧入固定螺丝。

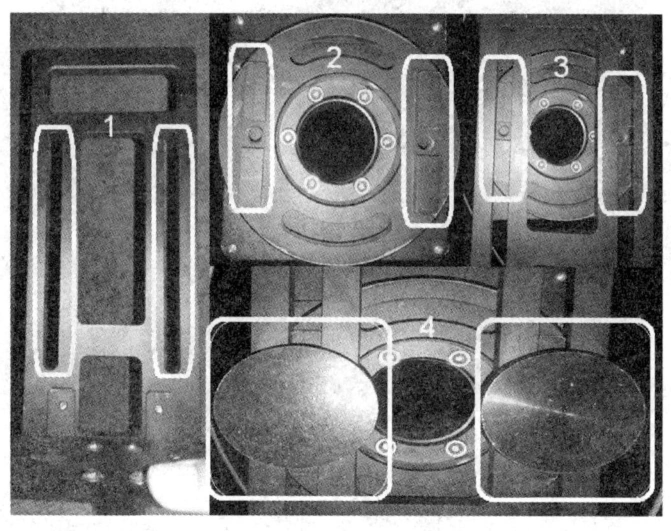

图 3.164 连接摄像机托盘与云台总成图

9）安装摄像机

① 先将摄像机托板放在托盘上对准第二槽线。

② 托盘第二槽线。

③ 从底部上紧螺丝，螺丝一大一小。

④ 固定摄像机。

⑤ 再把云台上的失手钢索套入摄像机提手内。

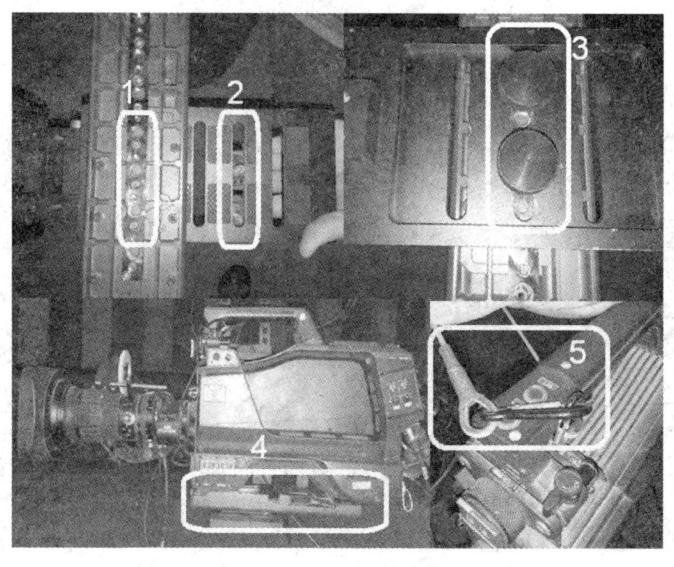

图 3.165 安装摄像机

10）安装遥控机箱

① 2 号延伸臂左侧螺口。

② 将机箱挂在 2 号延伸臂左侧，挂臂螺丝对准螺口上紧螺丝。

③ 将电源插入背面电源接口。

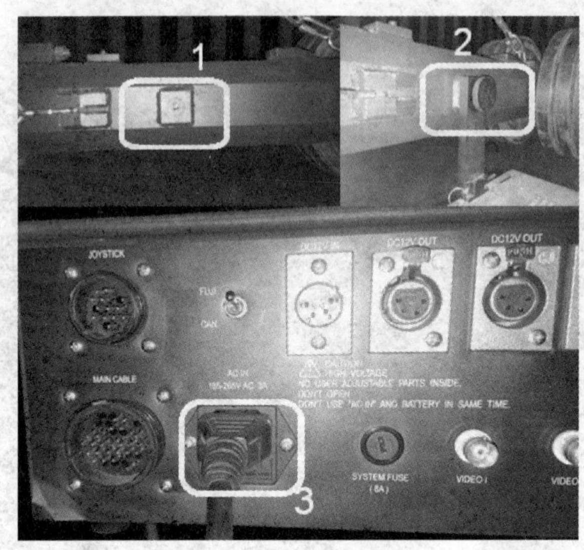

图 3. 166　安装遥控机箱

11）安装监视器

A. 监视器托盘

① 2 号延伸臂固定螺口。

② 将托盘支撑杆横架在 2 号延伸臂的螺口上，上紧螺丝。

③ 插入监视器托盘，托盘平面朝上。

④ 上紧螺丝。

⑤ 拉杆一端扣入摇臂托盘螺口，另一端扣入监视器托盘内侧螺口。

⑥ 上紧摇臂托盘螺丝。

⑦ 上紧监视器托盘内侧螺丝。

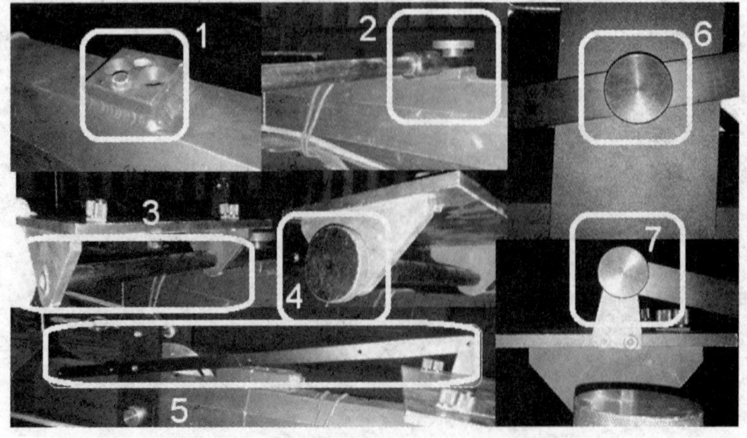

图 3. 167　安装遥控机箱

B. 监视器支架

① 将监视器支架卡入托盘4个螺丝内，拧紧螺丝。

② 将监视器两端的螺丝卡入支架内。

③ 将另一监视器两端的螺丝卡入支架内。

④ 拧紧上方监视器两端螺丝。

⑤ 拧紧下方监视器两端螺丝。

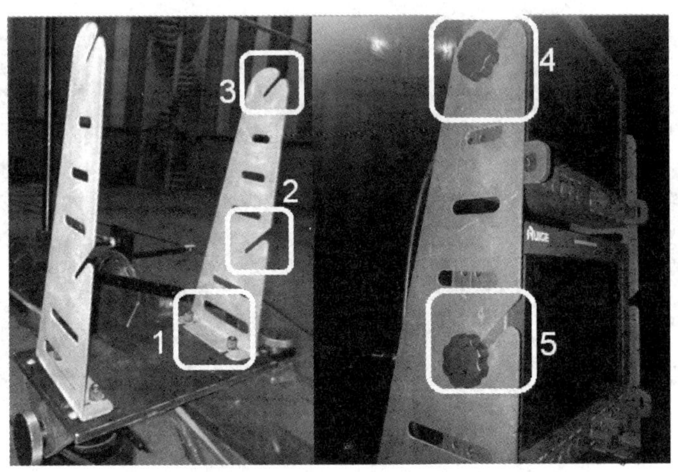

图 3.168 监视器支架

12）连接线缆

A. 综合缆

① 将综合缆一端卡口插入“L”型云台顶端的卡口。

② 旋转外环使接口连接紧实。

③ 另一端卡口插入遥控机箱背面的多芯卡口。

④ 旋转外环使接口连接紧实。

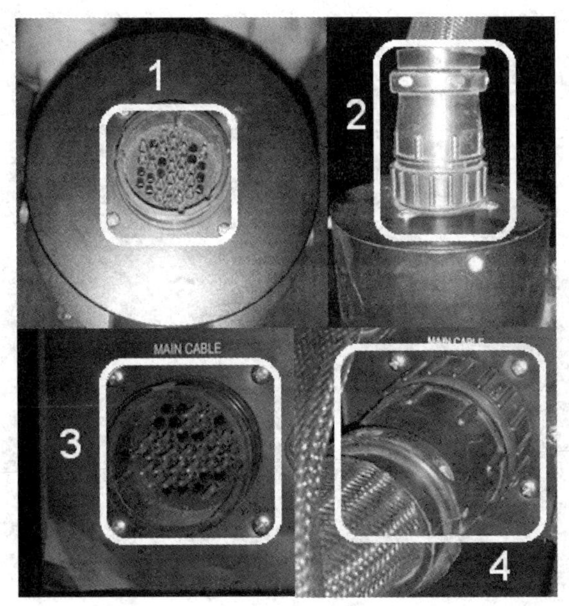

图 3.169 综合缆

B. 连接摄像机光缆

如果摄像机使用 TAJIMI 光缆接口，操作方法如下：

① 拔下光缆防尘罩，光纤卡口红点向上。

② 拔下摄像机尾部的光缆防尘罩，使两个端口红点相对。

③ 适当用力连接光缆接口，听到清脆响声时，说明连接稳固。

④ 两个防尘罩相互扣紧。

图 3.170 连接摄像机光缆

C. 视频线

① 长视频线一端接入摄像机 ***HD SDI OUT***（本机信号）。

② 短视频线一端接入摄像机 ***PROMPTER/GL***（PGM 模拟复合返送信号）。

③ 短视频线另一端接入云台总成的 ***VIDEO 1*** 接口。

④ 第二根短视频线一端接入遥控机箱的 ***VIDEO 1*** 接口。

⑤ 长视频线另一端接入上方本机监视器 ***SDI IN 1***。

⑥ 第二根短视频线另一端接入托盘下方返送监视器 ***VIDEO IN***。

图 3.171 连接摄像机视频线

D. 伺服控制缆

通常摇臂用伺服的方式控制变焦，手动的方式控制聚焦。

S：（SERVO）伺服控制。

M：（MANUAL）手动控制。

FOCUS：聚焦。

ZOOM：变焦。

IRIS：光圈。

① 将伺服控制缆一端接入云台总成 LENS 口。

② 将 FOCUS 拨到 ***M*** 档，ZOOM 拨到 ***S*** 档。

③ 将标有 ZOOM 线接入 ZOOM 口。

图 3.172 连接伺服控制缆

E. 通话线

通话线一端接入摄像机通话接口，另一端接入摄像耳机，并放置于操作手柄处。

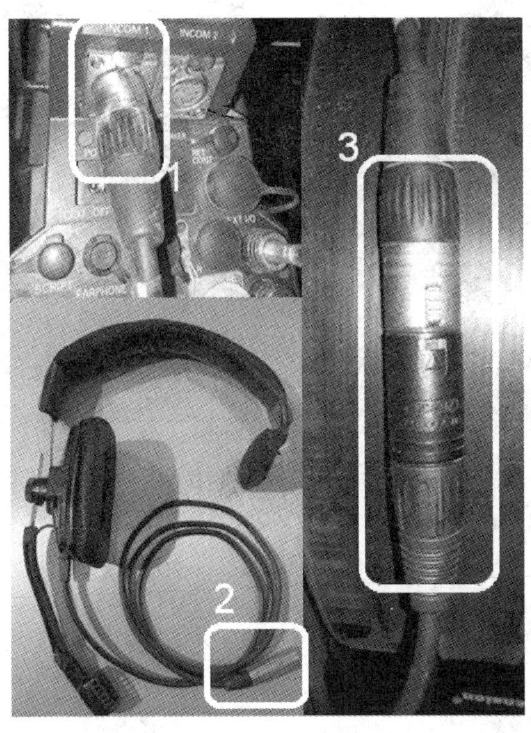

图 3.173 连接通话线

F. 云台电机电源线

① 将两根电源线分别接入 ***PAN*** 接口和 ***TILT*** 接口。

② 将接入 ***PAN*** 口的电源线另一端接入 ***PAN MOTOR*** 接口。

③ 将接入 ***TILT*** 口的电源线另一端接入 ***TILT MOTOR*** 接口。

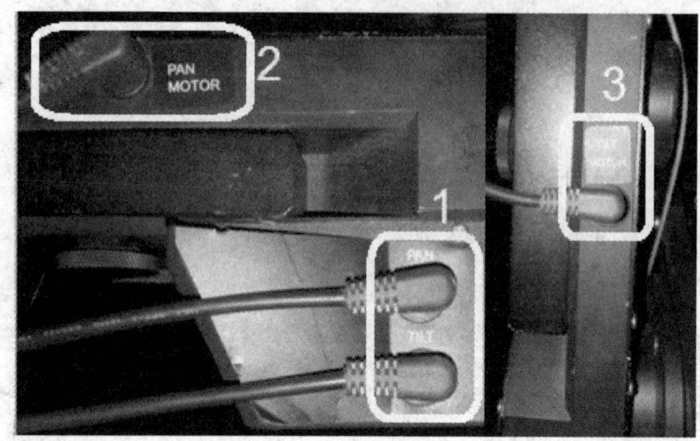

图 3.174　连接云台电源线

G. 安装监视器电源线及遥控机箱电源线

① 将两根监视器电源线一端插入遥控机箱的 ***DC 12V OUT***。

② 另一端分别插入监视器背面的 ***DC 12V IN***。

③ 将遥控机箱的电源线插入电源插板上。

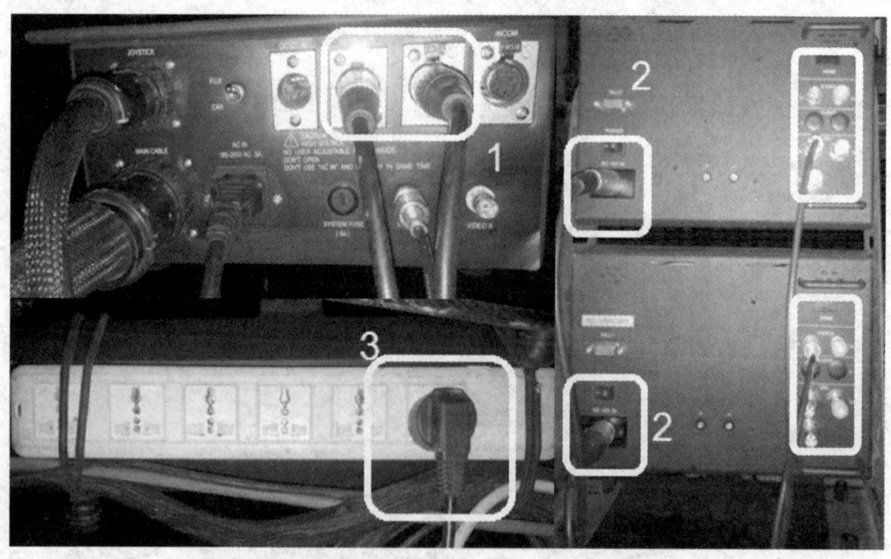

图 3.175　安装监视器电源及遥控机箱电源线

13）安装聚焦齿轮

① 固定螺口。

② 将外接聚焦齿轮固定螺丝拧入固定螺口内（只需旋转两圈半即可，拧入过多会损伤镜头）。

③ 旋转反向固定螺丝使外接支架固定在镜头上。

④ 拧松齿轮固定螺丝，转动聚焦环使齿轮与聚焦环中段咬合，等待加电后细致调整。

⑤ 齿轮咬合后拧紧齿轮固定螺丝。

⑥ 将伺服控制缆中标有 FOCUS 的线插入齿轮控制线端口。

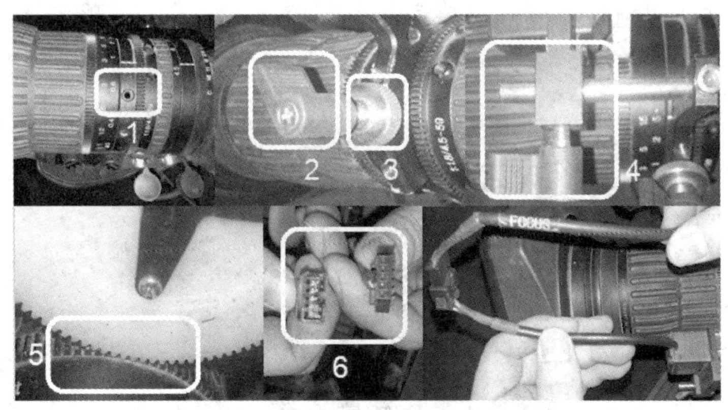

图 3.176　安装聚焦齿轮

14）配重

① 将配重支撑杆插入 1 号延伸臂尾部。

② 两端分别加入配重。

在安装 6 号延伸臂、7 号延伸臂、机头臂和摄像机时，摇臂大部分重量集中在前半部分，为了安全和方便安装，可在安装完 1 号延伸臂后就加装一片 15kg 的配重，安装完其他延伸臂后增加二片 15kg 的配重，安装完摄像机后再增加一片 15kg 配重，最后在安装完其他设备后加装剩余配重。

图 3.177　安装配重

注：加入适当数量的配重，使摇臂在垂直方向任意位置能够保持静止，例如 8 米摇臂配重总重量约为 132.5kg。

15）安装控制手柄

① 将控制手柄接口接入机箱背面 ***JOYSTICK*** 接口。

② 将手柄顶端套入配重支撑杆两侧。

③ 调好角度后旋紧螺丝。

④ 配重支撑杆两侧有螺口，安装完配重和控制手柄后拧入螺丝。

⑤ 螺丝外端直径大于配重支撑杆直径，防止配重和手柄脱落。

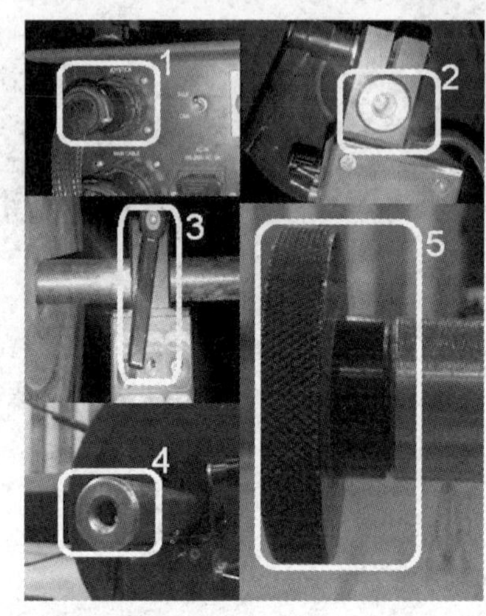

图 3.178　安装控制手柄

16）调整线缆

① 将摄像机尾部连接的本机监看视频线、通话线、光缆与综合缆用皮筋捆绑于延伸臂侧面。

② 顺着延伸臂至遥控机箱每隔一节用皮筋捆绑一次。

③ 将多余的线缆盘好放置于 2 号延伸臂侧面（除电源线和光纤）。

④ 将电源插板横置于 2 号延伸臂遥控机箱一侧，用皮筋捆好。

⑤ 将木棍斜插在三脚架一侧，木棍尾端伸至轨道外侧。

⑥ 把电源线和光缆沿三脚架顺至木棍用绑带绑好，防止在移动中滚轮碾压光纤和电源线。

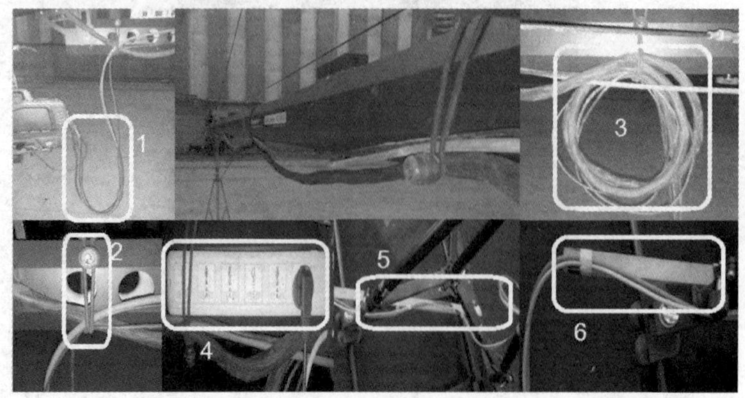

图 3.179　捆扎线缆

4. 摇臂水平调整

摇臂的平衡对摄像机最终的成像效果至关重要，如果在使用之前没有对摇臂的平衡缆、云台、摄像机的平衡进行调试，会导致最终成像向一侧倾斜，而且摄像机无法在空中任意角度静止，长此以往可能会烧坏云台电机，所以调试摇臂的水平是安装摇臂过程中非常重要的一个环节。摇臂平衡由平衡缆水平、云台水平、摄像机水平共同决定。

1）调平衡缆水平

① 将平衡尺放在机头臂与云台连接处。

② 调节平衡缆的螺旋松紧扣（顺时针方向旋转收紧，逆时针方向旋转放松）。

③ 使平衡尺平衡（气泡在中间位置即为平衡）。

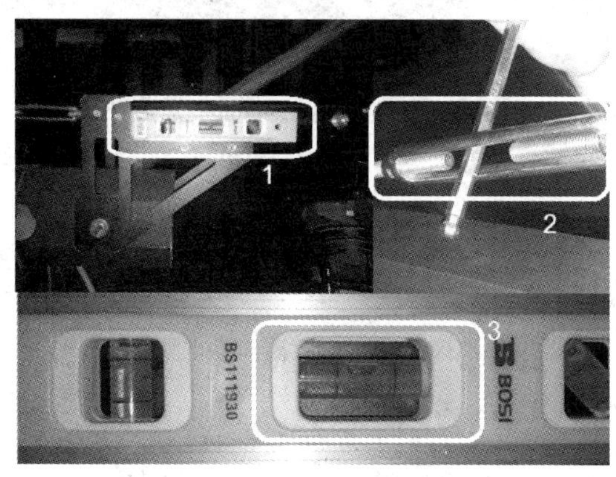

图 3. 180　调试平衡缆水平

2）调云台水平

① 将平衡尺放在云台顶端的水平电机壳上。

② 拧松云台与机头臂插口的两颗螺丝，旋转云台。

③ 找到平衡点后，上紧两颗螺丝。

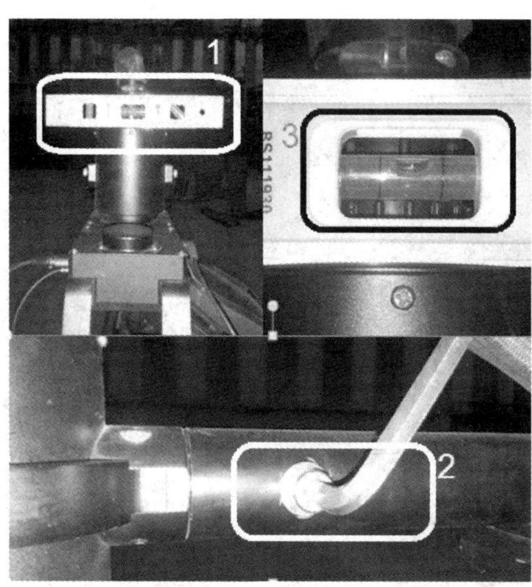

图 3. 181　调试云台水平

3）调摄像机水平

① 将平衡尺放在摄像机尾部手扶摄像机手柄。

② 拧松“L”型螺丝。

③ 用内六角拧松支点螺丝调整托盘位置。

④ 找到平衡点后，拧紧两个螺丝。

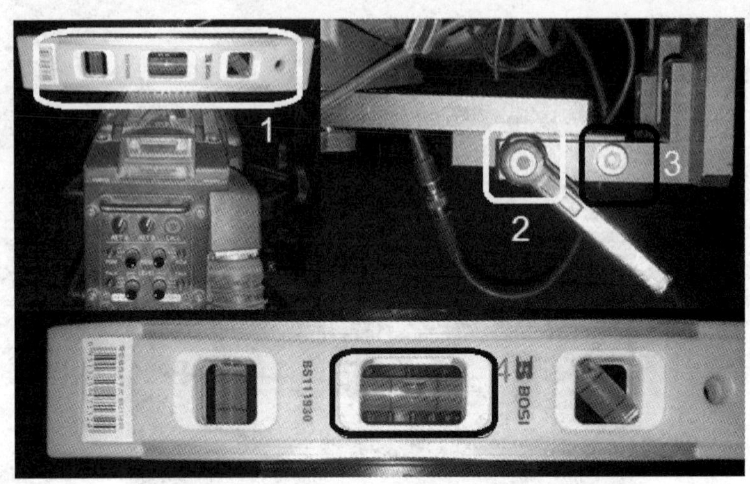

图 3.182 调试摄像机水平

4）调摄像机平衡

在摇臂使用中，摄像机重心的调整至关重要，它决定了摄像机在垂直方向的转动是否均匀平滑、无操作时是否自行移动。重心位于摄像机垂直运动的轴线位置。

A. 水平方向

① 将摄像机托板下方的两颗螺丝拧松。

② 移动摄像机托板在托板架上的前后位置。

③ 使摄像机与地面保持平行（正中粗虚线左右两侧质量相同），不低头、不仰头。

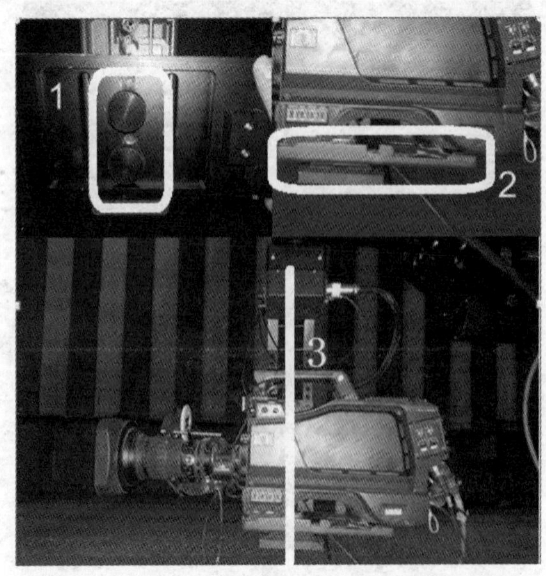

图 3.183 调试摄像机水平方向平衡

B. 垂直方向

① 将摄像机托板与云台的连接螺丝拧松。

② 摄像机头朝下，调整摄像机托盘垂直卡槽的左右位置。

③ 使摄像机在任何角度都能保持静止（摄像机重心与云台垂直运动的轴心处在同一水平线上）。

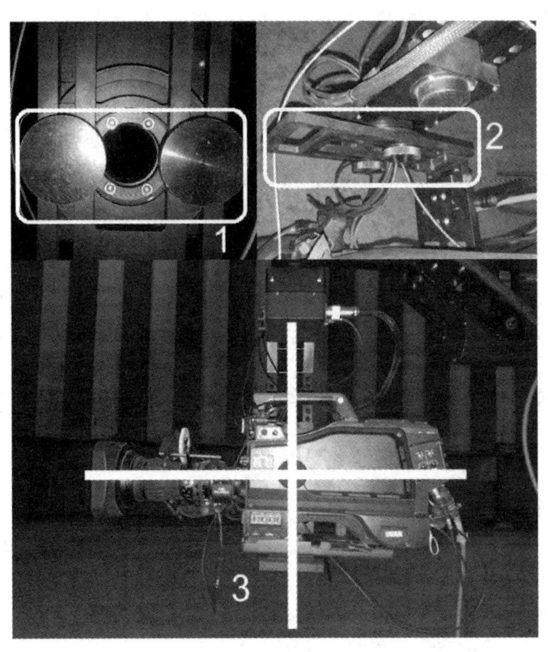

图 3.184 调试摄像机垂直方向平衡

C. 固定电机

摄像机调整完毕后将水平电机、垂直电机的齿轮扣扣下，齿轮咬合。

5. 加电调试

1）开机步骤

打开遥控机箱前面板 ***POWER*** 键和 ***SYSTEM*** 键，摄像机开关拨至 ***CCU*** 档。

2）调伺服平衡

A. 在无操作的情况下查看摄像机是否发生水平、垂直运动。

B. 如果摄像机在无操作的情况下进行水平移动，且遥控机箱前面板 PAN 指示灯常亮（向左移动左灯常亮，向右移动右灯常亮），则需要调整 PAN 中的 ***CENTER*** 旋钮至灯灭。

C. 如果摄像机在无操作的情况下进行垂直移动，且遥控机箱前面板 TILT 指示灯常亮（向上移动左灯常亮，向下移动右灯常亮），则需要调整 TILT 中的 ***CENTER*** 旋钮至灯灭。

3）选择监视器输入源

A. 在上监视器前面板按 ***MODE*** 键选择信号源“SDI1”，监看本机信号。

B. 在下监视器前面板按 ***MODE*** 键选择信号源“复合”，监看 PGM 返送信号。

4）查看聚焦变焦

A. 检查摄像机变焦是否正常，根据摄像师习惯可调整变焦速度。

B. 调整控制手柄 ***FOCUS TRAVL*** 至合适位置。

C. 重新调整 FOCUS 量程。

D. 以富士广角镜头（型号 A13×4.5BERD－S48B）为例，如果无法聚焦，可松开聚焦齿轮锁止螺丝，使齿轮空转至一端，反向旋转聚焦环至一端，卡入齿轮，锁紧齿轮螺丝，旋转聚焦旋钮，查看聚焦齿轮的行程是否能达到聚焦环的行程，如不能达到可旋转手柄上 ***FOCUS*** 旋钮适当增加聚焦齿轮的行程，反复上述步骤尽量使聚焦齿轮的行程与聚焦环行程一样。

5）调试收尾工作

A. 将摇臂升起适当高度（摄像机距离地面约 3.5 米），旋转摇臂使控制端远离人员、设备频繁经过的通道，同时注意使摄像机远离演播室幕布。

B. 通过控制手柄将摄像机置于水平中心状态，关闭控制机箱电源。

C. 当全部调整完毕后将摇臂的水平、垂直锁止螺丝拧紧。

D. 把延伸臂收纳袋收入 PVC 便携箱，将便携箱和航空箱收入机库。

6. 常见问题汇总

1）使用摄录一体机时，开机后摄录一体机自动开始录像，无法控制，如何处理？

A. 将控制手柄 VCR 键关闭。

B. 拔下 ZOOM 线，查看开机是否自动录像。

C. 检查是否是摄录一体机本身的问题。

2）加电后，监视器无信号输入，如何处理？

A. 按 MODE 键切换信号输入源。

B. 检查监视器背板、摄像机及云台视频线接口是否松动。

C. 检查摄像机是否开启。

D. 检查摄像机菜单设置是否正确。

3）变焦速度非常慢，如何处理？

A. 确定镜头处于正常工作状态，没有开启限幅或记忆点功能。

B. 调整遥控机箱 ZOOM RATE。

C. 调整镜头 ZOOM 变焦速度。

4）摇臂安装完成后如何快速移动轨道位置？

移动轨道分两种情况：

A. 前后移动

a. 当需要向前移动时，把摇臂移动到轨道前端。

b. 拆下 2 号尾节，再拆下延伸节，把 2 号尾节装回。

c. 将摇臂移动到后端，拆下 1 号头节。

d. 将拆下的延伸节装在前端，装上 1 号头节。

e. 重复 a 步到 d 步直至移动到需要的位置。

f. 摇臂需要向后移动时，参考以上过程向反方向移动轨道。

B. 左右移动

a. 当需要向左移动时，把摇臂移动到轨道前端。

b. 移动轨道后端向左移动一小段距离，注意角度不要过大，移动过程中随时注意轨道连接处是否有缝隙。

c. 将摇臂移动到轨道后端，移动轨道前端向左一小段距离。

d. 重复第一步到第三步直至移动到需要的位置。

摇臂需要向右移动时，参考以上过程向相反方向移动轨道，移动完成后需要重新检查轨道各个连接部用六角固定。

5）当调整摇臂平衡时，添加最小块配重后沉，减少最小块配重前沉，如何调整？

可把最小块配重安置在摇臂的臂身上，通过前后移动配重，寻找平衡点，找到平衡点后用皮筋捆绑于臂身上。

五、三脚架

1. 三脚架概述

三脚架和云台是常用的摄像机承载设备，能保证摄像机在不同拍摄环境的稳定和多角度的调整。在演播室节目制作环境中，高性能的三脚架和云台系统将为摄像师提供稳定而高效的操作体验，为多种节目形式提供丰富的制作手段。

图 3.185

2. 三脚架分类

演播室三脚架承重系统按承重类型可分为便携式三脚架和气压式三脚架支撑系统。衡量三脚架性能指标通常包括三脚架和云台的承重指标、云台水平/俯仰摇移范围、阻尼调整范围等。

3. 三脚架气压锁止开关

将红色锁止开关置于绿点方向，锁止打开，气压柱可升降；

将红色锁止开关置于红点方向，气压柱锁紧，不能升降。

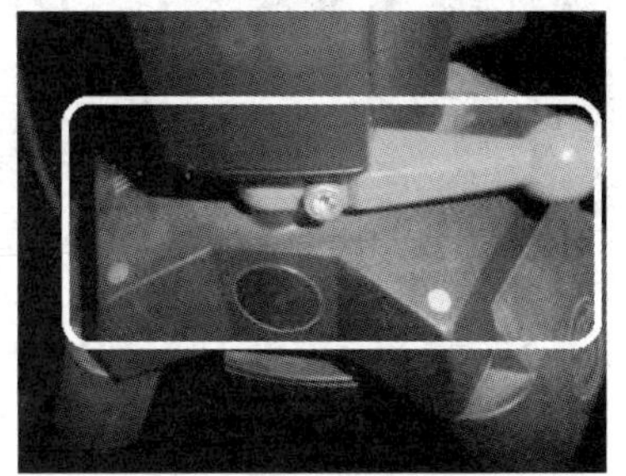

图 3.186

4. 三脚架支架位置锁止

将三脚架支架调到合适位置后，顺时针转动锁止开关，锁止开关有两个，外侧和内侧支架。逆时针转动可松开。

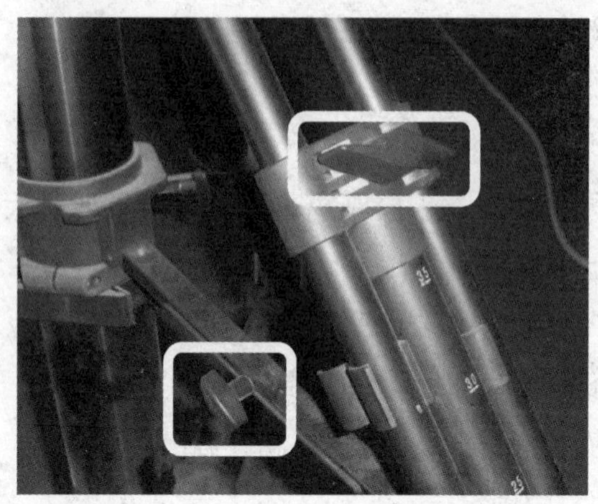

图 3. 187

5. 三脚架脚轮移动和方向锁止

三脚架脚轮移动锁止抬起是解锁，可移动；放下是锁紧，不能移动。

图 3. 188

图 3. 189

脚轮的转动锁止抬起是松开，可转动；放下是锁紧，不能转动。

图 3. 190

图 3. 191

6. 绑线夹

三脚架绑线夹可使三同轴电缆固定在三脚架上，便于三脚架移动、水平或俯仰操作。绑线夹有一大一小两种槽位，将连接摄像机一端固定在大槽内，并留出一段长度，便于云台升降；将另一端固定在小槽内，便于三脚架移动，并保护三同轴接口。

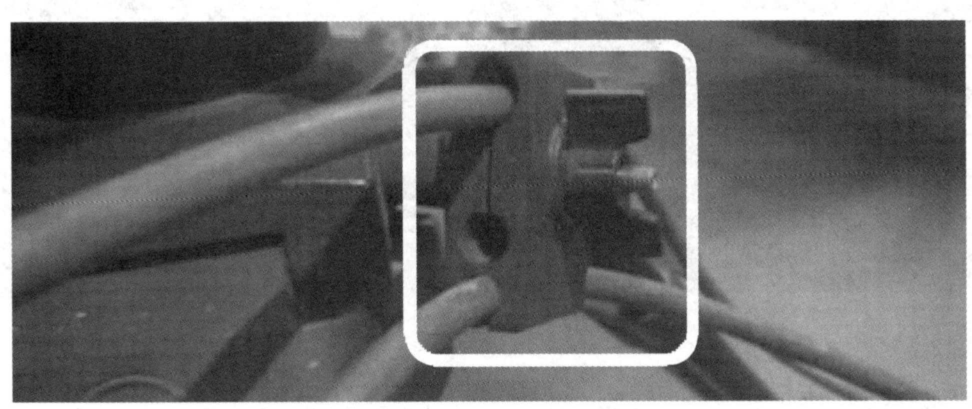

图 3. 192

7. 充气孔

如发现三脚架气压不够时，需要通过打气筒或气泵充气。充气孔在气压柱侧面。

图 3. 193

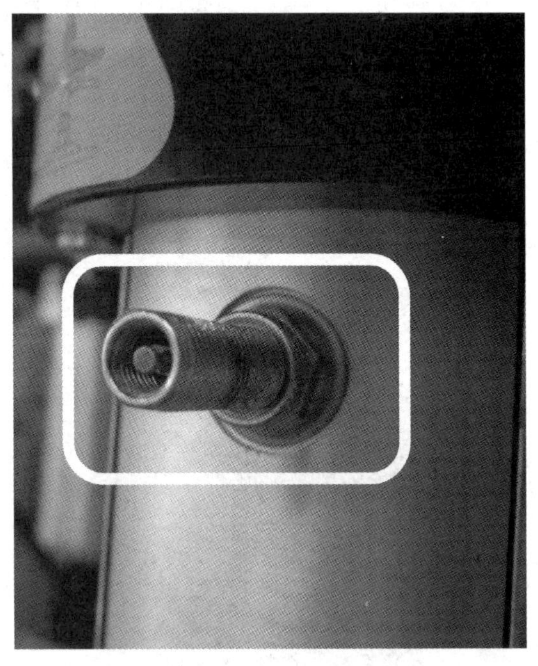

图 3. 194

8. 云台

1）云台俯仰和水平锁止

云台俯仰锁止包括锁止旋钮和锁止开关。

云台侧面旋转是锁止旋钮，顺时针旋转锁紧，逆时针旋转松开。

云台水平锁止在云台正面，顺时针旋转锁紧，逆时针旋转松开。

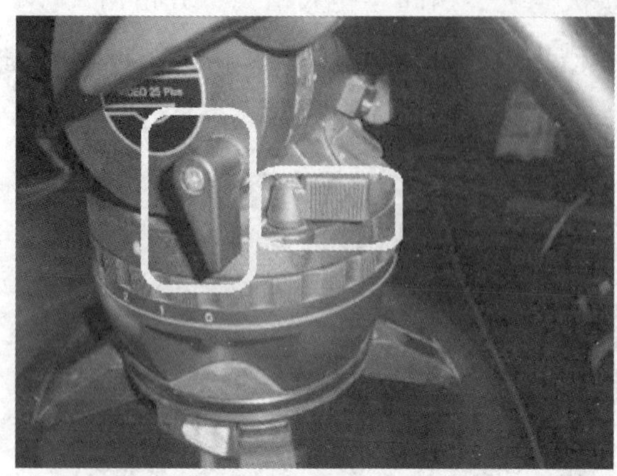

图 3.195

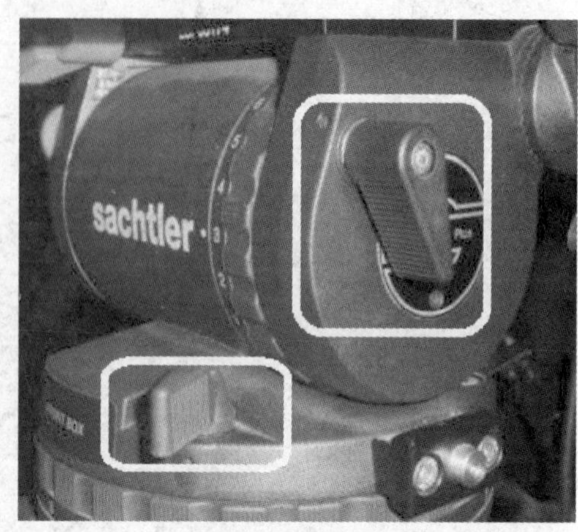

图 3.196

相对面的红色圆钮是锁止开关，将云台放置水平，略微旋转此圆钮可使其陷入卡座，云台俯仰锁紧。

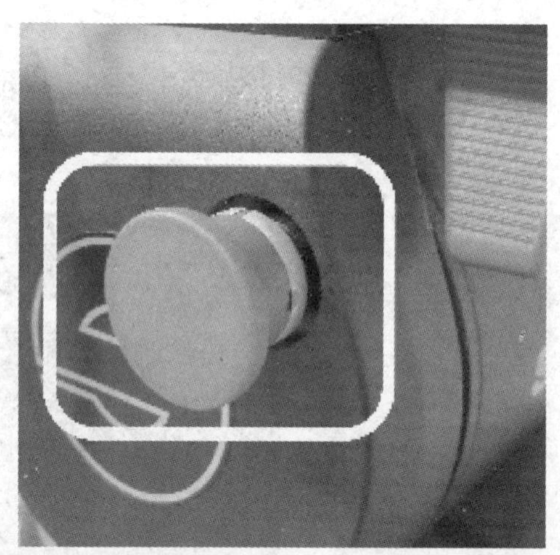

图 3.197

图 3.198

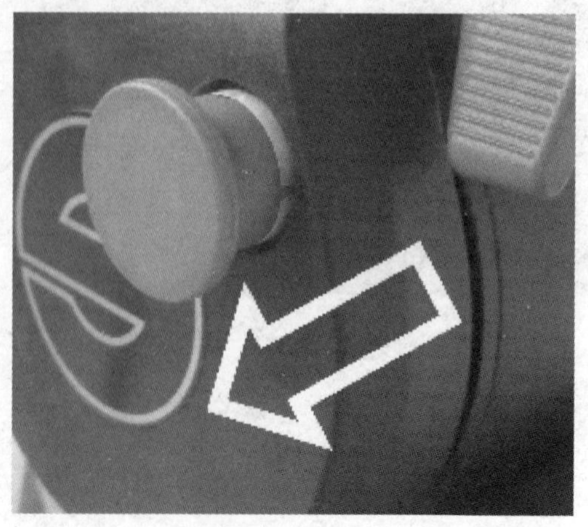

图 3.199

2）云台俯仰和水平阻尼

增加阻尼数值可加大阻尼力度；

通过旋转俯仰阻尼使摄像机在垂直方向有合适的力度；

通过旋转水平阻尼使摄像机在水平方向有合适的力度。

图 3.200

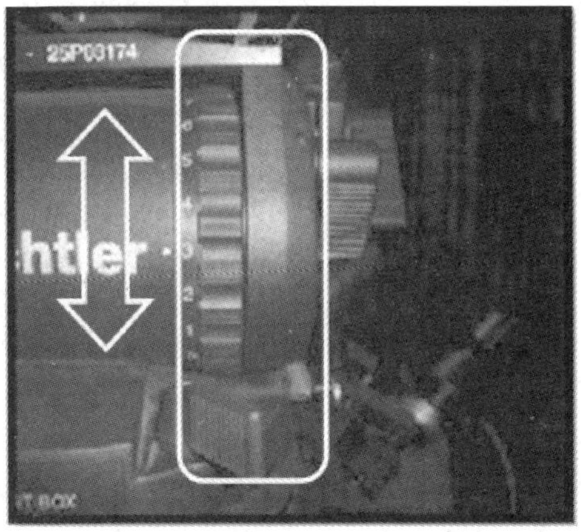

图 3.201

3）水平仪

云台附带水平仪。节目开始前查看摄像机，如发现水平有问题时可对照水平仪进行调整。水平调整由于摄像机所使用的三脚架不同，调整的方式也不同。气压脚架调整三脚架支撑，便携脚架调节云台球碗。气压脚架需要调整水平时只需调整脚架的支撑来使气泡处于圆心位置即可。在灯光不足的情况下可轻按水平仪将其按亮，便于查看气泡位置。

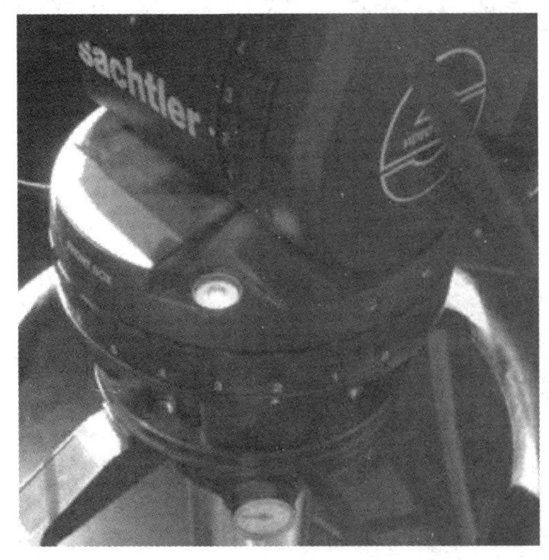

图 3.202

图 3.203

4）安装摄像机

云台顶部有托盘卡槽，可通过螺丝与摄像机托板结合，固定摄像机。可以通过云台前端底部红色锁止旋钮，调节摄像机水平。

A. 将小托板固定于摄像机托盘背板。

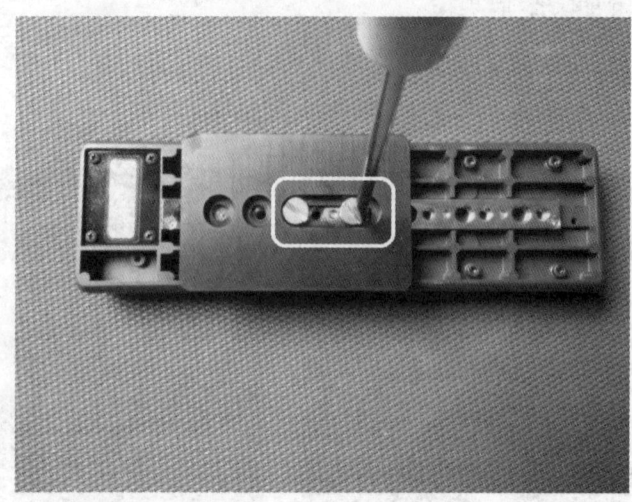

图 3. 204

B. 向下拉出云台后端红色按钮，将旋钮旋至左侧。

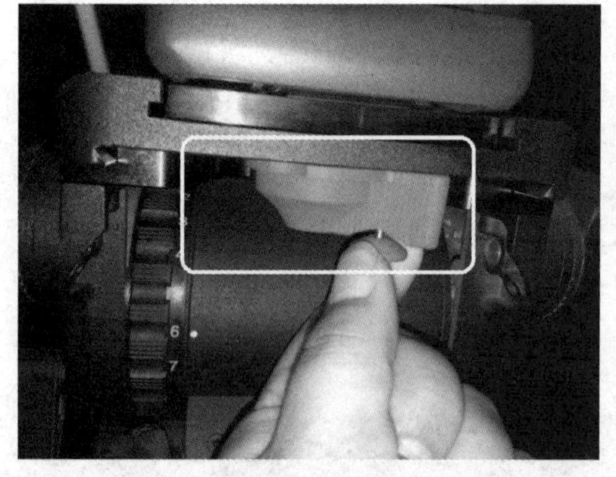

图 3. 205

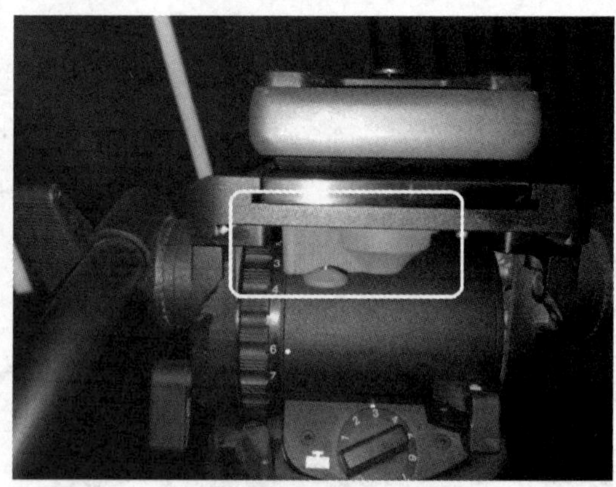

图 3. 206

C. 卡槽内顶珠弹起。

图 3. 207

D. 将小托板扣在卡槽内扣好后可听见清脆响声，红色锁止旋钮自动弹回（注意安装方向，大托板梯形卡槽在前，圆形卡柱在后）。

图 3. 208

E. 将摄像机卡入托板

摄像机底部前端梯形金属卡隼卡入大托板方形卡槽内，摄像机后端凹槽对准大托板后端圆形卡柱，向前推入摄像机，推入时会有清脆响声表示推入正确。

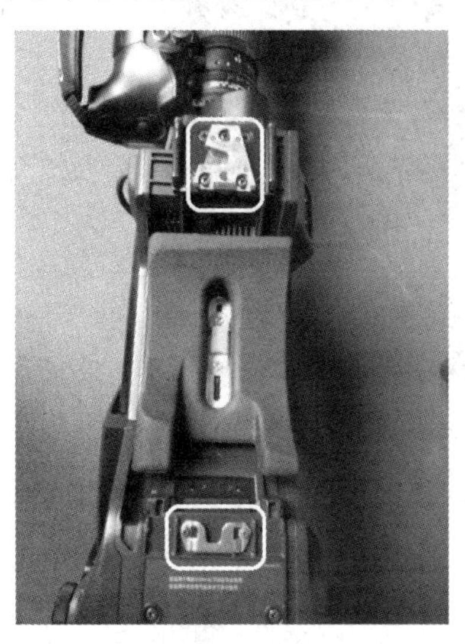

图 3. 209

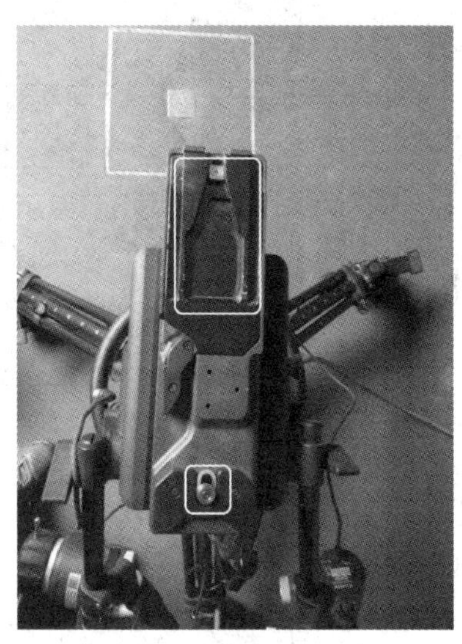

图 3. 210

拆下摄像机时需要将侧面扳手上红色卡扣拉下，同时向外侧拉出黑色扳手，握住摄像机提手向后拉提摄像机（拆机时注意先把伺服手柄连接线拆下）。

图 3. 211

将云台前端红色锁止旋钮向右旋转，可前后移动云台托盘，卡入摄像机后可调整重心。

图 3.212

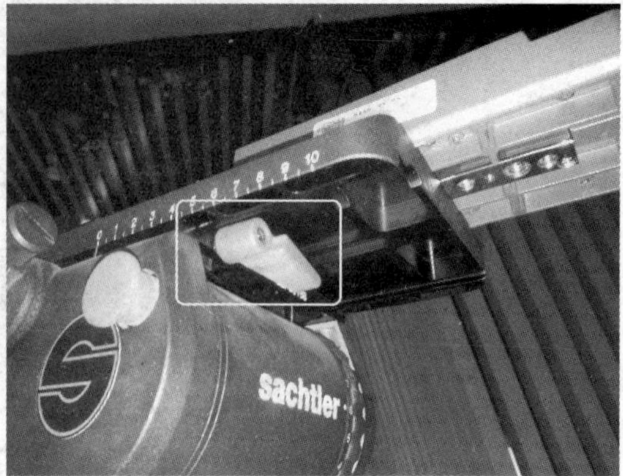

图 3.213

图 3.214

5）气压脚架与云台的连接

气压脚架与云台是靠螺丝连接的，在平时使用中螺丝有可能松动，造成云台晃动。

气压脚架云台扶手底部有四颗固定螺丝，拆下螺丝后可卸下云台（注意防止掉落）。

图 3.215

图 3.216

第四章 录像机

一、磁带录像机概述

磁带录像机是利用磁记录原理把视频信号及其伴音信号记录在磁带上的设备。录像机除了包含电子部件来进行电视信号的变化和处理以外，还包括精密机械部分来控制磁带的运动和读写等操作。磁带编辑录像机是演播室主要的信号源和收录设备。

1. 录像机的分类

演播室录像机按信号格式分类，可分为标清录像机、高清录像机；按使用方式可分为放像机、录像机、编辑录像机。

2. 数字录像机格式

演播室录像机包含众多的数字记录格式，例如 SONY 公司为代表的 Digital Betacam、IMX 和 HDCAM 格式，以及松下公司为代表的 DVCPRO、DVCPRO 50 和 DVCPRO HD 等。

本书以 SONY 和松下的磁带录像机产品为例，介绍演播室编辑录像机的常用操作方法和菜单设置方法。文章中涉及的技术内容对其他类型的编辑录像机有借鉴意义。

二、标清录像机（SONY MSW－M2000P）

1. 电源开关

录像机电源开关 ***POWER*** 位于前面板左上角，将开关拨至右侧，开启录像机，拨至左侧关闭录像机电源。

图 4.1

图 4.2

2. 录像机基本操作

1）播放控制按键区

播放：***PLAY***。

快进：***F. FWD***。

快退：***REW***。

停止：***STOP***。

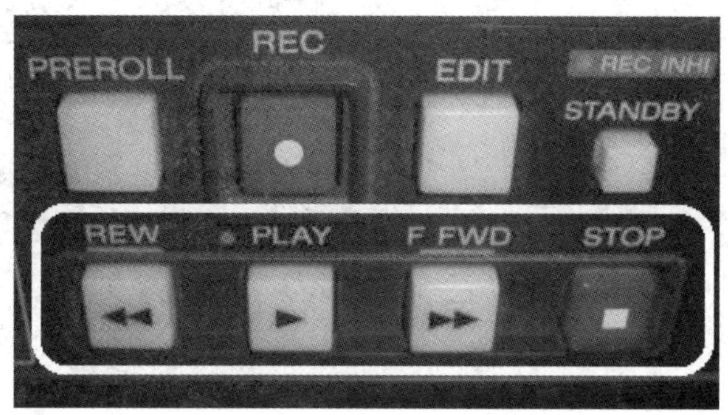

图 4.3

2）搜索轮操作

逐帧搜索：***JOG***。

快速搜索：***SHUTTLE***。

慢速搜索：***VAR***。

图 4.4

搜索模式切换方法：

点亮对应按钮，或按下搜索轮，***SHUTTLE*** 和 ***JOG*** 切换；

转动搜索轮角度，在 ***VAR*** 和 ***SHUTTLE*** 切换。

图 4.5

图 4.6

3）检查禁录状态

录像机禁录状态灯亮起时，录像机处于禁录状态，将不能进行录制操作。录制前需要检查磁带和录像机禁录开关状态。

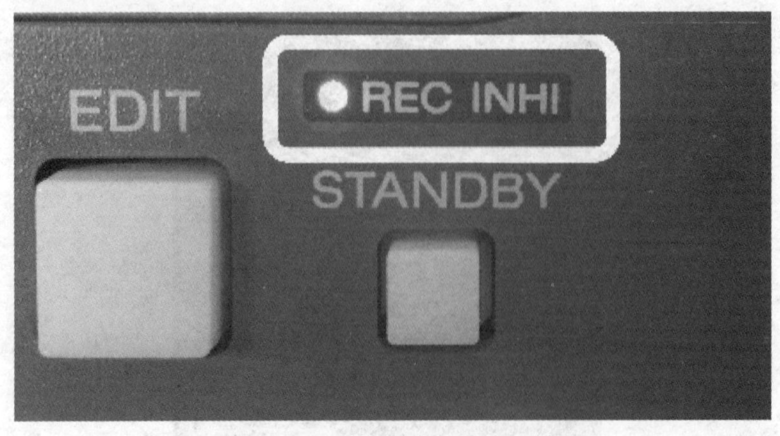

图 4.7

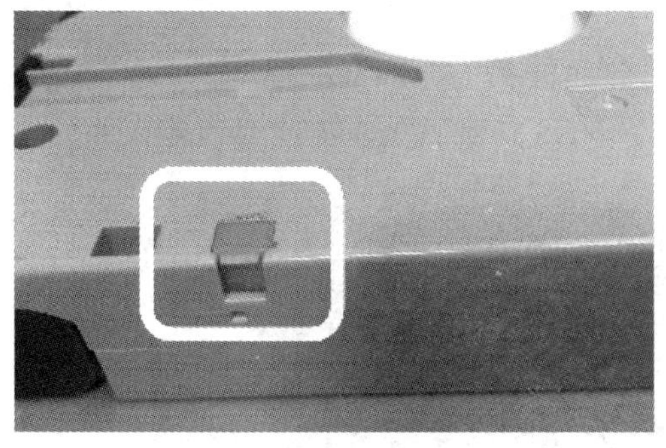

图 4.8

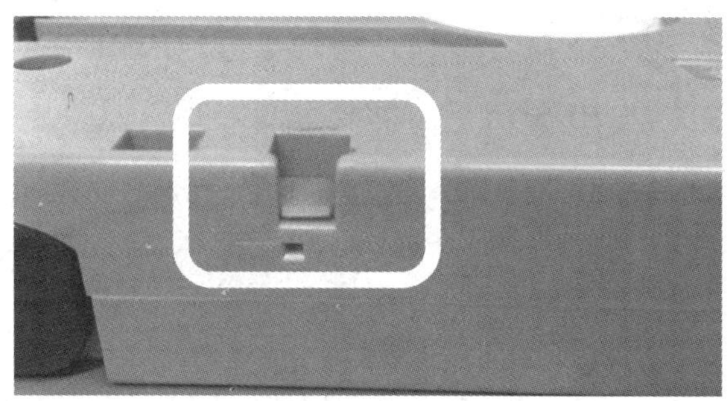

图 4.9

4）检查录像带禁录按钮状态

按钮按下为禁录状态，按钮抬起为可录状态。磁带录制前应为可录状态，录制结束后应为禁录状态。

5）检查录像机禁录菜单状态

禁录菜单项在菜单栏第 4 页，处于“***OFF***”状态为关闭禁录功能，处于“***ON***”状态为开启禁录功能。

图 4.10

同时确保磁带禁录开关处于关闭，***REC INHI*** 菜单项处于“***OFF***”，才能正常录制。

REC INHI 菜单设置	磁带禁录开关	REC INHIBIT 指示灯状态显示	磁带录制状态
ON	禁录/可录	亮	不可录
ON/OFF	禁录	亮	不可录
OFF	可录	灭	可录

6）磁带引带制作方法

第一步：放入磁带，按快退键将磁带倒至带头，屏幕显示一次“BOT”；

第二步：设置录像机菜单；

在初始状态下按左侧下箭头按键，切换到菜单第一页，按 ***F2*** 键，将 ***TCG*** 项设置为 ***PRESET***；按左侧上箭头回到 HOME 菜单页，按 ***TCGSET***（***F6***）按键进入对应页面，按 ***RESET*** 键，此时页面内时码闪动，按 ***SET***（***F5***）键将时码归零。

图 4. 11

图 4. 12

图 4. 13

图 4. 14

第三步：通过视频切换台 PP 级 PGM 信号变为 CB，检查录像机输入内容是否彩条；通过调音台调取千周测试信号，检查录像机音频输入四个声道是否为千周；

第四步：手动编辑同时按下 ***REC*** 和 ***PLAY*** 按键，磁带开始转动，同时时码从“00：00：00：00”开始，“00：01：03：00”左右时点击 ***STOP*** 停止，倒带并重放，检查录制效果；

第五步：将录像机菜单 ***TCG*** 项设置为“***REGEN***”。

图 4. 15

图 4. 16

7）录像机自发彩条和千周操作方法

录像机内部信号发生器可输出 75% 彩条和 1kHz 音频信号，操作方法如下：

A. 75% 彩条发生方法

彩条设置在菜单的“710”项，点击菜单 HOME 页“***MENU***”，找到“710”项。点击“***SELECT***”进入菜单，将“***OFF***”状态改为“***75% Color Bars***”。

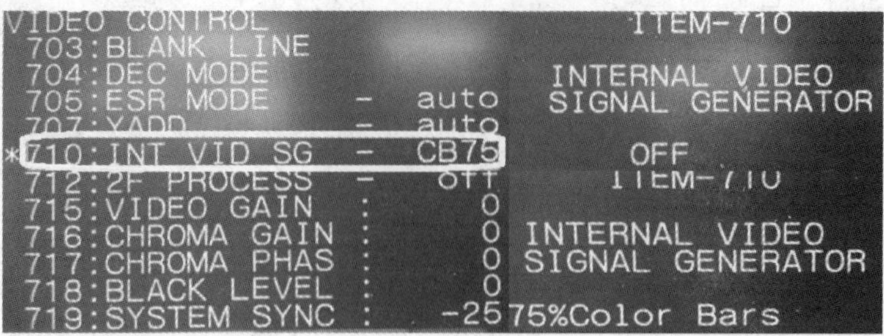

图 4. 17

B. 1kHz 音频测试信号发生方法

千周设置在菜单“808”项。点击菜单 HOME 页“***MENU***”，找到“808”项。点击“***SELECT***”进入菜单，将“***OFF***”状态改为“***1kHz sine***”。

图 4. 18

AUDIO CONTROL
802:SHTL MUTING - off
803:FADE TIME - 10ms
805:MONI MIXING - rms
806:METER SCALE - peak0
807:AU OUT PHAS - 80
*808:INT AUD SG - 1kHz
809:METER DIMER - 0
810:A. ED SW'ER - int
815:ASRC - off
823:NAU FLG PB
824:ANA OUT SEL

图 4. 19

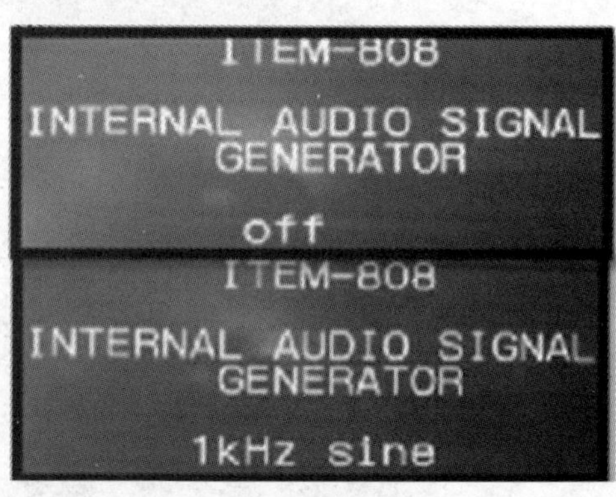

图 4. 20

C. 将视频输入改为彩条

长按 ***F1*** 将 ***VID. IN*** 项设置为 ***SG***。

图 4. 21

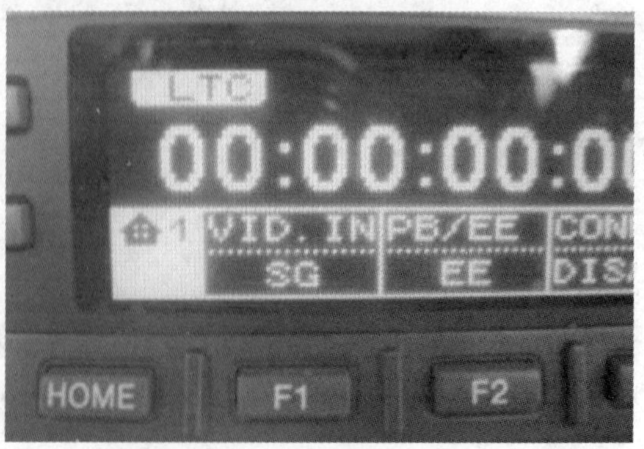

图 4. 22

D. 将音频输入改为千周

单击 ***INPUT***，音频表输入提示闪烁，长按 ***CH1***，音频表显示千周电平。

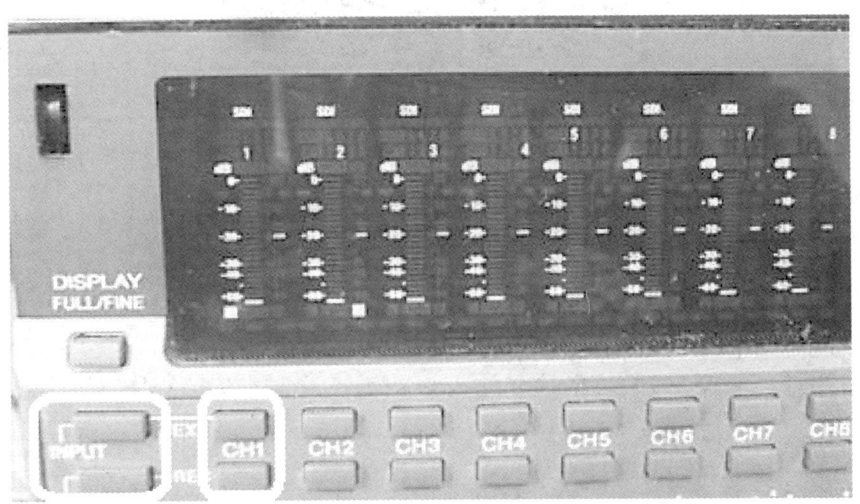

图 4. 23

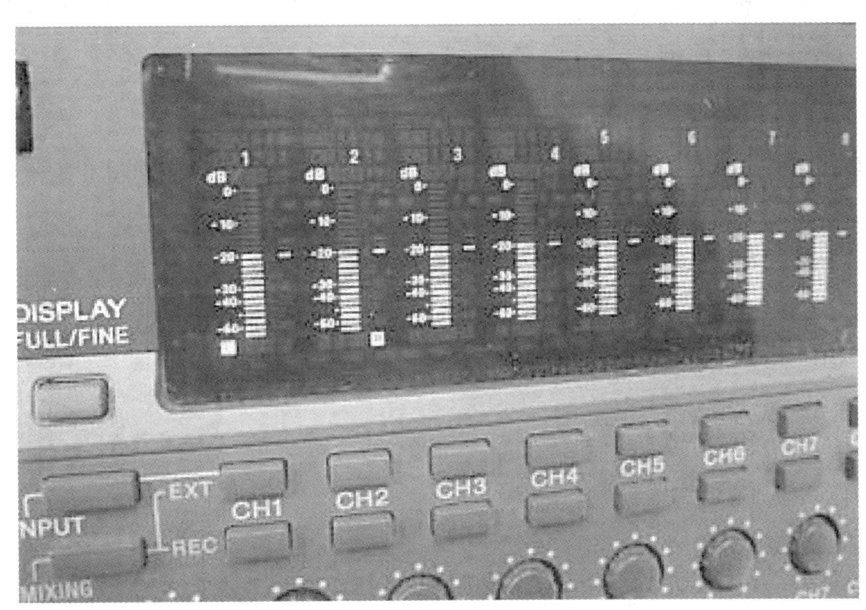

图 4. 24

E. 改变录像机输入信号到正常录制状态

第一步：视频输入“***VID. IN***”还原为“***SDI***”；

第二步：音频输入还原为“***AES***”；

单击 ***CH1***，千周音关闭，输入状态闪烁，继续点击 ***CH1***，将音频输入设为“***AES***”，再次点击 ***INPUT*** 取消输入选择状态。

8）ASSEMBLE 组合编辑方式

选择组合编辑模式：点击 ***ASSEMBLE***（组合）按键，按下此按键，使指示灯亮起。所有信号（视频、音频、时间码信号等）一起进行录制。

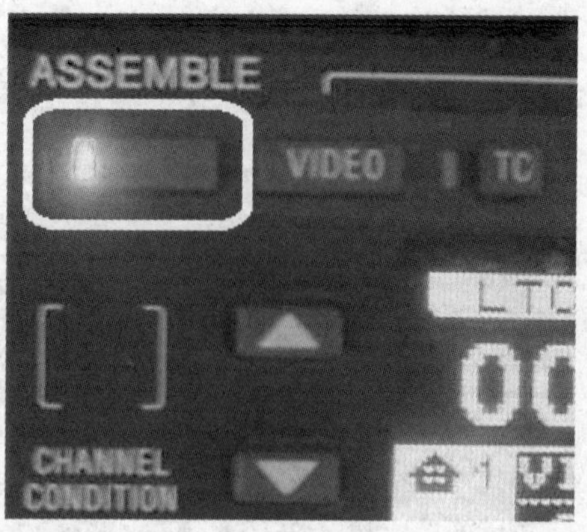

图 4.25

注意：当任意一个“***INSERT***”（插入）按键点亮时，“***ASSEMBLE***”（组合）按键都不起作用。

9）INSERT 插入编辑方式

点击要插入的信号类型的相应按键，使之点亮，为插入编辑选择一个信号。

再按一下该按键，指示灯熄灭，退出插入编辑模式。

VIDEO（视频）按键：选择插入视频信号。

TC（时间码）按键：选择插入时间码。

CH1 到 ***CH8***（音频通道 1 到 8）按键：选择插入音频通道 1 到 8 的信号。

图 4.26

注：当“***ASSEMBLE***”（组合）按键点亮时，所有的“***INSERT***”（插入）按键都不起作用。

10）自动编辑

A. 打入点并预卷

找到需要的有效画面位置，同时按 ***ENTRY*** 和 ***IN***，按 ***PREROLL*** 进行预卷。

图 4.27

B. 自动编辑

按闪烁的 ***AUTOEDIT***，磁带运行 5 秒后在入点处开始录制，此时 ***PLAY*** 键、***REC*** 键、***AUTO　EDIT***、***EDIT*** 键均点亮。

图 4. 28

图 4. 29

C. 停止并加入新入点按 ***STOP*** 键，停止录制。

D. 继续录制重复第二、三步。

11）录制通道状态

CHANNEL CONDITION 显示录制通道状态。正常状态显示绿色；有问题但不影响录制为黄色；红色表示出现问题，要立即停机检修。

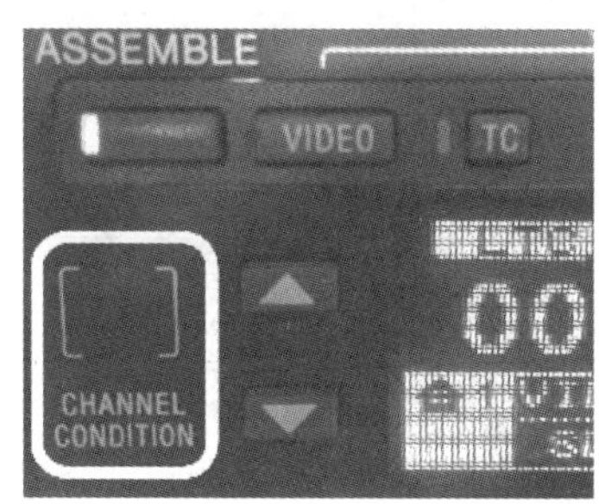

图 4. 30

3. 演播室录像机常用状态检查内容

通常地，菜单显示为以下内容时，为正常工作状态，如若不是则需按相应 F1 ~ F6 的功能键进行调整。

1）HOME 页菜单内容

图 4. 31

菜单项	可选项	应选项	备注
VID. IN	COMPST、Y－R B、SDI、SDTI、SG	SDI	
PB/EE	PB/EE	EE	放机应为 PB；录机应为 EE
CONFI	ENABLE、DISABL	ENABLE	
CTL/TC	CTL、UB、TC	TC	

2）第一页菜单内容

图 4.32

菜单项	可选项	应选项	备注
TCG	INT、EXT、RP188、CP－LTC	INT	
TCG	REGEN、PRESET	REGEN	
RUN	REC、FREE	REC	
VITC	ON、OFF	ON	
TCR	LTC、AUTO、VITC	AUTO	时码记录出现异常情况时，强制选择 LTC

3）第二页菜单内容

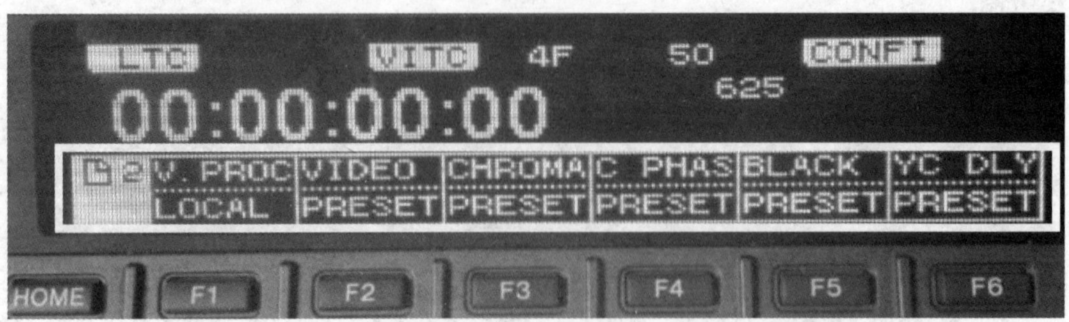

图 4.33

菜单项	可选项	应选项
V. PROC	LOCAL、REMOTE、MENU	LOCAL
VIDEO	PRESET、MANUAL	PRESET
CHROMA	PRESET、MANUAL	PRESET
C PHAS	PRESET、MANUAL	PRESET
BLACK	PRESET、MANUAL	PRESET
YC DLY	PRESET、MANUAL	PRESET

4）第三页菜单内容

图 4.34

菜单项	可选项	应选项	备注
SYNC	LOCAL、REMOTE、MENU	－25	以演播室实际情况为准
SC	PRESET、MANUAL	566	以演播室实际情况为准
VIN LV	AGC、MANUAL SETTING	AGC	
EMPHSS	ON、OFF	OFF	
T INFO	TOTAL、REMAIN	REMAIN	

5）第四页菜单内容

图 4.35

菜单项	可选项	应选项
CAPSTN	2FD、4FD、8FD	4F
OUTREF	REF、INPUT	REF
DOLBY	ON、OFF	NR ON
CHARA	ON、OFF	ON
REC INH	ON、OFF	OFF
PRREAD	ON、OFF	OFF

6）常态节目重点菜单和功能开关状态汇总

序号	菜单项及功能键开关	本系统应选项
1	VID. IN	SDI
2	AUDIO INPUT	AES
3	PB/EE	放机 PB 录机 EE
4	CONFI	ENABLE
5	CTL/TC	TC
6	CHANNEL CONDITION	绿色
7	REC INH	OFF
8	RUN	REC
9	ASSEMBLE	点亮
10	TCR	AUTO

7）在编辑状态下预监选择

录像机在重放时通常关闭组合/插入开关。如果在编辑状态时（即打开组合或插入开关后）重放磁带，预监信号需要从“INT”或“EXT”选择。如果选择“INT”，重放图像信号上方将出现黑条。将录像机 727 菜单项“VIDEO EDIT PREVIEW SWITCHER”改为“external switcher”，可解决此问题。

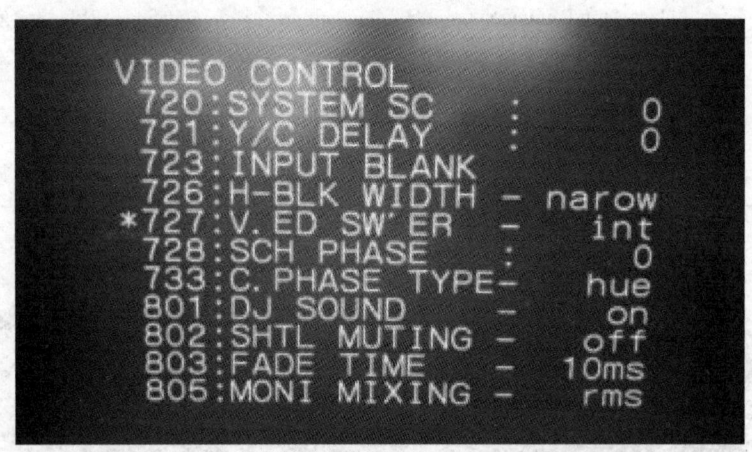

图 4.36

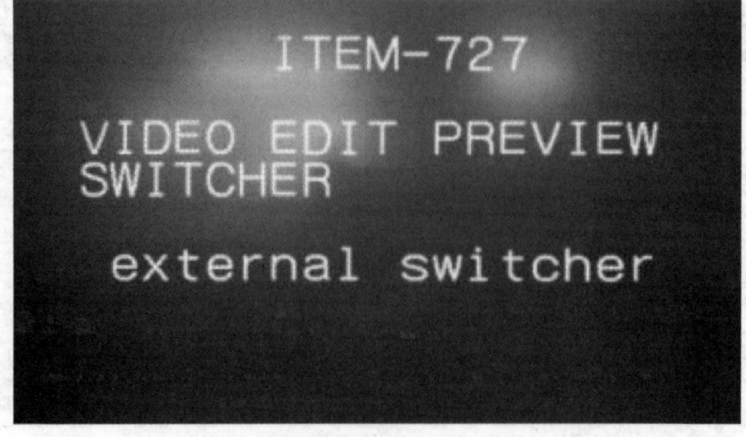

图 4.37

三、标清录像机（Panasonic AJ－D965）

1. 电源开关

录像机电源开关 ***POWER*** 位于前面板左上角，将开关拨至上方，开启录像机，拨至下方关闭录像机电源。

图 4. 38

图 4. 39

2. 录像机基本操作

1）播放控制按键区

播放：***PLAY***。

快进：***F. FWD***。

快退：***REW***。

停止：***STOP***。

图 4. 40

2）搜索轮操作

逐帧搜索：JOG。

快速搜索：SHTL。

慢速搜索：SLOW。

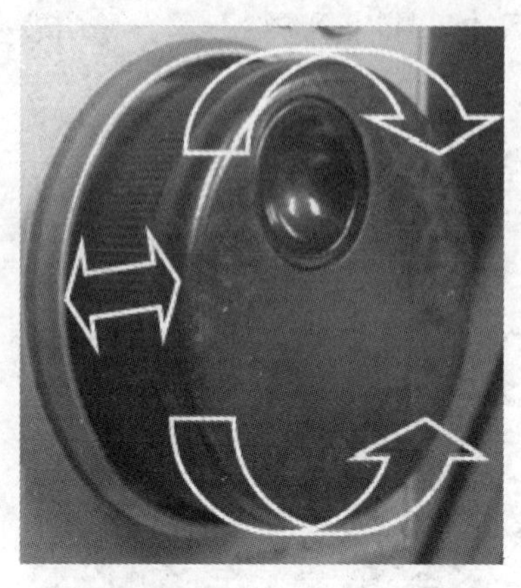

图 4.41

3）搜索模式切换方法

按下搜索轮，搜索轮处于逐帧模式（***JOG***）；

图 4.42

搜索轮处于抬起状态，处于快速模式（***SHTL*** 和 ***SLOW***）；

SHTL 和 ***SLOW*** 模式可通过右侧按钮切换；

SHTL 是快速搜索模式，SLOW 模式下，搜索速度可在 -4.1 倍速到 +4.1 倍速之间调整。

图 4.43

4）检查禁录状态

录像机禁录状态灯亮起时，录像机处于禁录状态，将不能进行录制操作。录制前需要检查磁带和录像机禁录开关状态。

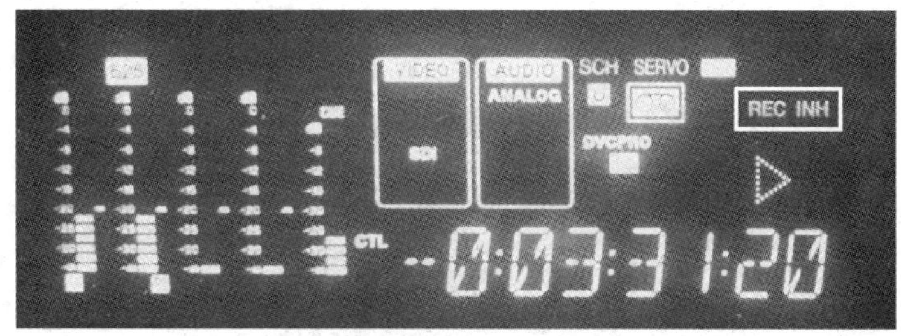

图 4. 44

5）检查录像带禁录开关状态

开关处于右侧"***REC***"位置为可录状态，处于左侧"***SAVE***"位置为禁录状态。磁带录制前应为可录状态，录制结束后应为禁录状态。

图 4. 45

图 4. 46

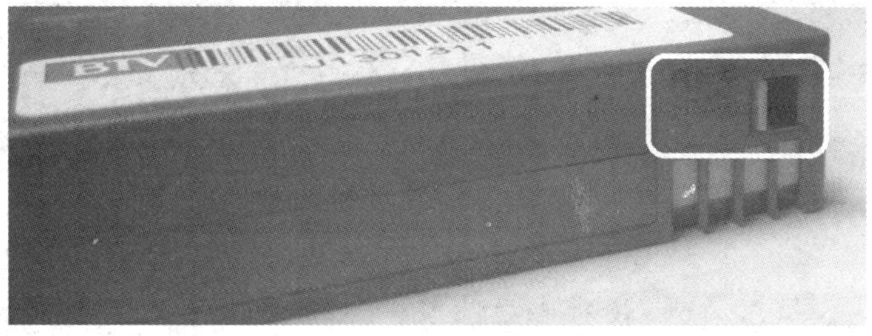

图 4. 47

6）检查录像机禁录开关

录像机禁录开关位于前面板左上方，"***ON***"打开禁录开关，液晶屏"***REC INH***"指示灯亮起，录像机将不能记录。放像时，通常打开禁录开关。

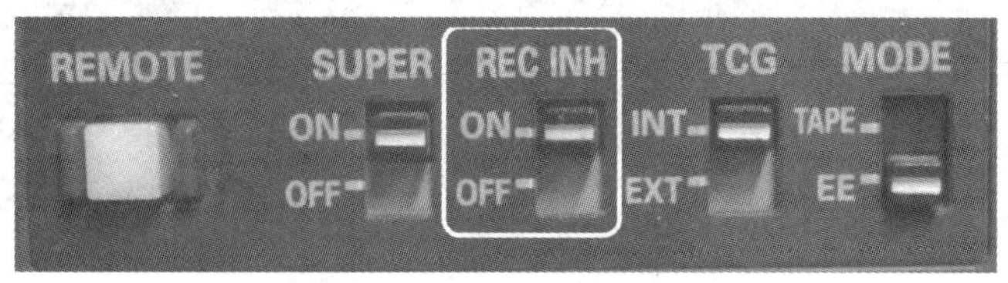

图 4. 48

7）磁带引带制作方法

第一步：放入磁带，按快退键将磁带倒至带头，并停止“***STOP***”。

第二步：设置时码：

切换前面板“***COUNTER***”键设为“***TC***”；

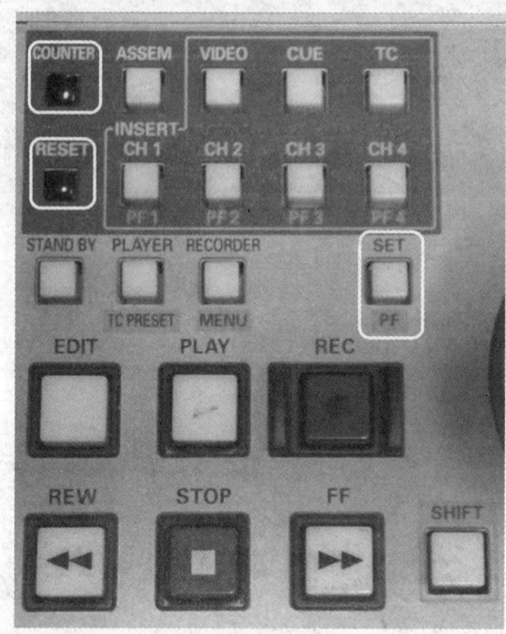

图 4. 49

打开前面板下方的隐藏面板，将“TC”生成方式设为“PRESET”；

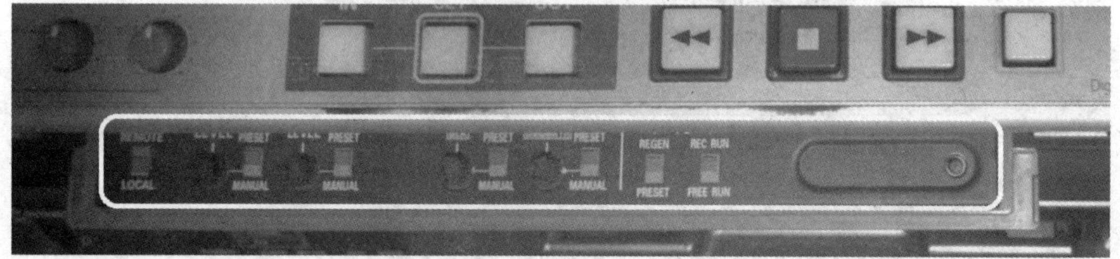

图 4. 50

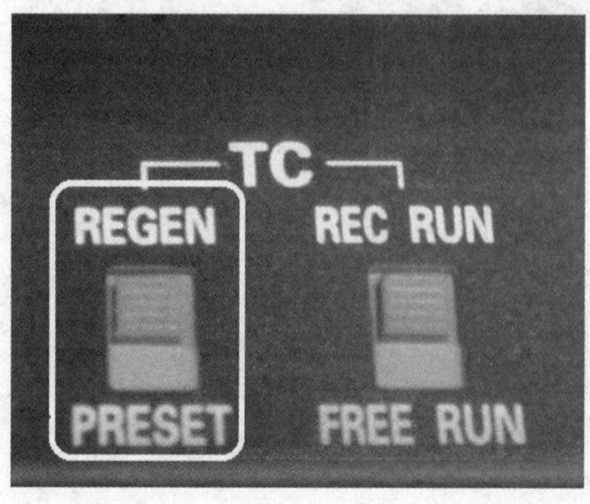

图 4. 51

图 4. 52

按“***TC PRESET***”快捷键“***SHIFT*** + ***PLAYER***”，时码第一组数字开始闪烁；

按住搜索键的同时转动搜索盘，设置需要的时码，按下“***RESET***”键可将时码清零；

转动搜索盘可改变后续的时码数组；

所有数组设置完成后，按下“***SET***”键确认，时码设置流程完成。

第三步：通过视频切换台 PP 级 PGM 信号变为 CB，检查录像机输入内容是否彩条；通过调音台调取千周测试信号，检查录像机音频输入四个声道是否为千周。

第四步：手动编辑同时按下 ***REC*** 和 ***PLAY*** 按键，磁带开始转动，同时时码从“00：00：00：00”开始，“00：01：03：00”左右时点击 ***STOP*** 停止，倒带并重放，检查录制效果。

第五步：将录像机控制面板 ***TC*** 项设置为“***REGEN***”。

8）录像机自发彩条和千周操作方法

录像机内部信号发生器可输出 75% 彩条和 1kHz 音频信号，操作方法如下：

A. 75% 彩条发生方法

彩条设置在菜单的 600 项，点击控制面板“***MENU***”快捷键“***SHIFT*** + ***RECORDER***”，找到 600 项。按下搜索键的同时，旋转搜索轮，改变菜单项“***CB75***”。

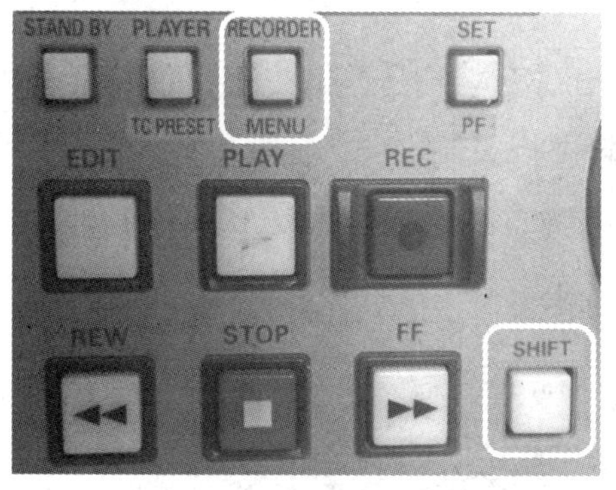

图 4. 53

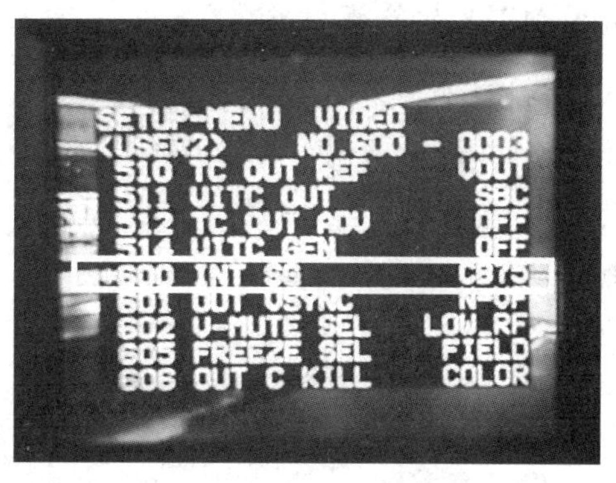

图 4. 54

B. 将视频输入改为彩条

按 ***VIDEO*** 将 ***SDI*** 项设置为 ***SG 2***。

图 4. 55

图 4. 56

C. 将音频输入改为千周

按 ***AUDIO***，将音频表输入选择 ANALOG 设置为 SG，音频表显示千周音。

图 4.57

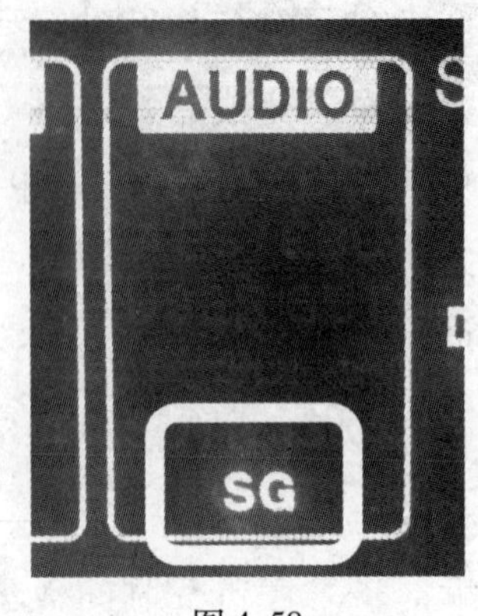

图 4.58

D. 改变录像机输入信号到正常录制状态

第一步：视频输入“***SG 2***”还原为“***SDI***”；

第二步：音频输入“***SG***”还原为“***ANALOG***”；

第三步：打开前面板下方的隐藏面板，将“***TC***”生成方式设为“***REGEN***”；

9）ASSEMBLE 组合编辑方式

选择组合编辑模式：点击 ***ASSEM***（组合）按键，按下此按键，使指示灯亮起。所有信号（视频、音频、时间码信号等）一起进行录制。

注意：当任意一个“***INSERT***”（插入）按键点亮时，“***ASSEM***”（组合）按键都不起作用。

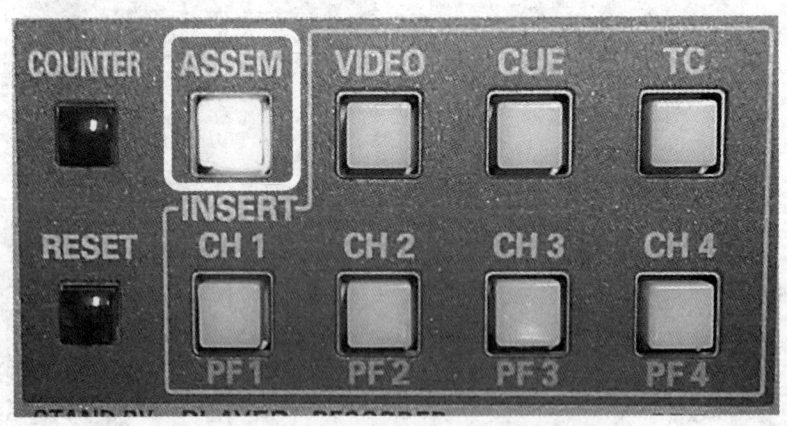

图 4.59

10）INSERT 插入编辑方式

点击要插入的信号类型的相应按键，使之点亮，为插入编辑选择一个信号。

再按一下该按键，指示灯熄灭，退出插入编辑模式。

VIDEO（视频）按键：选择插入视频信号。

TC（时间码）按键：选择插入时间码。

CH1 到 ***CH4***（音频通道 1 到 4）按键：选择插入音频通道 1 到 4 的信号。

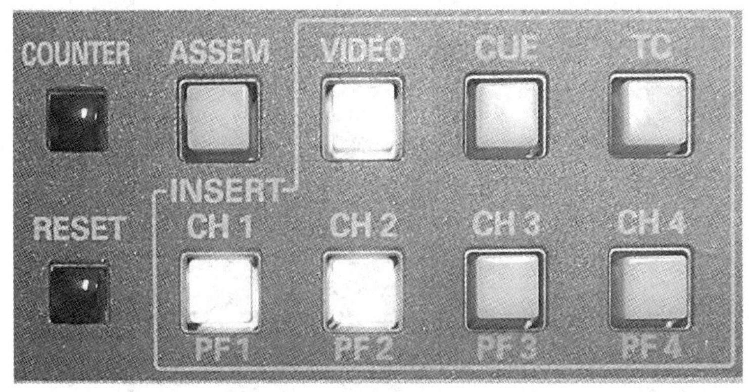

图 4. 60

注：当“***ASSEM***（组合）”按键点亮时，所有的“***INSERT***（插入）”按键都不起作用。

11）自动编辑

A. 打入点并预卷

找到需要的有效画面位置，同时按 ***SET*** 和 ***IN***，按 ***PREROLL*** 进行预卷。

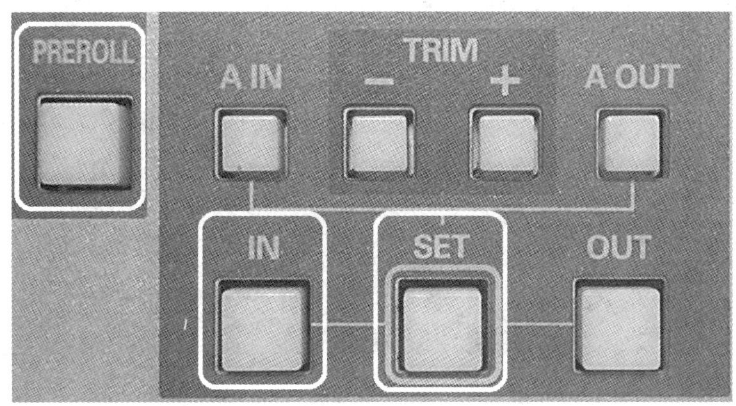

图 4. 61

B. 自动编辑

按闪烁的 ***AUTO EDIT***，磁带运行 5 秒钟后在入点处开始录制，此时 ***PLAY***、***REC*** 键、***AUTO EDIT***、***EDIT*** 键均点亮。

图 4. 62

图 4. 63

C. 停止并加入新入点按 ***STOP*** 键，停止录制。

D. 继续录制重复第二步、第三步。

12）录制通道状态

CHANNEL CONDITION 显示录制通道状态。正常状态显示绿色，有问题但不影响录制为白色，红色表示出现问题，要立即停机检修。

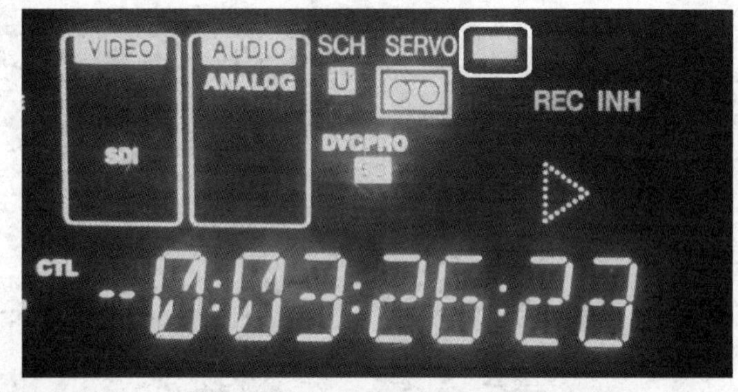

图 4. 64

13）TAPE/EE 切换

图 4. 65

模式切换开关在前面板左上角。

TAPE 模式输出磁带重放信号，EE 模式输出“INPUT SELECT”信号。

四、高清录像机（SONY HDW－1800P）

1. 电源开关

录像机电源开关 ***POWER*** 位于前面板左上角，将开关拨至右侧，开启录像机，拨至左侧关闭录像机电源。

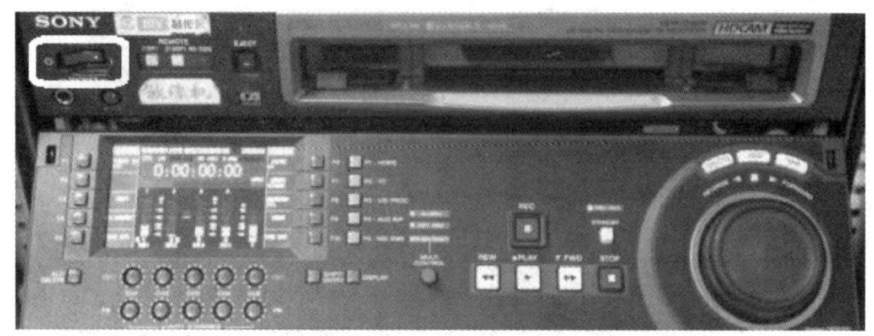

图 4.66

2. 切换 CTL 和 TC

磁带录制节目的时长可用 CTL 码来准确地显示，如有需要直接用面板上的 ***F8*** 功能键来切换。平时录制节目需选择 TC 码。

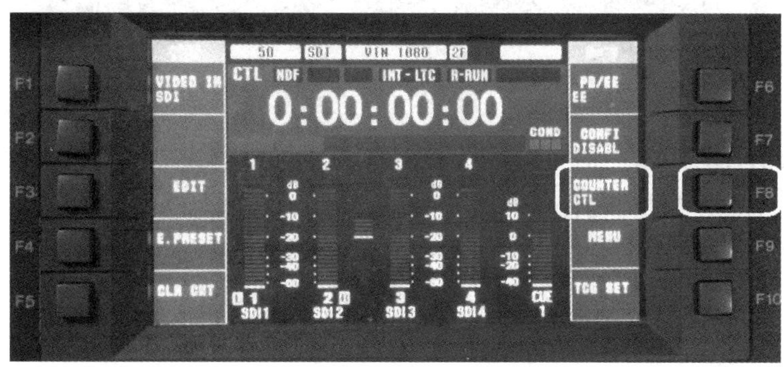

图 4.67

3. 重放声音调整

当节目组在节目录制过程中需要监听放像机的声音时，可按下 ***PB*** 对应的旋钮来监听，左右旋转按钮为调整声音的大小。放像机音频信号为数字 ***AES*** 输出。

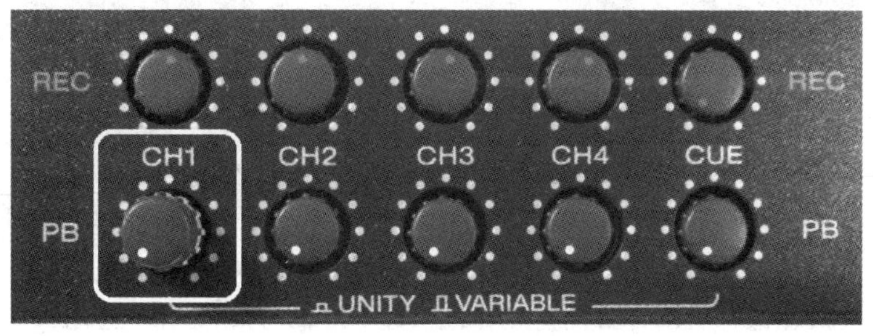

图 4.68

4. 标清磁带、高清输出

演播室会有系统输入和输出不符的情况出现。例如，在高清演播室中，使用 IMX 磁带播放和记录，而放像机是高清。故小片通过高清放像机上变换后进入高清视频系统制作。

1）设置上变换方式

A. 在放像机的控制面板上选择“***MENU***”对应的 ***F9*** 功能键，进入菜单页面。

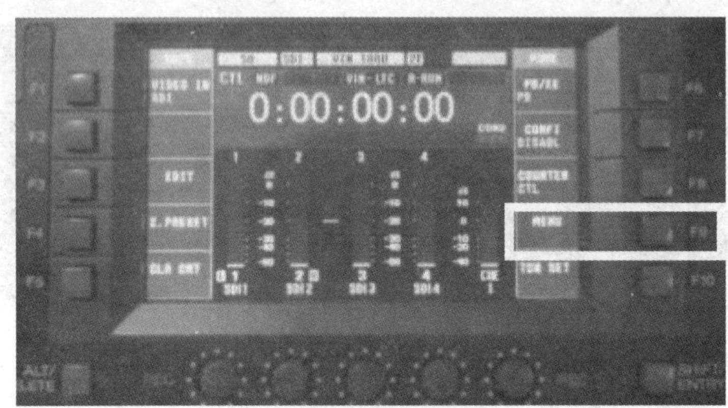

图 4.69

SETUP
50 SDI VIN 1080 2F
SETUP
CTL NDF
0:00:00:00 COND
SELECT
HOUR METER
*H01:OPE HOURS - 3457
H02:DRUM HOURS - 793
H03:TAPE HOURS - 172
H04:THRED COUNT - 3836
H12:DRUM HOURS r- 793
H13:TAPE HOURS r- 172
H14:THRED COUNTr- 3836
001:P-ROLL TIME - 5 s
002:CHARA H-POS - 1B
003:CHARA V-POS - 70
004:SYNCHRONIZE - on
CATEG -
CATEG +
SET
EXIT

图 4.70

B. 用 ***F3*** 和 ***F4*** 功能键结合“***MULTI CONTROL***”旋钮找到“***DIGITAL PROCESS***”页面下的“***950***”上变换方式选项；

C. 通常地，上变换方式设为“***CROP***”，即标清 4:3 画面两侧加黑边；

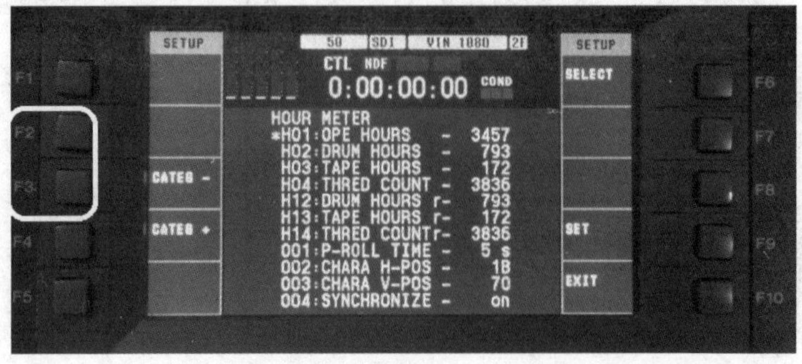

图 4.71

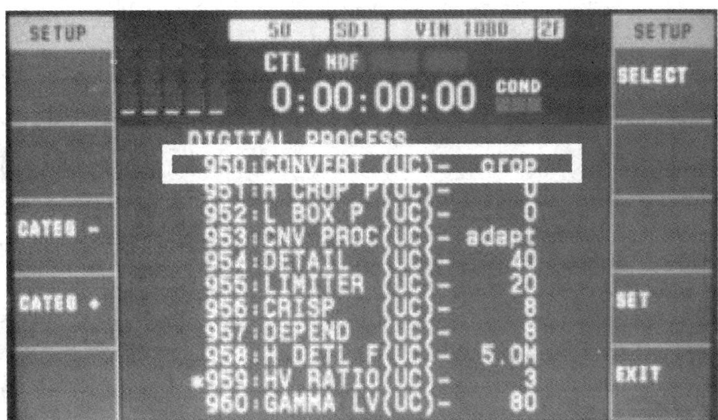

图 4. 72

D. 上变换设置的其他选项。

“***LETTER BOX***” 即信箱方式，“***SQUEEZE***” 即拉伸方式。

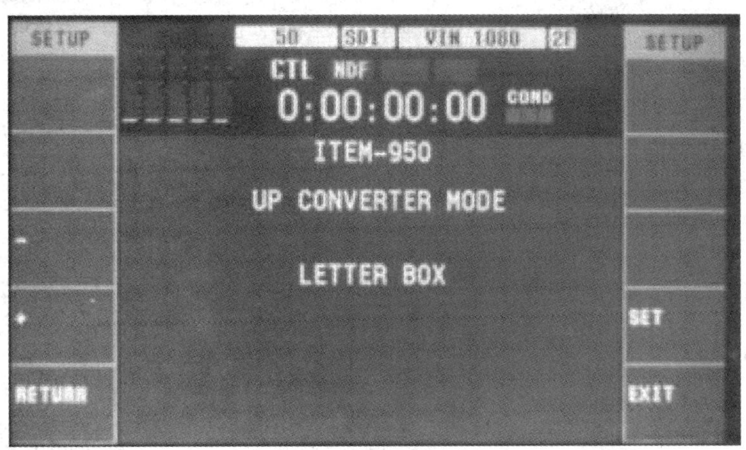

图 4. 73

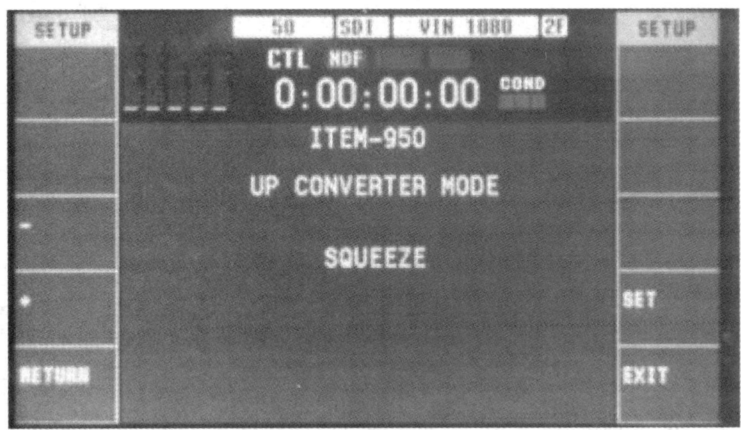

图 4. 74

2）同步设置

A. 演播室放像机和录像机同步都应设为外同步输入方式，高清录放像机设为 HD（三电平），标清设为 SD（BB）；

B. 在放像机的控制面板上选择“***MENU***”对应的 ***F9*** 功能键，进入菜单页面。

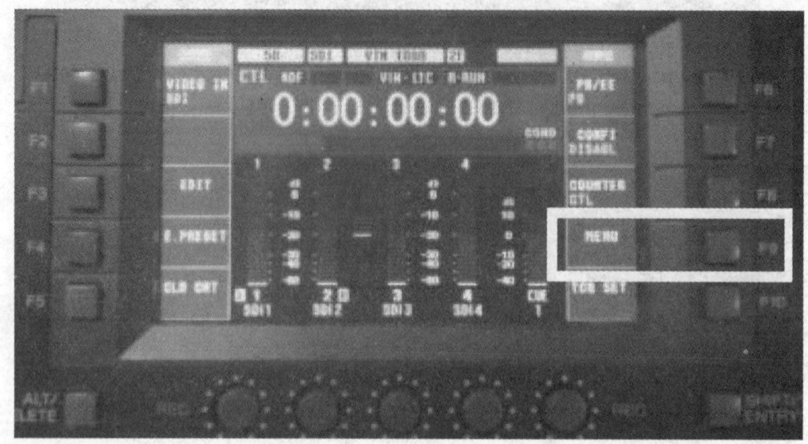

图 4. 75

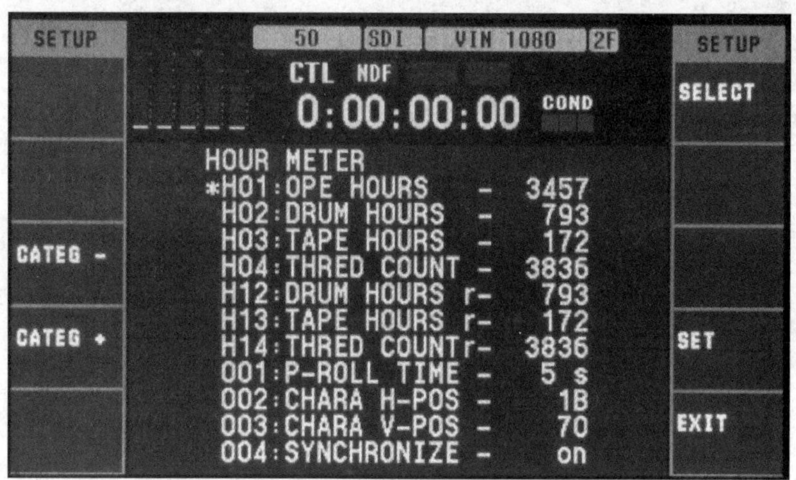

图 4. 76

C. 用 ***F3*** 和 ***F4*** 功能键结合“***MULTI CONTROL***”旋钮找到“***EDITING***”页面下的“***337***”项。

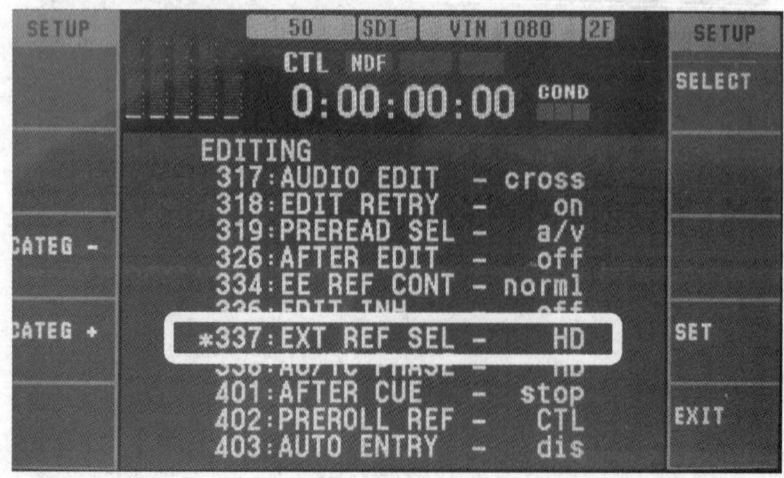

图 4. 77

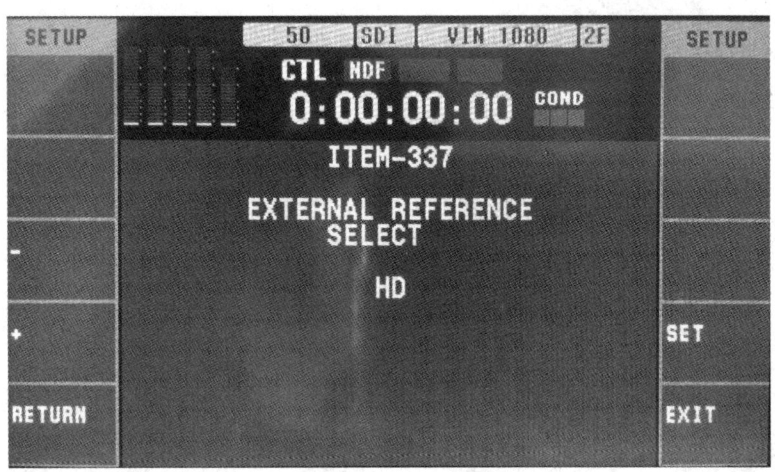

图 4.78

3）PB/EE

录像机中的 PB/EE 选项，在当录机使用时选项设置在 EE，当放机使用时应设置在 PB。

第五章 监看系统

一、监看系统

1. 监看系统概述

监看系统是演播室系统中的监视与主观评价工具，是工作人员的“眼睛”。监看系统除了显示视频信号的画面之外，对于要求较高的系统，还需具备以下功能，包括信号格式、音频信号电平、各种标志器、TALLY 等辅助信息。

2. 监看系统分类

监看系统按显示方式可分为独立监视器系统、画面分割器系统、独立监视器与画面分割器混合系统。独立监视器可分为内容监看级和技术监测级。

监看系统设计需要考虑演播室制作流程中的工位需求和功能需求。监看系统除了显示不同信号的视频画面，还需要增加 TALLY、标志器、音频电平等。本书介绍了演播室常用的液晶监视器、画面分割器的常用操作和设置方法。

二、监视器

1. SONY LMD－1751M

1）电源开关

A. 后背板电源开关

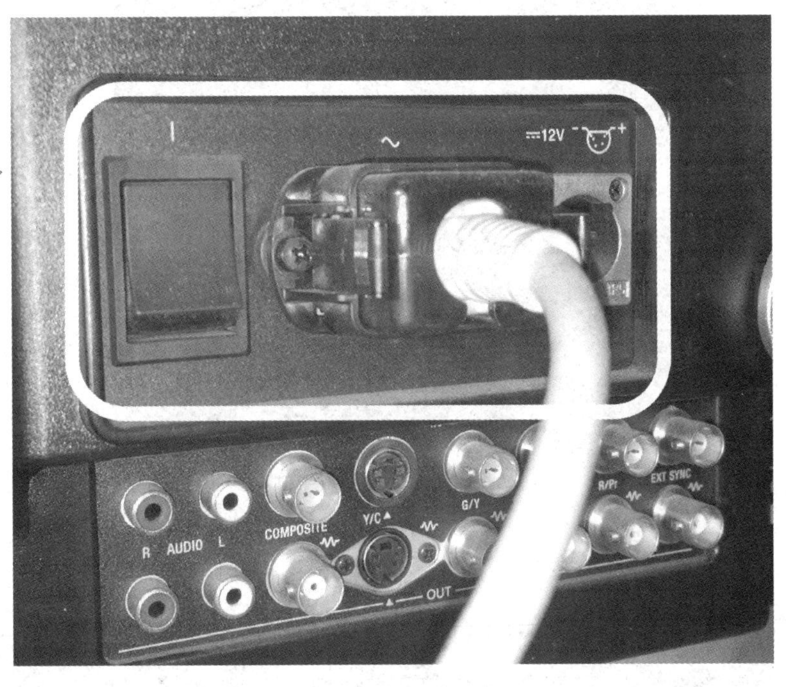

图 5.1

B. 前面板电源开关，位于前面板右侧。电源开启状态为绿色，未开启是红色。***CONTROL*** 可开启控制按钮。前面板右侧分布有亮度（***BRIGHT***）、色度（***CHROMA***）和相位（***PHASE***），通过 +、- 按钮调整（图5.2、图5.3）。

2）输入选择（亮度、色度、对比度）

前面板左侧输入选择 ***A-1***（输入1）、***A-2***（输入2）（图5.4）。

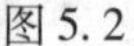
图5.2

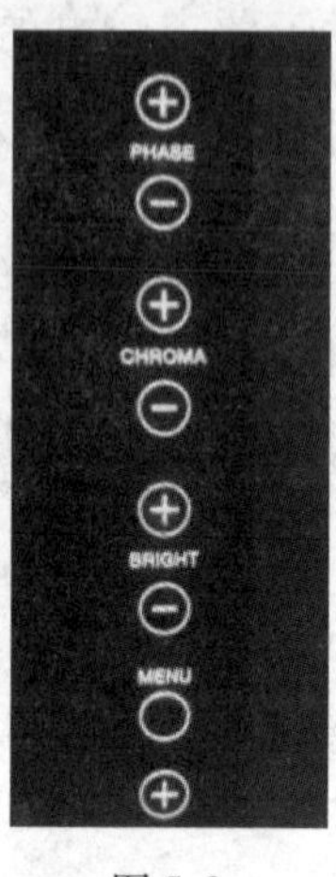

图5.3

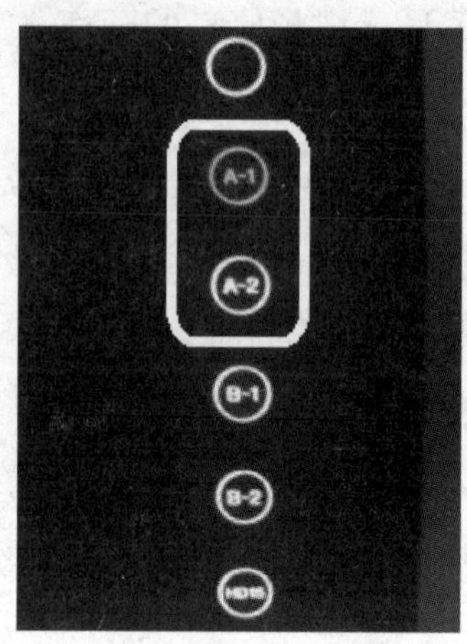

图5.4

2. SONY PVM-740

1）电源开关

按下 ***POWER***，状态灯点亮为绿色。

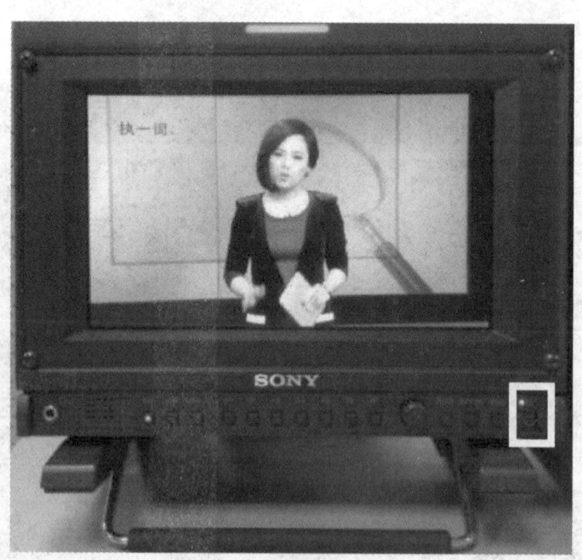

图5.5

2）控制功能

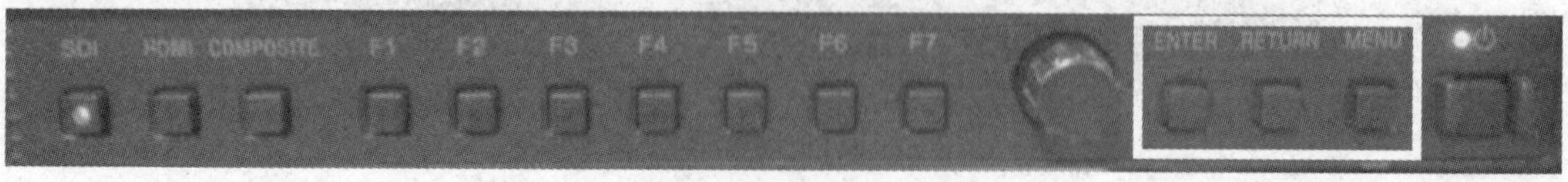

图5.6

调整旋钮：亮度 ***BRIGHT***、色度 ***CHROMA***、对比度 ***CONTRAST*** 等通过 ***F1 ~ F7*** 功能键开启。***F1 ~ F7*** 对应的功能键需通过监视器菜单设置。

通常地，***F1*** 为亮度、***F2*** 为对比度、***F3*** 为色度、***F6*** 为音量。

3. SONY LMD－4251TD

1）电源开关

后背板侧面的电源开关，按下 ***POWER***，状态灯点亮为绿色。

图 5.7

图 5.8

前面板电源开关，位于前面板右侧。电源开启状态为绿色，未开启是红色。***CONTROL*** 可开启控制按钮。前面板右侧分布有亮度（***BRIGHT***）、色度（***CHROMA***）和相位（***PHASE***），通过"＋、－"按钮调整（图 5.9、图 5.10）。

2）输入选择（亮度、色度、对比度）

前面板左侧输入选择 ***A－1***（输入 1）、***A－2***（输入 2）（图 5.11）。

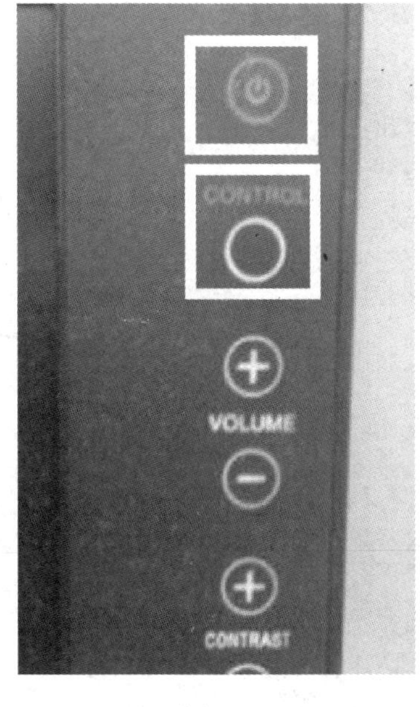

图 5.9

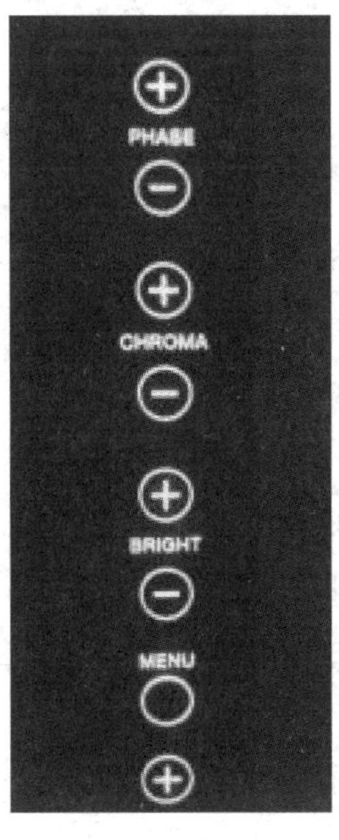

图 5.10

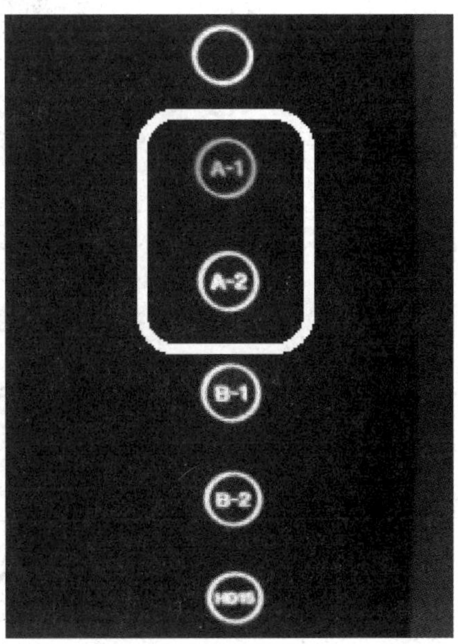

图 5.11

4. SONY LMD－2050W

1）电源开关

A. 后背板电源开关

图 5. 12

B. 前面板电源开关，位于前面板右侧。电源开启状态为绿色，未开启是红色。***CONTROL*** 可开启控制按钮。

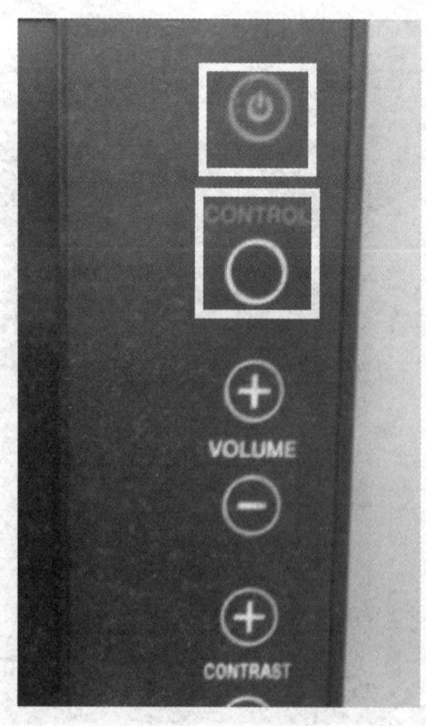

图 5. 13

2）输入选择（亮度、色度、对比度）

前面板左侧输入选择 ***A-1***（输入1）、***A-2***（输入2）。

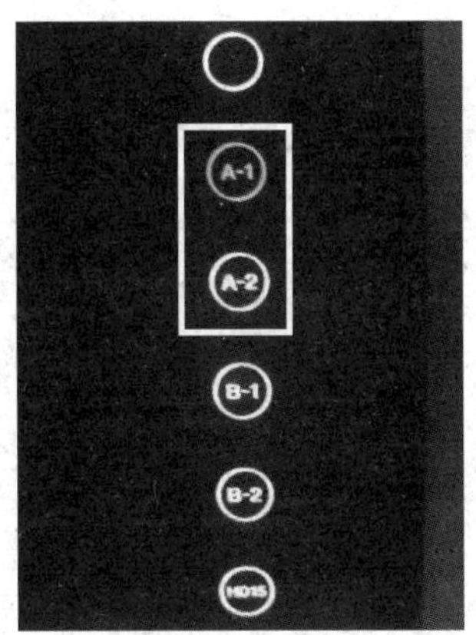

图5.14

前面板右侧分布有亮度（***BRIGHT***）、色度（***CHROMA***）和相位（***PHASE***），通过⊕、⊖按钮调整。

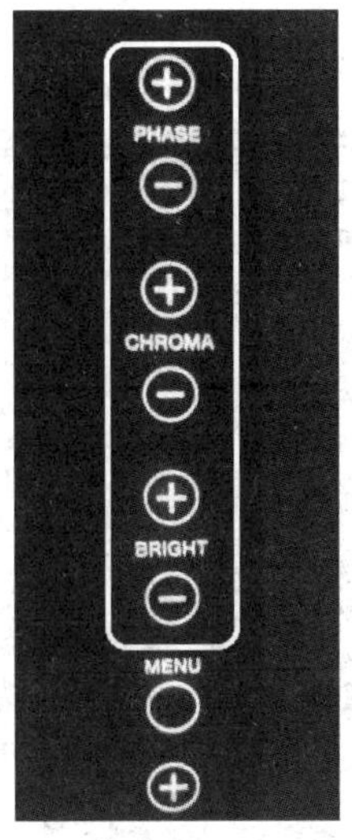

图5.15

5. SONY LMD-9030

1）电源开关

按下 ***POWER***，状态灯点亮为绿色。

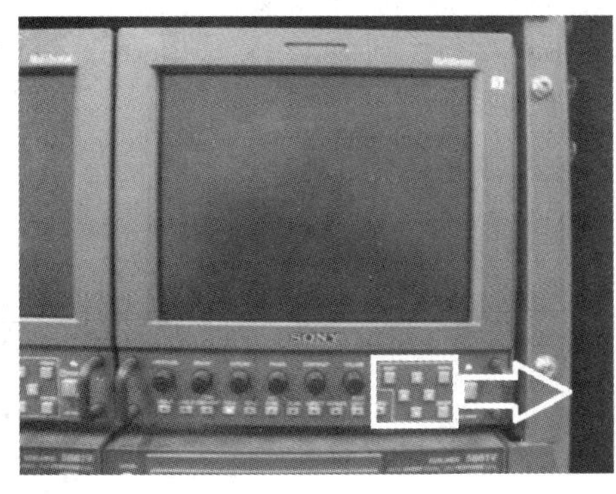

图5.16

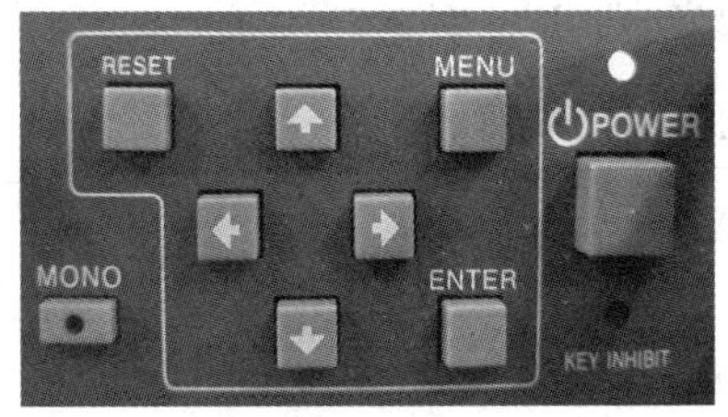

图5.17

2）控制功能

常用输入选择按钮：***SDI－1***、***SDI－2***、***LINE A*** 等。

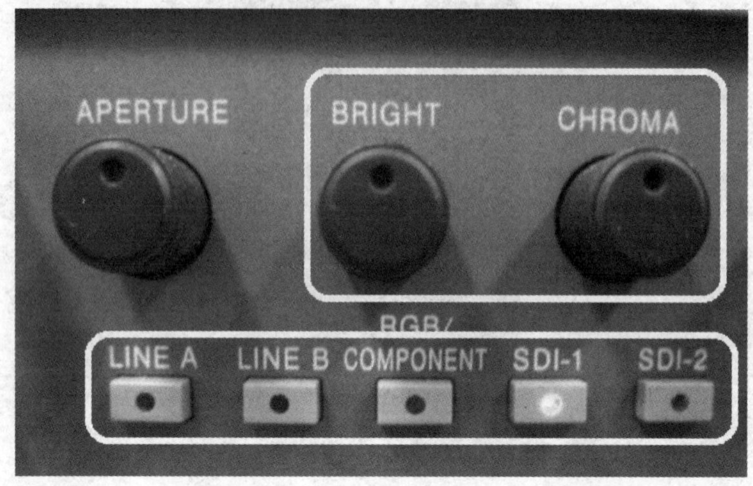

图 5.18

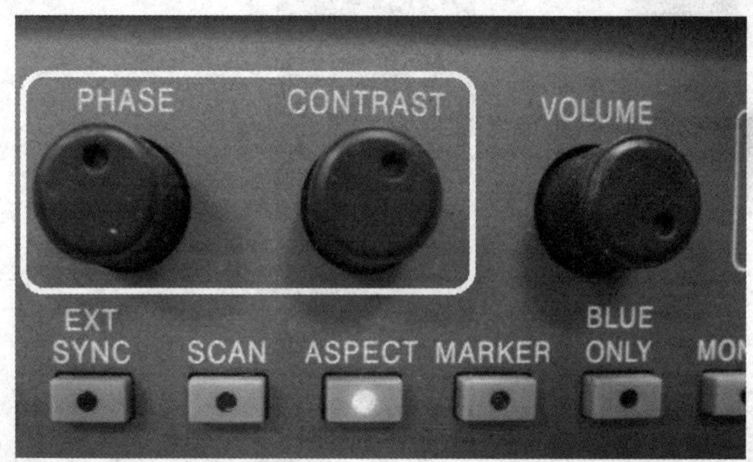

图 5.19

调整旋钮：亮度 ***BRIGHT***、色度 ***CHROMA***、对比度 ***CONTRAST*** 等。

6. 监视器亮度和色度调整方法

监视器的亮度和色度可以通过客观方法调整，达到一致性效果。下面以技监为例，介绍调整方法。

1）CCU 发 SMPET 彩条

A. 以 SONY HDC－1580 为例，打开 CCU 设置菜单显示；

B. 点击 OCP 面板上的“***MENU***”在显示屏上进入“***Config***”－“***CCU***”－“***CCU MENU Control***”－“***Menu Disp***”；

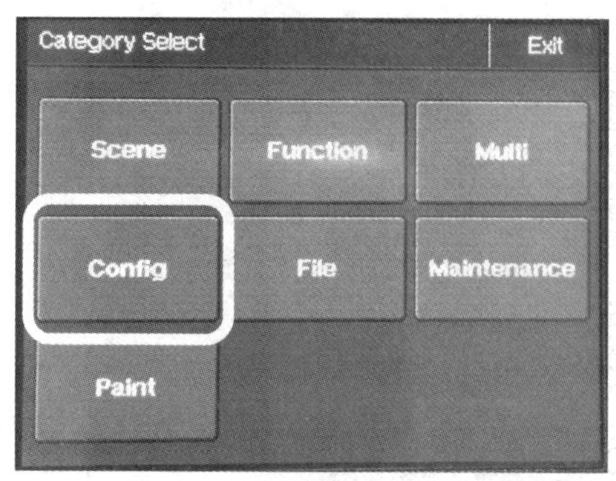

图 5. 20

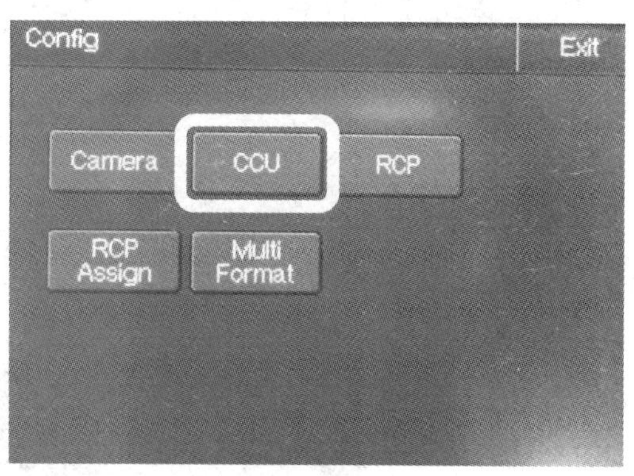

图 5. 21

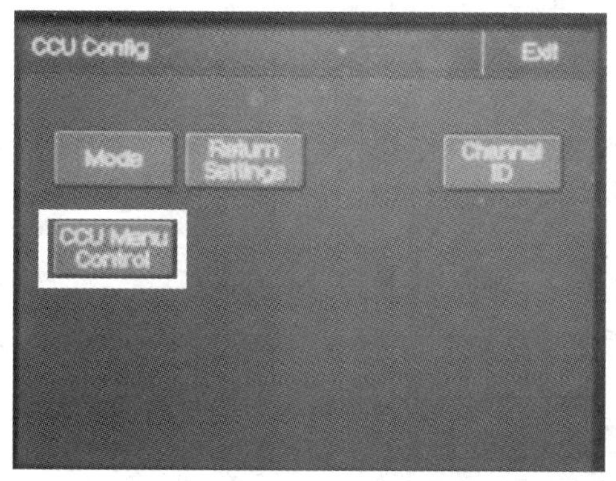

图 5. 22

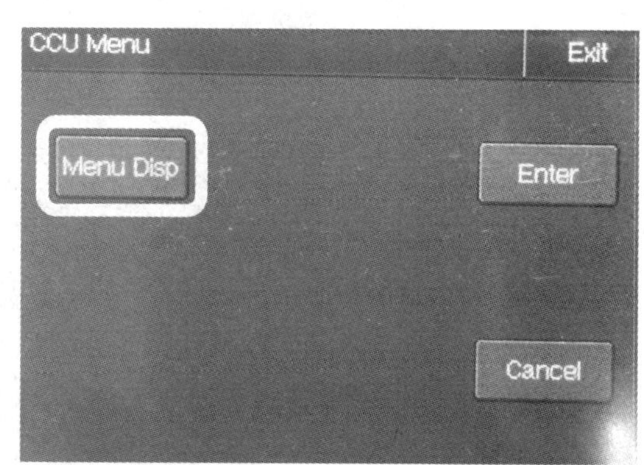

图 5. 23

C. 选择输出 SMPTE 彩条：

用旋钮找到 ***SEL***：***SMPTE 16∶9***（***－I/Q***）选项，“***ENTER***”确认。

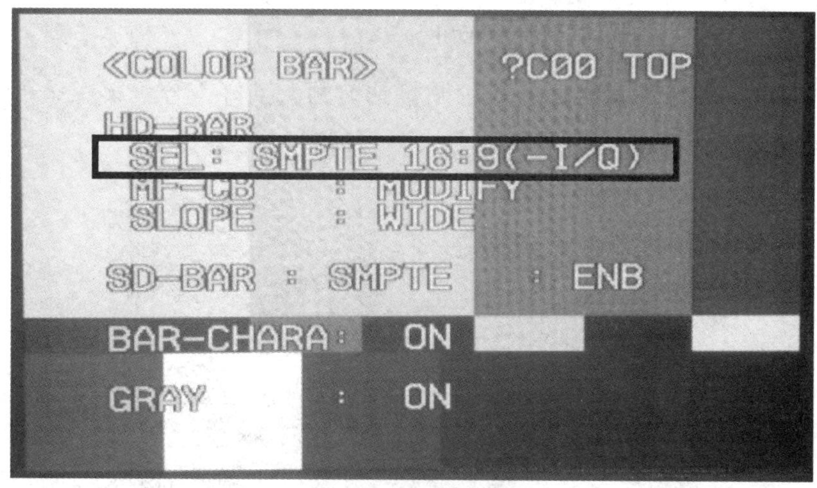

图 5. 24

2）亮度调整方法

A. 通过 CCU 发 SMPTE 彩条，将 SMPTE 彩条切至需要调整的监视器，对监视器进行亮度调整；

B. 画面右下方标记区域有三阶灰度显示；

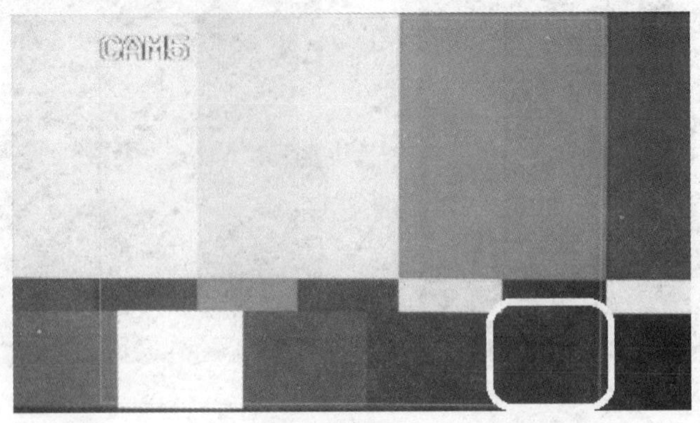

图 5.25

C. 监视器的亮度键点亮到手动状态“***MANUAL***”；

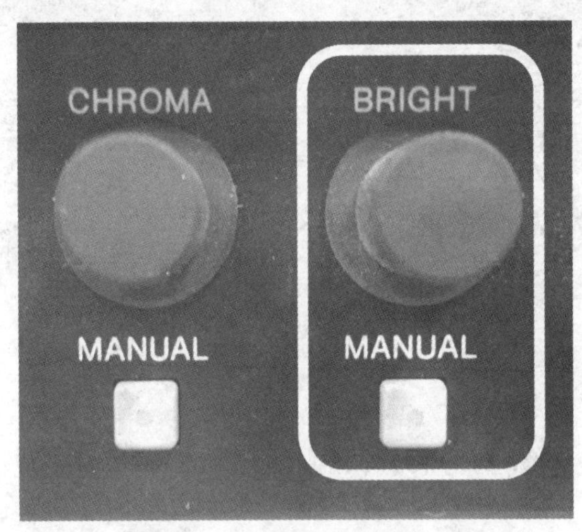

图 5.26

D. 调整亮度旋钮将三条明显的灰阶调整到前两条刚好重合，第三条可见；

E. 亮度调整操作完成。

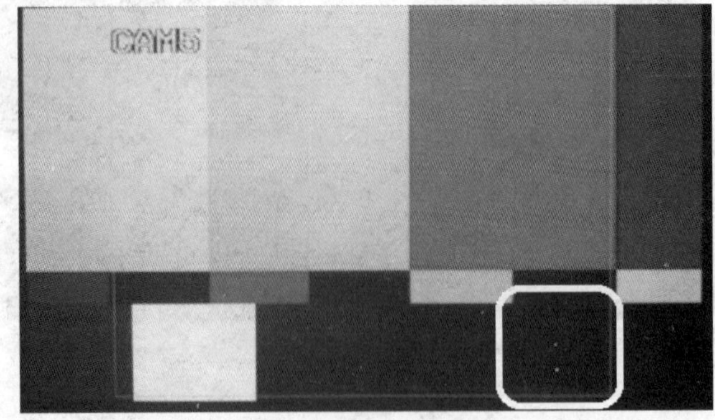

图 5.27

3）色度调整方法

A. CCU 发 SMPTE 彩条；

B. 监视器打开纯蓝模式（***BLUE ONLY***）；

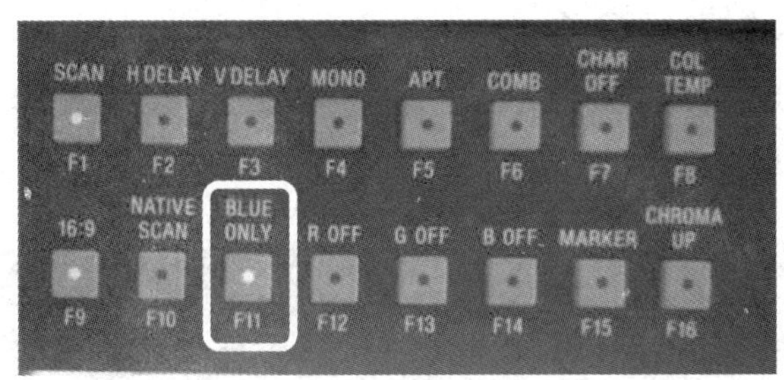

图 5. 28

图 5. 29

C. 监视器的色度键点亮到手动状态；

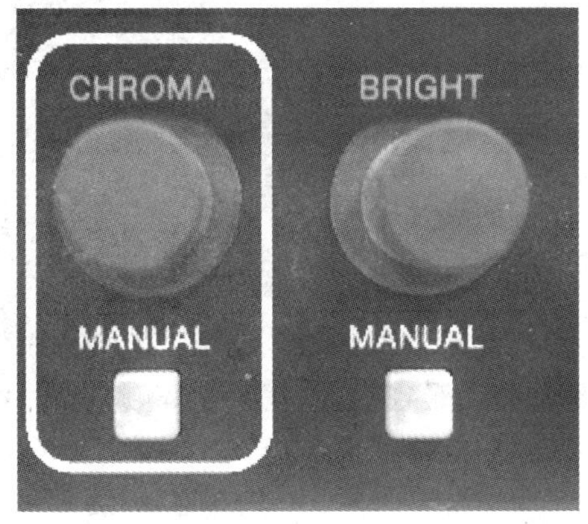

图 5. 30

D. 调整色度旋钮，使上下灰条重合无分界；

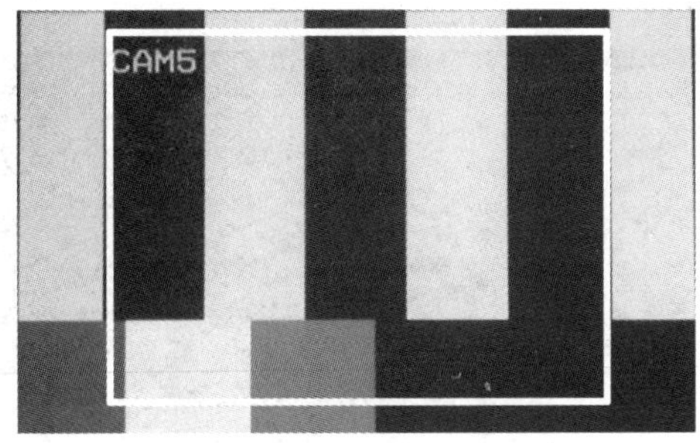

图 5. 31

E. 色度调整操作完成。

注：其他类型监视器参考以上方法调整。

7. 4 : 3 标志器格式调整

根据演播室视频系统的录制要求，如果是高清制作标清记录，画面构图应以4∶3 为主，同时兼顾16∶9。监视器则需要设置4∶3 标志器及标清播出安全框，设置操作方法如下：

A. 点击“***CONTROL***”按钮，显示隐藏菜单栏；

图5.32

B. 点击“***MENU***”显示菜单页面；

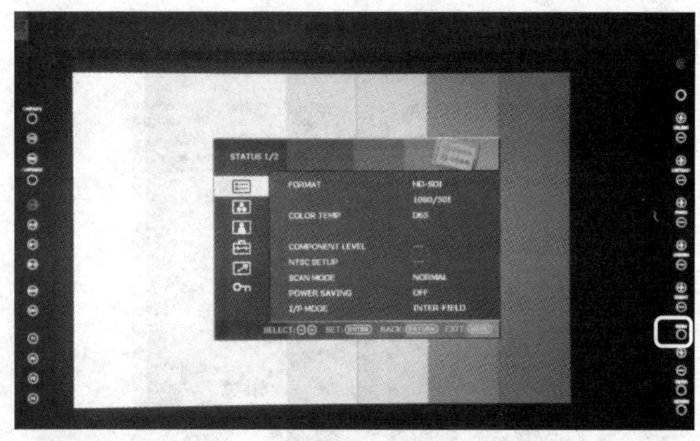

图5.33

C. 用“+、-”按钮选择 ***USER CONFIG*** 项，点击“***ENTER***”进入，再用“+、-”按钮选择 ***MARKER SETTING*** 项，点击“**ENTER**”进入详细设置；

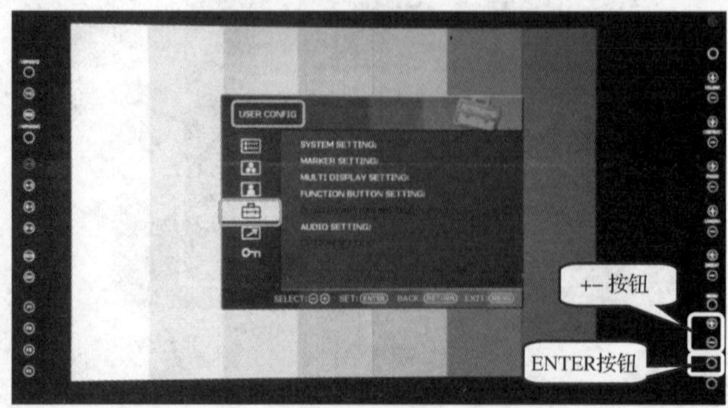

图5.34

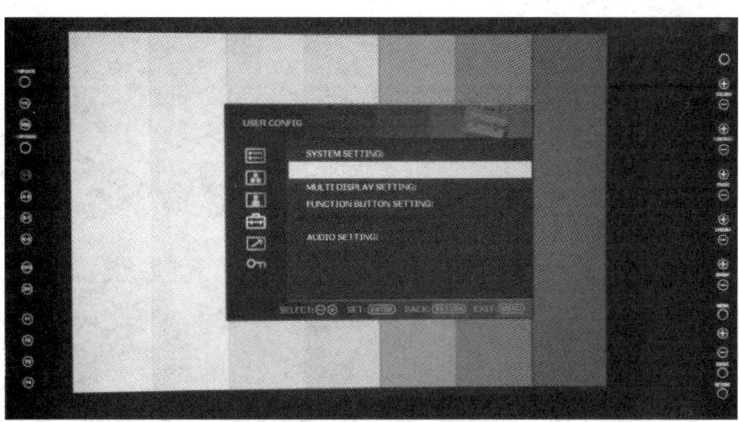

图 5.35

D. 用“+、-”按钮选择“***MARKER ENABLE***”项，点击“***ENTER***”进行设置；

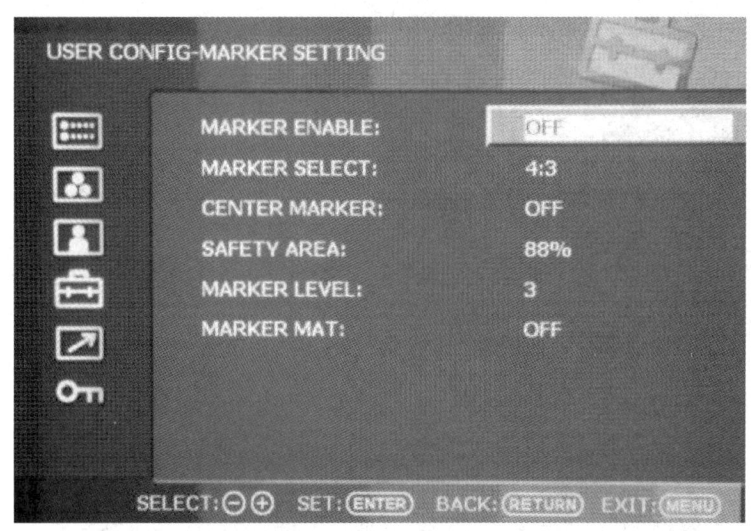

图 5.36

E. 用“+、-”按钮选择“***ON***”，并点击“***ENTER***”按钮开启标志器；

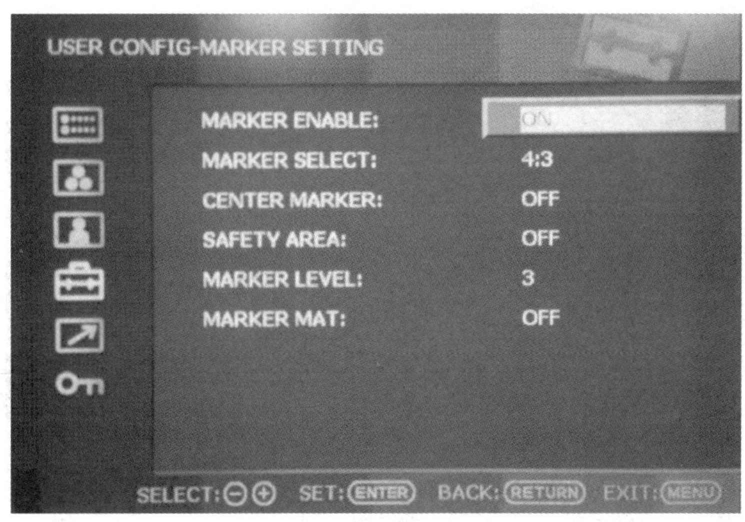

图 5.37

F. 选择“***MARKER SELECT*** ”项，点击“***ENTER***”进行设置；

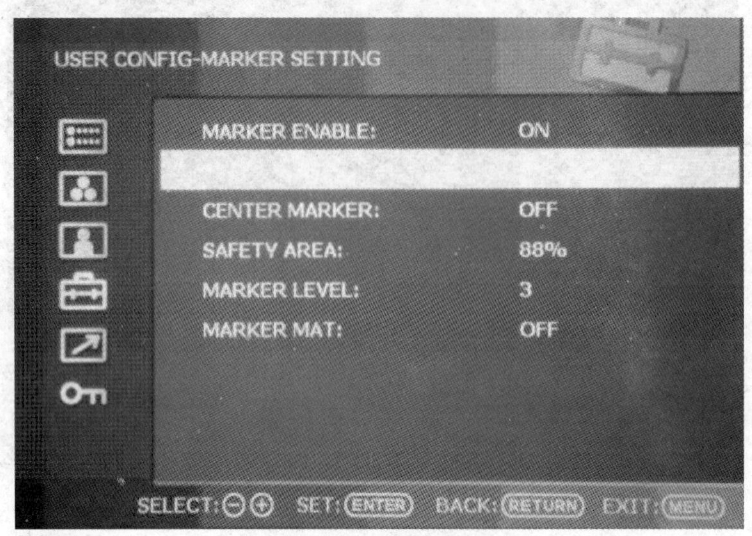

图 5.38

G. 用“+、-”按钮选择“***4∶3***”；点击“***ENTER***”确认，则 4∶3 标志器设置完成，此时屏幕上显示 4∶3 标志。

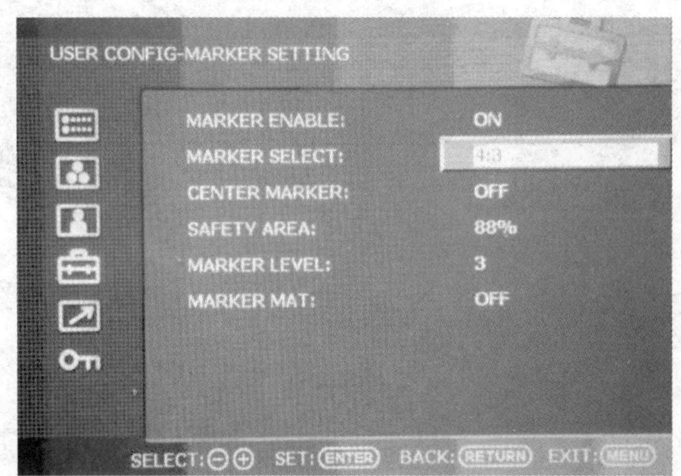

图 5.39

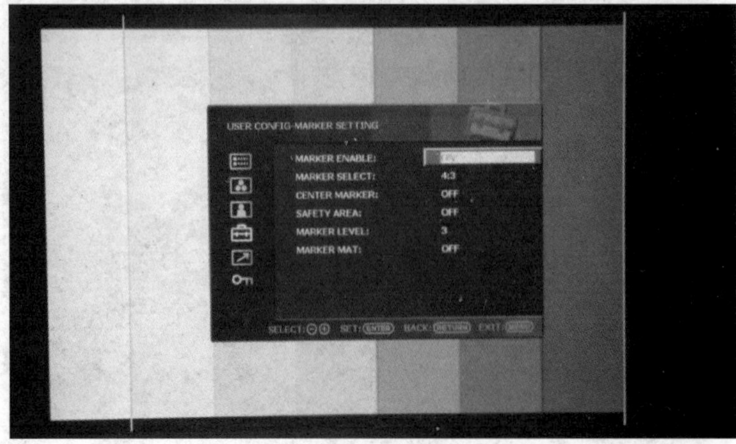

图 5.40

8. 安全框设置

由于显示终端的显示区域通常会小于制作环节。为了避免画面有效信息超出显示范围，需要为制作环节的监视器设置安全框。标清安全框面积为 88%，高清安全框面积为 93%。

A. 用“+、-”按钮选择 ***USER CONFIG*** 项，点击“***ENTER***”进入，再用“+、-”按钮选择 ***MARKER SETTING*** 项，点击“***ENTER***”进入详细设置；

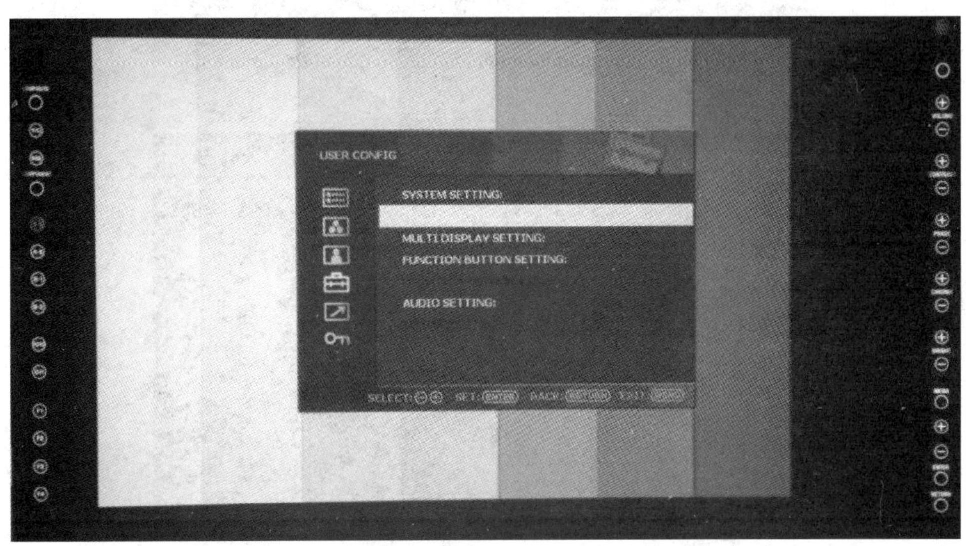

图 5.41

B. 用“+、-”按钮选择 ***SAFETY AREA*** 项，点击“***ENTER***”进行设置；

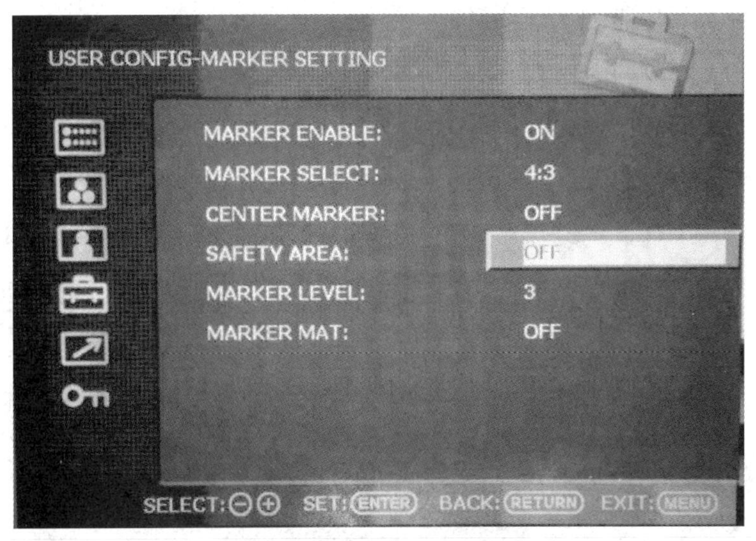

图 5.42

C. 用“+、-”按钮选择“88%”项，点击“***ENTER***”确认，则安全框设置完成。此时屏幕上显示 88% 安全框。

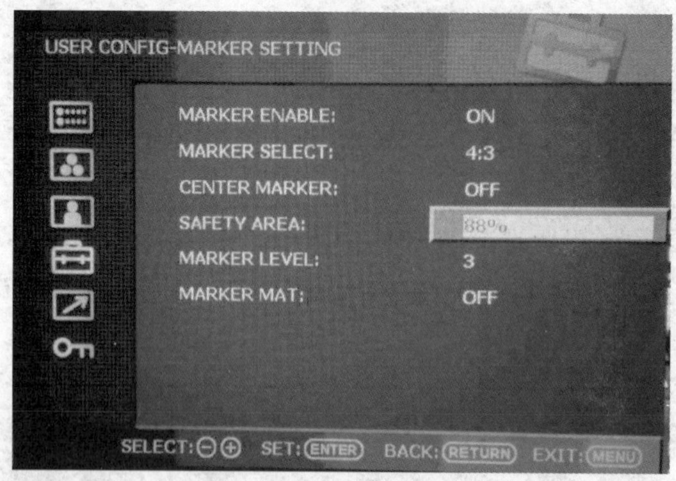

图 5.43

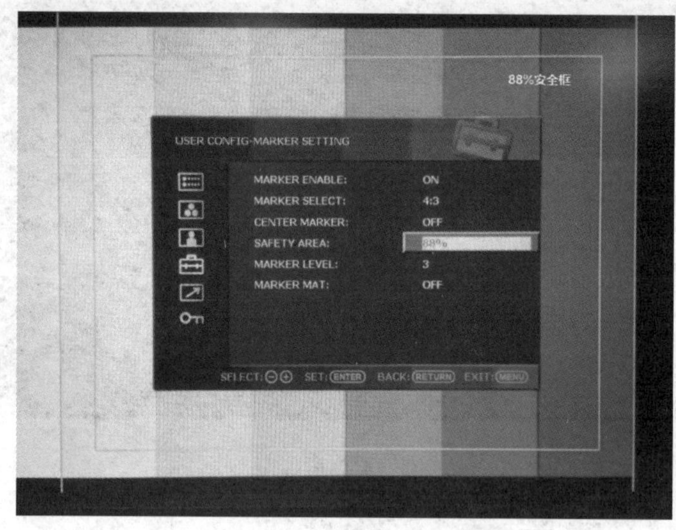

图 5.44

注：安全框设置选项中，高清记录时设置为“93%”，标清记录时设置为“88%”。

9. 标志器与安全框亮度调整

A. 用“+、-”按钮选择 ***USER CONFIG*** 项，点击“***ENTER***”进入，再用“+、-”按钮选择 ***MARKER LEVEL***，并点击“ENTER”进行设置；

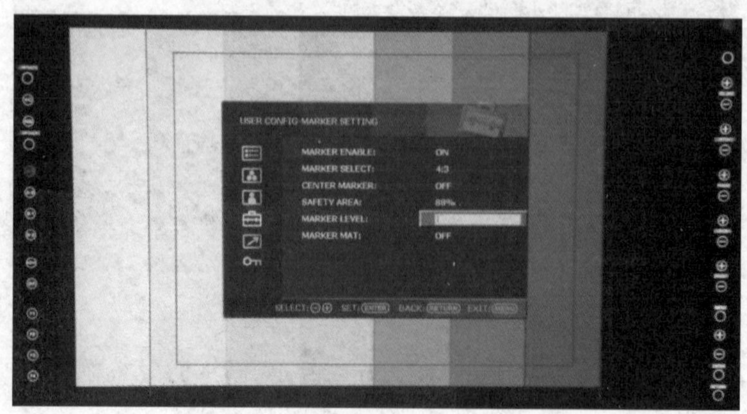

图 5.45

B. 用“+、-”按钮进行选择，并点击“***ENTER***”确认。标志器与安全框的亮度共分为三档。“1”档亮度最暗，“3”档最亮。

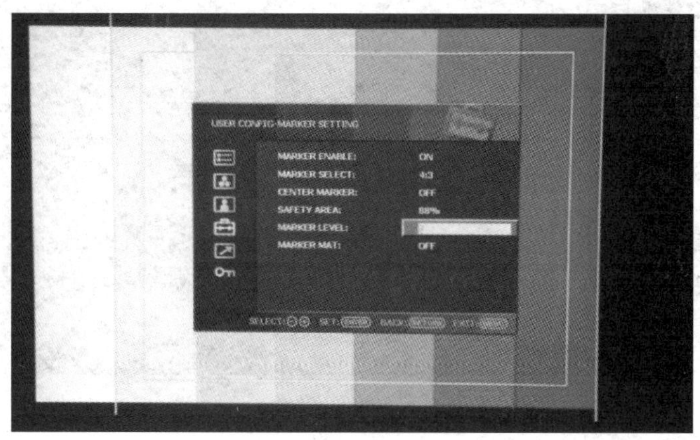

图 5.46

10. 标志器外显示设置

A. 用“+、-”按钮选择 USER CONFIG 项，点击“***ENTER***”进入，再用“+、-”按钮选择 ***MARKER MAT***，并点击“***ENTER***”进行设置；

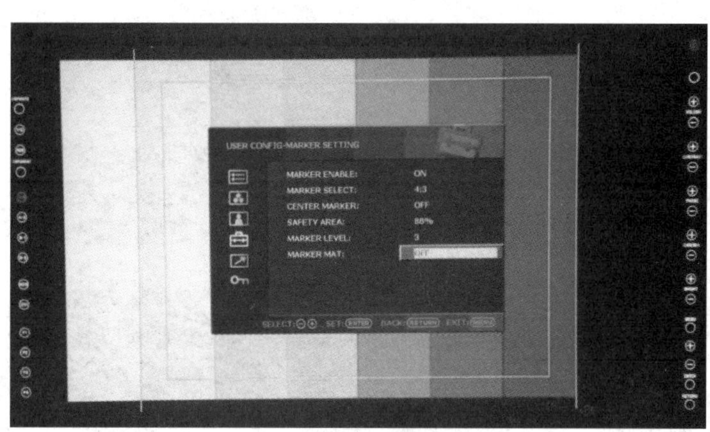

图 5.47

B. 用“+、-”按钮进行选择，并点击“***ENTER***”确认。切边的显示分为三种。“***OFF***”档标志器外全透，“***HALF***”档标志器外半透明显示，“***BLACK***”档标志器外为黑色。

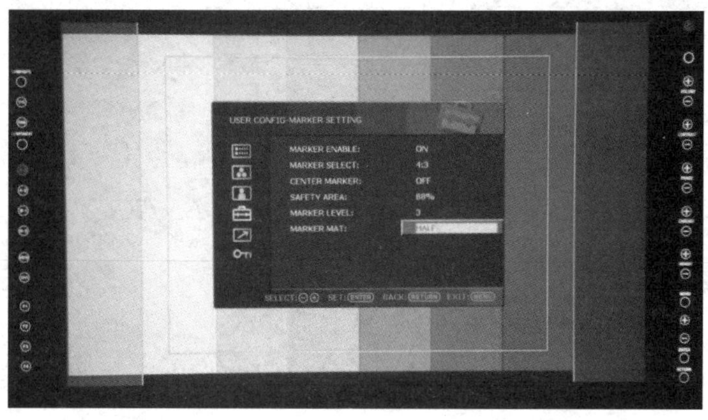

图 5.48

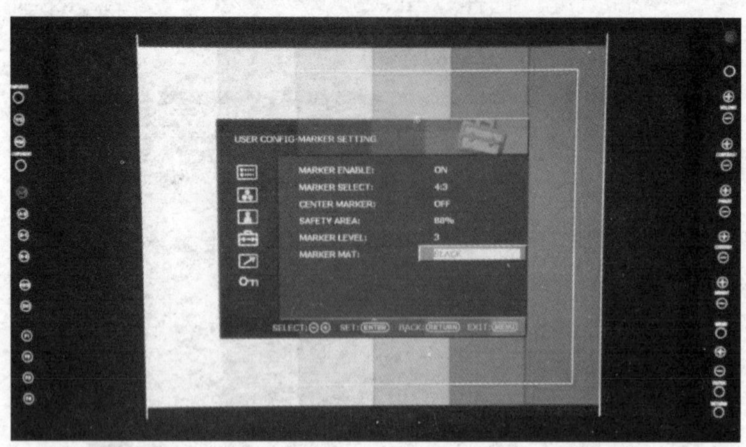

图 5.49

11. 信号源格式显示

此设置可以开启/关闭信号源格式信息在屏幕上的显示。

A. 用“+、-”按钮选择 ***USER CONFIG*** 项，点击“***ENTER***”进入详细设置；用“+、-”按钮选择 ***SYSTEM SETTING*** 项，点击“***ENTER***”进入详细设置；

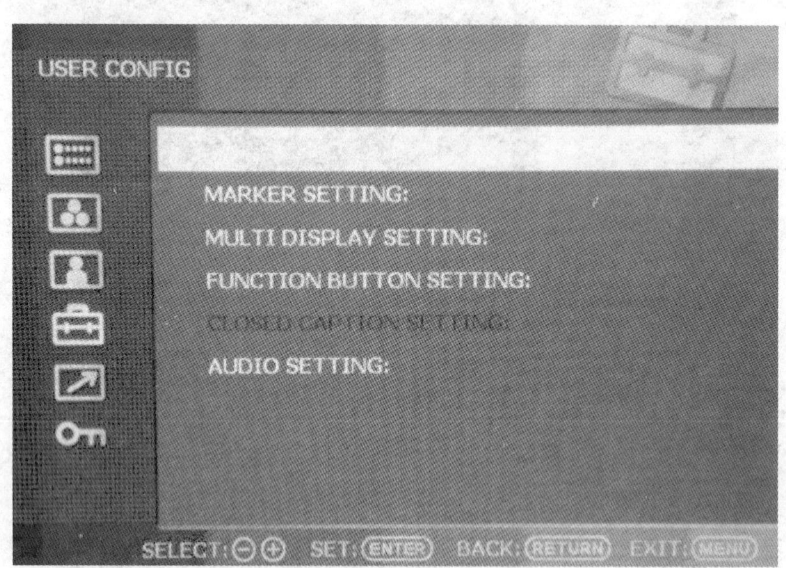

图 5.50

B. 用“+、-”按钮选择 ***FORMAT DISPLAY*** 项，点击“***ENTER***”进行详细设置，再用“+、-”按钮选择 ***AUTO***，点击“***ENTER***”确认。该设置共分为三种模式，分别为 ***ON***、***AUTO***、***OFF***。

- ***ON*** 模式：信号源格式信息在屏幕上常显示。
- ***AUTO*** 模式：信号源格式信息在信号切到屏幕上的时候显示数秒钟后消失。

- ***OFF*** 模式：信号源格式信息不在屏幕上显示。

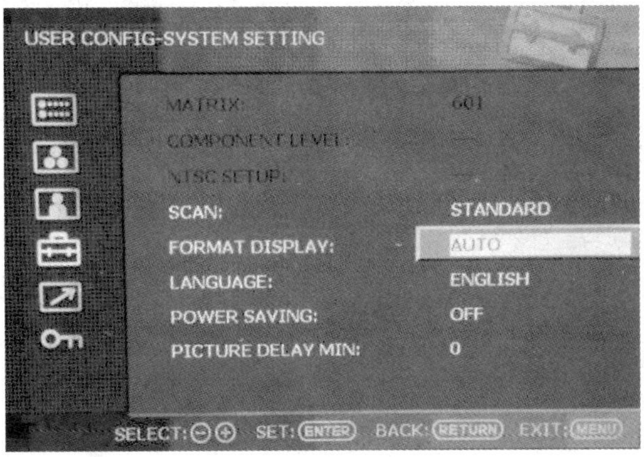

图 5.51

三、画面分割器（Kaleido－X16）

1. 概况

演播室的画面分割器主要用来进行画面监看。以某一个演播室系统为例，该演播室的画面分割器共三台，分别供视频技术区（×1）和音频区的 42 寸监视器（×2）使用。主机位于录像机机柜下方。

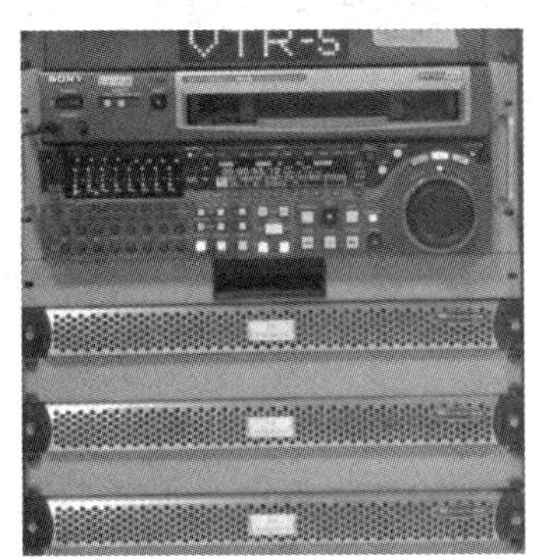

图 5.52

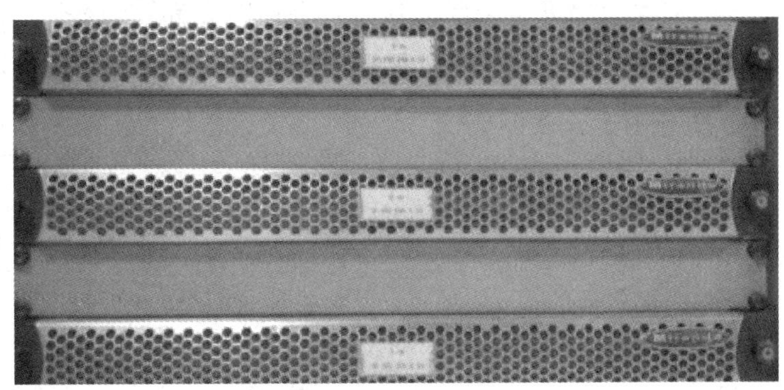

图 5.53

画面分割器的遥控面板共有两个，分别供给视频区和音频区使用。使用控制面板可快速调用画分主机中预存的状态。

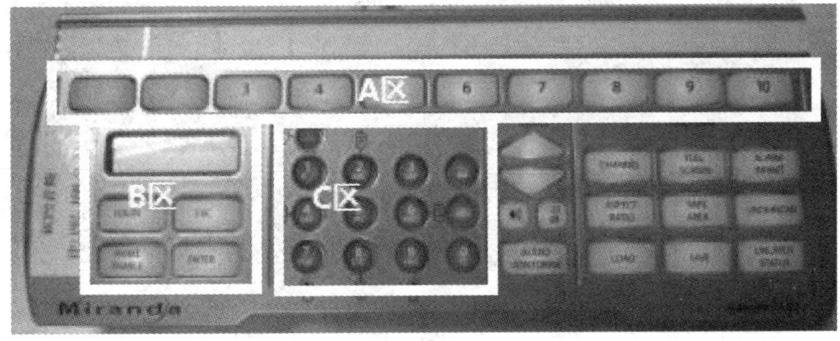

图 5.54

2. 使用遥控面板快速调用布局方式

画面分割器遥控面板可对预先设置好的布局方式进行调整。预先设置好的布局方式可由软件来设置，通过遥控面板 A 区上 ***1 ~10*** 的 10 个数字键快速调用。

1）打开菜单

长按遥控面板上 B 区的“***ENTER***”按键，显示屏显示“***Configuration ROOM SELECTION***”页面。

2）进入画面分割器选择菜单

再次按“***ENTER***”按键，显示屏闪现“***Acquiring room List***…”页面后到“***ROOM Select X16 -1 \ ROOMX16***”页面。

3）选择画面分割器

用遥控面板上 C 区的上下翻页按钮选择需要更改画面分割器，之后按“***ENTER***”键确认，再按“***ESC***”退出“***Configuration ROOM SELECTION***”页面。

4）登录画面分割器

点击遥控面板 C 区的“***LOGIN***”按键，显示屏显示“***LOGIN Position Admin***”，由于遥控面板上没有设置用户名和密码，因此直接点击“***ENTER***”即可。随后出现的“***Enter password***”页面也一样。

5）调用布局

显示屏出现所需调整的画面分割器的名称后，再在 A 区的数字按键上选择想要更改的样式（***1 ~10*** 已有预存方式）。

3. 画面分割器软件调整

画面分割器支持网络控制，主机已连接所使用演播室的网络交换机，可通过装有相关软件的电脑访问画分主机，修改布局和快速恢复。

1）网络连接方法

A. 打开 IE 浏览器，输入画面分割器的 IP 地址，如音频画分 1 的 IP 地址为：***192. 168. 0. 21***；

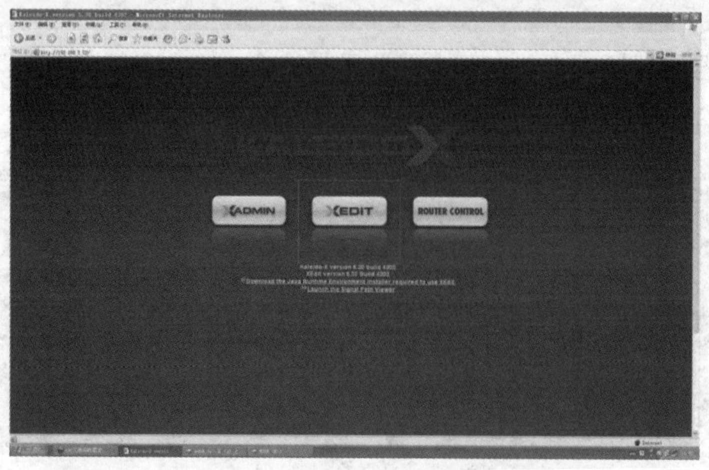

图 5. 55

B. 点击“***XEDIT***”图标，将提示下载 Java 插件，按操作提示完成下载和安装；

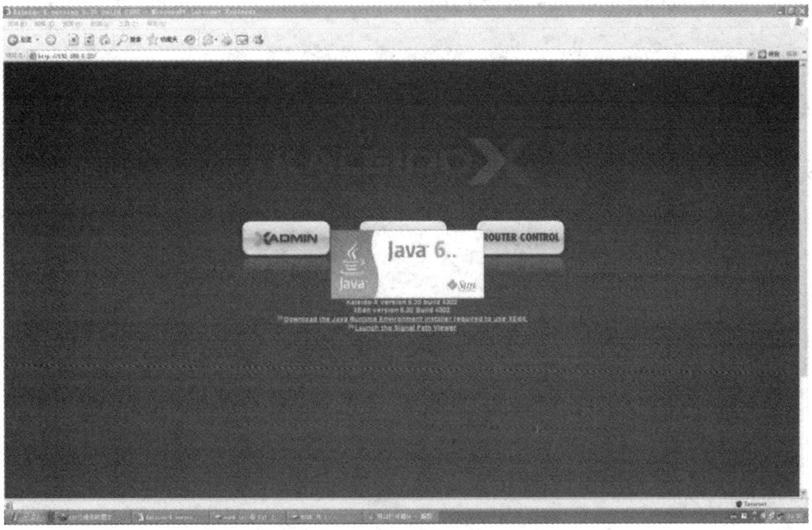

图 5.56

C. 安装完成后，页面提示选择本地数据库目录。

图 5.57

注：画面分割器 X16 不提供独立的编辑软件安装程序，只可以通过在线的方式安装编辑软件 XEdit，XEdit 基于 Java 的环境，所以需要本机安装有 Java 的 Runtime，如果没有安装需要先点击此页面的 Java Runtime 链接进行安装。安装完 Java Runtime 之后，选择 XEDIT 按钮，开始在线安装 XEedit 软件，安装完成会提示在桌面安装一个快捷方式。下次我们就可以选择脱机运行 XEdit 软件。

2）画分遥控面板

画面分割器配备遥控面板 RCP－2。可在十个预存状态之间快速切换。

3）修改画分界面

可通过电脑连接画分主机使用 KEdit 软件或者利用鼠标键盘直接在画分主机上操作。

以需要画面显示 4:3 格式为例，操作如下：

A. 画分调试软件可以存储工控机或笔记本电脑中。进入 ***KEdit*** 软件点击“***Configure***”–“***Connect***”；

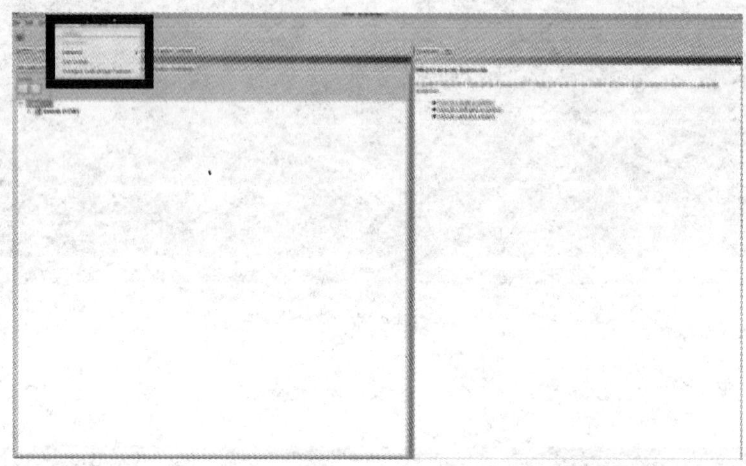

图 5.58

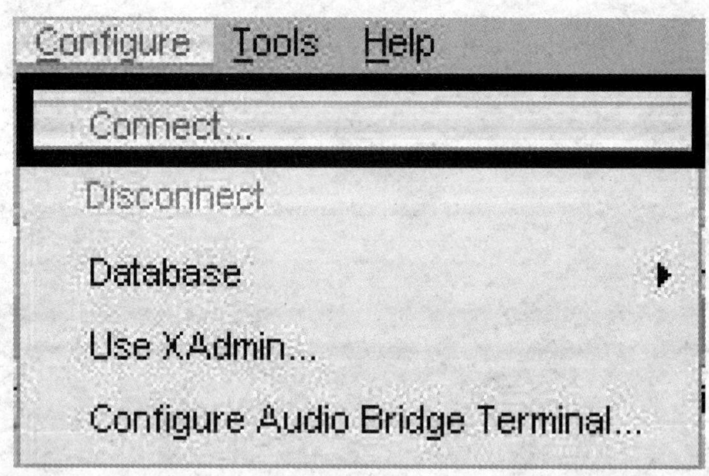

图 5.59

B. 输入所需修改画分界面主机的 IP 地址；

图 5.60

C. 出现所需主机已连接页面，点击“***Layouts***”选择要修改的画分布局；

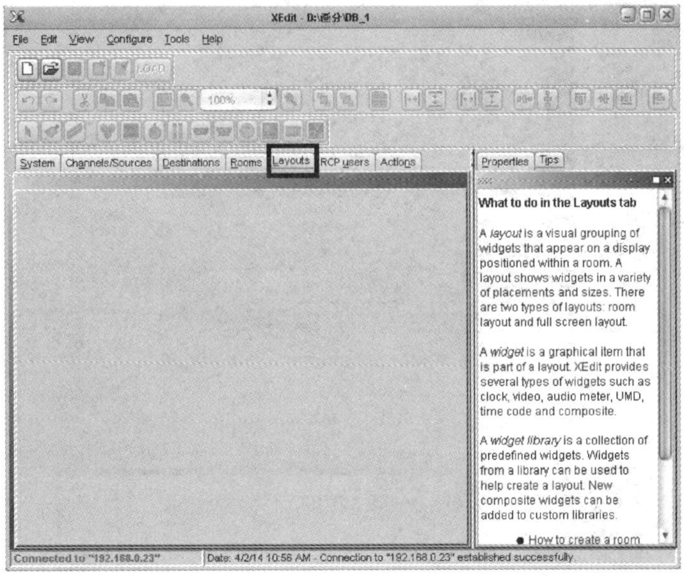

图 5.61

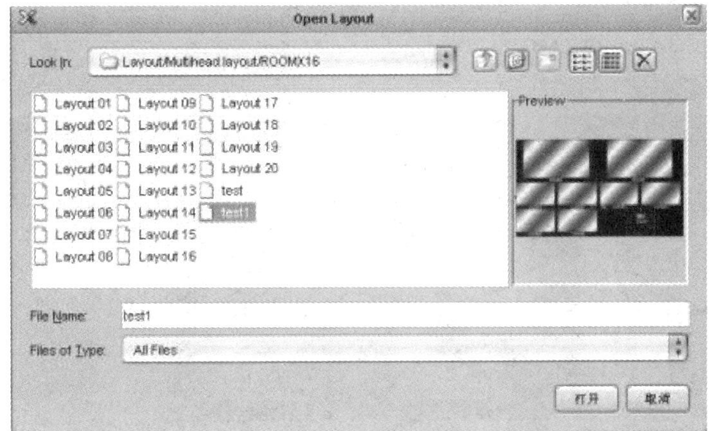

图 5.62

D. 双击需要修改的窗口，在右侧出现的属性数据中找到 ***4:3*** 选项，打勾。

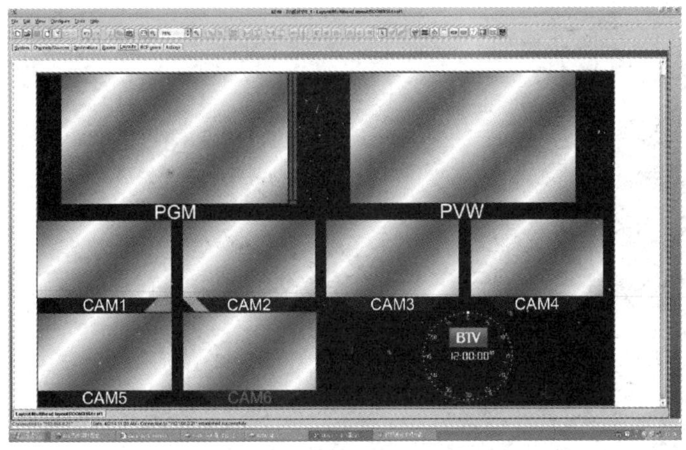

图 5.63

图 5. 64

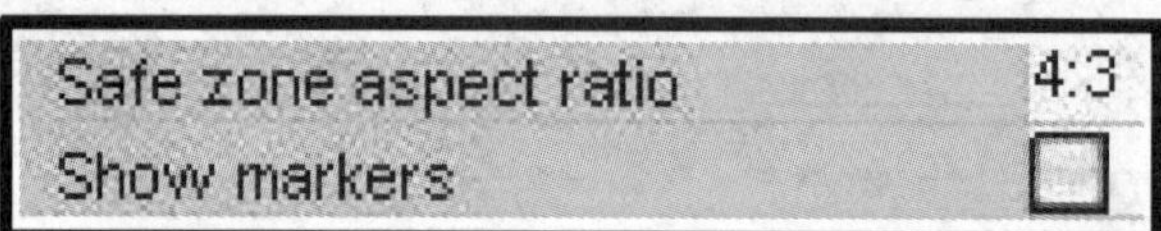

图 5. 65

E. 在页面上方点“***Save***”之后，布局将立即生效，如果当前编辑布局不是画面分割器呈现的布局，点击“***LOAD***”，再选择需要的布局名称；

图 5. 66

F. 点击“***Configure***”-“***Disconnect***”关闭退出软件。

图 5. 67

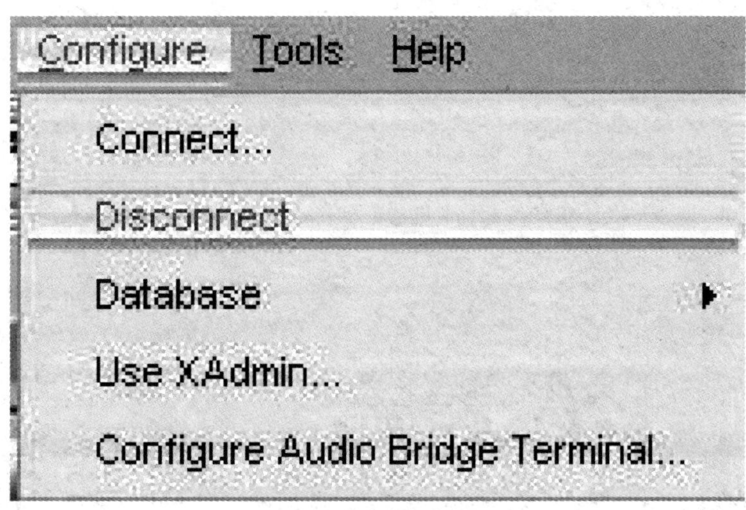

图 5.68

G. 在工作中还可以通过直接连接鼠标或控制器来勾选 4:3 标志线。

注：演播室的字幕机如果设置了网络共享，可直接打开画分的软件。也可用调试笔记本电脑对画分软件进行操作。

第六章 通话系统

一、通话系统概述

通话系统是为协调演播室的工位操作人员传递操作口令、语音信息传达的辅助子系统。特别对于直播演播室和大型综艺节目制作演播室，通话系统已成为演播室系统中实现通讯需求的核心子系统。

1. 通话系统分类

演播室通话系统按类型可分为二线制和四线制；按系统结构可分为 party - Line 和矩阵式；按传输方式，可以分为有线式和无线式。

2. 通话系统组成

party - line 式通话系统常包含通话主站、通话分站、通话腰包等；矩阵式通话系统常包含通话矩阵、通话面板、控制机等；无线式通话系统常包含无线通话主机、无线通话腰包、天线等。

本书以 CLEAR - COM 通话系统为例，重点介绍了矩阵式通话系统的设置方法，介绍了无线通话系统的设置和操作方法，对其他类型的通话系统有借鉴意义。

二、Clear - Com 通话系统

1. 通话系统结构

通话系统以通话矩阵（也称为四线制）为核心，以 party - line（也称为二线制）作为备份。

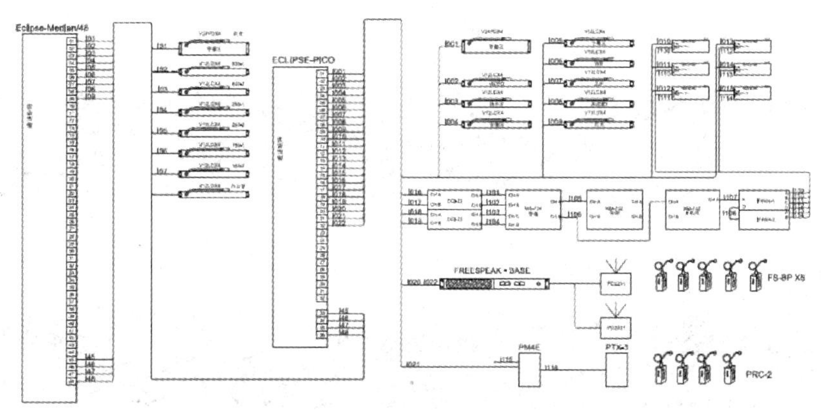

图 6.1

2. 系统组成

1）Median/48 通话矩阵

通话矩阵机箱为 6RU，具备双 CPU（图 6.2 红框所示）、双电源、7 个矩阵卡槽。Median/48 通话矩阵的作用是为了实现各演播室之间的互联互通而设置的。

MVX－A16 卡：模拟接口卡，每块卡可传输 16 路模拟音频信号，图中的演播室使用了三块 MVX－A16 卡（图 6.2 所示）；

IP 卡：通过 IP 方式与新台级连，有 32 个通路，可设成 IP 面板或是 IP 级连通道；

E－Que 卡：每块 E－Que 卡有两个 E1 端口，每个 E1 端口有 30 个语音时系，即可以传输 60 路音频信号。

图 6.2

2）Eclipse－pico 通话矩阵

Eclipse－pico 基站拥有 36 个端口，均可以提供全双工通信方式，其中前 32 路为可编程面板，后 4 路为四线输入/输出接口，通常用于 TRUNK、CCU、PGM（节目返送声、四线模拟音频）的连接。双电源，仅占 1RU。

每个设备（如通话面板）可通过网线连接到 pico 矩阵，矩阵通话的采样频率为 48kHz，量化比特率为 24bit，频率响应为 30Hz～22kHz，±3dB。

图 6.3

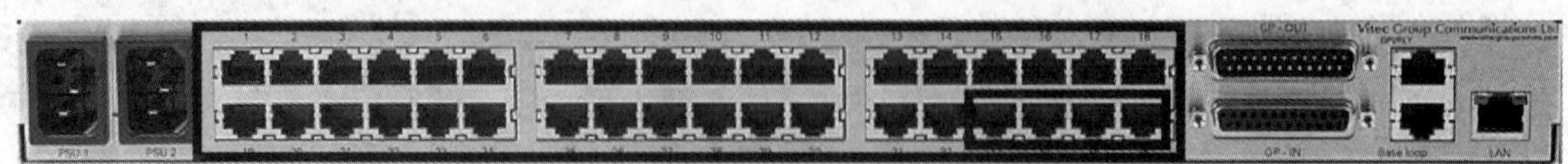

图 6.4

3）EHX Configuration System 软件

用网线连接 Eclipse－pico 基站，预先设定好固定的 IP 地址，使用调试软件"EHX Configuration System"可设置矩阵内部双向交叉点的通断，实现任意端口间的"即听又说"、"单听"或"单说"等功能。

4）按键式通话面板

V12PDX：V 系 12 键按键式通话面板/1RU，VTR 和音频等工位处可见；

图 6. 5

V24PDX：V 系 24 键按键式通话面板/2RU，主控机房和导播等工位处可见；

图 6. 6

每个通话面板都带有 12 个或 24 个液晶显示屏，每个液晶显示屏可单独呼叫或通话。液晶显示板可显示 10 个字符（5 个汉字），可用于描述通话的 ID，同时有 8 个页面可供切换。

图 6. 7

- 听说状态：如与 CAM、其他面板间的通话状态；
- 单说状态：如给主持人耳返或送现场扩声的通话状态；
- 单听状态：通常可用来单听调音台送给通话矩阵的音频信号是否正常。

5）Freespeak 主站

1RU 无线通话主站，带天线与无线腰包。

图 6. 8

6）CCI－22

双通道 party－line 环形接口模块，可将两个全双工 party－line 电路与矩阵连接起来，接口支持 Clear－com 与矩阵系统之间的信号传输。它能够与 Clear－com 和其他两线内部通信系统配合使用，通常用于二四线转换连接使用。

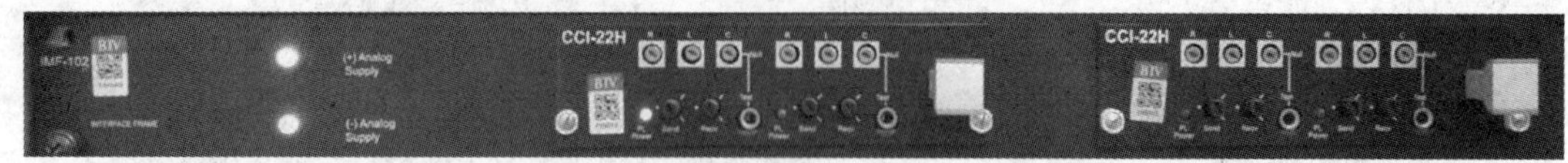

图 6.9

7）MS－704

两线制四通道通话主站，2RU 机架安装，可供电，可传送节目 PGM 音频信号，四个独立通道，每个通道提供两个输入输出插座，有独立的听讲开关、呼叫开关及呼叫显示。

图 6.10

图 6.11

8）RM－702

两线制两通道通话分站，1RU 机架安装，不能供电，需要从主站或外接电源供电，与 MS－704 一样，每通道可独立通话。

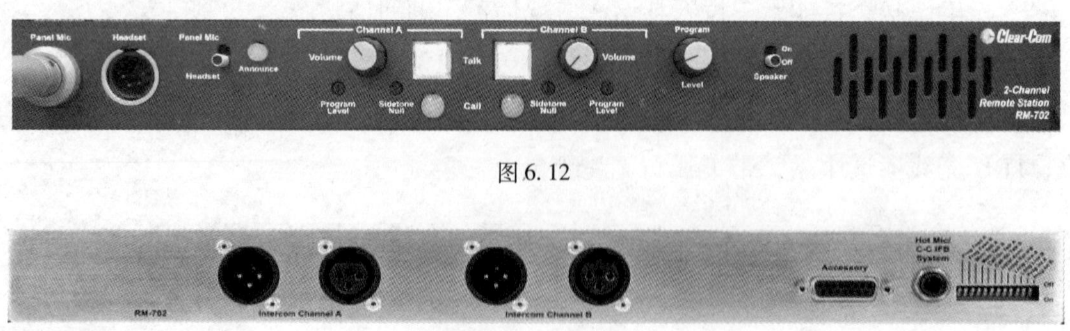

图 6.12

图 6.13

9）IF4W4

IF4W4 模块化的四线接口可将摄像通话、双向无线电、光纤线路和其他四线设备同标准 Clear－com 通话系统连接，1RU 机箱最多可容纳 4 个独立的接口。

在演播室中该设备用于摄像机通话与 Clear - com 通话矩阵的连接，以满足导播与摄像之间的通话需求。

该设备每个接口都有接线端口和 XLR 接口，具有 Clear - com 线路供电功能，并有内置测试插头，可以用耳机直接测试通话效果。

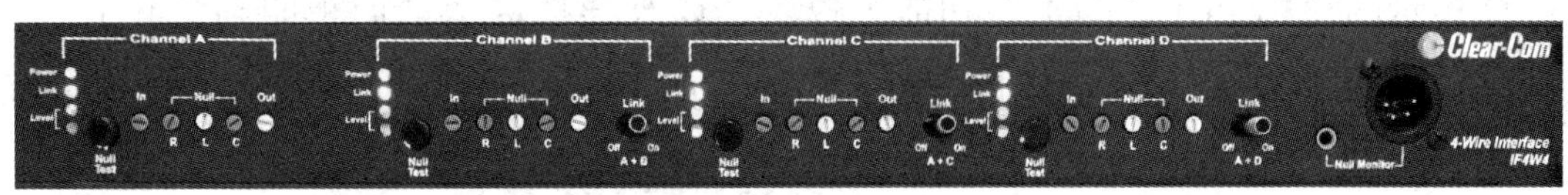

图 6. 14

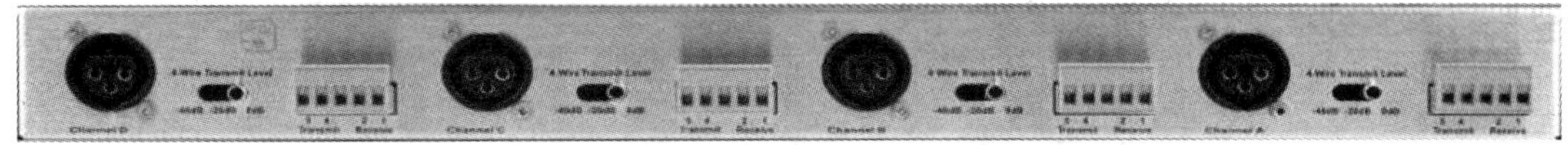

图 6. 15

3. 通话面板

以图6. 16 为例，通过通话矩阵连接的通话面板有9 个：分别在“ZJF”区（主控机房机柜）、“灯光区”（灯控台旁）、“字幕”区（字幕机显示器下方）、“导播”区（切换台前方）、“VIDEO”区（OCP 面板前方）、“技术”区（技监处 AUX 面板前方）、“录像”区（VTR 机柜上）、“ADUIO”区（音频处）、“WB”区（楼下机窝机柜上），其中“ZJF”与“导播”区两处为 V 系 24 按键通话面板，其他区域的通话面板均为 V 系 12 按键通话面板。

以“VTR”V 系 12 键按键式通话面板为例，我们可以看到面板上有如下显示：

图 6. 16

400 导演	400 音频	400 灯光	400 主机房	400 机库	400 无线 1
REPLY	400 扩声	400 主持人			

“400 导演、音频、灯光、主机房、机库”按键：

通过通话矩阵所连接的 V 系通话面板，标注中显示了具体的所在位置，面板上的橙色灯表示为听说状态。

“400 无线 1”按键：

与通话矩阵相连接的 Freespeak 的通话末端设备——无线通话腰包之中的腰包 1，橙色灯为听说状态。

“400 扩声”按键：

通过与通话矩阵相连接的调音台，将通话如导播的声音送至演播棚内的扩声音箱，红色灯表示为单说状态。

“400 主持人”按键：

通过与通话矩阵相连接的无线耳返发射机，将导播的声音或节目返送声送至主持人的无线耳返发射机中，红色灯为单说状态。

“REPLY”按键：

所标示的“REPLY”的主要功能为提示，如当导播区通话面板叫到“VTR”区通话面板时，“REPLY”键会连同“400 导演”的按键一同闪动，提示是导播区的面板有通话需求，直接按“REPLY”键或“400 导演”键都可连通通话。

4. 通话矩阵设置方法

1）Eclipse - pico 通话矩阵系统

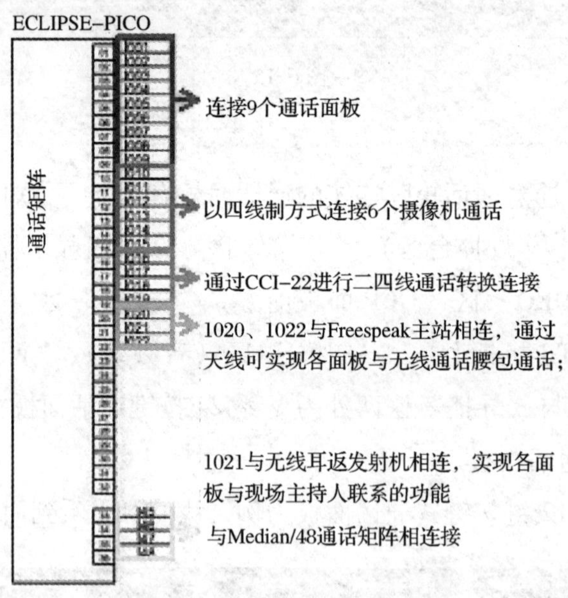

图 6. 17

2）Eclipse - pico 通话矩阵接口

图 6. 18

3）操作

A. 通过网线将专用调试电脑与 Eclipse - pico 通话矩阵相连接。

B. 用下图中的按钮调出系统菜单查看 IP 地址（***SETUP/ENTER—SYSTEM—IP ADDRESS***）。

图 6. 19

C. 打开系统定义软件 ***EHX***。

D. 增加一个系统设置：***Add Matrix to System***。

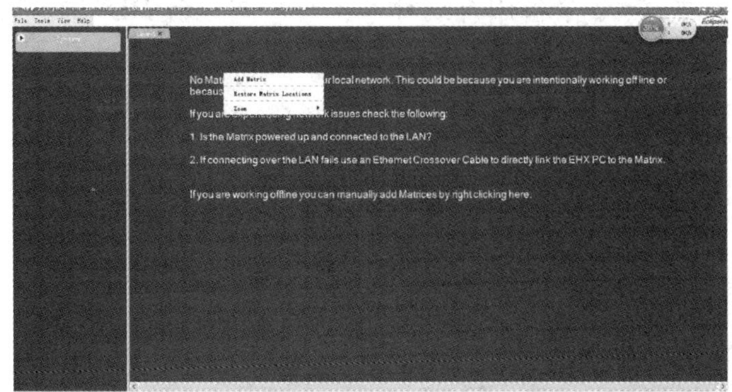

图 6.20

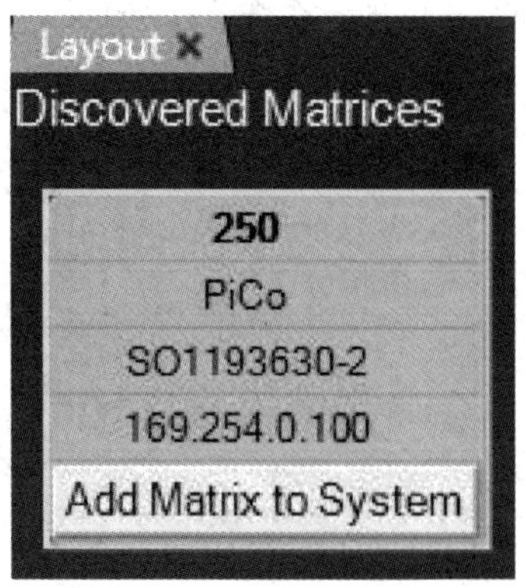

图 6.21

E. 增加一个矩阵到工程中。

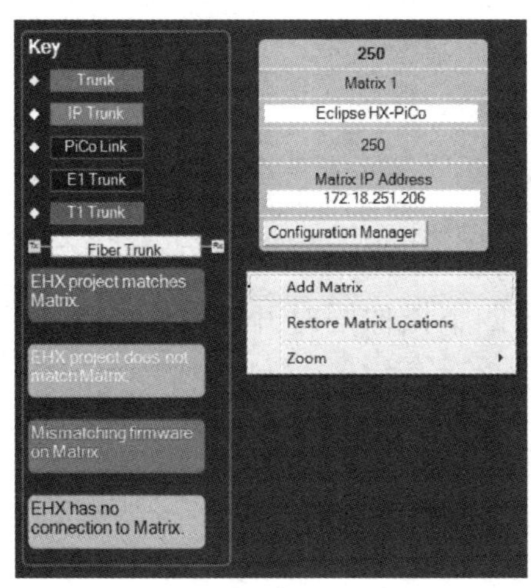

图 6.22

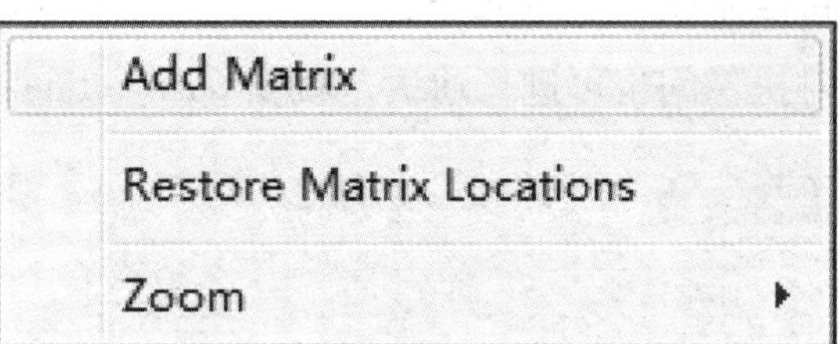

图 6.23

F. 从图 6.24、图 6.25 可看到所增加的矩阵配置与硬件的配置关系。

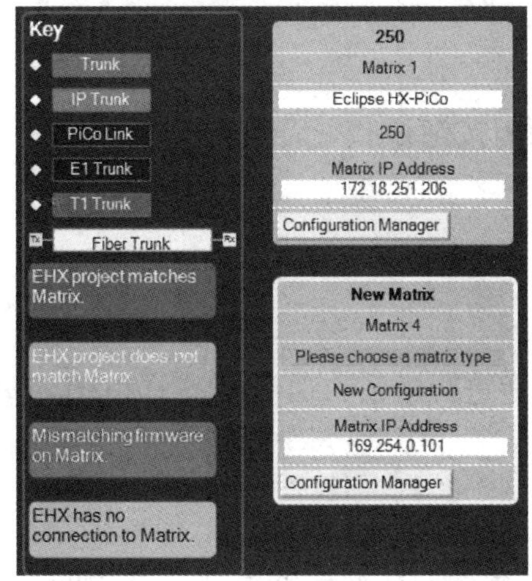

图 6.24

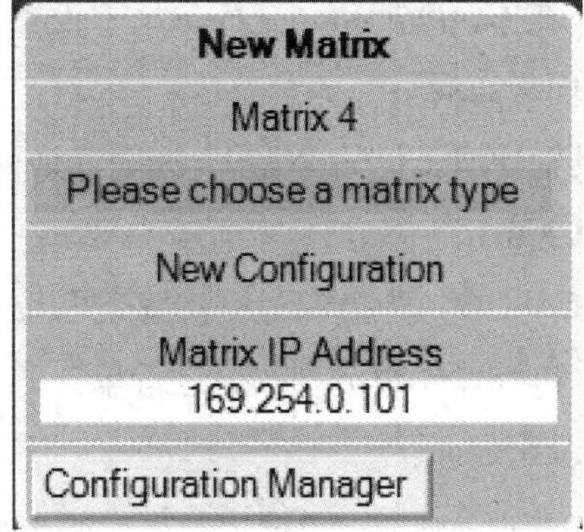

图 6.25

G. 在 ***Hardware - Card and ports*** 中设置板卡和端口。

下面框中的设备均与 Eclipse - pico 通话矩阵相连接，里面包括 4 个 V 系 12 按键通话面板、4 个摄像机、2 个无线耳返、2 个备用有线耳返、通过调音台 MIX 送给通话矩阵的节目返送信号及通话矩阵通过调音台的送给演播棚内音箱的通路。

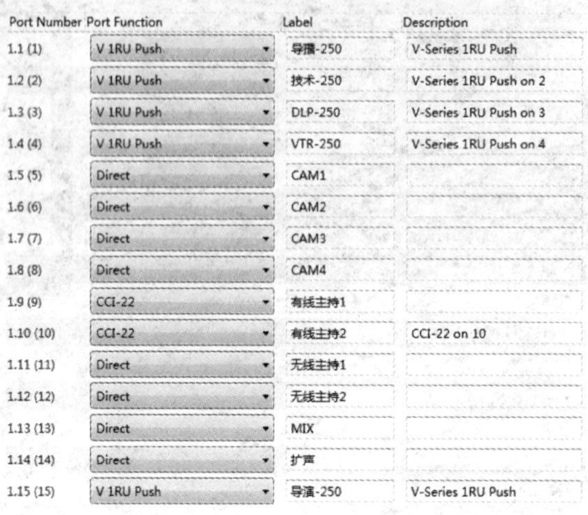

Port Number Port Function
Label
Description
1.1 (1) V 1RU Push 导播-250 V-Series 1RU Push
1.2 (2) V 1RU Push 技术-250 V-Series 1RU Push on 2
1.3 (3) V 1RU Push DLP-250 V-Series 1RU Push on 3
1.4 (4) V 1RU Push VTR-250 V-Series 1RU Push on 4
1.5 (5) Direct CAM1
1.6 (6) Direct CAM2
1.7 (7) Direct CAM3
1.8 (8) Direct CAM4
1.9 (9) CCI-22 有线主持1
1.10 (10) CCI-22 有线主持2 CCI-22 on 10
1.11 (11) Direct 无线主持1
1.12 (12) Direct 无线主持2
1.13 (13) Direct MIX
1.14 (14) Direct 扩声
1.15 (15) V 1RU Push 导演-250 V-Series 1RU Push

图 6.26

H. 在 ***Configuration - Fixed Groups*** 中设置群组。

我们可以根据实际使用情况来自行设置群组，创建更加方便快捷的通话方式，比如将四个摄像机编成群组，只需按一个键便可与四个摄像同时开通（关闭）通话，同时摄像间也可进行通话，就像 party - line 一样。

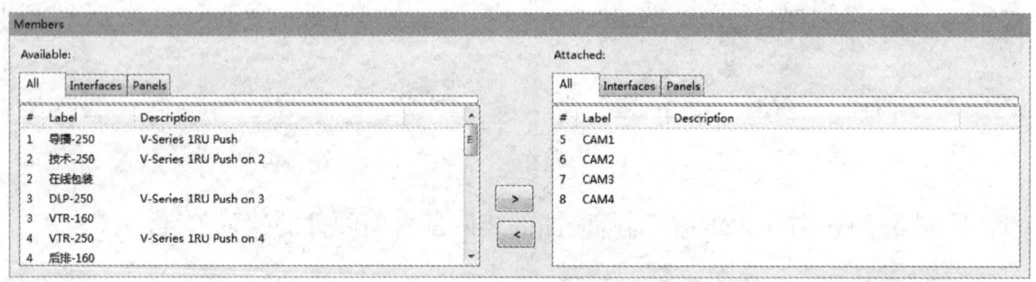

图 6.27

I. 在 ***Configuration - Panels*** 中设置通话面板按键：

“面板布局”：

设置导演工位的 V 系 12 按键通话面板的按键布局图。

“CAM G”：

“***CAM G***”为摄像群组，按亮可与所有摄像进行通话，而后面的 ***CAM1***、***CAM2***、***CAM3*** 和 ***CAM4*** 可分别按亮进行单独通话。

“Activation”：

设置完按键后，可通话右键——***Activation*** 选择激活通话的方式，常用的有 3 种，红色的 ***Talk***（单说状态）、绿色的 ***Listen***（单听状态）和橙色的 ***Talk and Listen***（听

说状态）。

“VTR－250”：

通过下拉式菜单可选择所要设置的通话面板。

“Page Main”：

每个通话面板可翻 8 页，在绿色框处可通过下拉式菜单选择所要设置的页面。

“Save Load”：

存储和调用。

“Apply Changes to Matrix”：

当设置完毕并保存好后，需按 ***Apply Changes to Matrix*** 将配置发送到矩阵中。

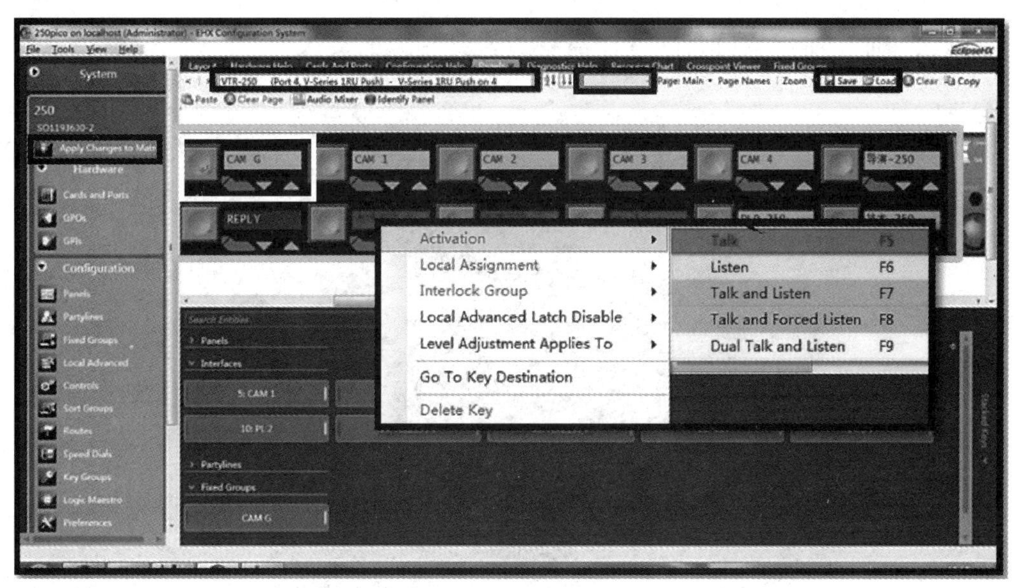

图 6.28

4）通常会出现的问题及解决方法

A. 通话面板显示不正常

刚开机时，面板的启动大约需要 1 分钟左右，所以不要急于判断是面板出了问题，如果其他面板都已启动完毕，且可正常工作，只有某块面板显示出现了错误，那么有可能是与 PICO 矩阵的信号连接出现问题，可将通话面板后背板上的网线重新热插拔一下，让通话面板重新识别信号以恢复工作。如果还不能正常显示，可将其他不重要工位上的好的通话面板与故障工位的通话面板位置互换，以判断是面板的问题还是与 PICO 矩阵相连接的链路或设置问题。

B. 无法正常进行通话

通过上面的介绍可以看出，不同工位的通话面板都有相同的通话通路，选择相同的通路，如摄像组，查看是某个面板的问题还是通路的问题。如果是通路问题可查看相关链路中的设备情况，或者是该通路在 PICO 矩阵软件设置中的状态出错，可以通过连接 PICO 矩阵更改设置；如果是某个通话面板叫不通该面板上的所有通路，但是可以听到通路的回叫，可以尝试更换话筒，因为经常被扭动的鹅颈话筒有可能会因为内部线路故障而造成呼不出去的现象。再有就是通话面板的问题了，可重新热插拔后背板上的网线重新识别信号，或与其他工位的通话面板交换位置，来判断一下通话面板本身是否有故障。

5. FREESPEAK

FREESPEAK 使用无需授权的 1.88 ~ 1.93GHz 频段工作，处于众多 Wi – Fi 设备或其他无线设备的嘈杂无线频谱范围以外。可作为单机系统使用，也可作为无线便携通讯系统集成到 Clear – com 矩阵系统。FREESPEAK 可通过本机或 PC 系统软件 ***Cell-com FREESPEAK Config Editor*** 对 FREESPEAK 自由编程，由于基站可对每个无线通话腰包单独寻址，所以它可将配置按需要传送到相应的腰包上。

图 6.29

1）FREESPEAK 主站

相当于所有数字无线腰包用户的无线通讯系统中心。该基站支持多达 20 个全双工无线腰包。具有两个 Party – line 接口和四个四线接口，并提供了节目返送声信号接口。

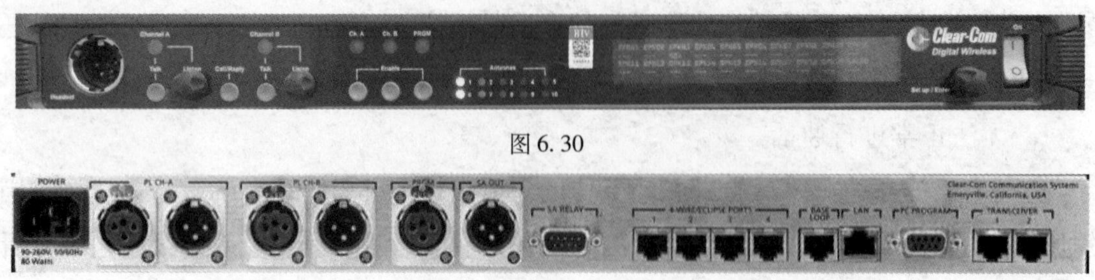

图 6.30

图 6.31

2）天线

无线腰包能够在远离基站的范围内进行漫游，且不会断开连接，此特性是通过与腰包建立连接的有源天线实现的。本机供电的天线可以定位在远离基站 1000 米以外的位置，由基站统一供电的天线则只能安装在离基站 250 米左右的位置。一副天线可带 5 个通话腰包，天线最佳覆盖范围为半径 50 米，通话频段在 1.88 ~ 1.9GHz。凭借蜂窝自动漫游技术，腰包可连续检测并自动选择最佳连接，可保持较高的安全性和抗干扰性。

图 6.32

3）无线通话腰包

每个腰包可提供多达 12 个通讯路由，每个路由带一个五字符标签。两个对讲式旋转编码器和多页显示屏可将 12 条通讯路由分配给每个腰包。这种分配方式涵盖了群组间通讯与点对点通讯的任意组合。大面积 LED 背光显示屏提供了丰富的信息，包括腰包名称、为每个腰包分配的用户和群组（即通讯路由）以及电量和信号强度。可通过显示屏访问不同的腰包菜单，可对耳机电平、麦克风电平等进行调整。内置天线大大降低了天线损坏和折断的可能性。在腰包供电方面，除了使用五号碱性电池外，还具有内置电池充电功能，电池的续航时间也比较长，可支持 8 小时连续对话。

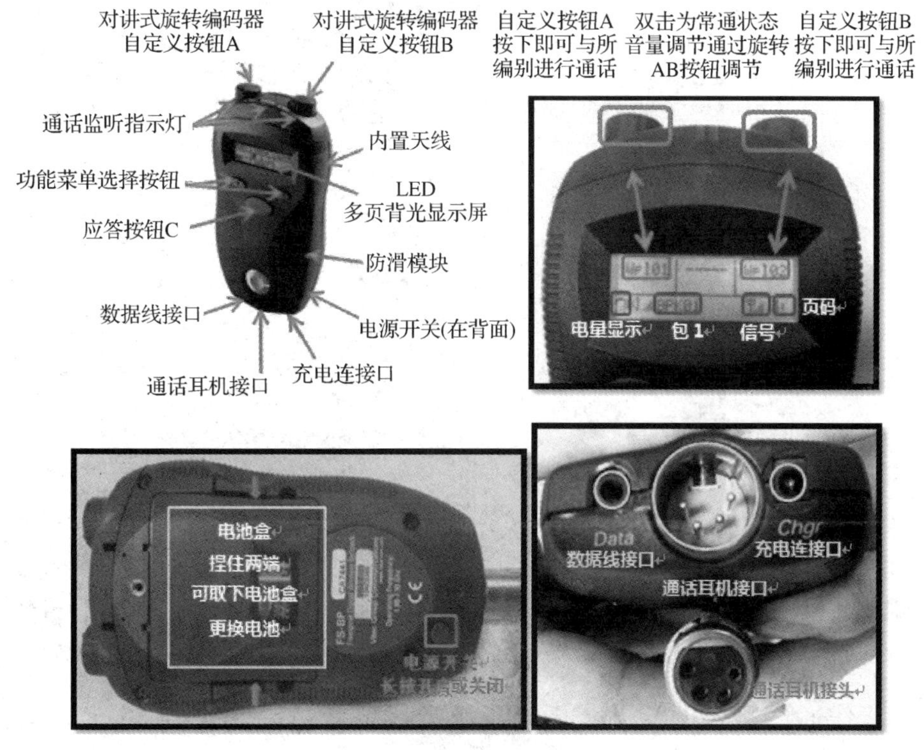

图 6.33.1

无线通话腰包菜单：

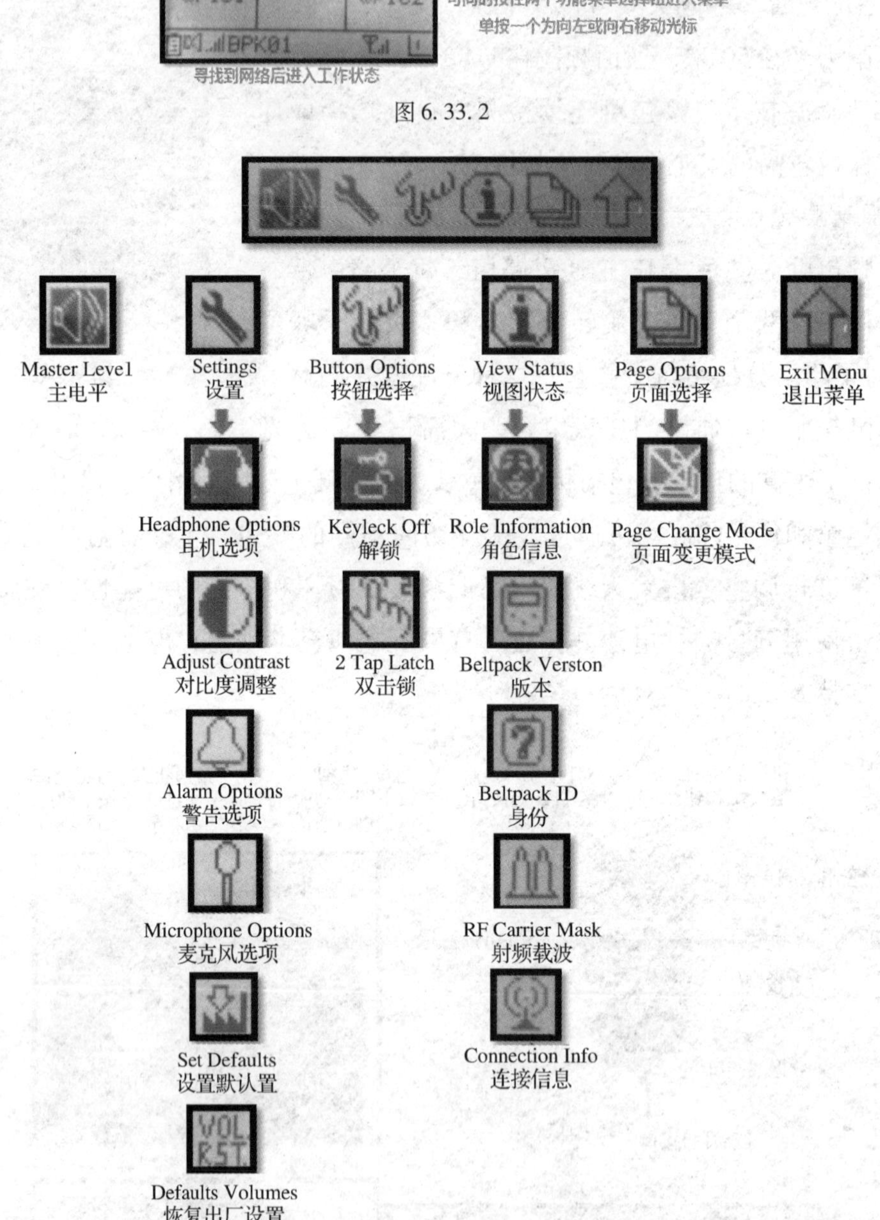

图 6.33.2

图 6.34

4）注意事项

A. 刚刚打开无线通话腰包，腰包寻找网络时会出现图 6.33.2 中左上角的这个显示，大约 3~5 秒钟后，搜索到网络后恢复正常显示；

B. 当无线通话腰包的活动范围超出了天线覆盖范围（半径 50 米）会出现图 6.33.2 中左上角的显示，解决方法很简单，回到天线覆盖区域即可；

C. 天线故障或发射被遮挡均有可能出现图 6.33.2 中左上角的这个显示。遮挡问题，可在舞美搭建时提前与节目组及舞美沟通，防止该现象发生；如果一个棚内有两个发射天线，无线通话腰包可自动检索到好的发射天线，一个发射天线可带5 个无线通话腰包，也就是说，如果没有同时使用超过5 个腰包的话，这个问题应该不会出现，那么如果棚内只有一个发射天线并出现故障，通常最大可能为天线松动造成接触不良，可尝试重新连接天线，看是否有改观。如还不能解决，建议及时采用有线通话方式并通知厂家检测修理。

6. FREESPEAK 快速设置方法

1）连接天线

使用 CAT－5 网线，将天线与 FREESPEAK 主站的 ***TRANSCEIVER1*** 或 ***TRANSCEIVER2*** 接口连接后，天线会自动与主站建立连接。天线连接后，状态灯为黄色。

2）设置主站

FREESPEAK 主站可通过前面板按键操作或调试软件设置。调试软件设置具有简明快捷的特点。

A. 设置主站和 PC 的 IP 地址；

主站的 IP 地址通过前面板菜单“***SYSTEM－INFO***”可见，例如“***172.16.2.30***”。

改变 PC 的 IP 地址，例如“***172.16.2.31***”：

a. 打开“控制面板”——“网络和 ***Internet***”——“网络连接”，双击“本地连接”图标；

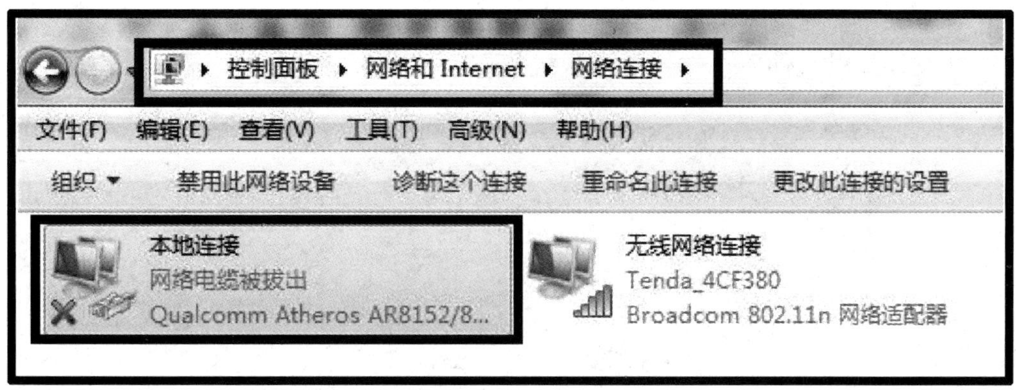

图 6.35

b. 进入“***TCP/IP***”设置界面；

c. “***IP*** 地址”修改为“***172.16.2.31***”，“子网掩码”修改为“***255.255.255.0***”；

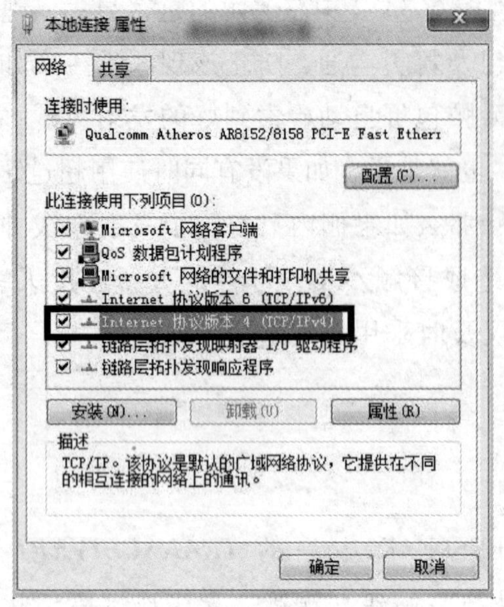

图 6.36

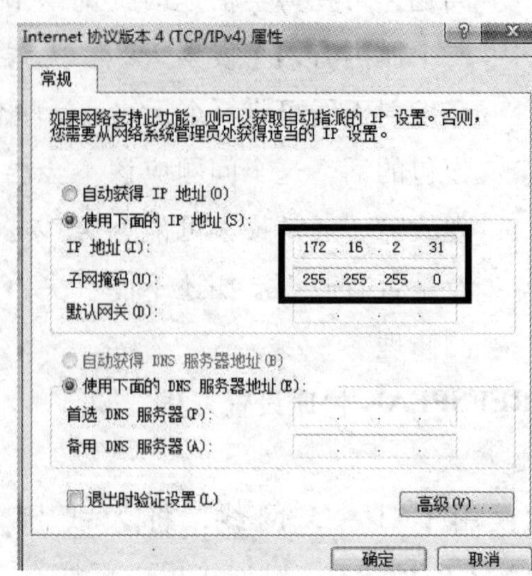

图 6.37

B. 根据文件所存储路径打开“*CellCom/FreeSpeak Configuration Editor*”编辑软件，例如“开始”—“所有程序”—“*clear - com*”—“*Cellom FREESPEAK V2.30 Toolkit*” - “*CellCom/FreeSpeak Configuration Editor*”;

图 6.38

成功打开编辑软件后，软件处于脱机状态，如图 6.39 所示：

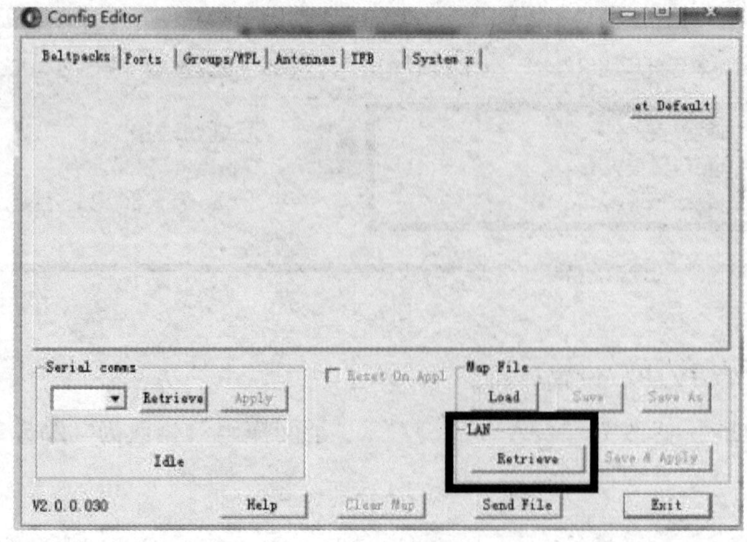

图 6.39

C. 点击“***Retrieve***”，设置主站 IP 地址：***172. 16. 2. 30***；

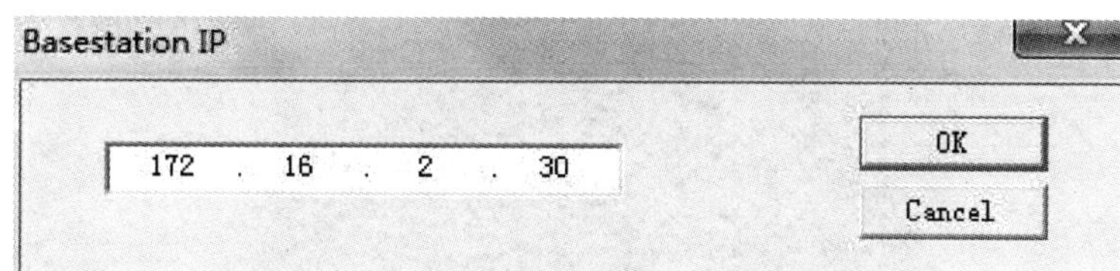

图 6. 40

D. 正确输入主站 IP 地址后，点“***OK***”，控制软件将自动下载主站配置文件；

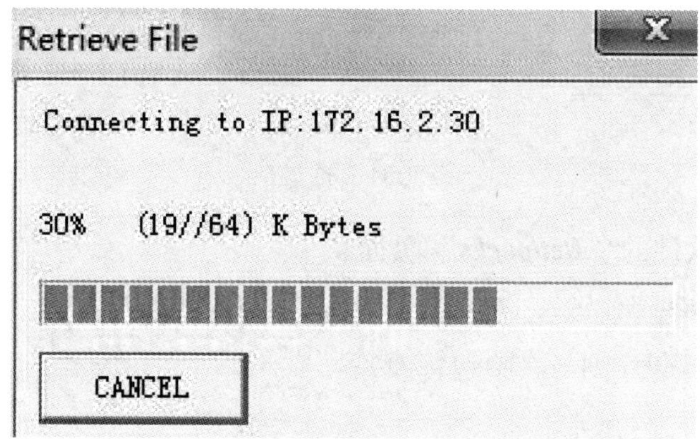

图 6. 41

E. 完成读取以后，软件界面将显示 ***FREESPEAK*** 主站配置参数；

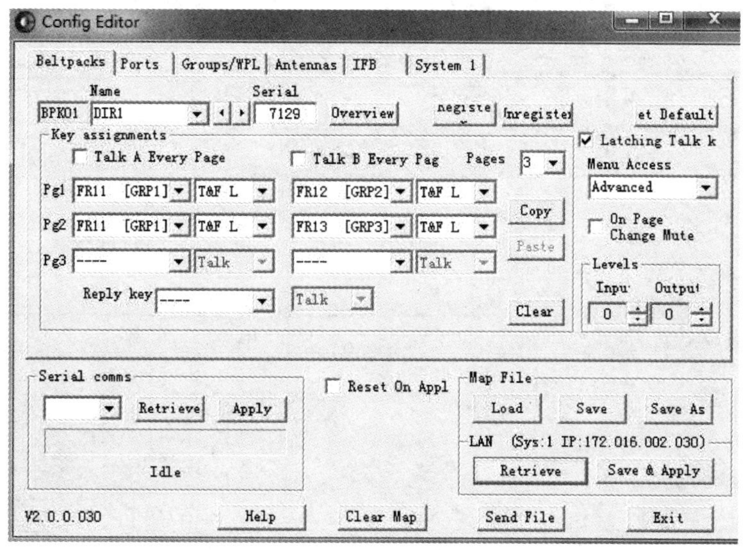

图 6. 42

3）注册腰包

通常地，FREESPEAK 主站配置文件中包含 20 个 ***Beltpacks***（腰包），默认名称为“***BPK01***” ~ “***BPK20***”，序列号默认为“***9999***”。注册腰包的目的是将实际使用的腰包加入到分组中。下面介绍如何将新腰包注册到 FREESPEAK 主站中，并将该腰包设为“***DIR3***”（现场导演 3）。

A. 连接控制线，USB 转串口转小三芯，连接到腰包“***Data***”口；

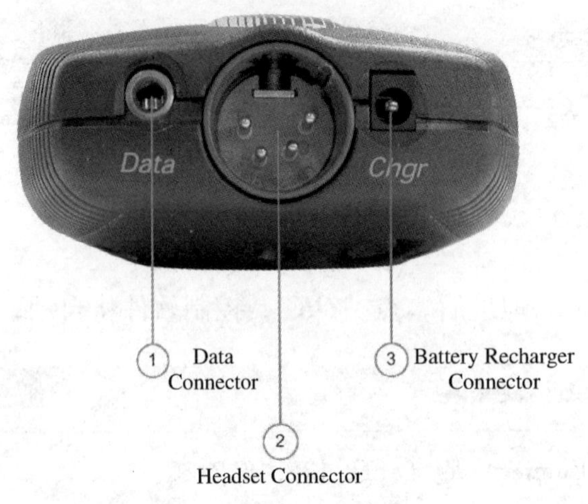

图 6.43

B. 进入编辑软件的“***Beltpacks***”页面；

C. 选择“***BPK11***”，改变名字为“***DIR3***”，序列号改为该腰包实际的序列号“***7664***”（腰包序列号在腰包背面）；

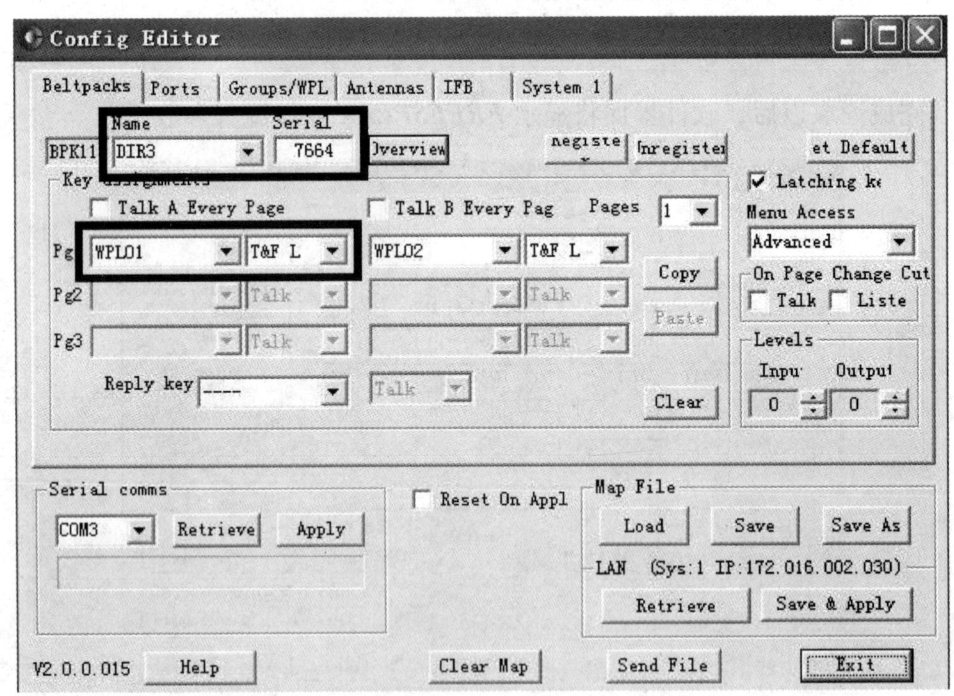

图 6.44

D. 改变腰包按钮页面（***Pg***），例如 Pg1 左侧按钮设为“***FR11***”，模式为“***T&F L***”，Pg1 右侧按钮设为“***FR12***”，模式为“***T&F L***”；

按键属性分为以下几种：

TLK——talk key（说）；

LIS——listen key（听）；

T + ***L***——talk and listen key（听 + 说）;

DTL——dual talk and listen key;

FL——forced listen key（强听）;

TFL——talk and forced listen key（说 + 强听）;

注：无线通话腰包通常设为 ***TFL*** 状态。

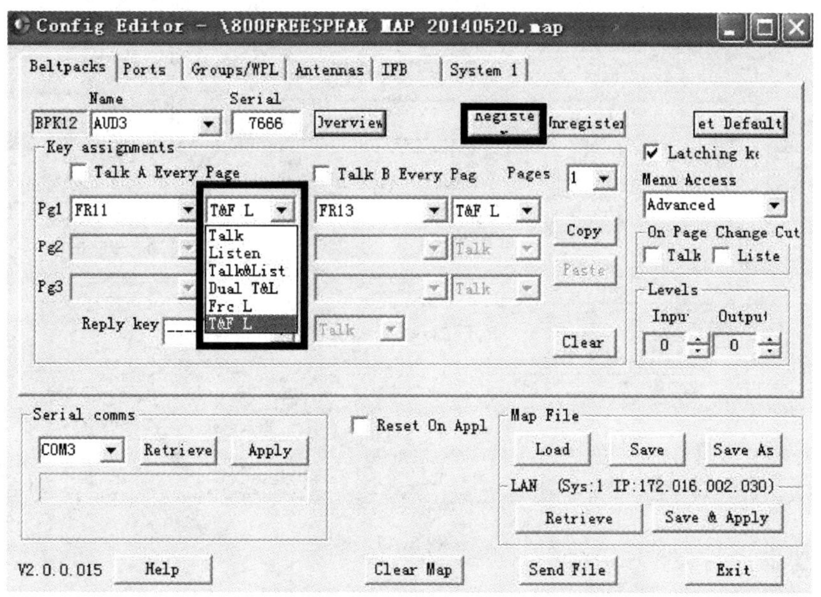

图 6.45

E. 设置完成后，点击“***register***”，完成软件注册，腰包会振动一次，表示连接正常；

F. 点击“LAN”菜单中的“***Save & Apply***”按钮，将配置文件传输到 FREESPEAK 主机；

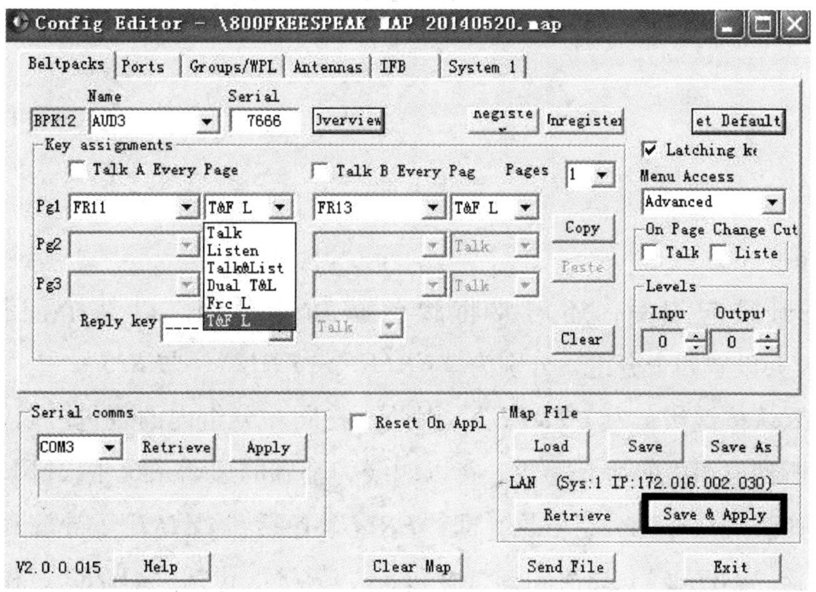

图 6.46

G. 传输完成后，主机刷新腰包状态，腰包会搜索到无线信号；

H. 确认所有腰包完成注册后，点击“***Overview***”，检查腰包配置状态是否正常。

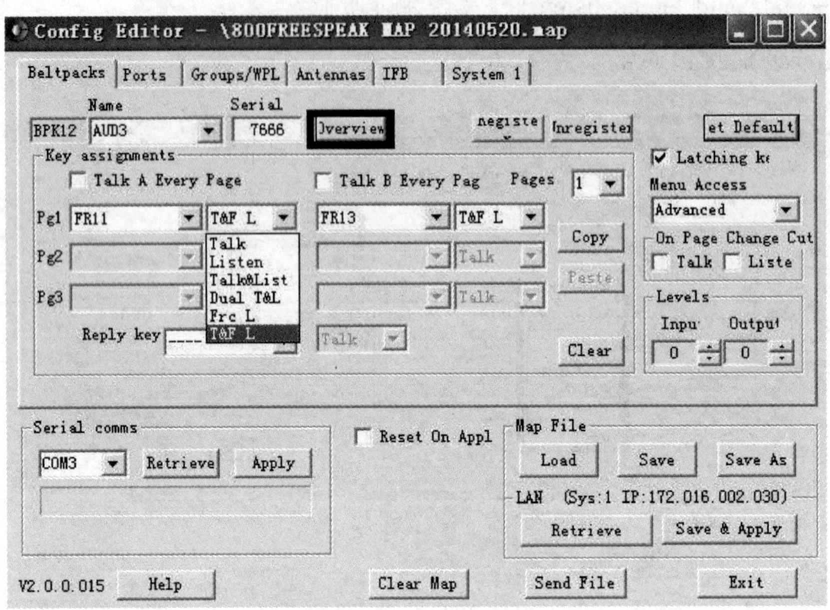

图 6.47

Beltpack Overview

ID	NAME	S/N	ID	NAME	S/N
01	DIR1	7129	11	BPK11	9999
02	AUD1	7132	12	BPK12	9999
03	KEY1	7121	13	BPK13	9999
04	CAM1	7125	14	BPK14	9999
05	CAM2	7097	15	BPK15	9999
06	DIR2	7096	16	BPK16	9999
07	AUD2	7100	17	BPK17	9999
08	KEY2	7098	18	BPK18	9999
09	CAM3	7057	19	BPK19	9999
10	CAM4	7150	20	BPK20	3488

OK

图 6.48

4）改变群组

成功注册腰包以后，还需要将腰包按功能分组。以某个演播室为例，FREESPEAK 共设置四个分组，分别为“***FR11***”、“***FR12***”、“***FR13***”和“***FR14***”。由于所有腰包默认按键状态为“***T&FL***”，因此，在同一分组内的腰包可以呼叫到所有组员，可以听到群组中的所有呼叫。在以四线为基础的通话系统中，FREESPEAK 主站的分组以四线端口作为分组依据，即“***FR11***”包括“***4WIR1***”、导演和键盘腰包、“***FR12***”包括“***4WIR2***”、导演和键盘腰包、“***FR13***”包括“***4WIR3***”和音频腰包、“***FR14***”包括“***4WIR4***”和摄像腰包。

A. 进入编辑软件“***Group/Wpls***”菜单页面；

B. 选择要改变的分组，例如“***GRP05***”，选择“***GRP05***”以后，菜单界面将显示该分组包含的组员信息；

C. 在左侧“***Available***”栏中双击要添加的设备名称，例如“***HDSTA***”；

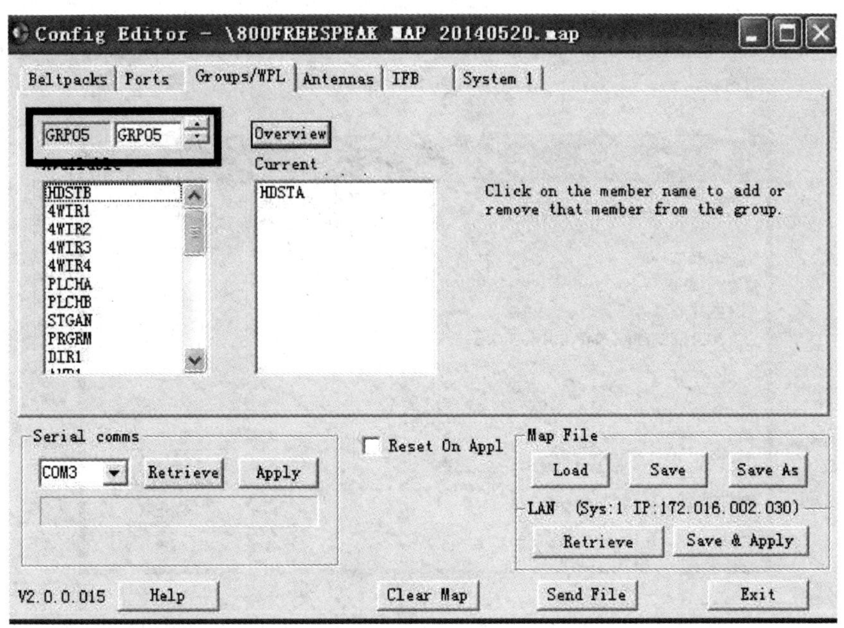

图 6.49

D. 右侧“***Current***”栏中将显示“***GRP05***”群组中的设备名称；

E. 双击击右侧“***Current***”栏中的设备，将该设备删除；

F. 点击“***Overview***”按钮，将显示 FREESPEAK 主机中的群组状态；

G. 确认分组设置完毕后，再次点击“***LAN***”菜单中的“***Save & Apply***”按钮，将配置文件传输到 FREESPEAK 主机；

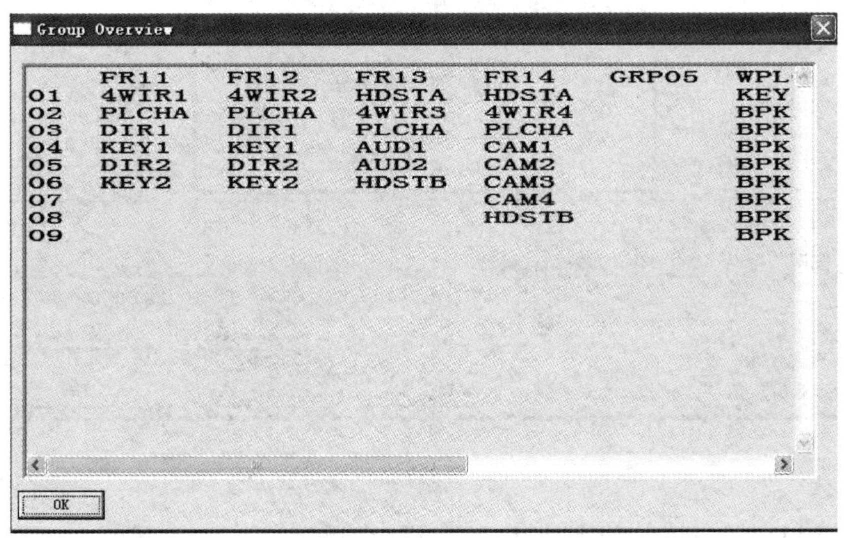

图 6.50

5）存储与调用配置文件

控制软件可以将参数存储为“*. Map*”的配置文件，用于备份和调取。

A. 点击“***Map File***”菜单的“***Save***”按钮可将状态存储为配置文件；

B. 点击“***Load***”按钮可快速调取状态文件；

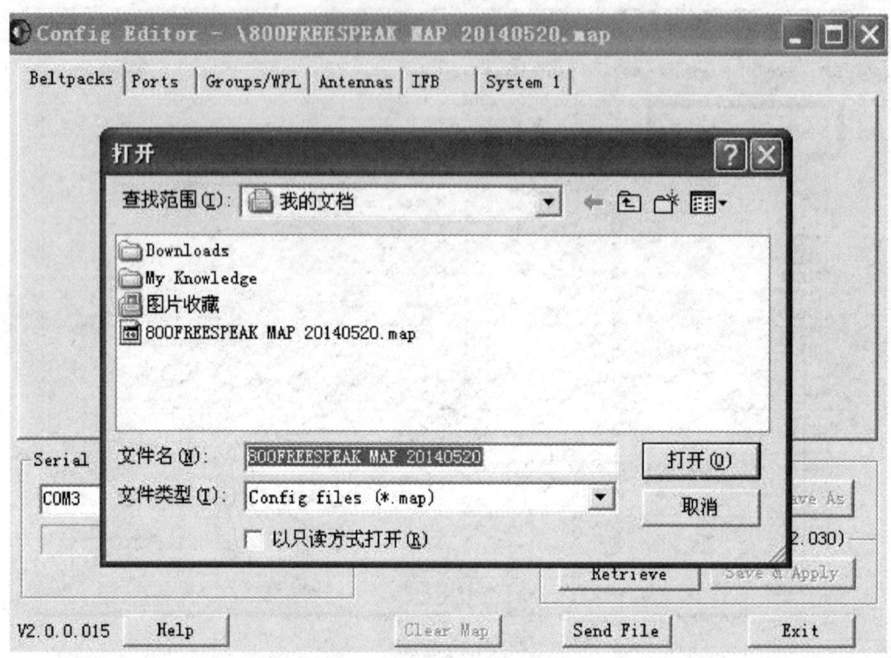

图 6. 51

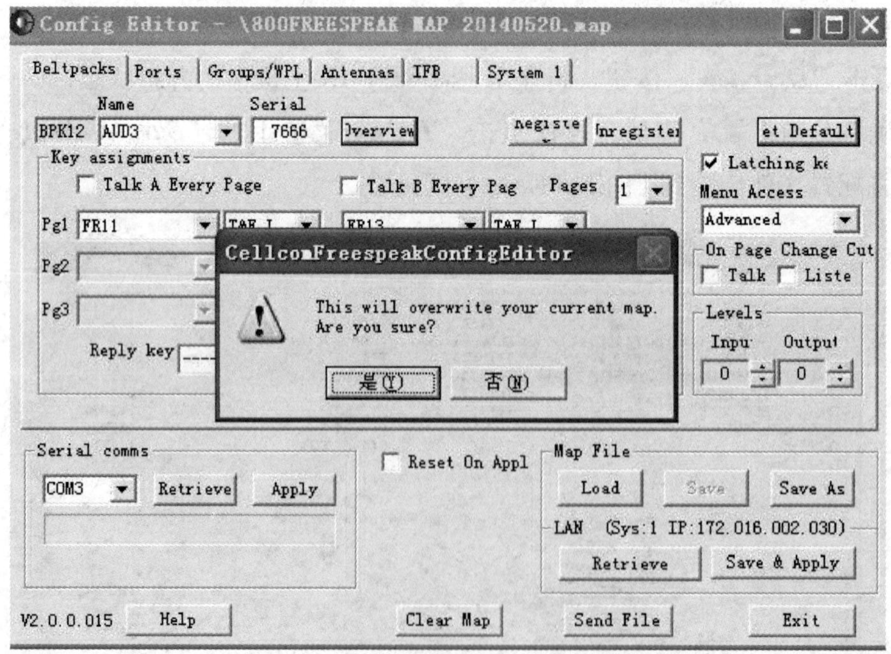

图 6. 52

注：使用 PC 可以读取 FREESPEAK 主机中的配置文件，通过“***Load***”配置文件可实现离线编辑。

7. 无线耳返（话筒接入通路）

1）PTX－3 无线耳返发射机

无线耳返发射机为 Clear－com 公司的 PTX－3，频率在 U 段，100kHz 步进，微处理控制调整方式，发射功率为 250mW，具有多功能收入口 XLR，且内置话筒放大器，LED 显示窗口。

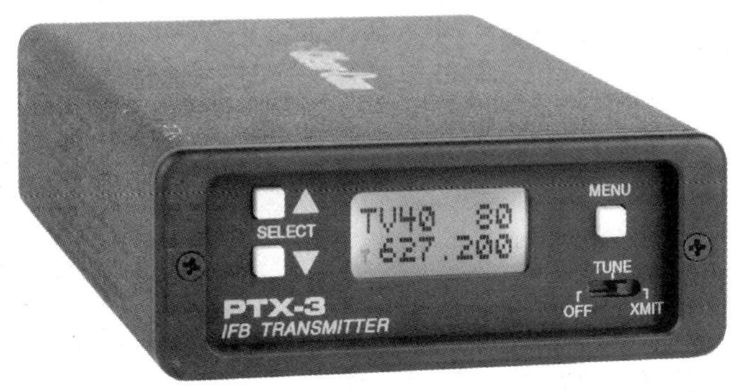

图 6. 53

PTX-3 前面板

PTX-3 后背板

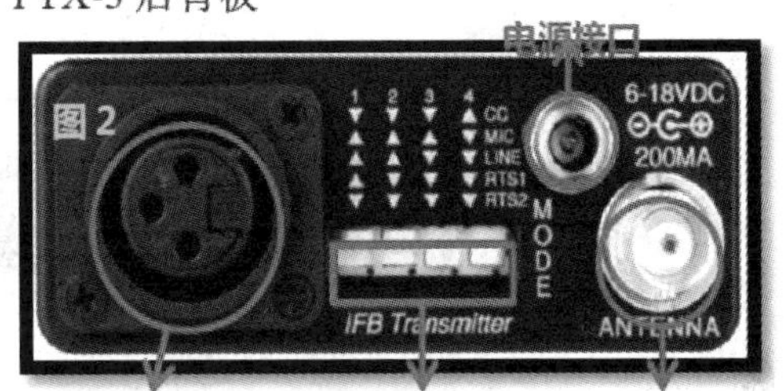

图 6. 54. 1

图 6. 54. 2

耳返发射机的频率范围由所配的天线来决定，天线所在的区域可以通过天线套管、天线上的区域标示以及产品包装盒上的设备型号来区分，我台演播室里主要用的有两种：

PTX－3/D：区域：24；频率范围：614. 400～639. 900；套管颜色：黄色

PTX－3/E：区域：25；频率范围：640. 000～665. 500；套管颜色：绿色

BLOCK 区域	FREQUENCY RANGE 频率范围	ANTENNA SLEEVE COLOR 天线套管颜色	ANTENNA WHIP LENGTH 鞭状天线长度
21	537.600 – 563.100	Brown 棕色	4.74”
22	563.200 – 588.700	Red 红色	4.48”
23	588.800 – 614.300	Orange 橘色	4.24”
PTX – 3/D 24	614.400 – 639.900	Yellow 黄色	4.01”
PTX – 3/E 25	640.000 – 665.500	Green 绿色	3.81”
26	665.600 – 691.100	Blue 蓝色	3.62”
27	691.200 – 716.700	Violet（Pink）紫色（粉色）	3.46”
28	716.800 – 742.300	Grey 灰	3.31”
29	742.400 – 767.900	White 白	3.18”
944	944.100 – 951.900	Black 黑	2.74”

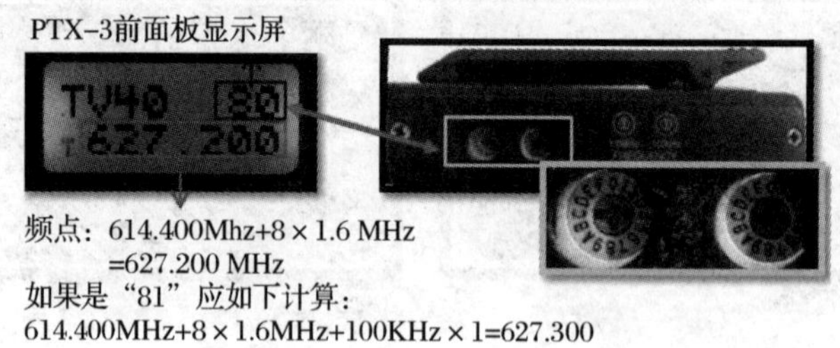

图 6.54.3

2）PRC – 2 无线耳返接收机

256 个频点独立可调，自动寻找并存储 5 个频点，高灵敏度接收，20 小时电池工作。

图 6.55

使用方法：

A. 当开关指示指向“***OFF***”时，为关闭状态，电源指示灯不亮；

B. 当开关指示指向非“***OFF***”时，为开启状态，电源指示灯为绿色（如电量不足，此灯为橘色或红色）；

C. 调节音量大小，开关指示越靠近“***MAX***”音量越大；

D. 连接耳机；

E. 将底部向上旋转打开电池盒更换 9V 电池；

F. 调节频点（见 PTX－3 处）。

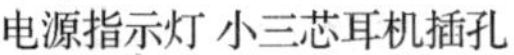

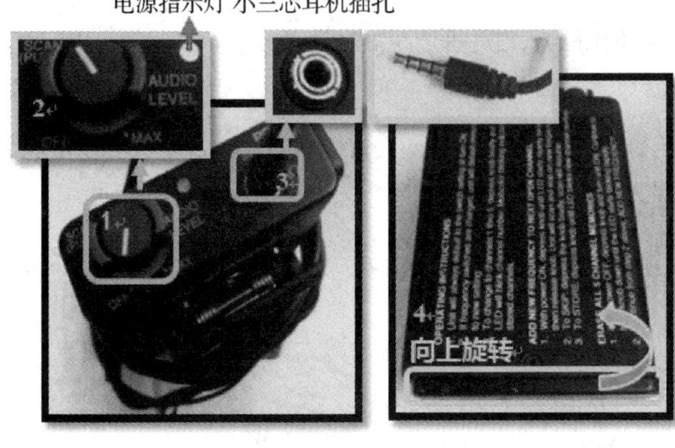

图 6.56

3）注意事项

无线耳返的发射功率比较大，为 250mW，所以频点的设置尤为关键，在设置时需要注意不要造成串频现象。

4）PRC－2 无线耳返背后说明

PRC－2 无线耳返腰包背后有操作说明，中文翻译如下：

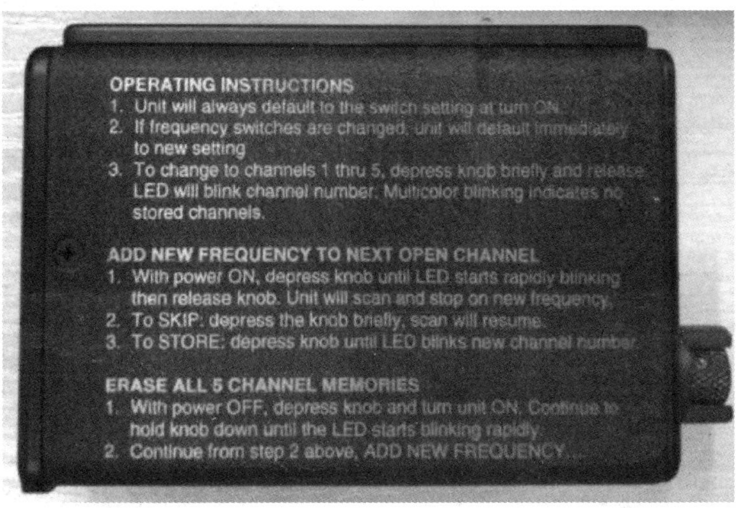

图 6.57

操作说明：

（1）腰包打开开关时，系统设置默认开启；

（2）如果发生频率改变，腰包将默认立即开始设置新频率；

（3）轻按旋钮并释放，可在频道 1 –5 之间切换。LED 灯会闪烁频道号码。闪烁不同颜色表示没有存储频道。

为下一个开放的频道增加新频率：

A. 打开电源，按下旋钮，直到 LED 开始快速闪烁时松开旋钮。腰包将开始扫描，在找到新频率后停止；

B. 跳过扫描：轻按旋钮，扫描将取消；

C. 存储频率：按下旋钮，直到 LED 灯闪烁新的频道号码。

清除频道记忆：

第一，电源关闭状态下，按下旋钮打开电源。继续按住旋钮，直到 LED 开始快速闪烁；

第二，参考以上频率存储步骤，增加频率并存储在频道。

第七章 Tally

一、Tally 系统概述

Tally 系统的最基本功能是为了使工作人员知道哪个讯道的信号正在被制作或播出。随着电视技术的不断发展，演播室系统越来越庞大，制作方式越来越复杂。特别是画面分割器应用于电视墙显示以后，部分监看窗口会被指派为矩阵输出口，Tally 和 UMD（Under Monitor Display）需要读取矩阵交叉点信息。同时，当矩阵分层操作或多矩阵联动时，矩阵交叉点信息需要统一调配。Tally 系统不仅包含 Tally，还增加了 UMD、第三方设备控制等部分。

Tally 系统逐渐成为演播室提示系统中的核心部分。最基本的 Tally 系统由以下几个部分组成：切换台、矩阵、画面分割器（UMD）、摄像机等。

本书以 TSL 协议为例，介绍 Tally 系统的设置和修改方法。内容包括制作 Tally 配置文件、设置切换台与矩阵的 Tally 信息等。文章中涉及的内容对其他类型的 Tally 系统有借鉴意义。

二、TallyMan

TallyMan 是 TSL 公司开发的 Tally 控制系统，可控制第三方的切换台、矩阵以及画面分割器等。TallyMan 基于 windows 操作系统，可实时控制动态、静态以及画面分割器的 UMD 显示。TallyMan 产品系列中包含 TM1、TM2 等控制服务器，UMD 显示等。

三、TM1 常用设置

1. 外观、位置及开关机方法

图 7.1

TallyMan 系统的 TM1 主机通常位于机柜，IP 地址可设置为 ***192.168.2.121***。TM1 使用 1U 机箱，无电源开关，随配电柜空开打开或关闭。

图 7.2

TM1 的背面接口包括：并口、串口、网口和电源等。

并口有两组，Tally 1 和 Tally 2，连接切换台、CCU、监视器等。

串口，用于 GPI 信号输入。

网口，连接交换机，用于更改配置和连接矩阵。

2. 运行 TallyMan 软件

TallyMan 控制软件安装在专用调试电脑中，点击 图标，打开 TallyMan 软件；

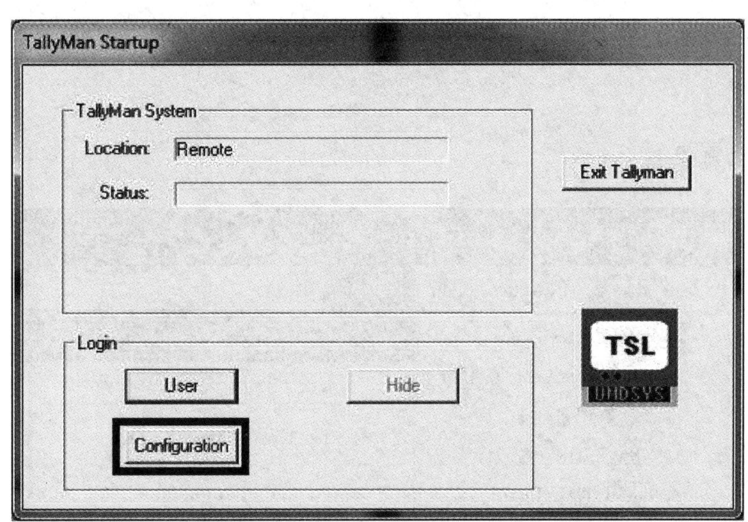

图 7.3

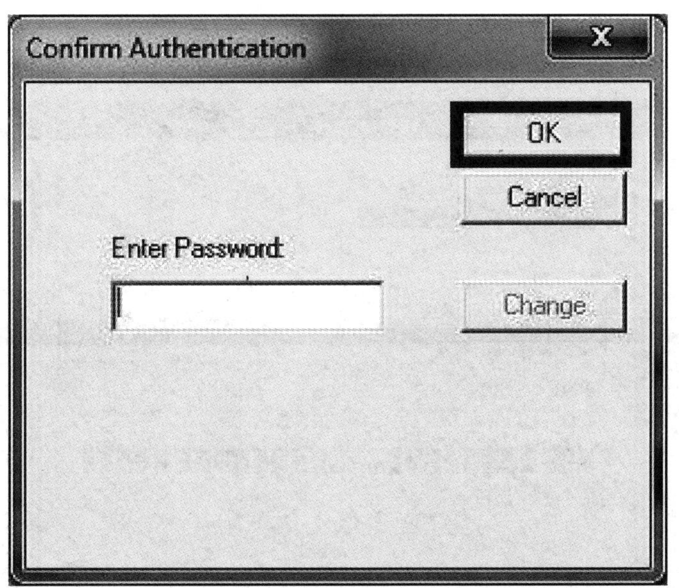

图 7.4

点击“*Configuration*”按钮，进入“*Confirm Authentication*”页面；

不输入密码，点击“***OK***”，进入软件设置页面；

页面左侧是导航栏，右侧是功能设置区。

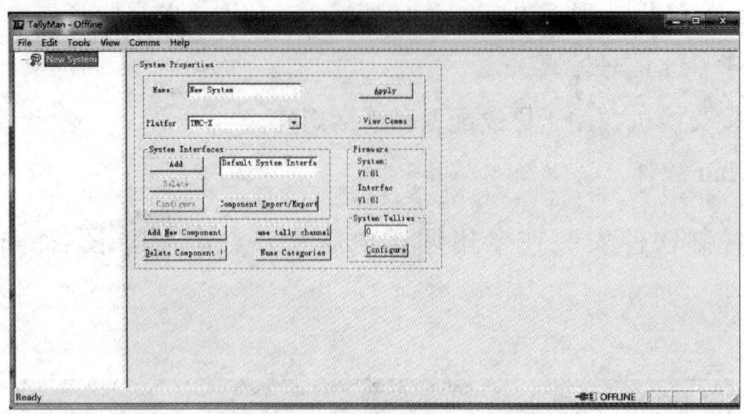

图 7.5

3. 读取 TM1 配置文件

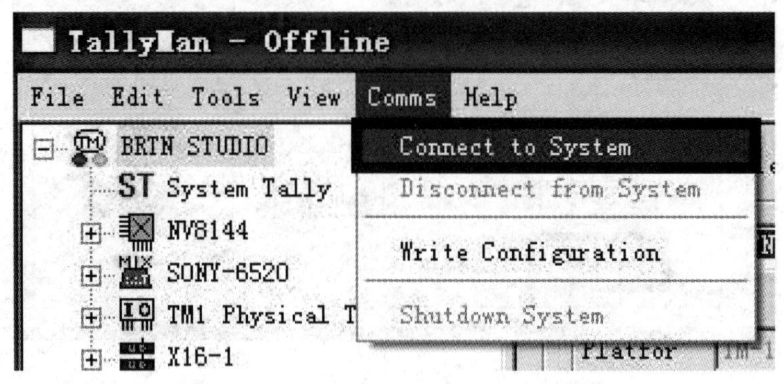

图 7.6

点击菜单栏“*Comms*”，点击“*Connect to System*”，进入连接 TM1 菜单页面；

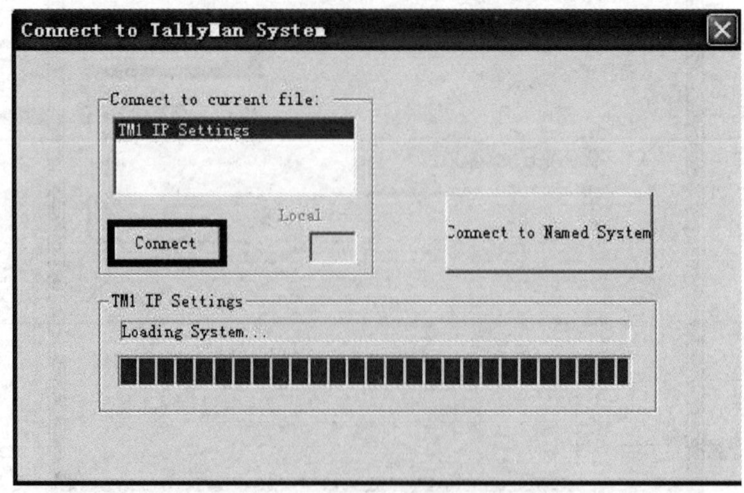

图 7.7

点击“*Connect*”，连接 TM1。

注：TM1 的 IP 地址设置方法在“*TM1* 的初始设置”部分有详细说明。

连接过程中，将有提示窗口弹出，是否要覆盖当前文件，选“是”确认。

图 7.8

4. 存储离线配置文件

修改后的配置文件要存在调试电脑中，方便调用和离线修改。

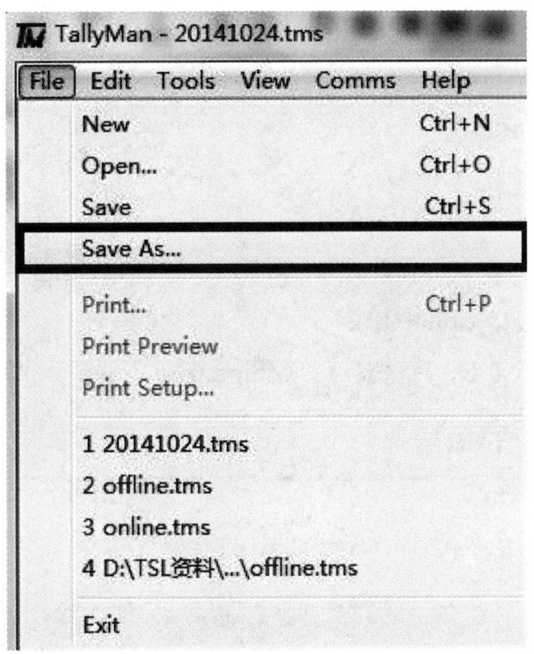

图 7.9

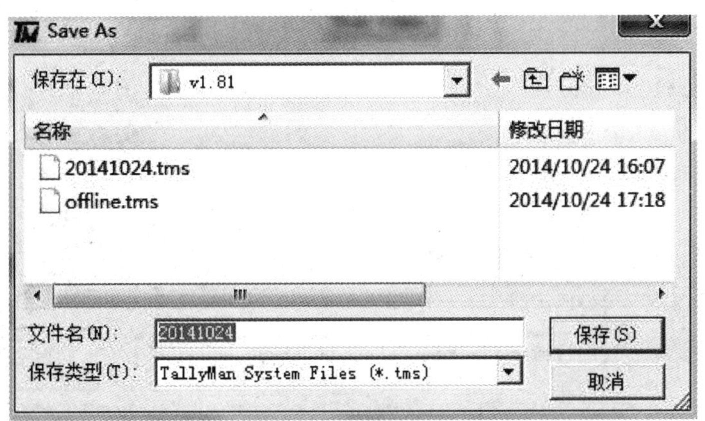

图 7.10

点击“***File***”，点击“***Save as***”，将目前状态另存为一个配置文件。

5. 调用离线配置文件

TallyMan 软件会打开上一次编辑的配置文件，如果需要调取其他配置文件，参考以下操作：

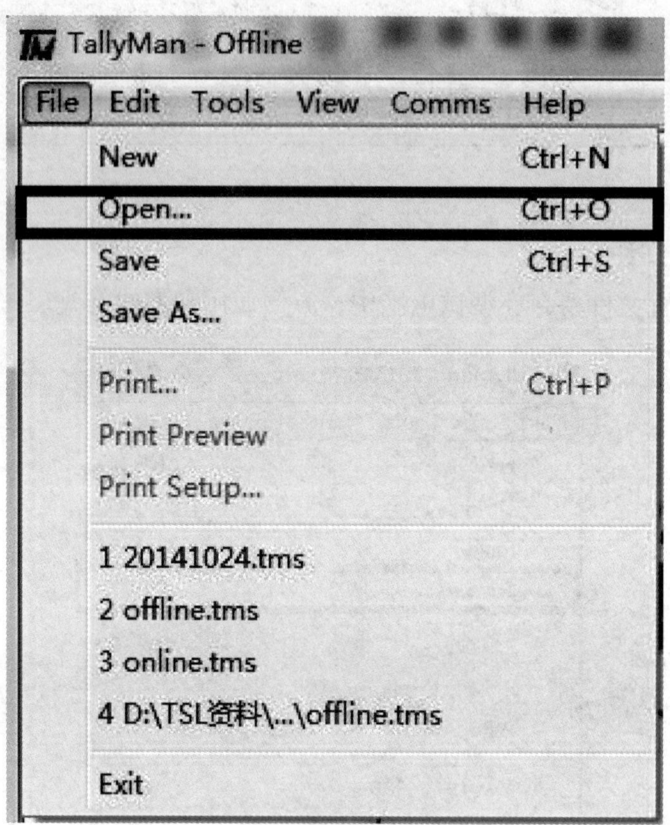

图 7.11

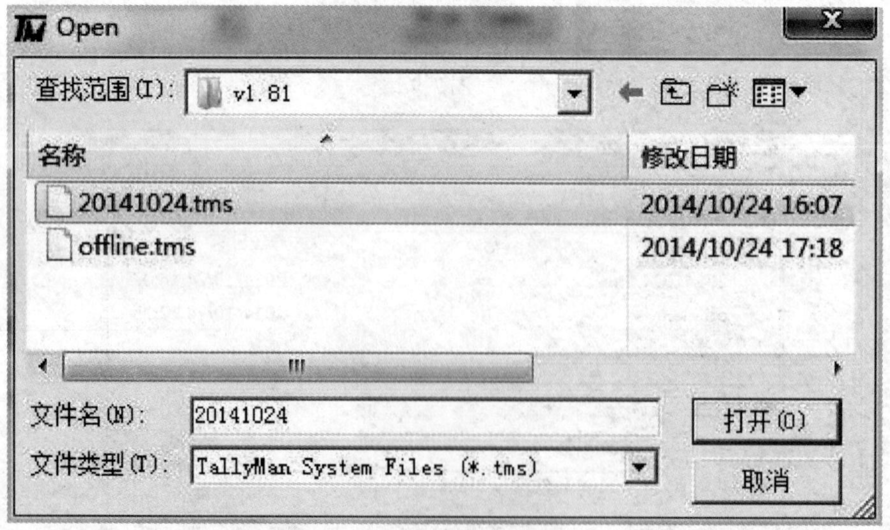

图 7.12

点击菜单栏“***File***”，点击“***Open***”，选取需要的配置文件，点击“打开”；

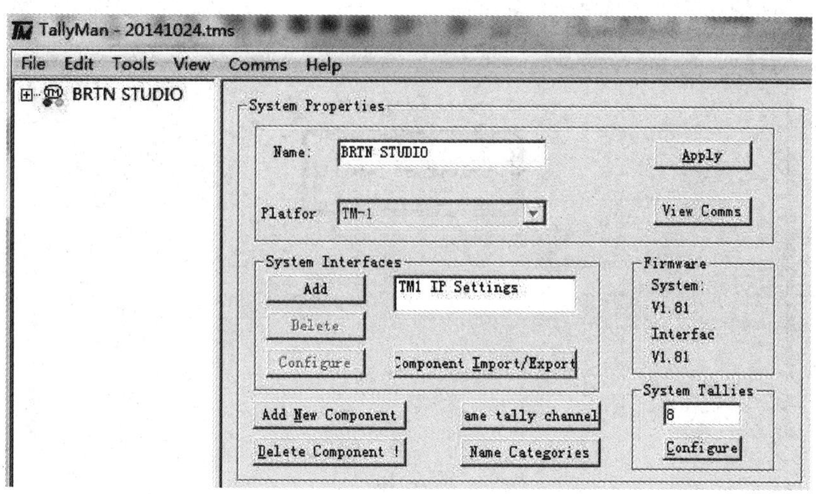

图 7.13

页面上方将显示配置文件名称，此时可进行离线编辑。

6. 写入配置

修改后的配置文件需要写入到 TM1，才能将配置文件真正应用。

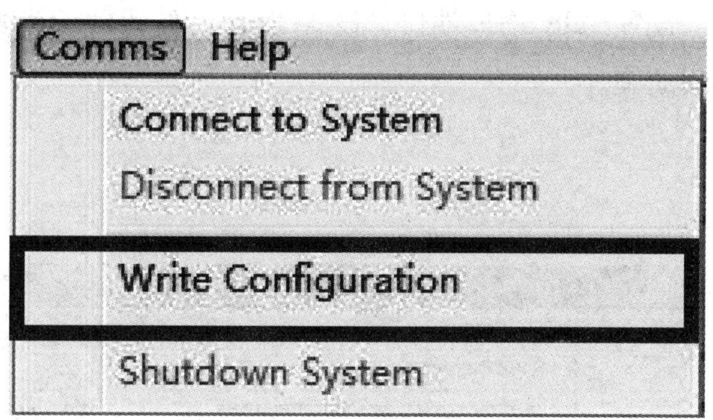

图 7.14

图 7.15

点击菜单栏“***Comms***”，点击“***Write Configuration***”，打开写入操作页面；在弹出确认对话框中，选择“是”，确认写入操作；

点击“***Download and Restart***”，确认将软件中的配置文件写入到 TM1。

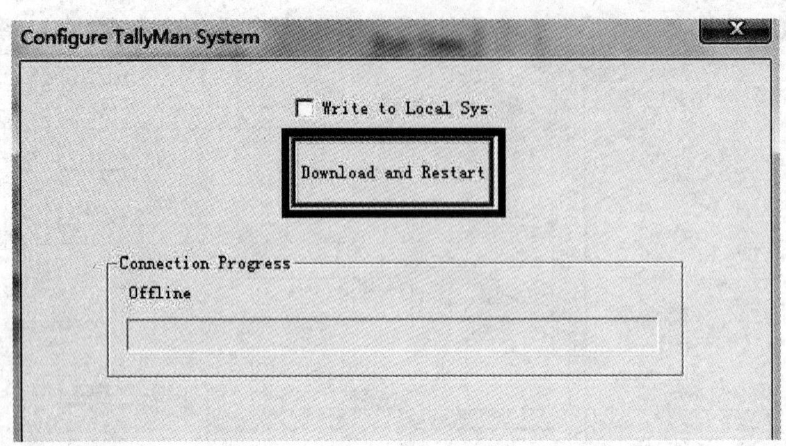

图 7.16

四、TM1 的初始设置

第一次使用 TM1 时，需要对 TallyMan 系统做初始设置。其中包括加入切换台、矩阵、画面分割器、设置 Tally 物理端口、设置 Tally 系统母线、设置 Tally 逻辑运算、设置切换台与矩阵联动等。

1. 首次连接 TM1

1）设置系统属性

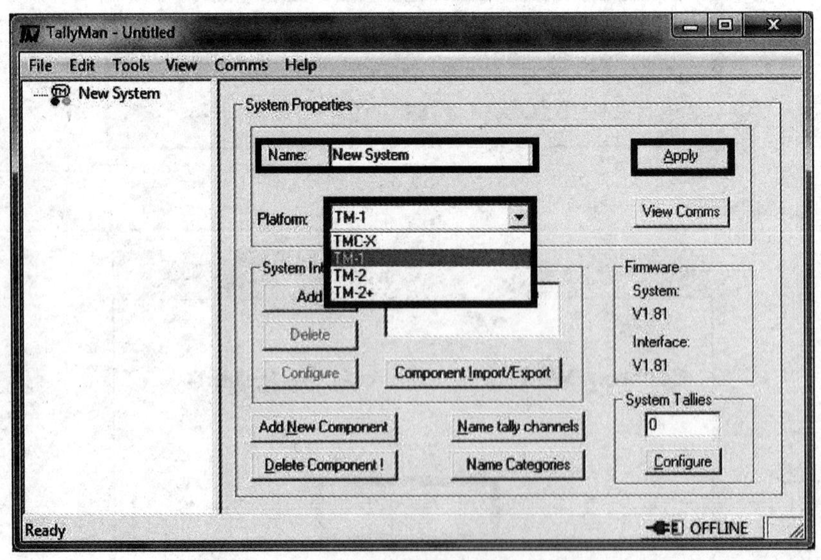

图 7.17

在“***Name***”栏输入名称，例如“***BRTN STUDIO***”；

在“***Platform***”选择“***TM－1***”；

点击“***Apply***”确认。

2）设置系统接口参数

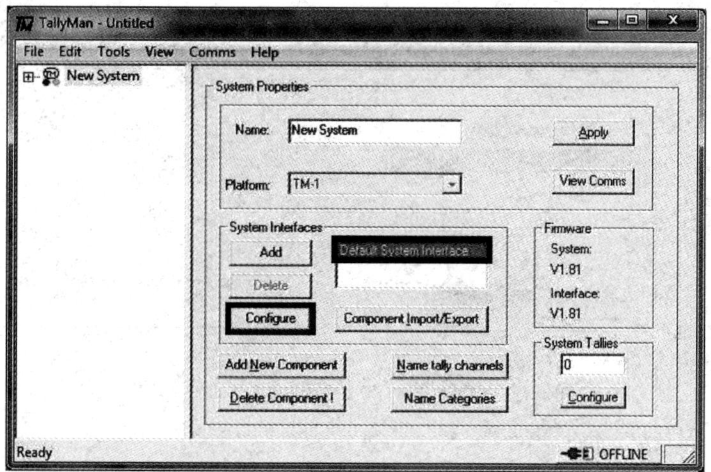

图 7.18

选中“***Default System Interface***”，点击“***Configure***”，进入设置界面；

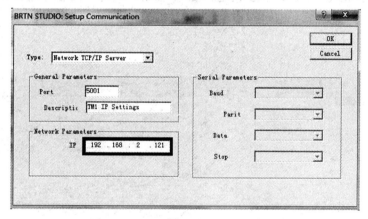

图 7.19

在网络参数输入栏中，输入 TM1 的 IP 地址。

（TM1 出厂默认 IP 地址为 192. 168. 205. 121，可按演播室实际情况设置 IP 地址为 ***192. 168. 2. 121***。TM1 的 IP 地址可通过 Hyper terminal、Tera Term Pro 等终端调试软件进行设置。）

3）连接 TM1

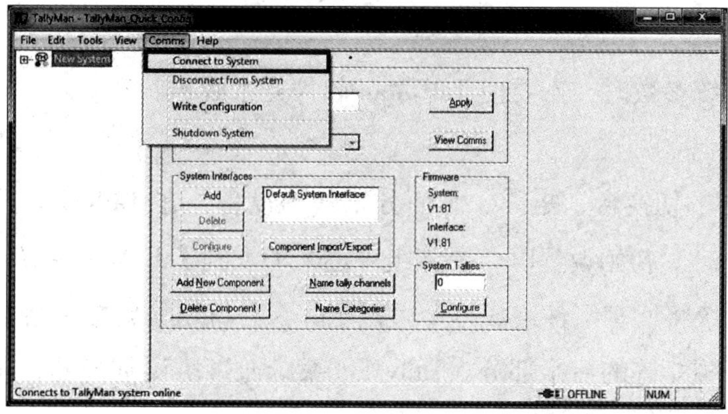

图 7.20

点击菜单栏“***Comms***”，点击“***Connect to System***”；

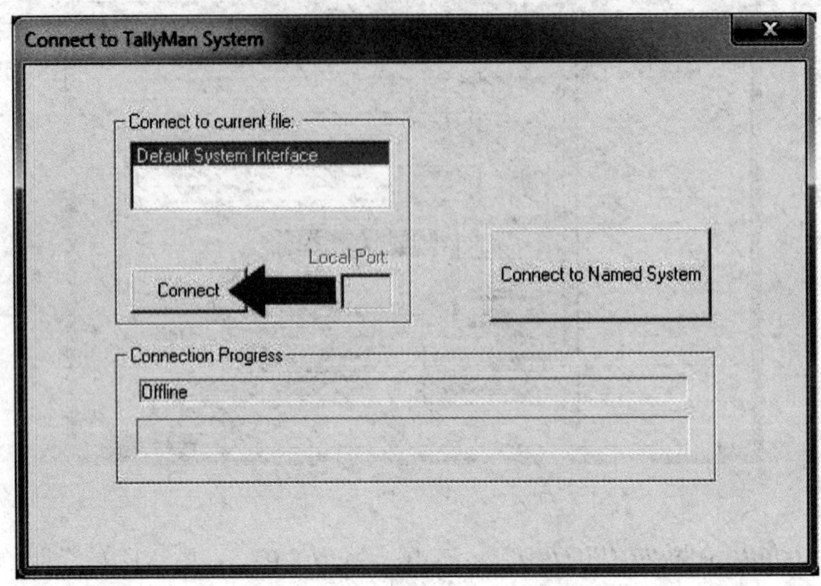

图 7.21

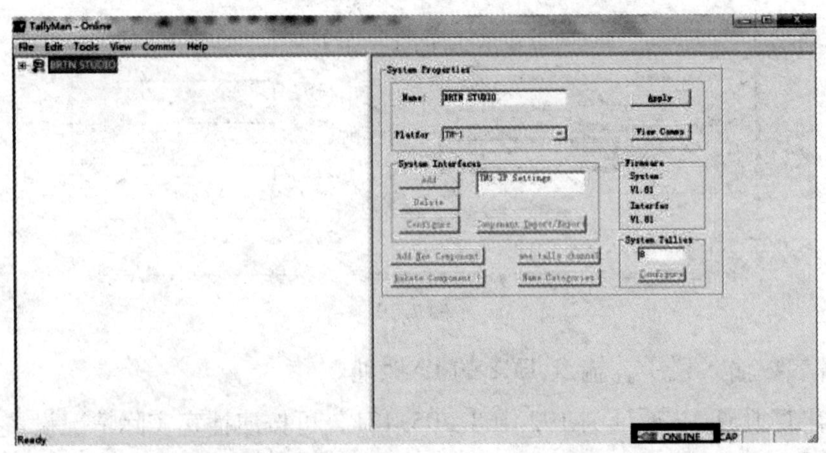

图 7.22

点击“***Connet***”连接 TM1，正确连接后，页面右下角将出现“***ONLINE***”标识。

注：编辑系统参数时，需要使 TallyMan 软件处于脱机状态。

2. 组件

Tally 系统中的切换台、矩阵、画面分割器等设备，在 TallyMan 系统中都被视为组件（Component）。初始设置时，要将组件逐个加入到 TallyMan 系统中。

TallyMan 系统将所有组件组成一个虚拟矩阵，并将切换台放在虚拟矩阵的前半部分，矩阵放在虚拟矩阵的后半部分。TallyMan 系统通过协议翻译器，将不同协议的产品翻译到 TSL 协议，实现了整合调度目的。

3. 加入切换台

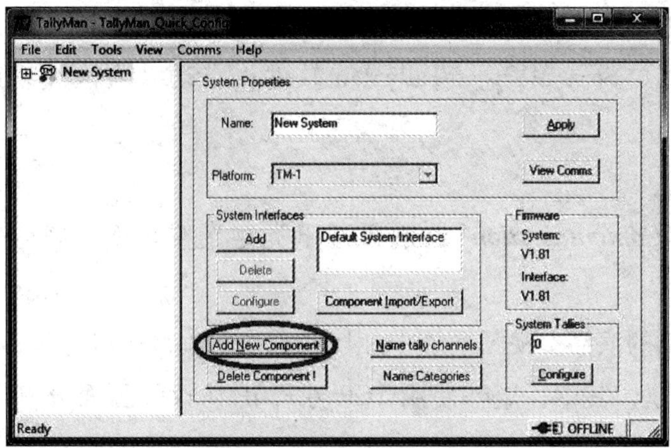

图 7.23

1）打开组件

点击“***Add New Component***”按钮，打开组件页面。

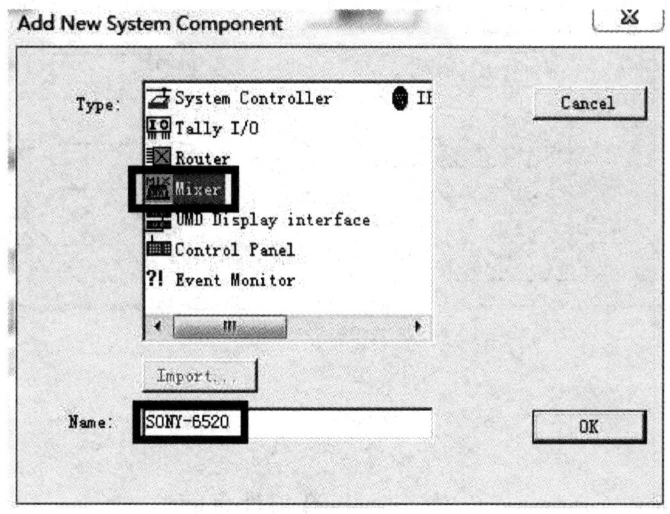

图 7.24

2）起名

“***Type***”中选择“***Mixer***”，并为切换台起名字，例如“SONY－6520”，点击“***OK***”保存并退出菜单。

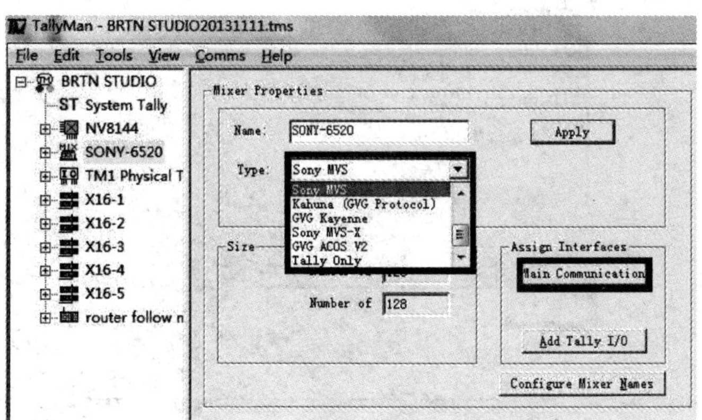

图 7.25

3）选择切换台类型

在左侧导航栏中选中切换台“SONY－6520”，在右侧“***Type***”下拉菜单中选择切换台类型，例如“Sony MVS”，TallyMan 软件将自动导入该类型产品的基础参数信息。

4）通讯类型设置

点击“***Main Communication***”，进入通讯类型设置页面，确认“***Type***”为串行“Serial”。

注：本文举例的演播室视频系统中，切换台使用串行接口协议；矩阵和画面分割器使用 IP 接口协议，其中，矩阵使用 TCP 方式 IP 协议，画面分割器使用 UDP 方式 IP 协议。

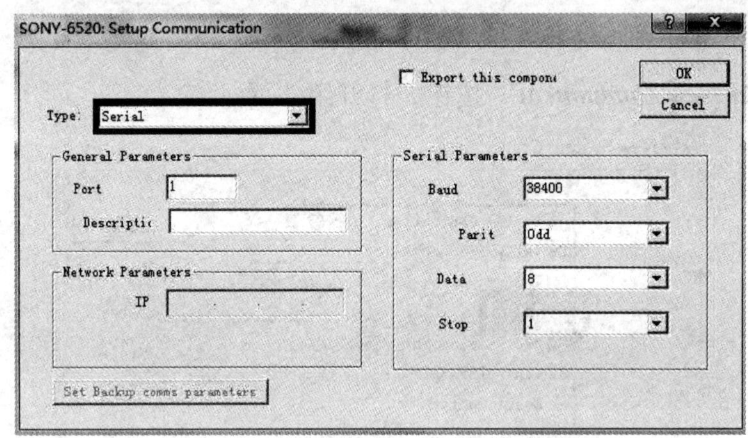

图 7.26

4. 加入矩阵

1）打开组件

点击“***Add New Component***”按钮，打开组件页面。

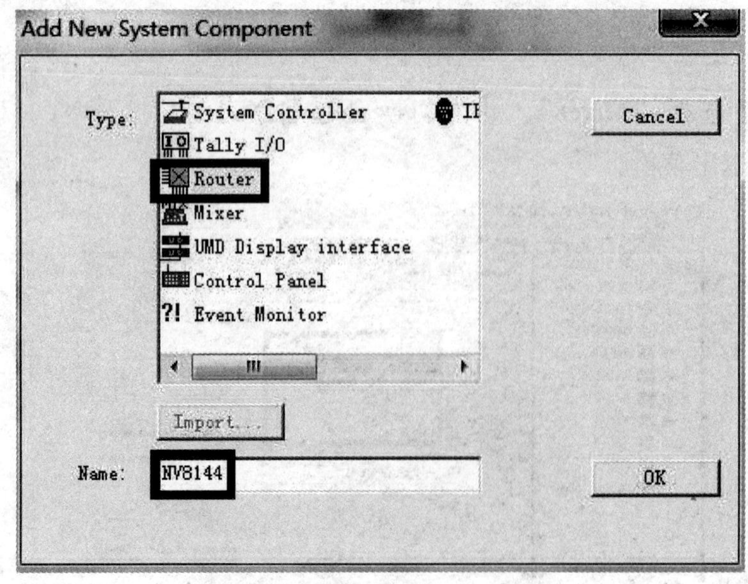

图 7.27

2）矩阵起名

选择“Router”，并为矩阵起名，例如“NV8144”。

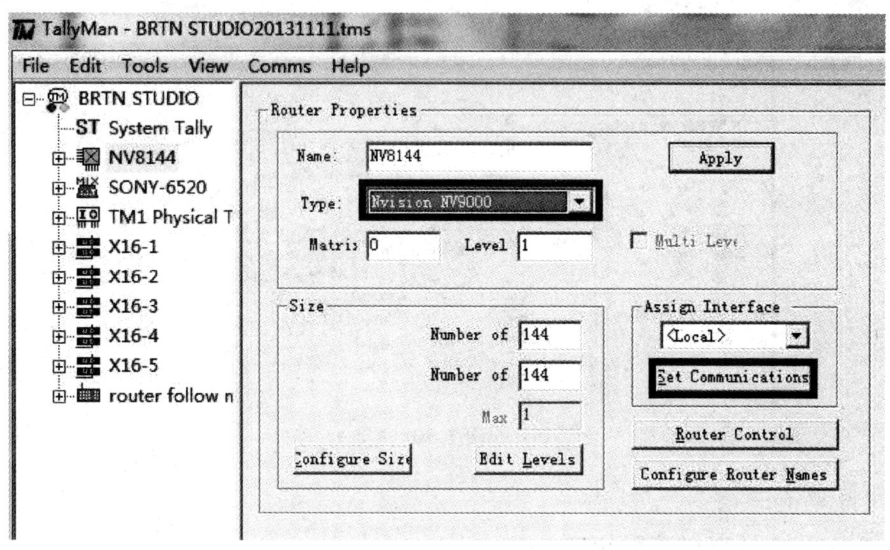

图 7.28

3）矩阵类型

在“***Type***”下拉菜单中选择矩阵类型，例如“Nvision NV9000”。

4）设置参数

点击“***Set Communications***”，将设置通讯参数。

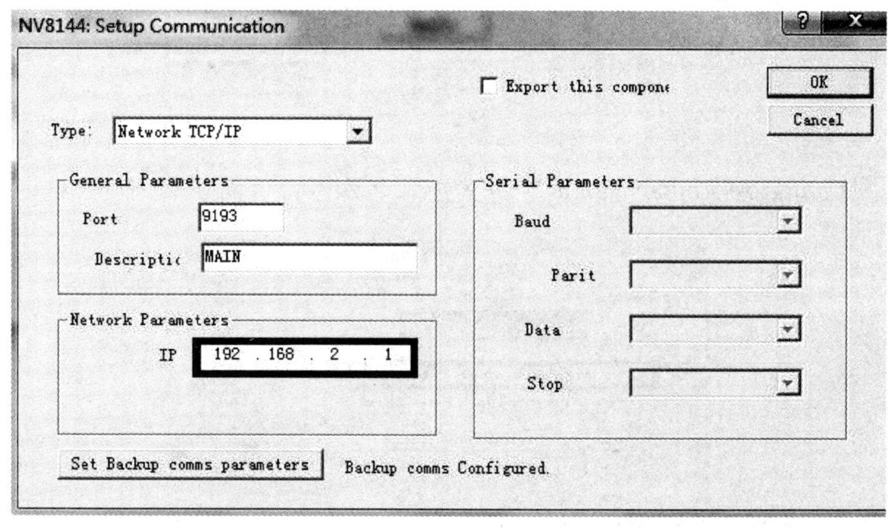

图 7.29

例如，演播室矩阵型号为 NV8144，属于 NV9000 系列，“***Type***”类型默认为“***Network TCP/IP***”，“***Port***”端口默认为 ***9193***，IP 地址为：“***192. 168. 2. 1***”，点击“***OK***”退出。

5）设置矩阵规模

在“***Size***”菜单栏中，按矩阵实际输入输出规模填写数字，例“***144***”。

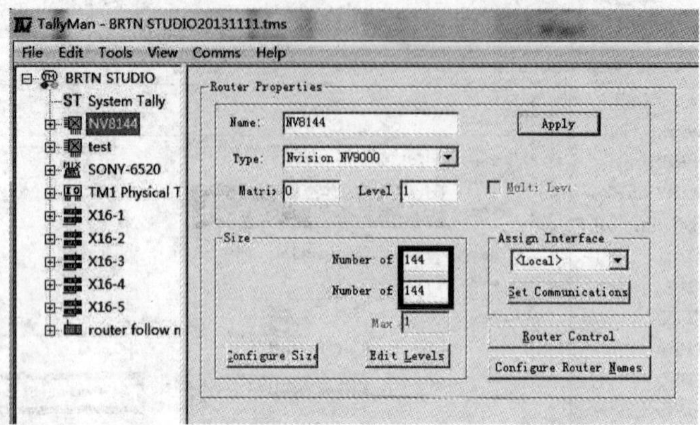

图 7.30

6）读取矩阵源名

TallyMan 系统可直接获取矩阵的源名信息。

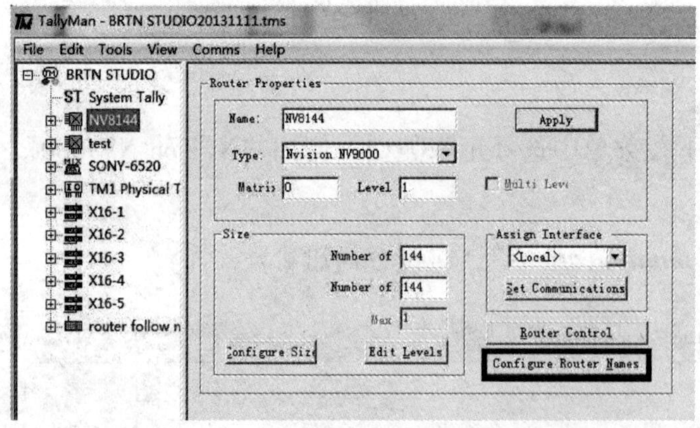

图 7.31

点击“***Configure Router Names***”进入矩阵名称设置页面。

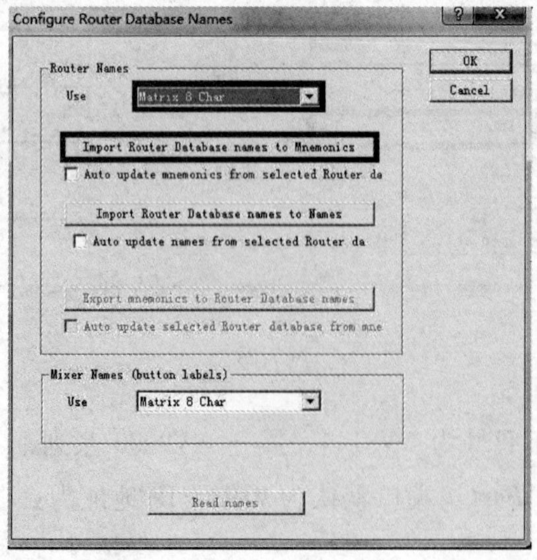

图 7.32

在"***Use***"下拉菜单中选择矩阵名称格式，例如"***Matrix* 8 *Char***"。

点击"***Import Router Database names to Mnemonics***"，可将矩阵名称导入到Tally-Man系统的矩阵源名。

5. 设置 Tally

1）关于 Tally

Tally在视频系统中主要为摄像机系统、监看系统等提供提示信息。TM1的Tally信号通过并行Tally输入，所有的Tally信号需要通过Tally通道映射到物理输出的针脚。

2）设置 Tally 通道

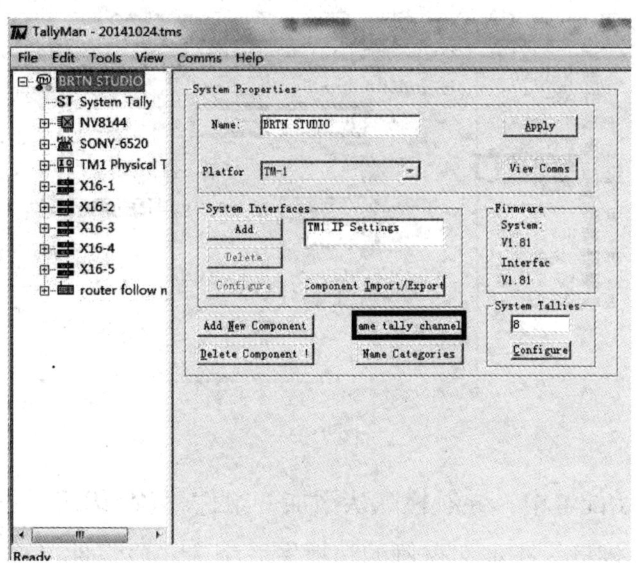

图 7.33

系统参数页面中，点击"***Name tally channel***"，进入Tally命名页面。

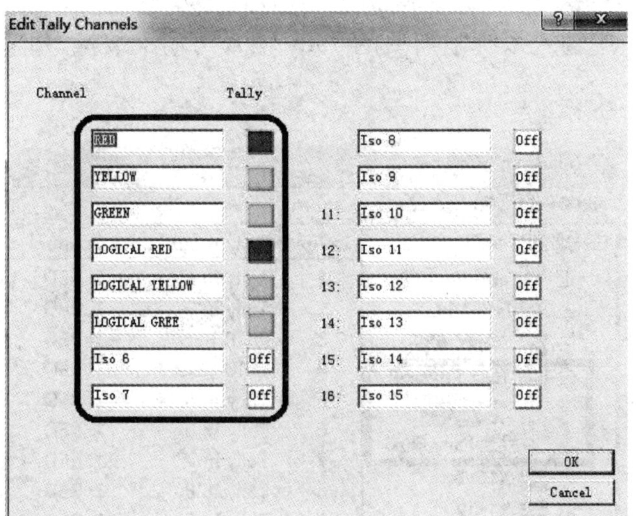

图 7.34

TM1最多可设置16个Tally通道，其中至少保留两个通道，即"***RED***"和"***GREEN***"。Tally通道中可包含一个或多个物理接口映射，例如与PGM相关的Tally输入映射到"***RED***"。

另外常见通道还有逻辑 Tally 通道，可加入“与”（AND）和“或”（OR）。视频系统结构通常为切换台和矩阵并列，由二选一应急开关控制。Tally 系统需要将应急切换翻译为逻辑运算，从而实现视频系统在主路和应急时都可以进行 Tally 通讯。

在本文举例的演播室系统中，存在 6 个 Tally 通道，分别为 ***RED***（PGM）、***YELLOW***（PVW）、***GREEN***（常绿）、***LOGICAL RED***（逻辑红）、***LOGICAL YELLOW***（逻辑黄）、***LOGICAL GREEN***（逻辑绿）。

3）设置物理 Tally 接口

设置物理 Tally 接口，实际上是设置 TM1 的并行 Tally 接口，包括输入和输出。

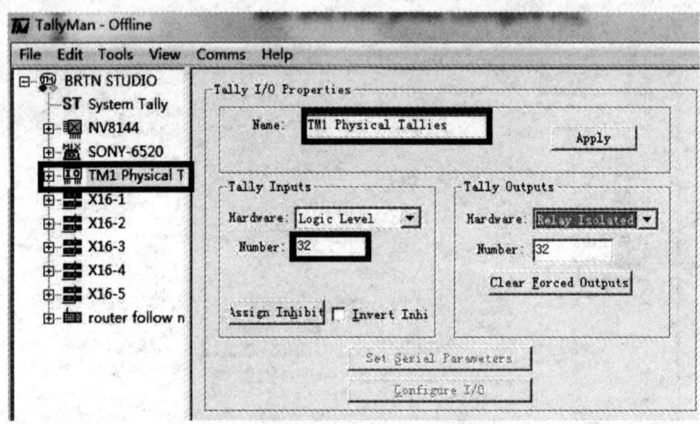

图 7.35

TallyMan 的初始配置中，导航栏默认添加一组件“***Parallel***”，该组件的作用是设置 TM 的物理 Tally 接口。在本文举例的演播室系统中，该组件名称为“***TM1 Physical Tallies***”。更改名称可在“***Name***”栏中输入新名称，并点击“***Apply***”确认。

4）设置输入/输出数量

在“***Number***”中输入系统中需要的 Tally 输入与输出数量，TM1 默认为“***32***”。

5）设置 Tally 输入

Index	Tally Input	Channel
1	Tally In 1	1: RED
2	Tally In 2	1: RED
3	NOR RELAY	1: RED
4	EMG RELAY	1: RED
5	Tally In 5	1: RED
6	Tally In 6	1: RED
7	Tally In 7	1: RED
8	Tally In 8	1: RED
9	Tally In 9	1: RED
10	Tally In 10	1: RED
11	Tally In 11	1: RED
12	Tally In 12	1: RED
13	Tally In 13	1: RED

图 7.36

展开导航栏中的 Tally 接口图标，点击“***Tally In***”，可看到 32 个 Tally 输入状态；

例如，演播室输入中使用了第 1、2、3、4 针脚，均分配到 Tally 通道 1 “RED”；

双击对应的 Tally Input 项目，进入编辑界面；

在“***Name***”栏输入名称，例如“***NOR RELAY***”。

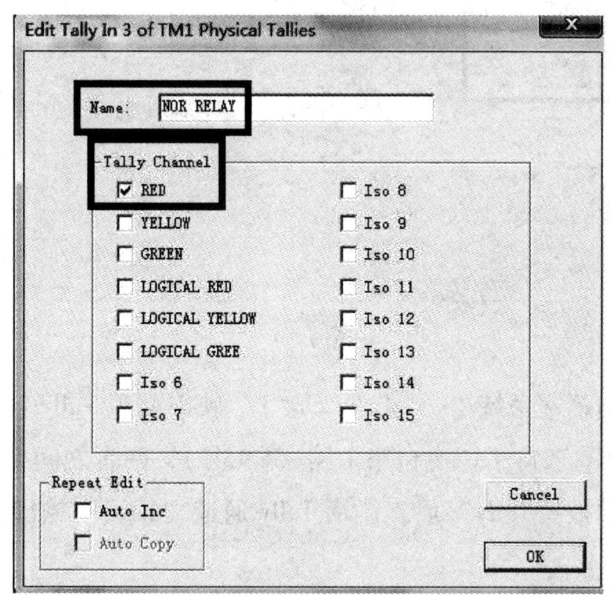

图 7.37

每一路 Tally 输入可以分配到已做好的 16 路 Tally 通道中，选择对应的 Tally 通道，例如“***RED***”。

注：在本文举例的演播室系统中，4 路 Tally 输入信号均映射到“***RED***”通道中。

6）设置 Tally 输出

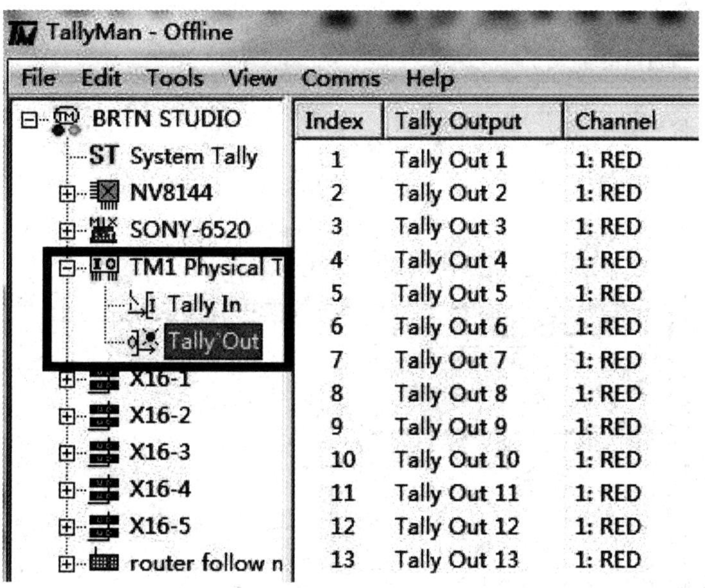

图 7.38

展开导航栏中的Tally接口图标，点击“***Tally Out***”，可看到32个Tally针脚输出状态。双击对应的***Tally Output***项目，例如“***Tally Out 1***”，进入编辑界面。

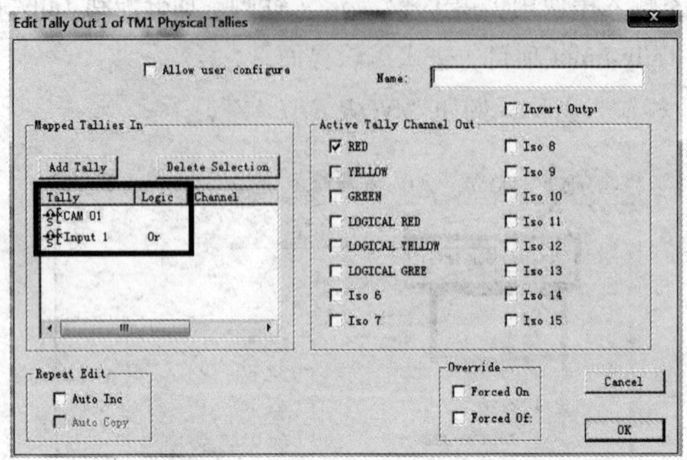

图7.39

在本文举例的演播室系统中，“***Tally Out 1***”映射两组Tally输入，“***CAM 01***”来自于矩阵，“***Input 1***”来自于切换台第1路（CAM1），两者之间是或（***OR***）的关系。即其中有一路信号源被“Tally”后，激活Tally通道“RED”输出，送Tally物理输出第一个针脚。

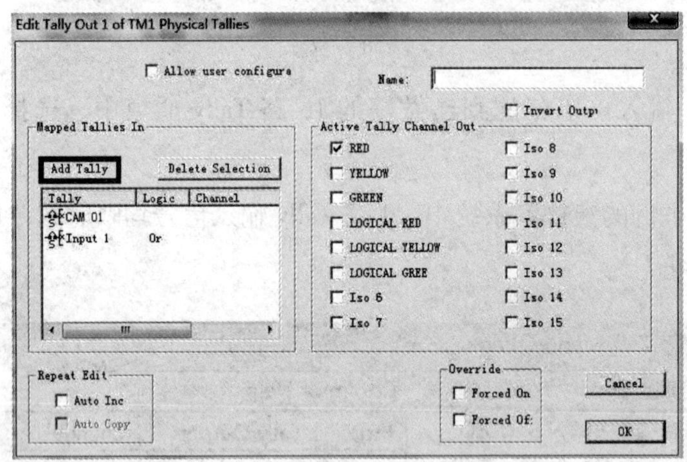

图7.40

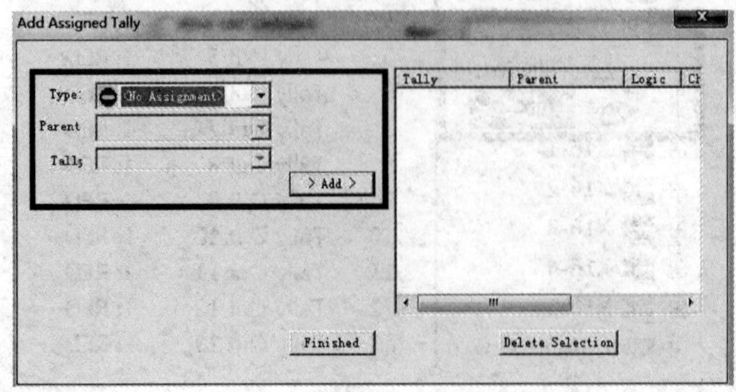

图7.41

点击“***Add Tally***”，打开“***Add Assigned Tally***”编辑界面；

加入矩阵第 1 路输入（CAM1）：

“***Type***”下拉菜单选择“***Source***”；

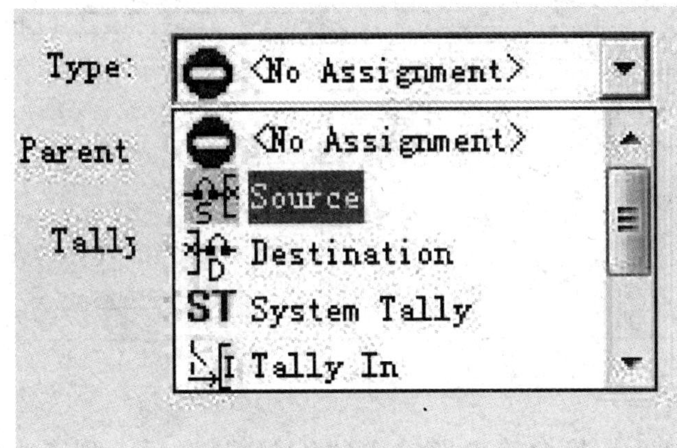

图 7.42

“***Parent***”下拉菜单中选择“***NV8144***”；

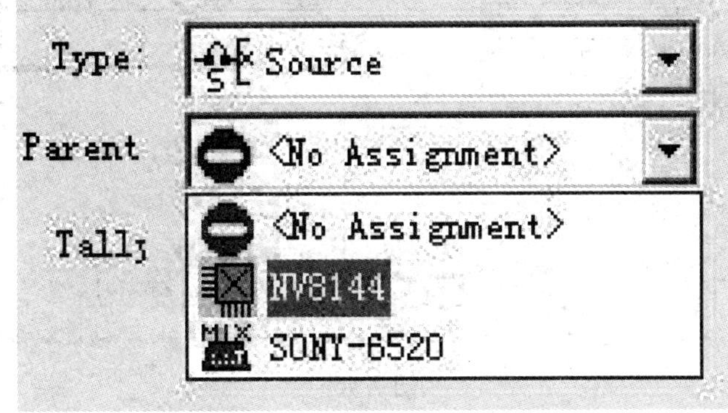

图 7.43

“***Tally***”下拉菜单中选择“***CAM 01***”；

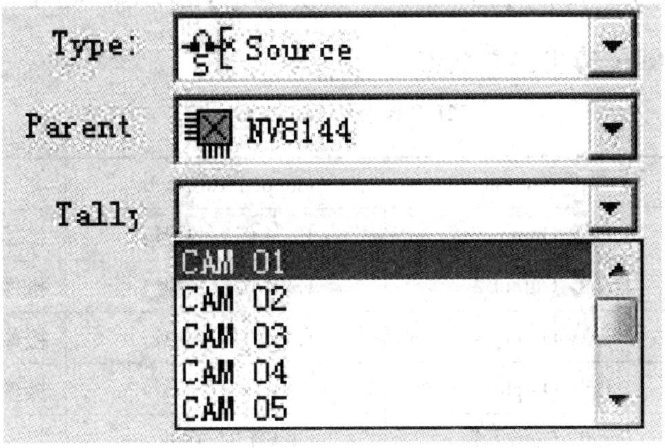

图 7.44

点击“***Add***”之后，右侧列表中将出现矩阵第1路输入“***CAM 01***”的Tally输入项目；

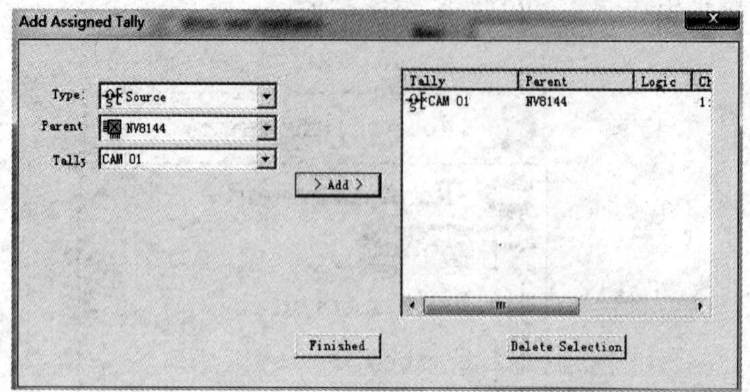

图7.45

按以上步骤，加入切换台第1路输入“CAM1”之后，列表中将出现两个项目，第二列项目增加了逻辑关系“Or”（或）；

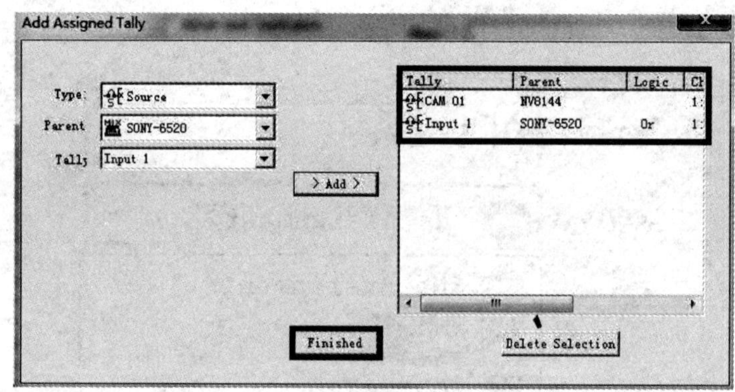

图7.46

点击“***Finished***”，完成编辑步骤。

7）激活Tally输出

为Tally输出勾选对应的Tally通道，默认均为***Tally Channel 1***（***RED***）输出。

8）举例的演播室Tally输出接口状态

TM1 Physical Tallies Out 表

序号	Tally Output	Mapped Tallies In	备注
1	Tally Output 1	CAM 01（SorM）	摄像机1（切换台或矩阵）
2	Tally Output 2	CAM 02（SorM）	摄像机2（切换台或矩阵）
3	Tally Output 3	CAM 03（SorM）	摄像机3（切换台或矩阵）
4	Tally Output 4	CAM 04（SorM）	摄像机4（切换台或矩阵）
5	Tally Output 5	CAM 01（M）	摄像机1（矩阵）
6	Tally Output 6	CAM 02（M）	摄像机2（矩阵）
7	Tally Output 7	CAM 03（M）	摄像机3（矩阵）

序号	Tally Output	Mapped Tallies In	备注
8	Tally Output 8	CAM 04 (M)	摄像机 4 (矩阵)
9	Tally Output 9	Tally In 9	TM1 Physical Tallies
10	Tally Output 10	Tally In 10	TM1 Physical Tallies
11	Tally Output 11		
12	Tally Output 12		
13	Tally Output 13		
14	Tally Output 14		
15	Tally Output 15	Tally In 15	TM1 Physical Tallies
16	Tally Output 16	Tally In 16	TM1 Physical Tallies
17	Tally Output 17	Tally In 17	TM1 Physical Tallies
18	Tally Output 18	Tally In 18	TM1 Physical Tallies
19	Tally Output 19	Tally In 19	TM1 Physical Tallies
20	Tally Output 20	Tally In 20	TM1 Physical Tallies
21	Tally Output 21	Input 1 (S)	摄像机 1 (切换台)
22	Tally Output 22	Input 2 (S)	摄像机 2 (切换台)
23	Tally Output 23	Input 3 (S)	摄像机 3 (切换台)
24	Tally Output 24	Input 4 (S)	摄像机 4 (切换台)
25	Tally Output 25	Input 5 (S)	SER1 (切换台)
26	Tally Output 26	Input 6 (S)	SER2 (切换台)
27	Tally Output 27	Input 12 (S)	VGA (切换台)
28	Tally Output 28	Tally In 28	TM1 Physical Tallies
29	Tally Output 29	Tally In 29	TM1 Physical Tallies
30	Tally Output 30	Tally In 30	TM1 Physical Tallies
31	Tally Output 31	Tally In 31	TM1 Physical Tallies
32	Tally Output 32	Tally In 32	TM1 Physical Tallies

类型 1："***Or***" (CAM1 ~4)，当切换台或矩阵选择摄像机 1 ~4 时，TM1 为前四个针脚输出红 Tally 信号；

类型 2：当矩阵选择摄像机 1 ~4 时，TM1 为 5 ~8 针脚输出红 Tally 信号；

类型 3：Tally Out 21 ~27，当切换台选择摄像机 1 ~4、SER1/2、VGA 时，TM1 为 21 ~27 针脚输出红 Tally 信号；

类型 4：对应 Tally In 针脚有 Tally 输入时，对应输出口输出红 Tally 信号。

6. 设置切换台

1）设置源名

TallyMan - BRTN STUDIO20131111.tms

File Edit Tools View Comms Help

BRTN STUDIO
ST System Tally
NV8144
SONY-6520
Source
Destination
Program T
TM1 Physical T
X16-1
X16-2
X16-3
X16-4
X16-5
router follow n

Index	Source	Mnemonic	Mixer Label	Assignment	Router Name
1	Input 1	CAM1		Srce: CAM 01	
2	Input 2	CAM2		Srce: CAM 02	
3	Input 3	CAM3		Srce: CAM 03	
4	Input 4	CAM4		Srce: CAM 04	
5	Input 5	SER 1		Srce: SER 1	
6	Input 6	SER 2		Srce: SER 2	
7	Input 7	SER 3		Srce: SER 3	
8	Input 8	CG1V			
9	Input 9	CG1K			
10	Input 10	CG2V			
11	Input 11	CG2K			
12	Input 12	VGA		Srce: VGA	
13	Input 13	TEST			
14	Input 14	RTS 1		Dest: RTS1	
15	Input 15	RTS 2		Dest: RTS2	
16	Input 16	RTS 3		Dest: RTS3	
17	Input 17	RTS 4		Dest: RTS4	
18	Input 18	RTS 5		Dest: RTS5	
19	Input 19	RTS 6		Dest: RTS6	
20	Input 20	RTS 7		Dest: RTS7	
21	Input 21	RTS 8		Dest: RTS8	
22	Input 22	RTS 9		Dest: RTS9	
23	Input 23	RTS 10		Dest: RTS10	
24	Input 24	RTS 11		Dest: RTS11	

Ready

图 7.47

打开导航栏中的切换台图标“***SONY－6520***”，点击信号源“***Source***”，信号源列表将出现在右侧页面中；

双击信号源项目，例如“***Input 1***”，将出现信号源设置页面；

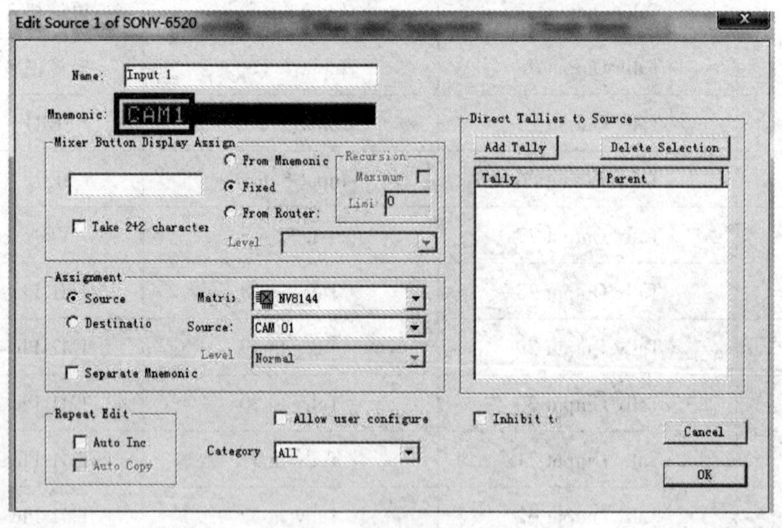

图 7.48

在“***Mnemonic***”输入栏中输入信号源在系统中的名称，例如，切换台第 1 路输入来自于摄像机 1，所以将“***Input 1***”的名称设置为“***CAM1***”，尽量使用与切换台源名相同的名称。

2）映射输入源

切换台信号源可以与矩阵的信号源相关联。关联后的两个信号源可同时映射 TALLY 信息。例如摄像机作为信号源，既作为切换台输入也作为矩阵输入。例如，当 PGM 母线选择 CAM1 时，矩阵监看输出窗口的源名信息将显示“***CAM 01***”。

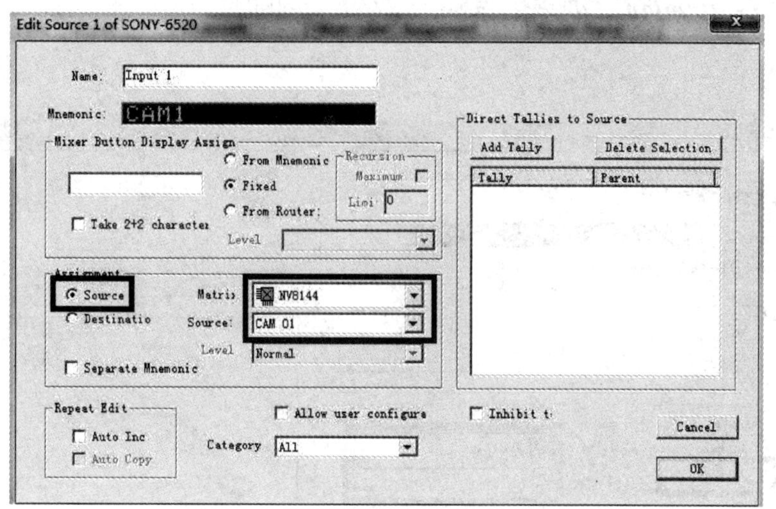

图 7. 49

在“***Assignment***”菜单栏中，选择“***Source***”，Matrix 中选择矩阵，例如“***NV8144***”，“***Source***”列表中选择“***CAM 01***”，此时，切换台“***Input 1***”与矩阵“***CAM 01***”关联。

3）工作流程

在实际应用中，信号源设备视频输出至切换台和矩阵，如图 7. 50 中虚线所示。当切换台选择该信号源输出时，切换台将交叉点信息翻译为 Tally 信息，再传达至矩阵。当切换台信号源与矩阵信号源映射位置相同时，矩阵将识别到同一信号源。

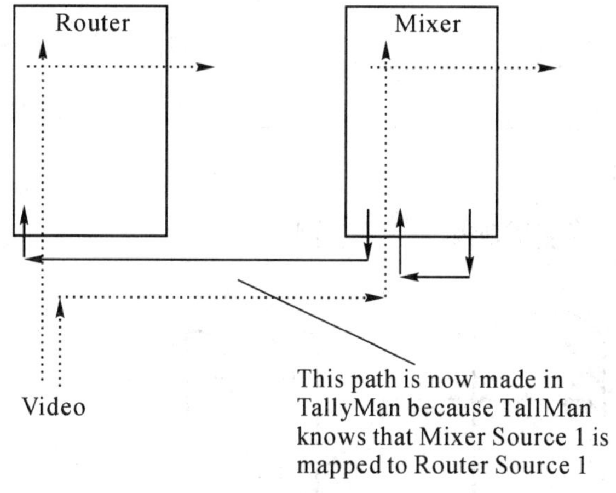
Router
Mixer
Video
This path is now made in
TallyMan because TallMan
knows that Mixer Source 1 is
mapped to Router Source 1

图 7. 50

4）映射矩阵目的

切换台的一部分信号源来自于矩阵的输出端，例如本文举例的演播室切换台第 14 ~ 26 输入，来自于矩阵输入端“***RTS***”。当切换台选择该类输入源时，Tally 系统需要寻址到真正的信号源，即找到矩阵 RTS 母线选择的信号源。基于以上需求，需要将切换台的该类输入源指派到矩阵的输出端口。

在“***Assignment***”菜单栏中，选择“***Destination***”，“***Matrix***”中选择矩阵，例如“***NV8144***”，“***Destination***”列表中选择“***RTS1***”，此时，切换台“***Input 14***”与矩阵“***RTS1***”关联。

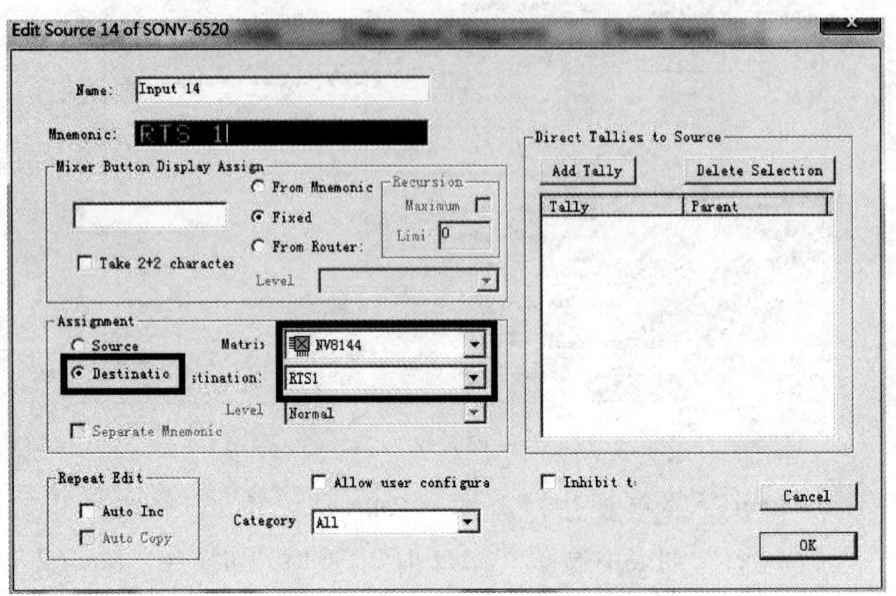

图 7. 51

注：在本文举例的演播室系统中，当矩阵 RTS1 母线选择“***EXP1***”信号源时，切换台 PGM 母线选择“***RTS1***”输出时，画面分割器的矩阵监看窗口 PGM 源名显示将显示“***PGM－EXP1***”。

5）工作流程

在实际应用中，信号源设备视频输出至矩阵，再由矩阵目的输出至切换台的输入端，如图 7. 52 中虚线所示。当切换台选择该信号源输出时，切换台将交叉点信息翻译为Tally信息，找到矩阵的输出端口，再通过矩阵交叉点寻址到真正的信号源。当切换台信号源与矩阵输出端完成映射后，矩阵将寻址到真正的信号源位置，并将该信息传递到 Tally。

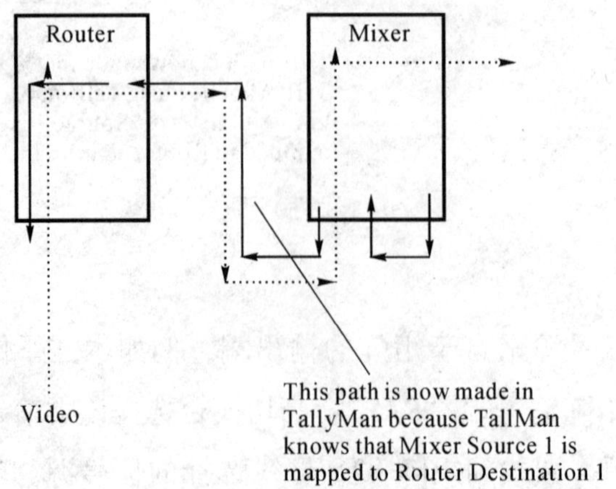

图 7. 52

6）设置目的

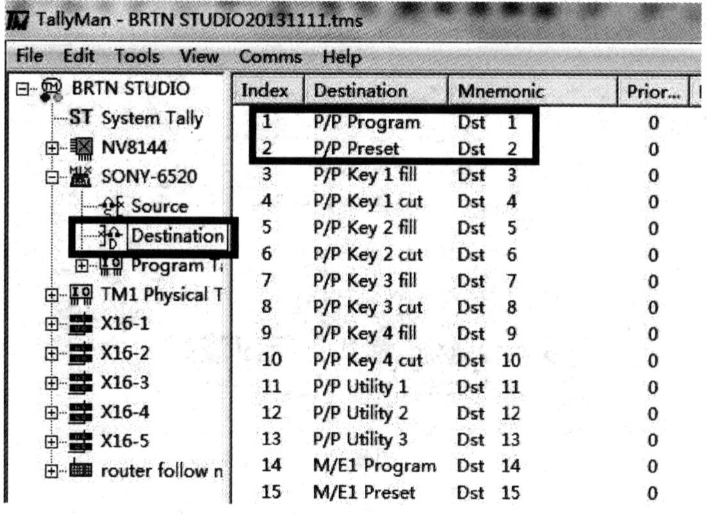

图 7.53

打开导航栏中的切换台图标“***SONY－6520***”，点击目的“***Destination***”，目的列表将出现在右侧页面中；

通常，切换台目的母线设置只设 PGM 和 PVW 两条母线；

双击“***P/P Program***”，将出现目的设置页面；

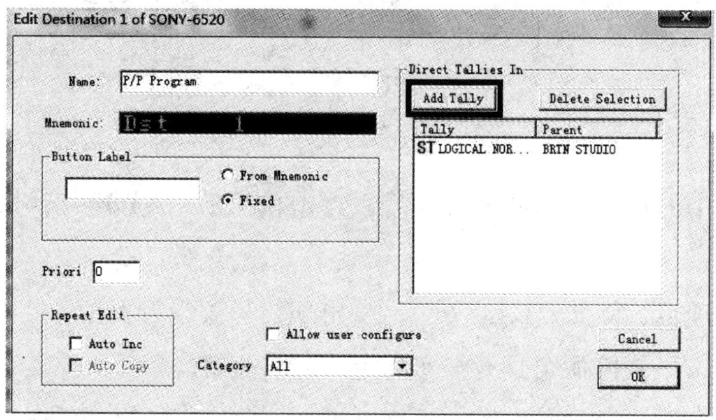

图 7.54

在“***Direct Tallies In***”菜单中，点击“***Add Tally***”，打开添加 Tally 页面；

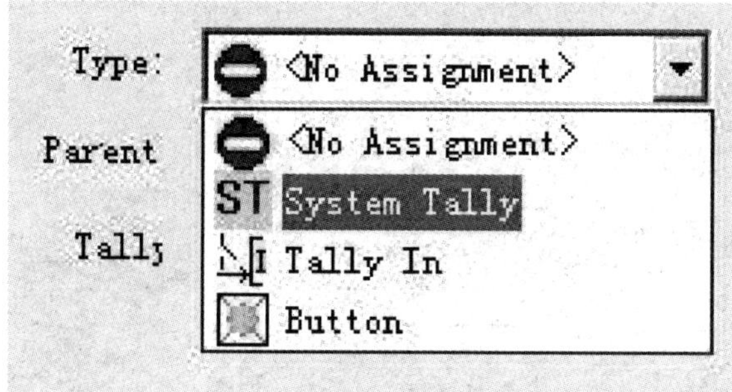

图 7.55

“***Type***”选择“***System Tally***”，“***Parent***”选择“***BRTN STUDIO***”，“***Tally***”选择“***LOGICAL NORMAL RED***”；

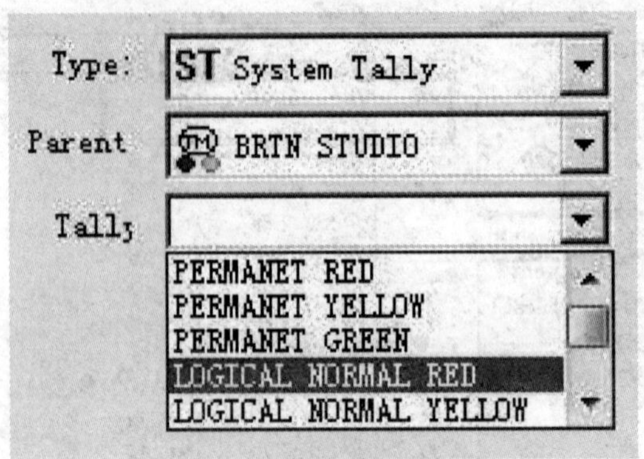

图 7.56

此步骤将切换台 PGM 母线的 Tally 信息映射到系统 Tally 母线。

PVW 母线设置与 PGM 设置相同。

7. 设置矩阵

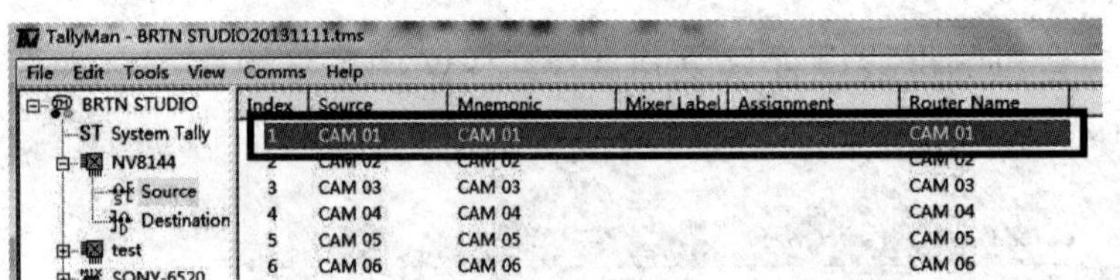

图 7.57

1）设置源名

打开导航栏中的矩阵图标“***NV8144***”，点击信号源“***Source***”，信号源列表将出现在右侧页面中；

双击信号源项目，例如“***CAM 01***”，将出现信号源设置页面；

检查 TallyMan 的矩阵源名是否与实际矩阵源名相符。

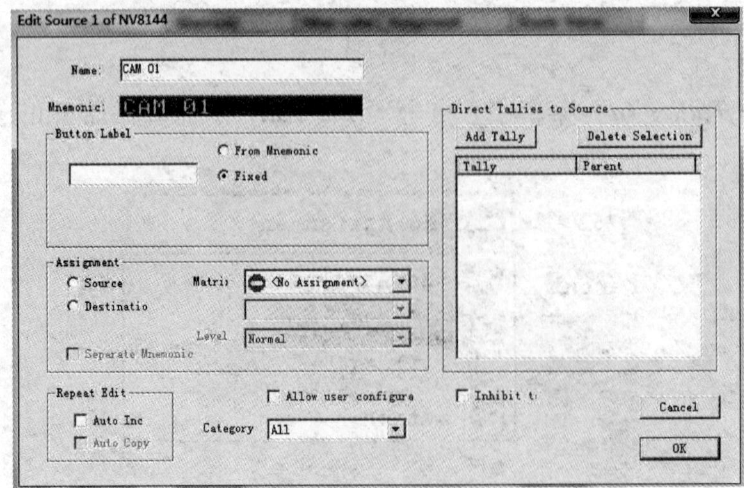

图 7.58

2）映射矩阵目的

矩阵的一部分输出端口经过处理以后，会再返回到矩阵输入端。此时需要对该类型输入源映射为目的。例如，矩阵的第 76 路至第 89 路输入源，即为此类型端口。

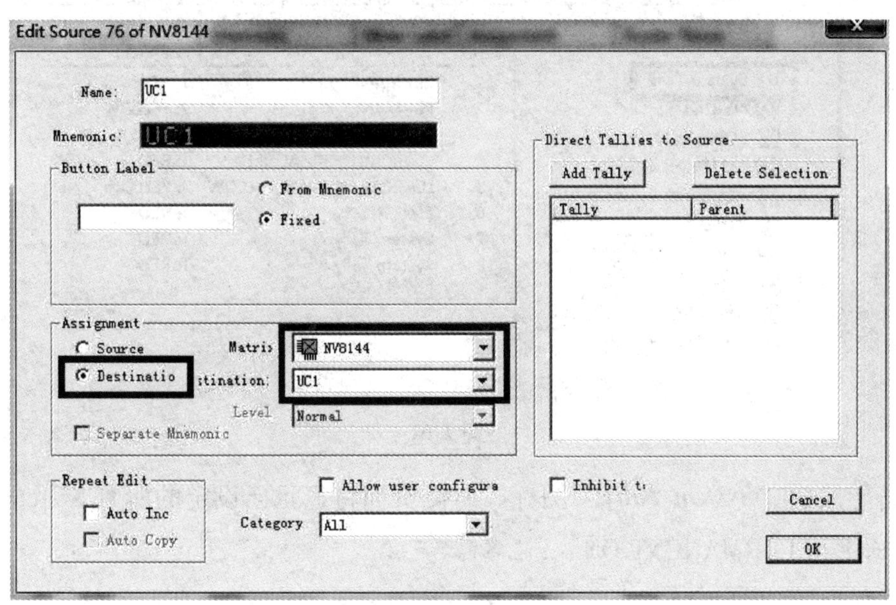

图 7.59

例如，外来信号“***EXT1***”进入矩阵后，经“***UC1***”母线输出至上变换器处理，上变换后的信号又作为输入端返回至矩阵输入口。此时，Tally 系统应准确找到实际的信号源名称为“***EXT1***”。

在“***Assignment***”菜单栏中，选择“***Destination***”，“***Matrix***”中选择矩阵，例如“***NV8144***”，“***Destination***”列表中选择“***UC1***”。

8. 系统 Tally （Syestem Tallies）

System Tallies 可认为是逻辑 Tally 总线。

1）设置 System Tallies 数量

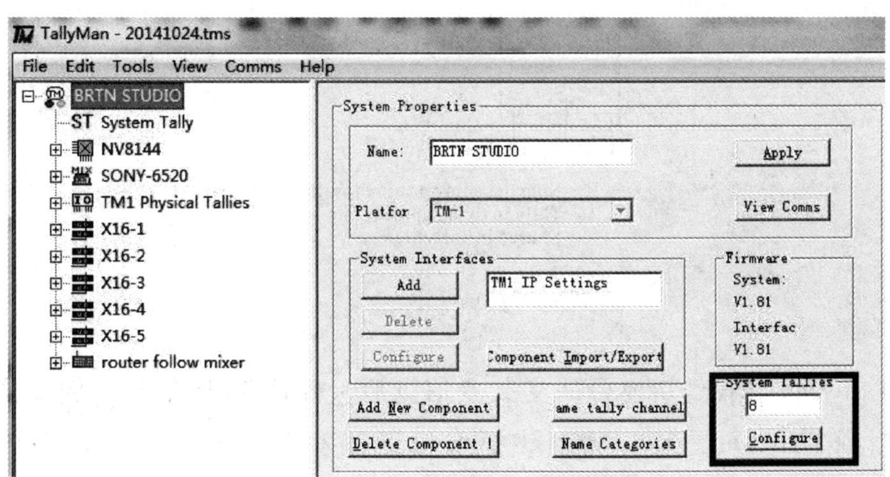

图 7.60

在“***System Properties***”系统设置页面中，输入“***System Tallies***”数量，点击“***Configure***”确认输入；

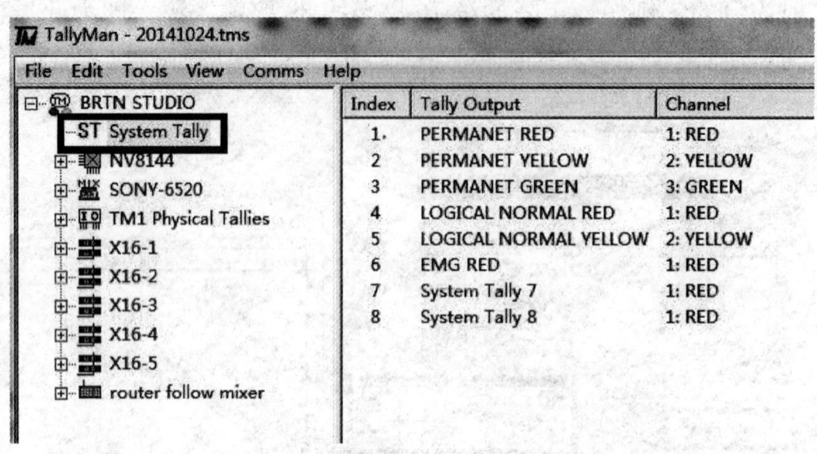

图 7. 61

点击导航栏“***System Tally***”图标，右侧页面将显示已设定的所有 System Tallies。

2）常亮母线（PERMANENT ON）

Index	Tally Output	Channel
1	PERMANET RED	1: RED
2	PERMANET YELLOW	2: YELLOW
3	PERMANET GREEN	3: GREEN

图 7. 62

不论什么样的系统，必须要设置的逻辑 Tally 母线是“***PERMANET RED***”（常亮红）。

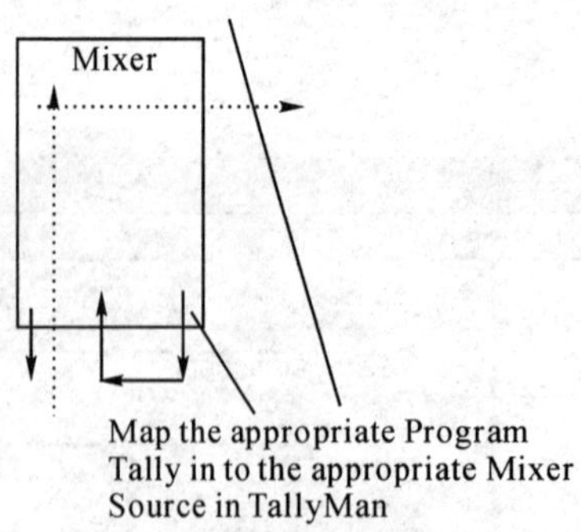

图 7. 63

当 TallyMan 寻找到切换台的交叉点信息后，确认 Tally 信号。例如摄像机通路已映射到 Tally Out，Tally 将对该摄像机讯道发出 Tally 信号，点亮该讯道的 Tally 灯。

同样地，TallyMan 会收集矩阵交叉点信号，如果这些交叉点映射到 TM1 的 Tally Output，将给这些信号源，例如摄像机发出 Tally 触发信号；

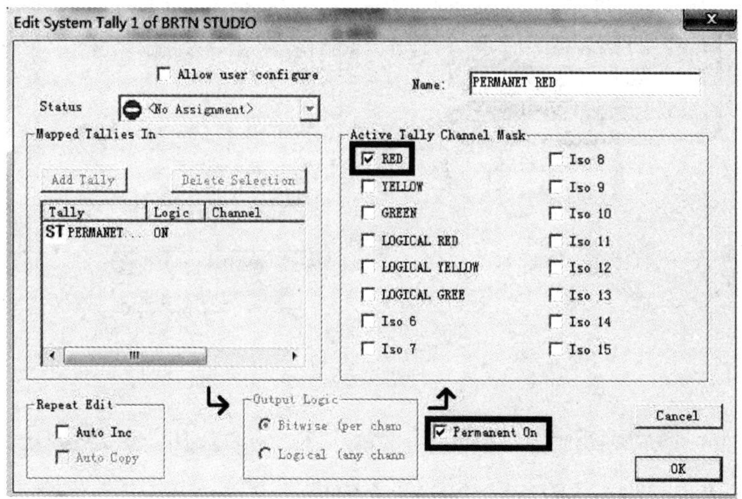

图 7.64

常亮逻辑母线一般为两种，PGM 为红色、PVW 为黄色。

双击“***System Tally***”项目后，打开编辑界面；

勾选“***Permanent On***”，打开常亮开关；

勾选“***Tally Channel Mask***”通道；

“***Name***”栏中输入母线名称，例如“***PERMANENT RED***”；

点击“***OK***”，退出编辑界面。

3）设置逻辑母线

为了使 Tally 通讯在主路和应急两种状态下都能起作用，需要在 TallyMan 系统中设计逻辑判断。在本文举例的演播室系统中，逻辑母线包括：“***LOGICAL NORMAL RED***”、“***LOGICAL NORMAL YELLOW***”、“***EMG RED***”。

4）LOGICAL NORMAL RED

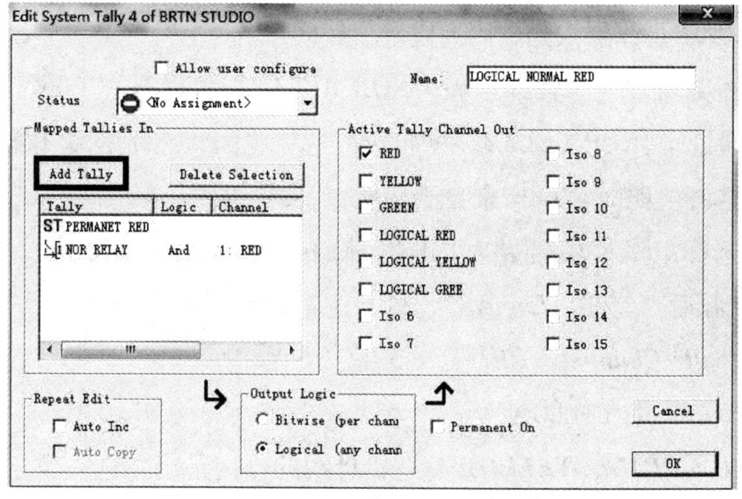

图 7.65

双击“***LOGICAL NORMAL RED***”，进入增加 Tally 页面；

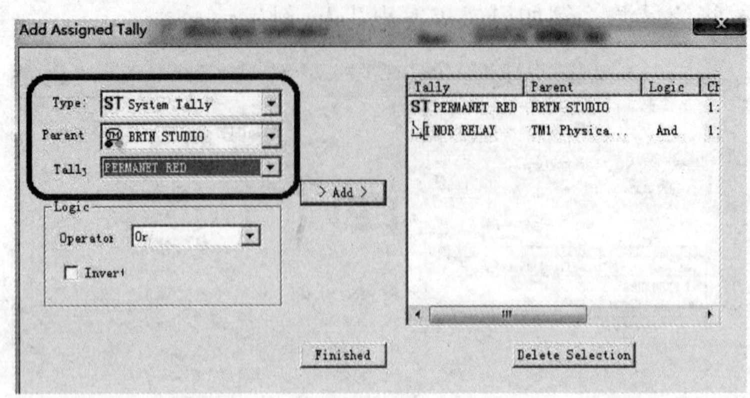

图 7.66

首先要增加一条常亮母线，“***Type***”选择“***System Tally***”，“***Parent***”选择“***BRTN STUDIO***”，“***Tally***”选择“***PERMANENT RED***”，点击“***Add***”，将常亮母线加入到右侧列表；

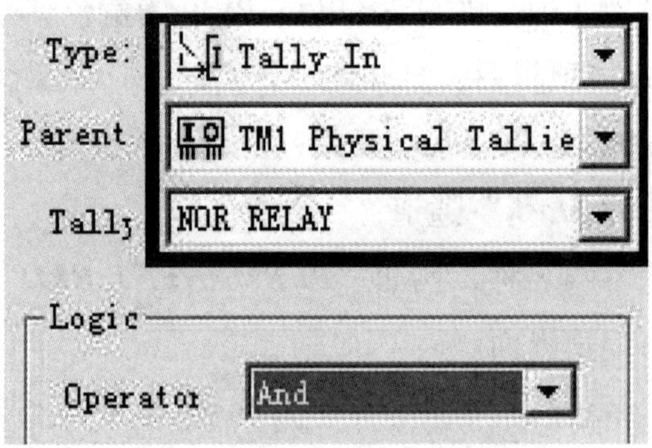

图 7.67

添加外接控制母线，“***Type***”选择“***Tally In***”，“***Parent***”选择“***TM1 Physical Tallies***”，“***Tally***”选择“***NOR RELAY***”，“***Logic Operator***”选择“***And***”（与），点击“***Add***”，将逻辑母线加入到右侧列表。

以上设置意味着，当“常红”和“NOR RELAY”同时被“Tally”时，才能激活“RED”Tally 通道。“NOR RELAY”来自于二选一主路状态时的 GPI 输出，即

当二选一选择主路时，Tally 来自于切换台 PGM 母线；

当二选一选择矩阵 EMG 通路时，Tally 来自于矩阵 EMG 母线；

选择 Tally 源后，勾选“***Logical***”，打开逻辑判断开关；

最终勾选 ***Tally Channel***“***RED***”。

5）LOGICAL NORMAL YELLOW

“***LOGICAL NORMAL YELLOW***”逻辑母线的作用是当二选一位于主路时，切换台的 PVW 母线的 Tally 起作用；

操作方法参考“***LOGICAL NORMAL RED***”，分别选择“***PERMANENT YELLOW***”和“***NOR RELAY***”，两者逻辑判断为“***And***”（与）。

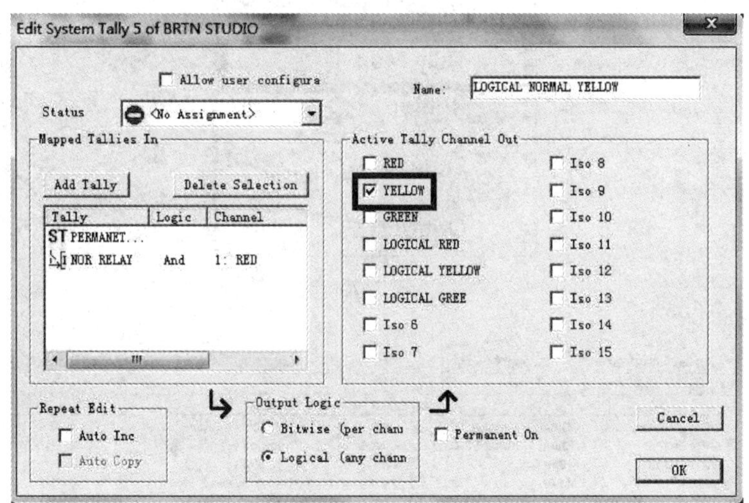

图 7.68

6）EMG RED

“***EMG RED***”逻辑母线的作用是，当二选一开关处于备路时，“***EMG RELAY***”被“***Tally***”，激活“***Tally Channel Out***”“***RED***”通道。

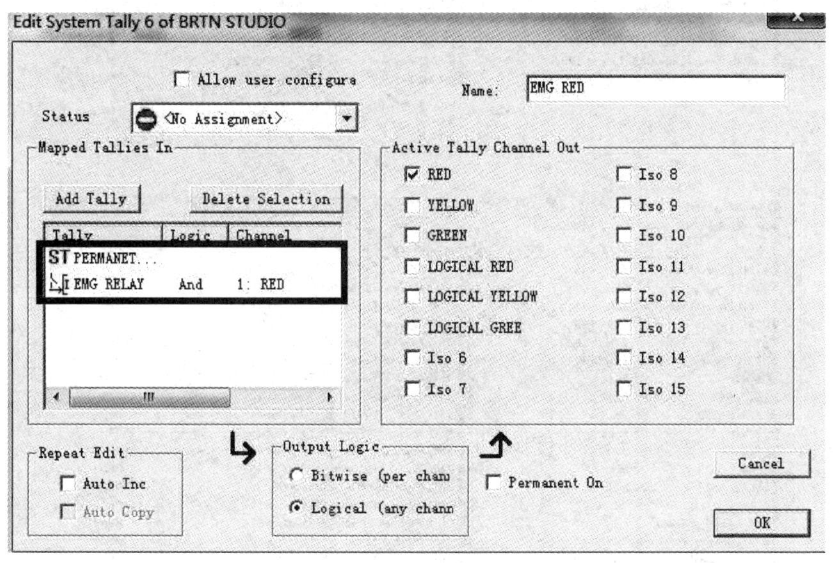

图 7.69

操作方法参考“***LOGICAL NORMAL RED***”，分别选择“***PERMANENT RED***”和“***EMG RELAY***”，两者逻辑判断为“***And***”（与）。

9. Tally 映射关系

TallyMan 软件提供查看所有 Tally 链路的映射关系，便于检查所有信号源、目的以及系统 Tally 母线的映射情况。

点击菜单栏“***View***”，点击“***Tally Map***”，打开 Tally 映射列表。

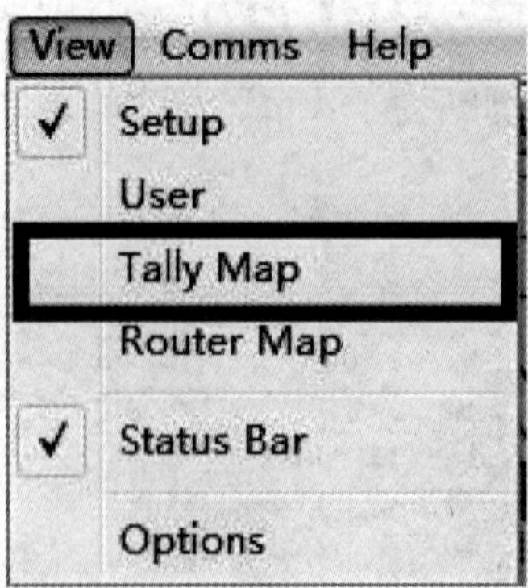

图 7.70

TallyMan - 20141024.tms

File Tools View Help TallyMap

Parent	Tally	Mapped To:	Tally	Channel
BRTN STUDIO	LOGICAL NORMAL RED	SONY-6520	P/P Program	1: RED
BRTN STUDIO	LOGICAL NORMAL YELLOW	SONY-6520	P/P Preset	2: YELLOW
BRTN STUDIO	EMG RED	NV8144	EMG	1: RED
NV8144	CAM 01	TM1 Physical Tallies	Tally Out 1	1: RED
SONY-6520	Input 1	TM1 Physical Tallies	Tally Out 1	1: RED
NV8144	CAM 02	TM1 Physical Tallies	Tally Out 2	1: RED
SONY-6520	Input 2	TM1 Physical Tallies	Tally Out 2	1: RED
NV8144	CAM 03	TM1 Physical Tallies	Tally Out 3	1: RED
SONY-6520	Input 3	TM1 Physical Tallies	Tally Out 3	1: RED
NV8144	CAM 04	TM1 Physical Tallies	Tally Out 4	1: RED
SONY-6520	Input 4	TM1 Physical Tallies	Tally Out 4	1: RED
NV8144	CAM 01	TM1 Physical Tallies	Tally Out 5	1: RED
NV8144	CAM 02	TM1 Physical Tallies	Tally Out 6	1: RED
NV8144	CAM 03	TM1 Physical Tallies	Tally Out 7	1: RED
NV8144	CAM 04	TM1 Physical Tallies	Tally Out 8	1: RED
TM1 Physical Tallies	Tally In 9	TM1 Physical Tallies	Tally Out 9	1: RED
TM1 Physical Tallies	Tally In 10	TM1 Physical Tallies	Tally Out 10	1: RED
TM1 Physical Tallies	Tally In 15	TM1 Physical Tallies	Tally Out 15	1: RED
TM1 Physical Tallies	Tally In 16	TM1 Physical Tallies	Tally Out 16	1: RED
TM1 Physical Tallies	Tally In 17	TM1 Physical Tallies	Tally Out 17	1: RED
TM1 Physical Tallies	Tally In 18	TM1 Physical Tallies	Tally Out 18	1: RED
TM1 Physical Tallies	Tally In 19	TM1 Physical Tallies	Tally Out 19	1: RED
TM1 Physical Tallies	Tally In 20	TM1 Physical Tallies	Tally Out 20	1: RED

图 7.71

TallyMan - 20141024.tms

File Tools View Help TallyMap

Parent	Tally	Mapped To:	Tally	Channel
TM1 Physical Tallies	Tally In 15	TM1 Physical Tallies	Tally Out 15	1: RED
TM1 Physical Tallies	Tally In 16	TM1 Physical Tallies	Tally Out 16	1: RED
TM1 Physical Tallies	Tally In 17	TM1 Physical Tallies	Tally Out 17	1: RED
TM1 Physical Tallies	Tally In 18	TM1 Physical Tallies	Tally Out 18	1: RED
TM1 Physical Tallies	Tally In 19	TM1 Physical Tallies	Tally Out 19	1: RED
TM1 Physical Tallies	Tally In 20	TM1 Physical Tallies	Tally Out 20	1: RED
SONY-6520	Input 1	TM1 Physical Tallies	Tally Out 21	1: RED
SONY-6520	Input 2	TM1 Physical Tallies	Tally Out 22	1: RED
SONY-6520	Input 3	TM1 Physical Tallies	Tally Out 23	1: RED
SONY-6520	Input 4	TM1 Physical Tallies	Tally Out 24	1: RED
SONY-6520	Input 5	TM1 Physical Tallies	Tally Out 25	1: RED
SONY-6520	Input 6	TM1 Physical Tallies	Tally Out 26	1: RED
SONY-6520	Input 12	TM1 Physical Tallies	Tally Out 27	1: RED
TM1 Physical Tallies	Tally In 28	TM1 Physical Tallies	Tally Out 28	1: RED
TM1 Physical Tallies	Tally In 29	TM1 Physical Tallies	Tally Out 29	1: RED
TM1 Physical Tallies	Tally In 30	TM1 Physical Tallies	Tally Out 30	1: RED
TM1 Physical Tallies	Tally In 31	TM1 Physical Tallies	Tally Out 31	1: RED
TM1 Physical Tallies	Tally In 32	TM1 Physical Tallies	Tally Out 32	1: RED
BRTN STUDIO	PERMANET RED	BRTN STUDIO	LOGICAL NORMAL RED	1: RED
TM1 Physical Tallies	NOR RELAY	BRTN STUDIO	LOGICAL NORMAL RED	1: RED
BRTN STUDIO	PERMANET YELLOW	BRTN STUDIO	LOGICAL NORMAL YELLOW	2: YELLOW
TM1 Physical Tallies	NOR RELAY	BRTN STUDIO	LOGICAL NORMAL YELLOW	2: YELLOW
BRTN STUDIO	PERMANET RED	BRTN STUDIO	EMG RED	1: RED
TM1 Physical Tallies	EMG RELAY	BRTN STUDIO	EMG RED	1: RED
Program Tally	Tally In 33	router follow mixer	Joystick 1	1: RED
Program Tally	Tally In 34	router follow mixer	Joystick 2	1: RED
Program Tally	Tally In 35	router follow mixer	Joystick 3	1: RED
Program Tally	Tally In 36	router follow mixer	Joystick 4	1: RED
Program Tally	Tally In 37	router follow mixer	Joystick 5	1: RED
Program Tally	Tally In 38	router follow mixer	Joystick 6	1: RED
Program Tally	Tally In 44	router follow mixer	Joystick 7	1: RED
Program Tally	Tally In 39	router follow mixer	Joystick 8	1: RED
Program Tally	Tally In 60	router follow mixer	Joystick 9	1: RED
Program Tally	Tally In 61	router follow mixer	Joystick 10	1: RED

图 7.72

10. 画面分割器

以画面分割器为主体的电视墙显示系统，是视频系统中重要的一部分。电视墙的显示窗口需要具备提示、源名显示、源名跟随等功能。本文中举例的演播室系统使用Miranda公司的X16画面分割器，支持TSL控制协议。

1）加入画面分割器

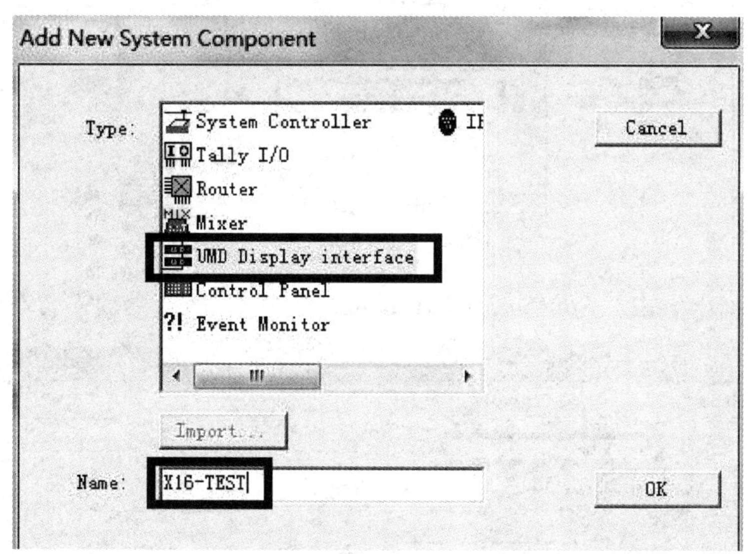

图7.73

对于TallyMan系统来说，画面分割器被视为UMD组件的一种。在加入组件页面，选中“***UMD Display interface***”，并输入名称。

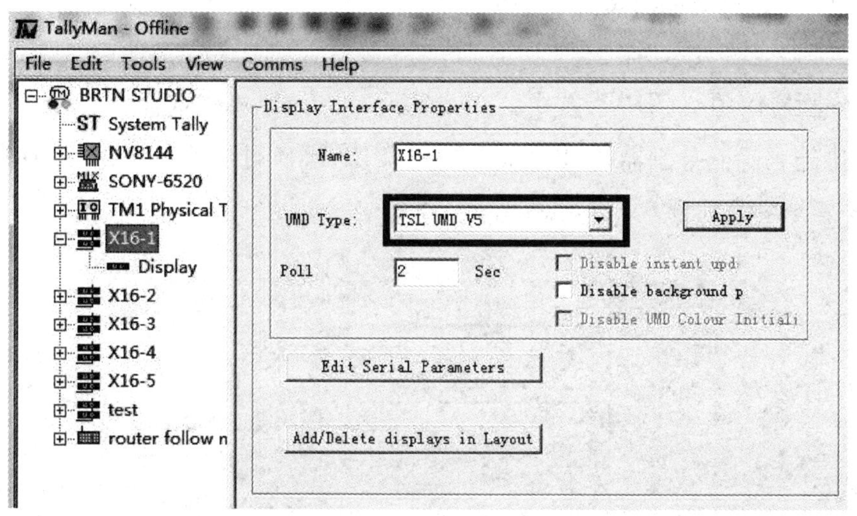

图7.74

2）设置UMD类型

在导航栏中选择画面分割器，右侧页面将出现菜单页面。

根据X16画面分割器的协议类型，在“***UMD Type***”下拉菜单中选择“***TSL UMD V5***”，点击“***Apply***”确认；

3）设置通信参数

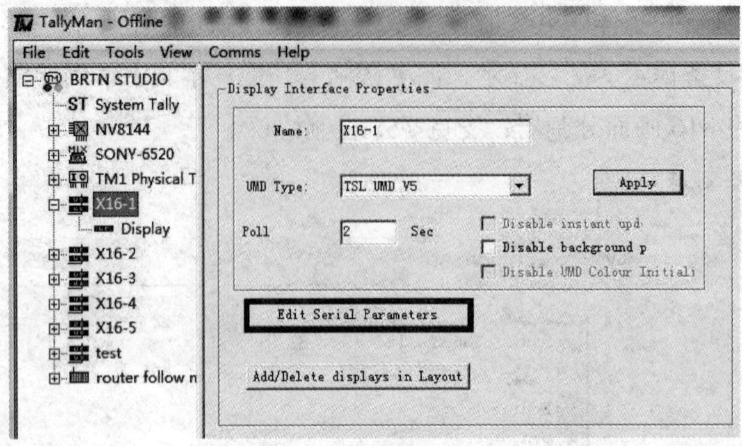

图 7.75

在菜单页面中点击“***Edit Serial Parameters***”，打开通信参数设置页面；

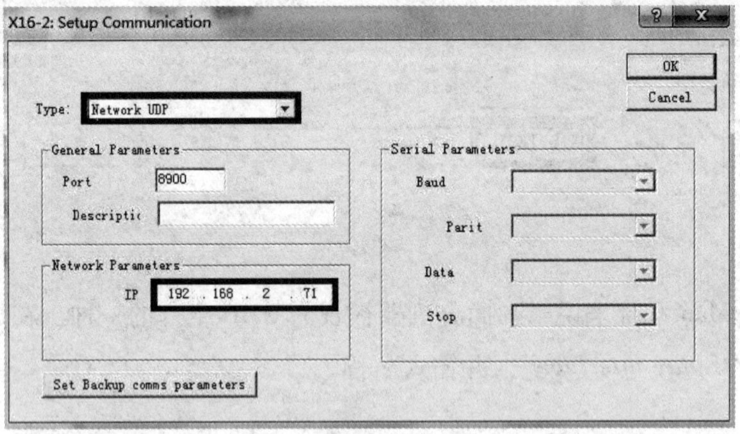

图 7.76

画面分割器使用“***UDP***”方式，在“***Type***”下拉菜单中选择“***Network UDP***”；IP 栏中输入画面分割器的 IP 地址，一个 UDP 端口可支持 126 路 UMD 地址控制。

4）制作画面分割器布局

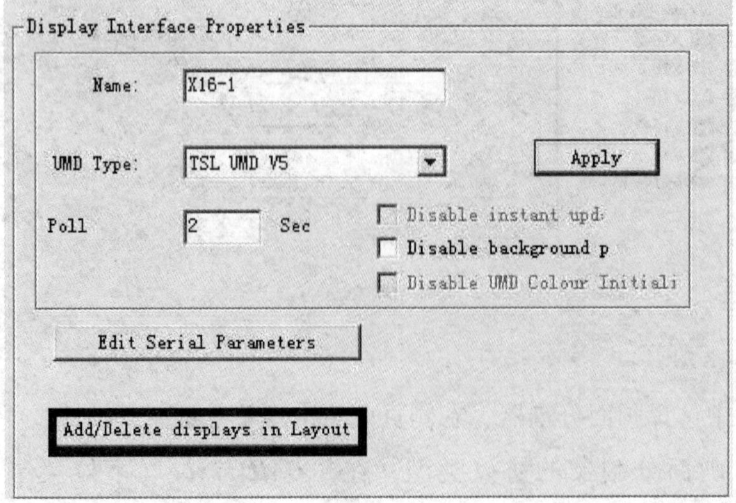

图 7.77

在画面分割器参数设置页面中，点击“***Add/Delete displays in Layout***”在布局图界面中添加显示窗口；

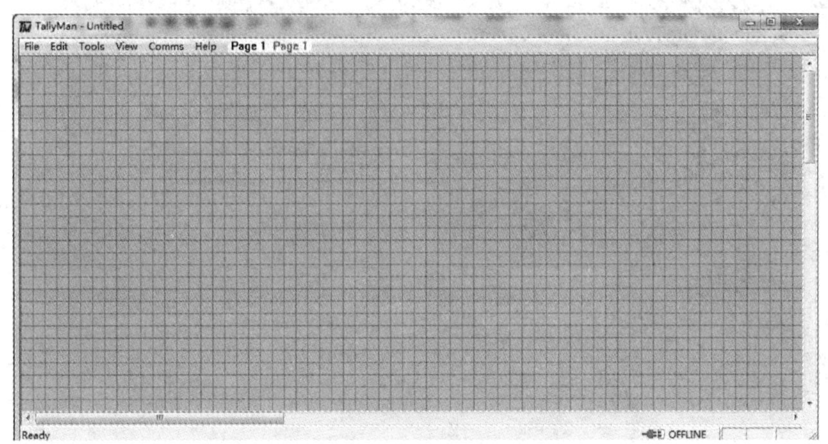

图 7.78

TallyMan 软件界面进入画面分割器模拟布局模式，将显示系统中所有的画面分割器布局，如图 7.79 所示。

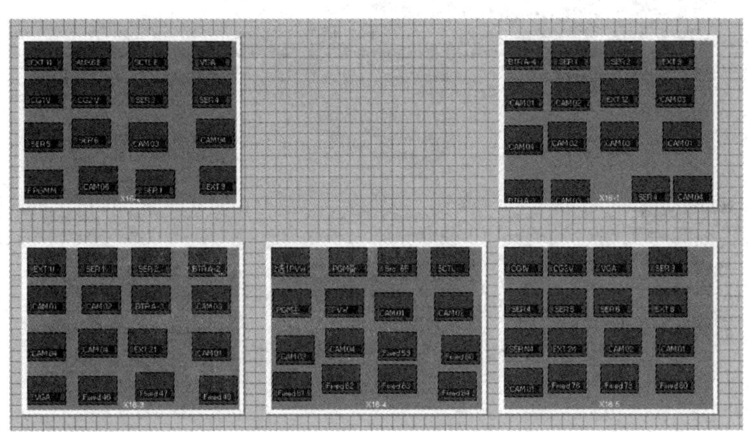

图 7.79

5）加入画面分割器的监看窗口

在页面空白处点击鼠标右键，选择“***Insert***” - “***Display***” - “***Multiviewer***”，页面中将出现窗口；

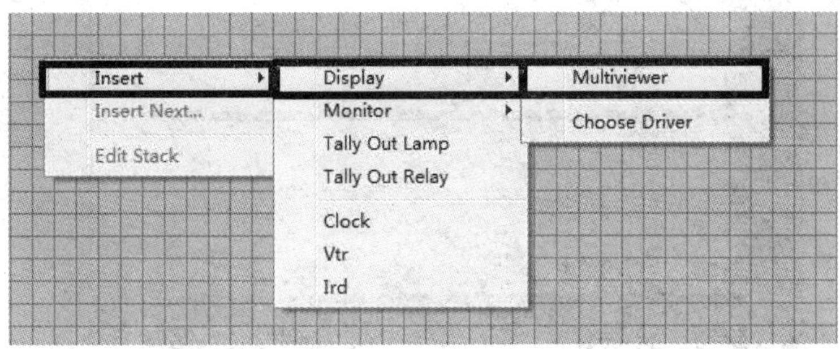

图 7.80

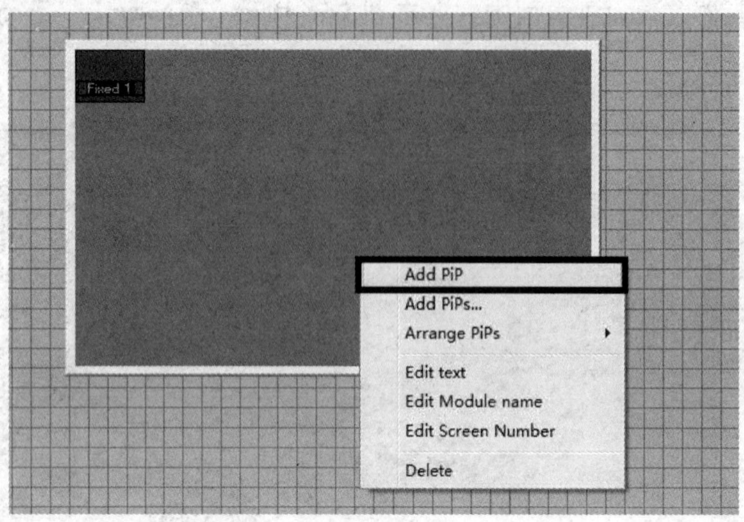

图 7. 81

在窗口中的空白处点击鼠标右键，点击“***Add PiP***”，加入一个显示窗口；

依次加入所有的显示窗口，在导航栏中展开画面分割器项目，点击“***Display***”，可查看该画面分割器的所有显示窗口设置信息。

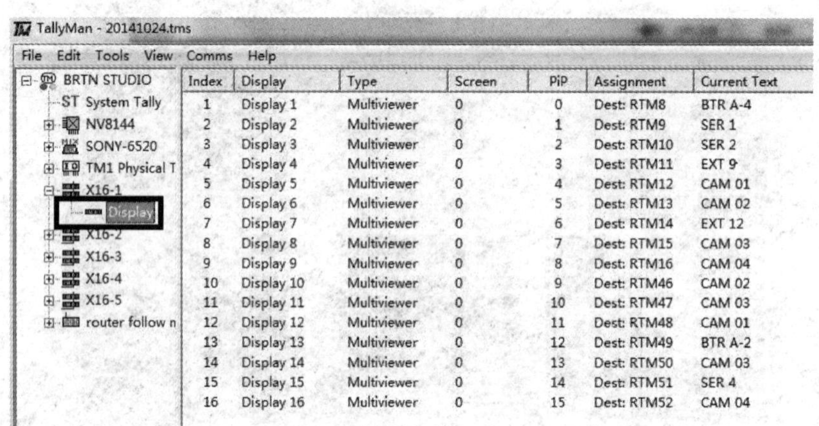

图 7. 82

11. 画面分割器的 UMD 设置

1）进入编辑菜单

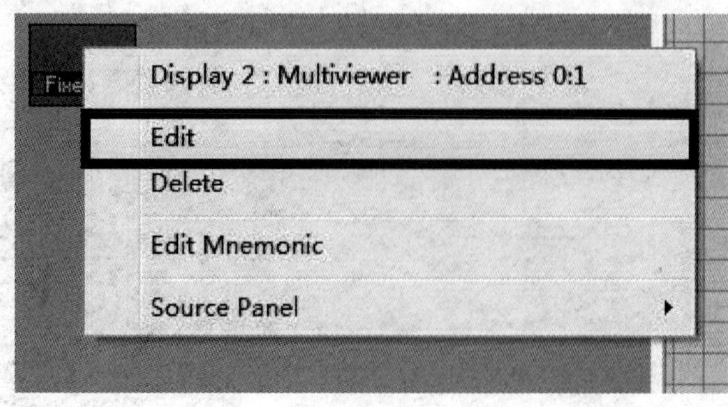

图 7. 83

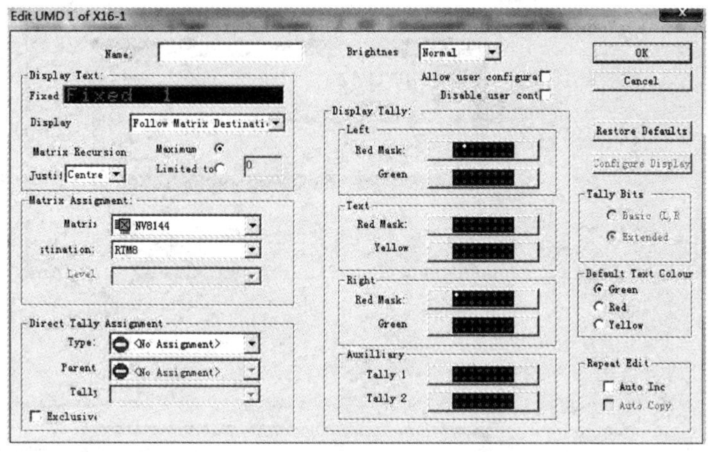

图 7.84

右键点击该显示窗口，点击“***Edit***”，可进入显示窗口设置页面。

2）映射显示内容

在本文举例的演播室 Tally 系统中，画分窗口分为两类，可在“***Display***”下拉菜单中选择。

A. Fixed Matrix Source

固定矩阵输入，可跟随该输出的 Tally 状态，包括 PGM、CAM、SER 等固定监看窗口，不需要改变源名，只需要显示 Tally 状态。

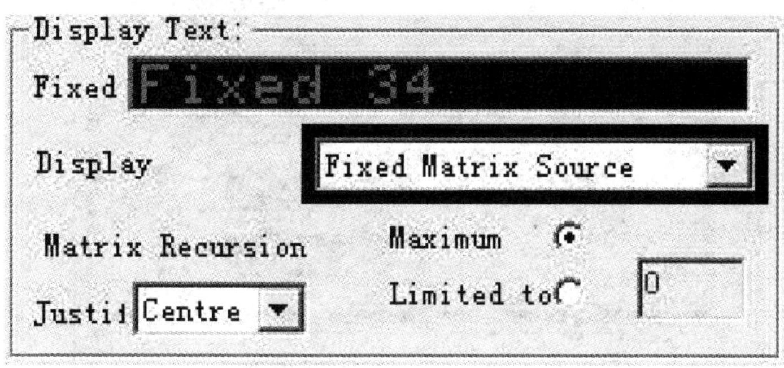

图 7.85

B. Follow Matrix Destination

映射到矩阵输出，源名跟随矩阵信号源；

包括所有矩阵监看窗口（RTM），源名跟随矩阵交叉点而改变。

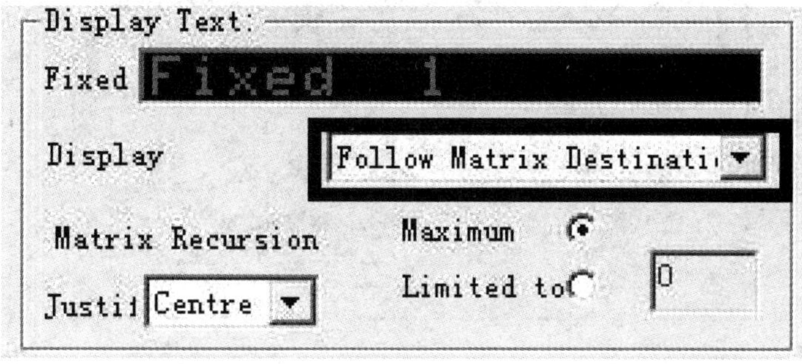

图 7.86

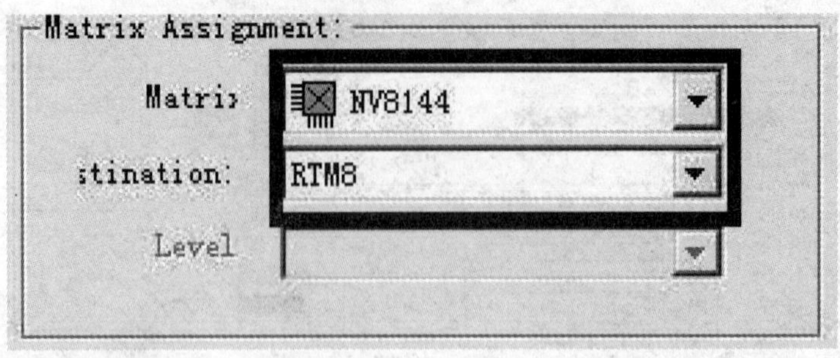

图 7.87

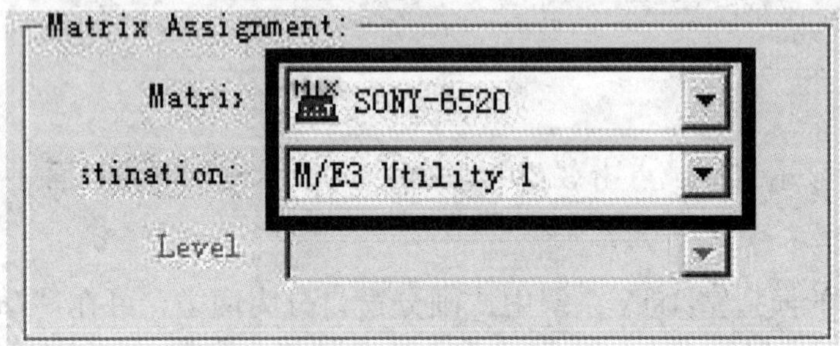

图 7.88

由于 TallyMan 将切换台也视为矩阵，“***Follow Matrix Destination***”类型中分为矩阵目的或切换台目的，可在“***Matrix Assignment***”菜单中进行选择。

3）设置监看窗口的 Tally 灯

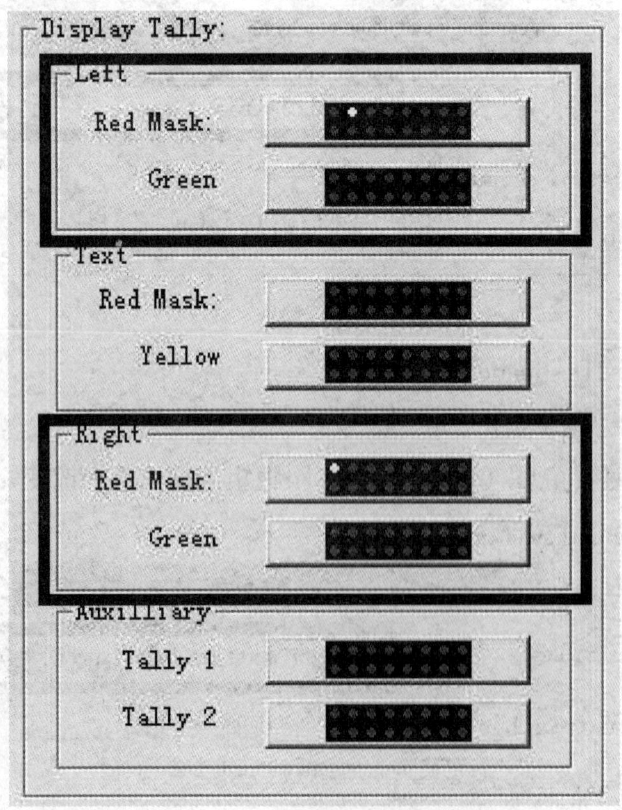

图 7.89

Tally 显示设置包括“***left***”、“***Right***”、“***Text***”、“***Auxilliary***”。例如，在显示窗口的左侧显示 PVW 的 Tally，在右侧显示 PGM 的 Tally，点击对应的显示灯，打开设置界面。

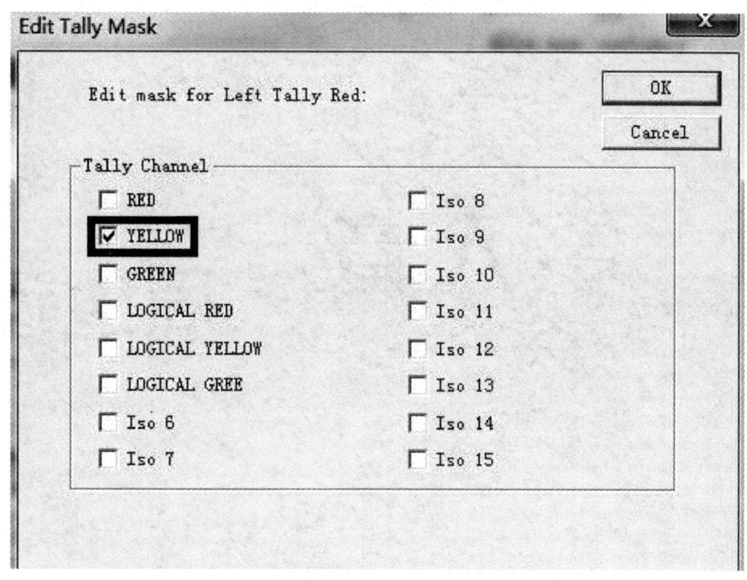

图 7.90

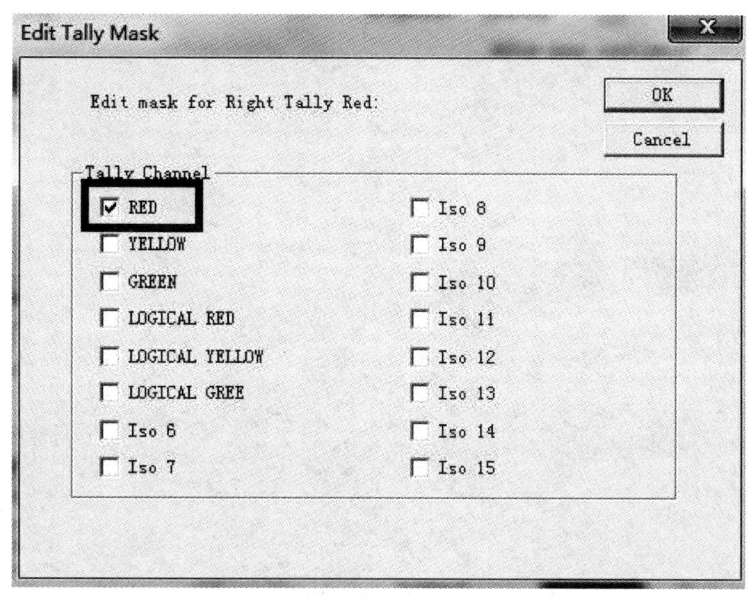

图 7.91

分别勾选“***YELLOW***”和“***RED***”，用于定义 PVW 和 PGM 的 Tally 显示。

第八章 周边设备

一、周边系统概述

视频周边处理系统包括分配、传输、编码、解码以及变换等视频信号处理功能。

周边系统由多个子系统组成，包括处理机箱、视频分配器、加嵌与解嵌器、上/下变换器、交叉变化器、VGA－SDI 转换器、同步机、跳线与接口板等。

周边系统的结构与功能，主要由外来信号变换需求、信号制作需求、操作人员需求等系统个性化特点决定。本书主要介绍周边处理机箱、上/下变换器、交叉变换器、VGA 转换器、应急切换开关、外置键控器、时钟、同步机、示波器、提词器、跳线器等子系统。

本书介绍了机箱板卡、上/下变换器、VGA 转换器、时钟、同步以及示波器等周边处理设备的操作方法。

二、机箱

1. 机箱概述

本书介绍 Miranda 品牌的机箱与处理板卡。机箱分为两种，2RU 和 3RU。机箱内共有 20 个槽位。根据板卡功能不同，有双槽和单槽的区别。机箱控制可在控制卡上完成或使用电脑通过网络对机箱和板卡的参数进行修改。机箱均配有主备双电源。

图 8.1

图 8.2

2. 机箱状态检查

机箱前面板上有状态显示灯，有红和绿两种状态。正常状态为绿色。当为红色时，通常有以下几种状态：卡槽上没有插板卡、板卡工作异常、板卡无输入信号、选定板卡正在修改等。

图 8.3

3. 机箱操作方法

1）前面板开启方法

松开前面板两个旋钮，拉开面板并下放。通常状态应保持前面保持关闭，才能保持机箱散热。

图 8.4

2）拔板卡方法

提起板卡上方的紫色锁扣，沿插槽方向把板卡拔出。

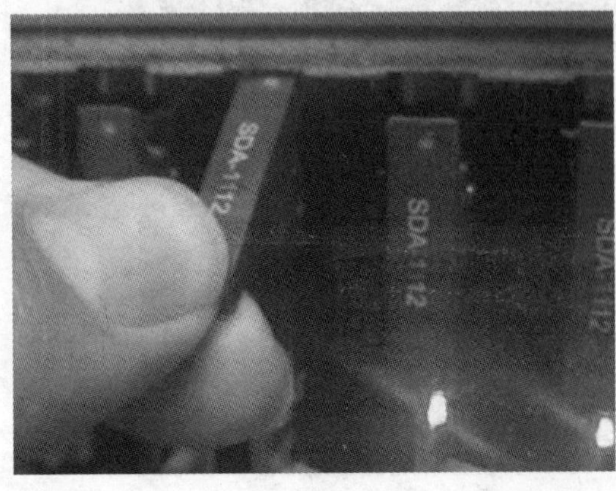

图 8.5

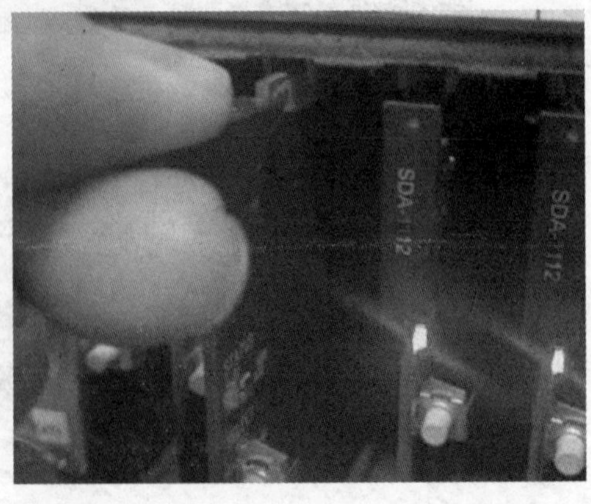

图 8.6

3）插板卡方法

将板卡放入插槽导轨，手握板卡，用力均匀按紫色锁扣，将板卡沿插槽推入导轨，直到板卡完全进入卡槽，并有“咔嗒”声音。检查板卡启动状态，绿色灯亮起。

图 8.7

图 8.8

图 8.9

4. 机箱控制卡

控制卡位于机箱中央，包括液晶显示屏和四个菜单功能键。通过控制卡，可检查机箱和板卡的运行状态，也可以调整一部分板卡的参数。点击板卡上白色选择键，控制卡可切换到该卡操作界面。

图 8.10

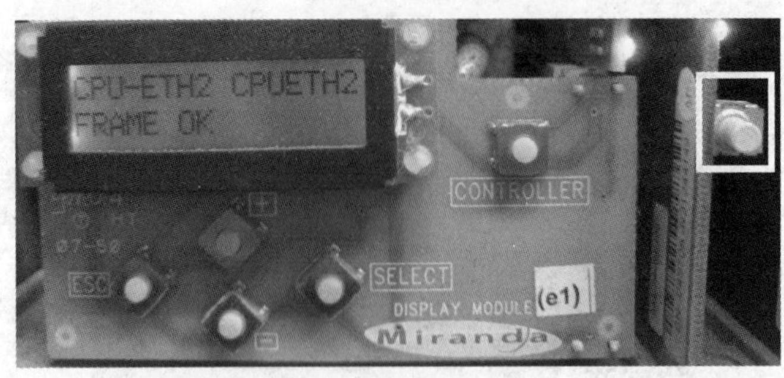

图 8.11

5. 网络连接

机箱、板卡以及画面分割器等 Miranda 产品可通过网络方式访问和修改参数。设备端通过网线连接交换机。

1）设置网段

将电脑网卡设置为 192.168.0.x 段，例如 192.168.0.100。

2）添加 IP

使用字幕机或调试专用电脑，打开“iControl Solo”软件；将所需查看或修改的所有板卡对照 IP 地址进行添加。

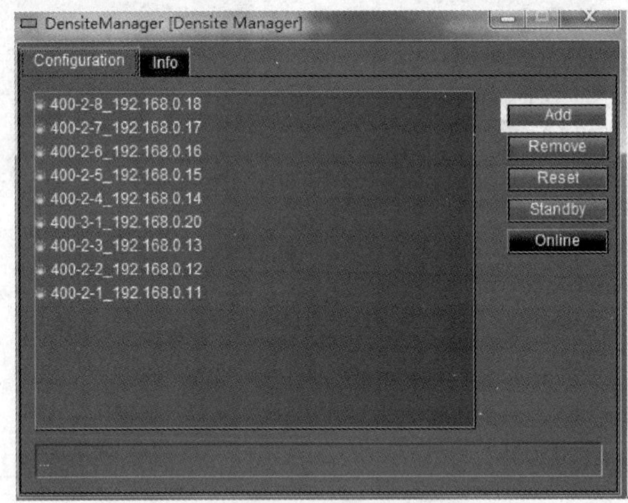

图 8.12

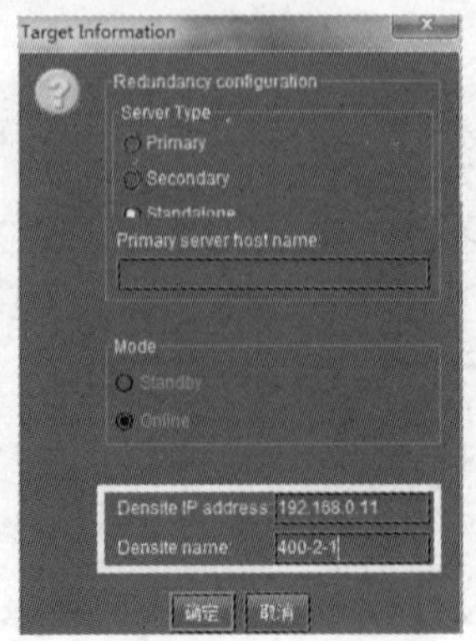

图 8.13

3）状态灯显示

添加完的板卡在页面上显示出工作状态，绿灯表明工作状态正常，红灯表明有告警显示，设备参数中有任意选项报错，都显示为红灯状态。

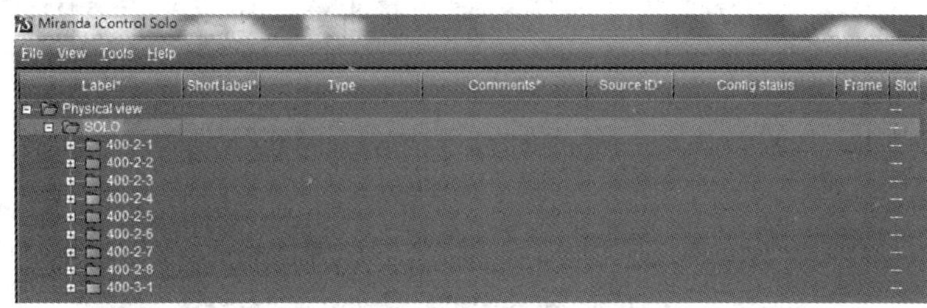

图 8.14

4）查看或修改

点击任意板卡可查看设备工作状态或修改板卡参数。

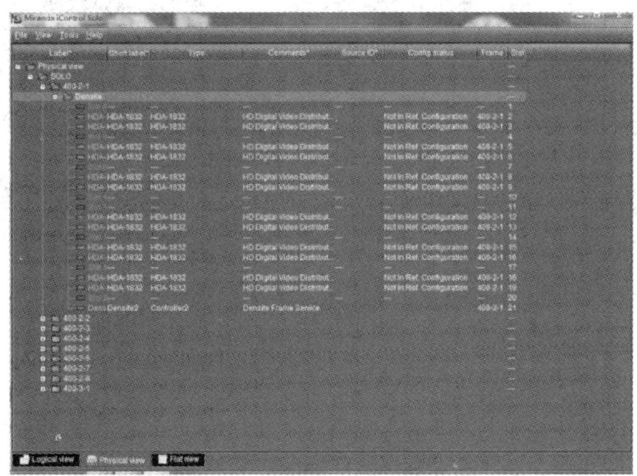

图 8.15

5）告警

双击任意亮红灯的设备，查看告警原因。

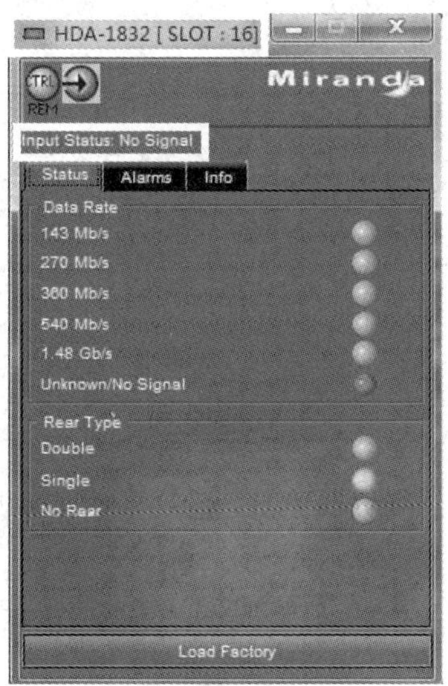

图 8.16

6. 加嵌板卡设置方法

加嵌板卡可在SDI信号中，嵌入PGM音频信号。设置过程中需要注意的是，加嵌通道的选择应从“***CH17***”开始。原因在于，加嵌板卡将SDI信号中的嵌入音频信号通道定义为“***CH1～CH16***”，而外接的音频通路默认定义为“***CH17～CH32***”。具体设置方法如下：

A. 进入加嵌板卡设置菜单，例如***AMX－3981***（AUX6加嵌）；

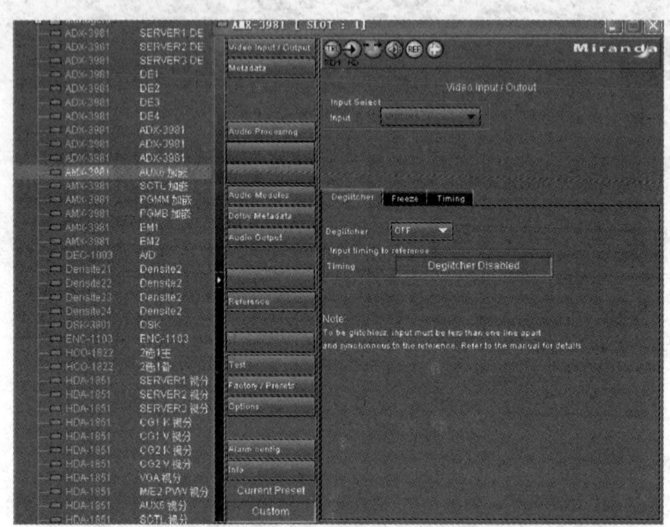

图8.17

B. 进入“***Audio Output***”菜单页面；

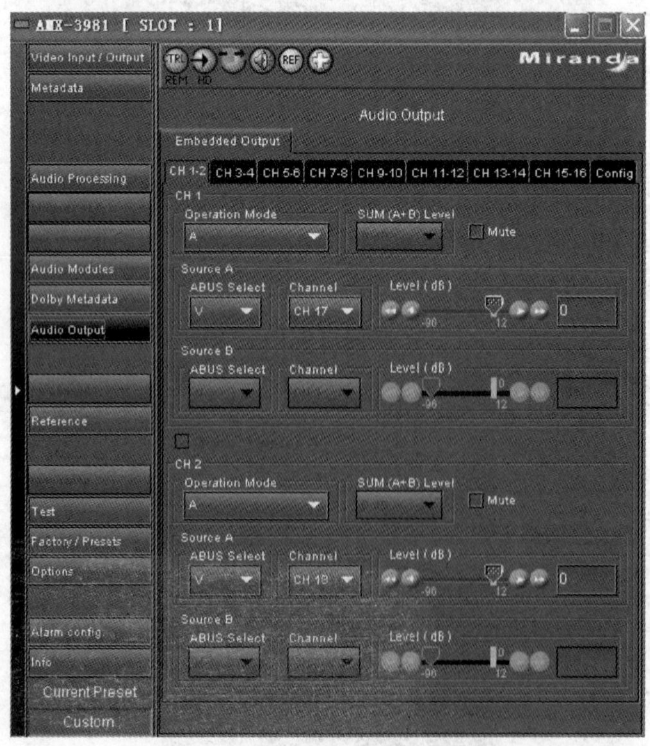

图8.18

C. 在“*CH1*” - “*Source A*” - “*Channel*”中，选择“*CH17*”；

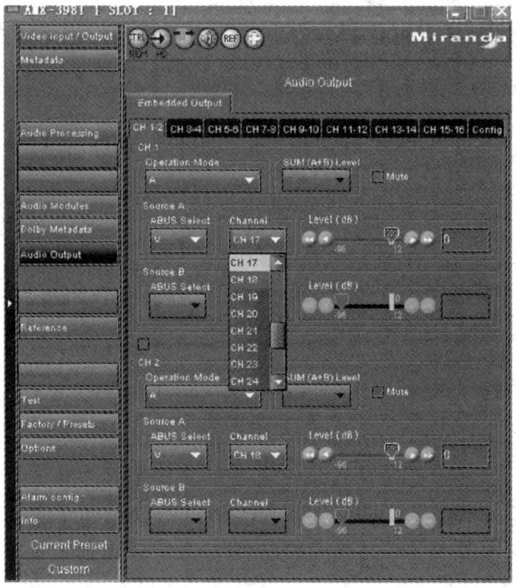

图 8.19

D. 其他声道依次设置。

7. 板卡参数

以下举例某个演播室的周边板卡中，有部分板卡根据演播室实际情况修改了参数，具体内容如下表所示：

板卡位置	功能	型号	菜单设置
3～19	2×1	HCO－1821	Switch－Clean Switch Enable； Timing－2 Line； Preview－PGM。
4～11	TW1	HDC－1861	ARC－OUTPUT 4:3－CROP25%
5～11	TW2	HDC－1861	ARC－OUTPUT 4:3－CROP25%
6～1	DC1	ENC－1103	OUTPUT－PAL－M
6～3	ON－AIR	DEC－1003	INPUT－OPERATION MODE－VCT
6～43	AD	DEC－1003	INPUT－OPERATION MODE－VCT
6～11	PGM SD	HDC－1861	ARC－OUTPUT 4:3－CROP25%
3RU－1	PGM	AMX－3981	AUDIO－AUDIO OUTPUT－CH1－16 IN 17－32
3RU－3	EMG	AMX－3981	AUDIO－AUDIO OUTPUT－CH1－16 IN 17－32
3RU－5	AUX9	AMX－3981	AUDIO－AUDIO OUTPUT－CH1－16 IN 17－32
3RU－7	AUX6	AMX－3981	AUDIO－AUDIO OUTPUT－CH1－16 IN 17－32
3RU－9	SCTL	AMX－3981	AUDIO－AUDIO OUTPUT－CH1－16 IN 17－32
3RU－11	CLN	AMX－3981	AUDIO－AUDIO OUTPUT－CH1－16 IN 17－32
3RU－134	DSK	DSK－3901	SETUP－VIDEO STANDARD－1080/50i； SETUP－GPI－GPI INPUT－GPI IN1 ON－ 1：LOAD LIVE DSK1 F1/K1； 2：CUT UP DSK1。 SETUP－GPI－GPI INPUT－GPI IN1 OFF－CUT DOWN DSK1； SETUP－GPI－GPI INPUT－GPI IN2 ON－ 1：LOAD LIVE DSK2 F2/K2； 2：CUT UP DSK2。 SETUP－GPI－GPI INPUT－GPI IN2。

8. IP 地址列表

支持网络控制协议的周边设备已经连接至交换机，通过控制软件或 IE 浏览器方式可访问或修改，其中包括机箱、画分主机、画分控制器、字幕机、TALLY PC、矩阵、切换台、通话矩阵等。CCU 和 MSU 使用单独网段交换机。IP 地址汇总如下表所示：

交换机	设备	IP 地址	描述	位置
WS 1 - 1	MVS - 6000（SW PROC）	10.1.2.1	切换台主机	RACK5
		10.129.2.1		
WS 1 - 2	MKS - 8010B（SCU）	10.1.1.1	切换台面板	第一排操作台机柜
		10.129.1.1		
WS3 - 1	Miranda Frame DENSITé - 2 - 1	192.168.0.11	2RU 机箱	RACK3
WS3 - 2	Miranda Frame DENSITé - 2 - 2	192.168.0.12	2RU 机箱	RACK3
WS3 - 3	Miranda Frame DENSITé - 2 - 3	192.168.0.13	2RU 机箱	RACK3
WS3 - 4	Miranda Frame DENSITé - 2 - 4	192.168.0.14	2RU 机箱	RACK4
WS3 - 5	Miranda Frame DENSITé - 2 - 5	192.168.0.15	2RU 机箱	RACK4
WS3 - 6	Miranda Frame DENSITé - 2 - 6	192.168.0.16	2RU 机箱	RACK4
WS3 - 7	Miranda Frame DENSITé - 2 - 7	192.168.0.17	2RU 机箱	RACK5
WS3 - 8	Miranda Frame DENSITé - 2 - 8	192.168.0.18	2RU 机箱	RACK5
WS3 - 10	Miranda Frame DENSITé - 3 - 1	192.168.0.20	32RU 机箱	RACK6
WS3 - 11	Miranda Kaleido X16 - 1（技术辅助）	192.168.0.21	视频画分	RACK7
WS3 - 12	Miranda Kaleido X16 - 2（音频）	192.168.0.22	音频画分	RACK7
WS3 - 13	Miranda Kaleido X16 - 3（音频）	192.168.0.23	音频画分	RACK7
WS3 - 14	CG1	192.168.0.24	字幕机	第一排操作台
WS3 - 15	CG2	192.168.0.25	字幕机	第一排操作台
WS3 - 16	Tally PC（动态 UMD 专用控制工作站）	192.168.0.26	Tally PC	RACK2
WS3 - 17	IXS - 6600（Router）	192.168.0.1	矩阵	RACK6
WS3 - 18		192.168.0.2		
WS3 - 19	DSK - 3981	192.168.0.29	下游键板卡	DENSITé - 3
WS3 - 20	Kaleido - RCP2（视频）	192.168.0.30	画分控制面板	第一排操作台
WS3 - 21	Kaleido - RCP2（音频）	192.168.0.31	画分控制面板	音频控制室
WS3 - 22	Eclipse - Pico	192.168.0.32	32 路通话矩阵	
WS3 - 23	Eclipse - Median/48	192.168.0.33	48 路通话矩阵	
WS4 - 1	HDCU - 1080 - 1	192.168.1.1	CCU1	RACK2
WS4 - 2	HDCU - 1080 - 2	192.168.1.2	CCU2	RACK2
WS4 - 3	HDCU - 1080 - 3	192.168.1.3	CCU3	RACK3
WS4 - 4	HDCU - 1080 - 4	192.168.1.4	CCU4	RACK3
WS4 - 5	HDCU - 1080 - 5	192.168.1.5	CCU5	RACK4
WS4 - 6	HDCU - 1080 - 6	192.168.1.6	CCU6	RACK4
WS4 - 7	MSU - 1000	192.168.1.7	摄像机统调	第一排操作台

三、上/下变换器

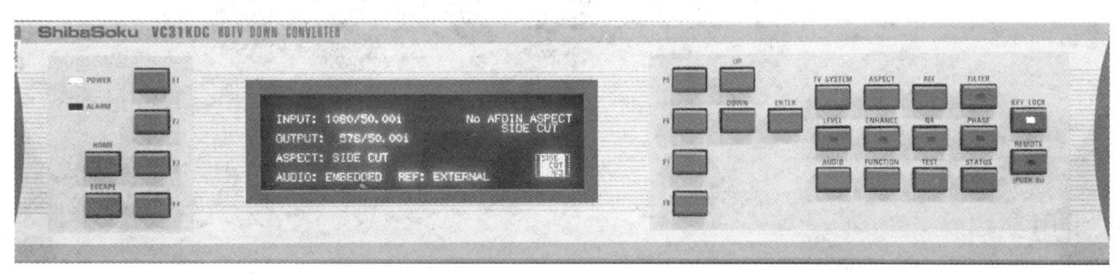

图 8.20

1. 概述

上下变换器用于转换和变换任意格式的高清或标清输入信号到多种格式的输出信号。本文将介绍芝测公司的上/下变换器产品。上变换器表示为 UC，下变换器表示为 DC。

通路设置为：

VRT5	VTR6	FPGM	AUX9E
UC1	UC2	DC1 - VTR5	DC2 - VTR6

2. 功能键 F1 ～F8 的切换方法

通常演播室的上下变化器都将设置好参数，平时为锁定状态。如有需要改变菜单参数时，可长按“***KEYLOCK***”键解锁进行操作。解锁后长按“***KEYLOCK***”键也可对面板进行锁定。

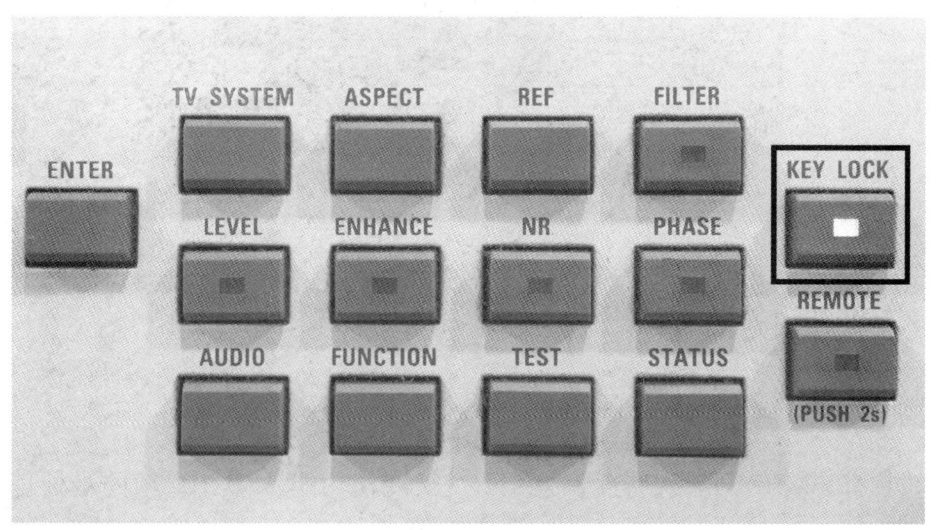

图 8.21

解锁后按"***ASPECT***"键即出现 ***F1～F8*** 功能键的内容，选定需要修改的参数并按"***ENTER***"确认。

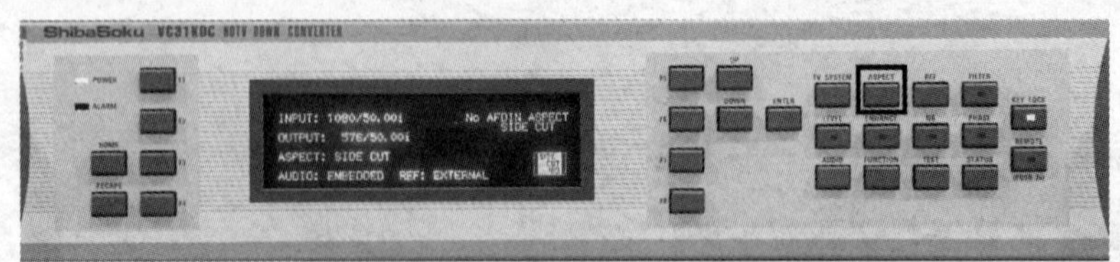

图 8.22

3. 常用参数

1）上变换器参数显示

标清输入	高清输出	上变换方式	音频	同步
576/50.00i	1080/50.00i	加边方式	嵌入式	外同步 BB

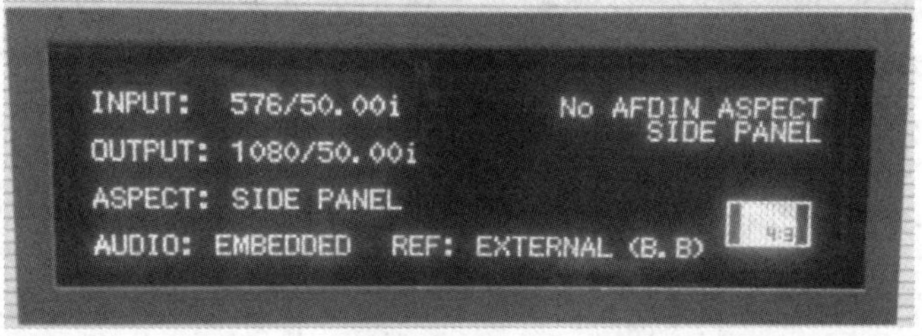

图 8.23

2）下变换器参数显示

高清输入	标清输出	下变换方式	音频	同步
1080/50.00i	576/50.00i	切边方式	嵌入式	外同步 BB

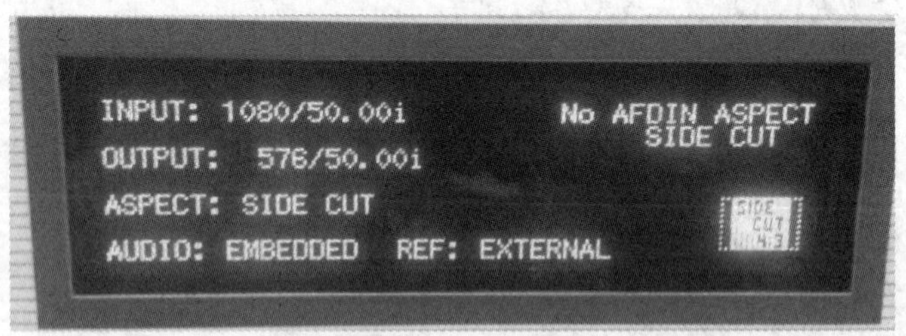

图 8.24

四、交叉变换器（X85）

1. 概述

X85 具有 SD/HD 可升级特性、上/下/交叉变换功能、SD/HD 帧同步处理以及更多视音频处理功能。支持声画同步校正，并具有 8 路 AES 音频输入/输出，可进行 32 路内部音频处理。

X85 交叉变换器可以设置为 ***SDI1*** 为下变换通道，***SDI2*** 为上变换通道。

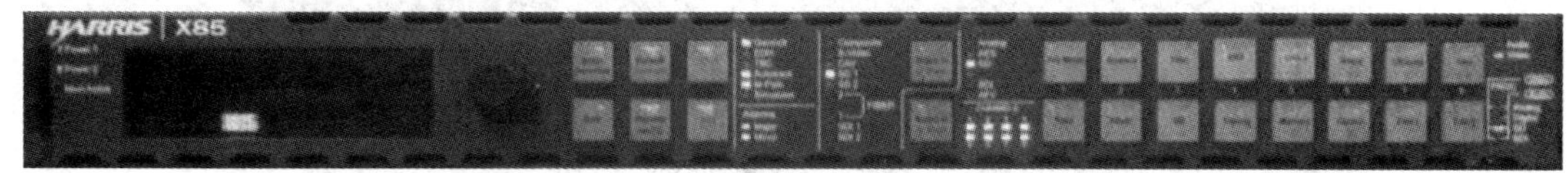

图 8. 25

2. 同步设置

使用时需先查看 X85 控制面板上同步设置是否为长亮状态，长亮为正常工作状态。

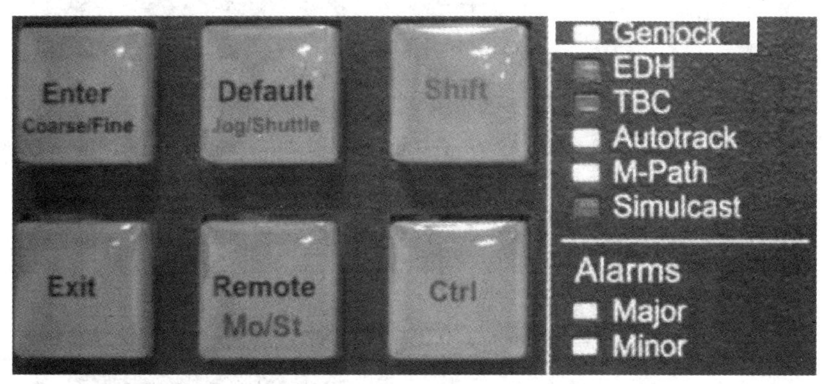

图 8. 26

3. 上/下变换设置

X85 的 SDI1 和 SDI2 输入兼容 HD SDI 和 SDI，是常用通路。SDI1 和 SDI2 通路可以设为单路处理模式或交叉变换模式。

以 SDI1 单通路设置为下变换为例，操作如下：

A. 点击控制面板上"***Video In***"激活菜单页面，显示屏显示"***Main Menu v3. 8***"页面。

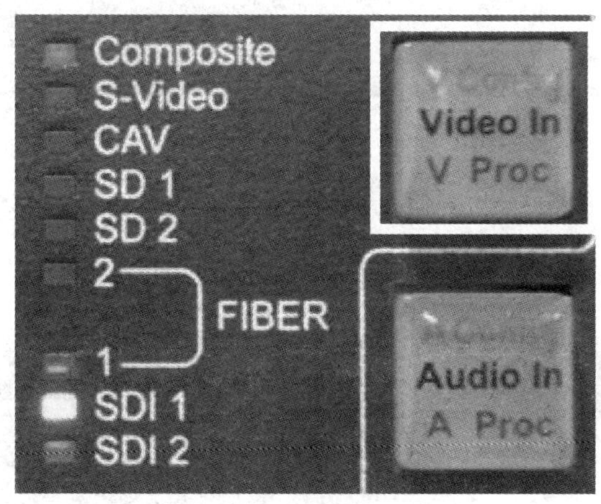

图 8. 27

B. 旋转控制面板上的旋钮到"***Video Setup***",并按旋钮确认进入菜单选项。

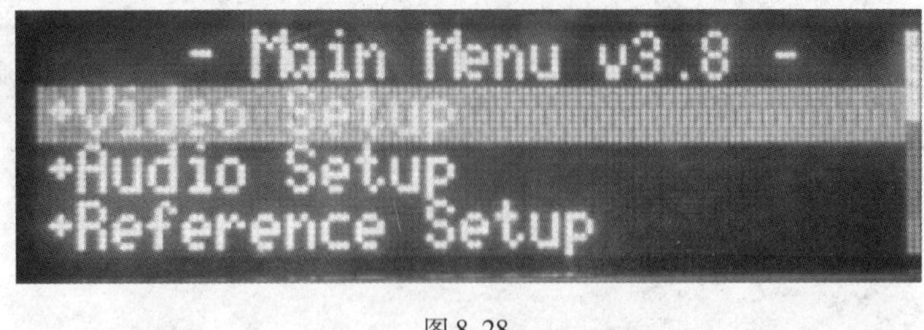

图 8.28

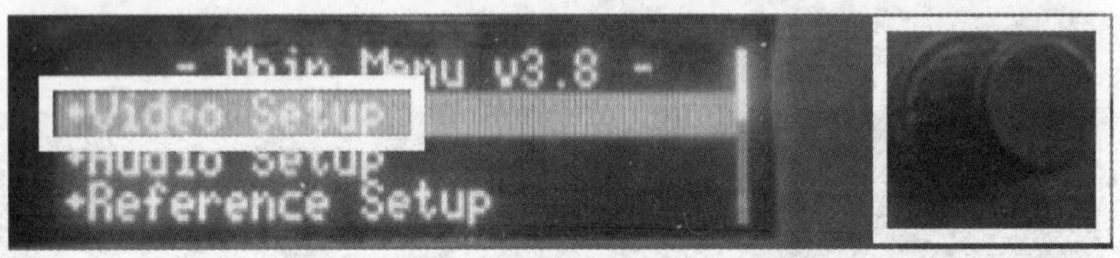

图 8.29

图 8.30

C. 旋钮至"***SDI1 Output Std***"进入菜单,对所需要的参数进行查找并按下旋钮确认所选参数,下变换的输出选项为 ***625***。此时,***SDI1 OUT*** 变为标清 SDI 输出;

D. 若要实现上变换,输出选项为 ***1080i/50***。

图 8.31

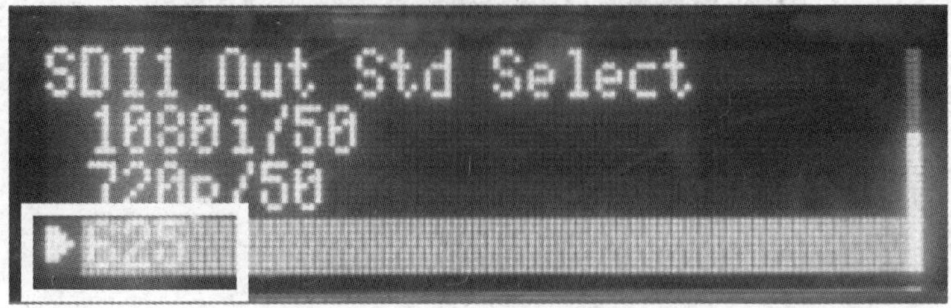

图 8.32

4. 下变换幅形设置

当 ***SDI1*** 选择为下变换时，幅形变换需选择 ***4:3*** 切边方式。

1）操作

A. 点击控制面板上“***Video In***”激活菜单页面或直接点击“***ARC***”快捷键。

图 8.33

B. 点击“***Video In***”激活菜单页面，显示屏显示“***Main Menu v3.8***”页面。旋转控制面板上的旋钮到“***Video Setup***”，并下按旋钮确认进入菜单。

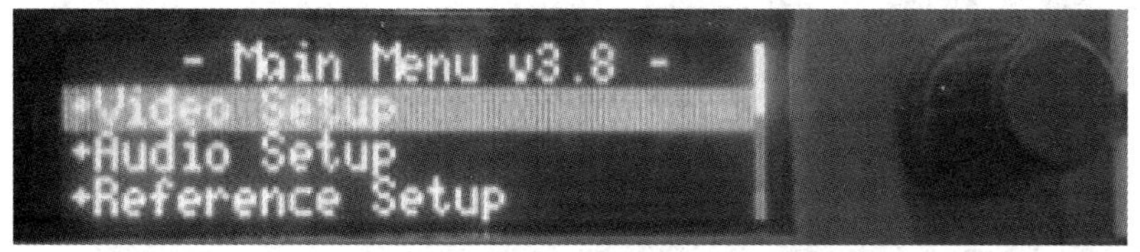

图 8.34

图 8.35

C. 旋钮至“***SDI Processing***”项下按旋钮确认进入菜单，依次按选项“***SDI1***”确认“***ARC***”确认。

图 8.36

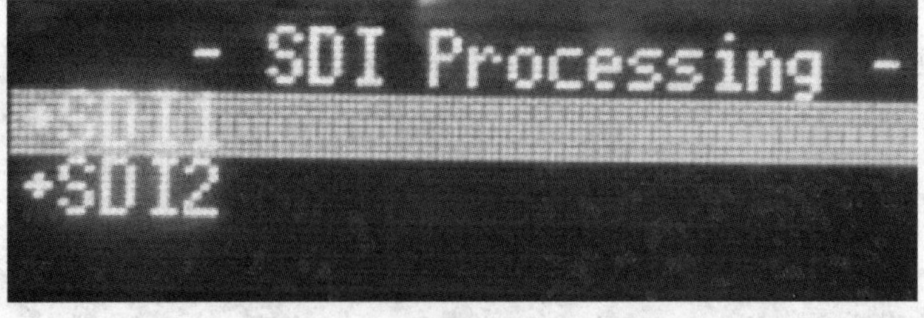

图 8.37

图 8.38

图 8.39

D. 旋钮至“***ARC Preset***”确认，选择“***4:3 Cut***”确认，***SDI1 OUT*** 设为切边方式下变换输出。

图 8.40

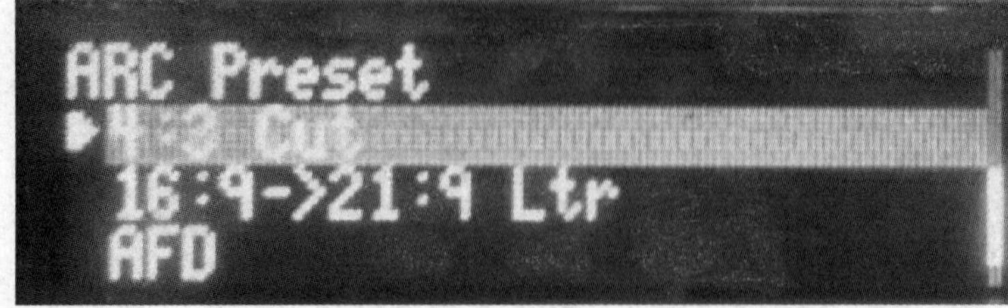

图 8.41

2）快速操作方法

当仅适用一种幅形变换时，可通过快捷键“***ARC***”快速设置。

选择直接点击“***ARC***”键：

A. 双击“***ARC***”键，使其处于长亮状态，显示屏显示“Variable”页面。

图 8.42

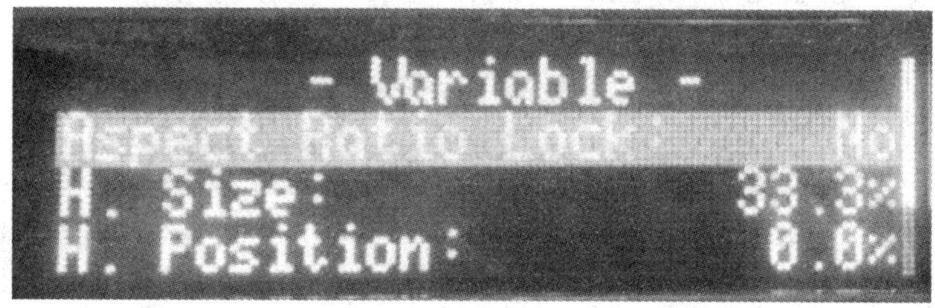

图 8.43

B. 点击“***Exit***”键，使页面返回到上一级“***ARC***”菜单。

图 8.44

C. 旋钮至“***ARC Preset***”确认，选择“***4:3 Cut***”确认，设置完毕。

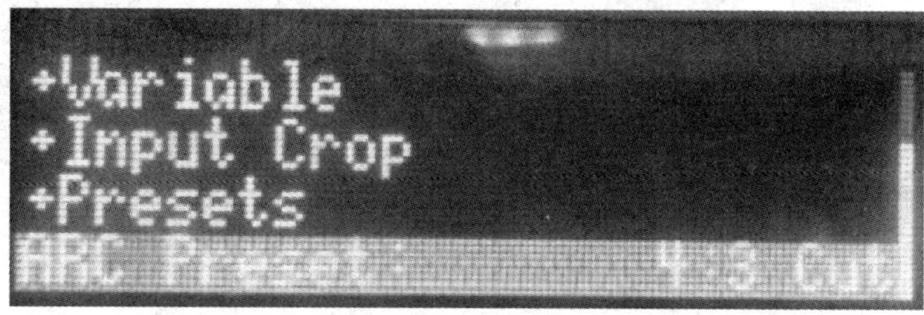

图 8.45

图 8.46

5. M－PATH （交叉变换）

X85 交叉变换器的“*M－PATH*”状态是将 X85 输入输出通路设为矩阵模式，可实现单路、双路或交叉变换。

1）单通路

双击“***Video In***”按键使其保持长亮状态。显示屏显示“***All Out Sel***”页面，选择“***SDI1***”按旋钮确认。此时，所有输出均设为 ***SDI1 IN***，这种方式只可选择单一通道。

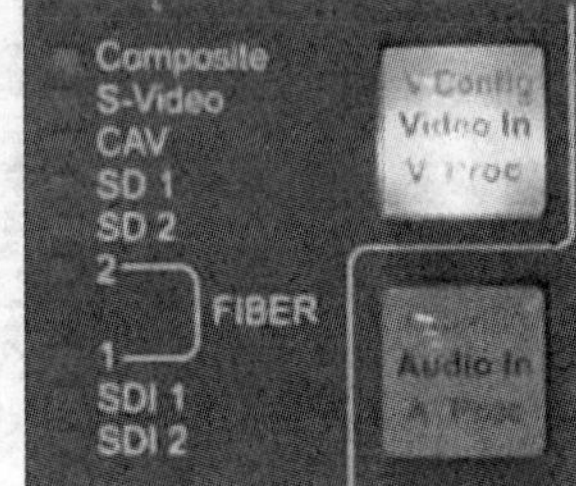

图 8.47

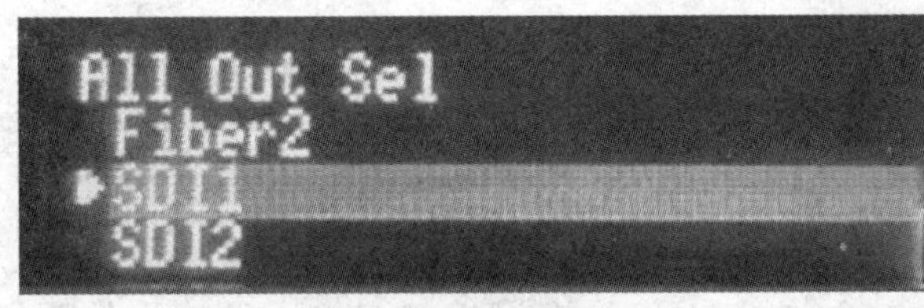

图 8.48

2）设置两个转换通道

点击“***Video In***”，旋转旋钮到“***Video Setup***”菜单并按下旋钮确认进入菜单；

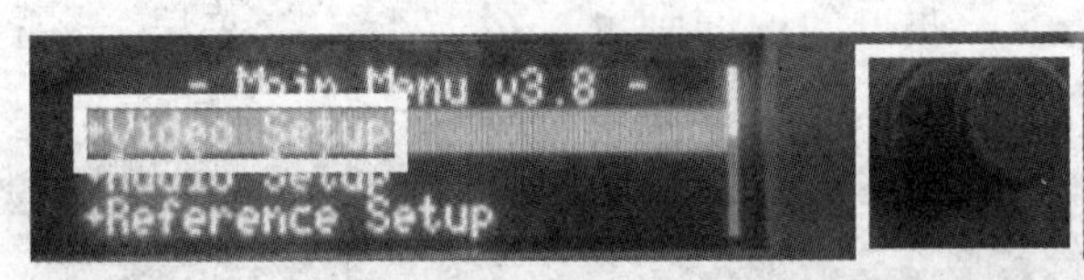

图 8.49

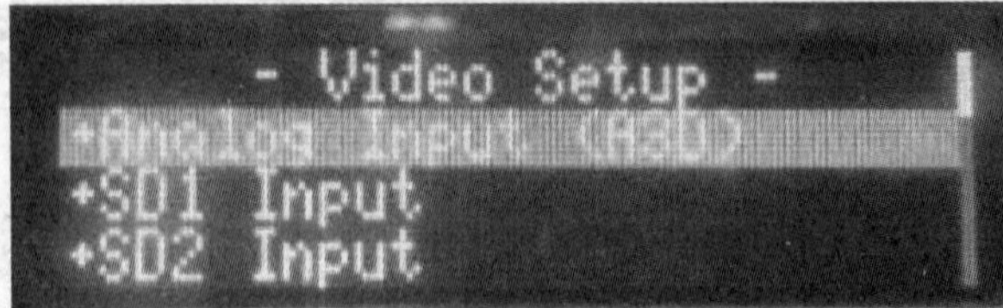

图 8.50

旋钮选择“***Routing Setup***”确认进入，选择“***Video M－Path***”确认进入；

图 8.51

图 8.52

将 ***SDI1 OUT SEL*** 选为 ***SDI1***，***SDI2 OUT SEL*** 选为 ***SDI2***，此时 ***SDI1 OUT*** 输出 ***SDI1 IN*** 转换后信号，***SDI2 OUT*** 输出 ***SDI2 IN*** 转换后的信号。

"***M－PATH***" 可实现交叉变换通路设置，即 ***SDI1 OUT*** 输出 ***SDI2 IN*** 转换后信号，***SDI2 OUT*** 输出 ***SDI1 I N*** 转换后信号。

	SDI1 OUT	SDI2 OUT
SDI1 IN	◎	◎
SDI2 IN	◎	◎

如果演播室默认所有输出通道都为 ***SDI1***，控制面板上显示闪烁状态，有输入信号进来时 ***SDI1*** 将为长亮状态。

图 8.53

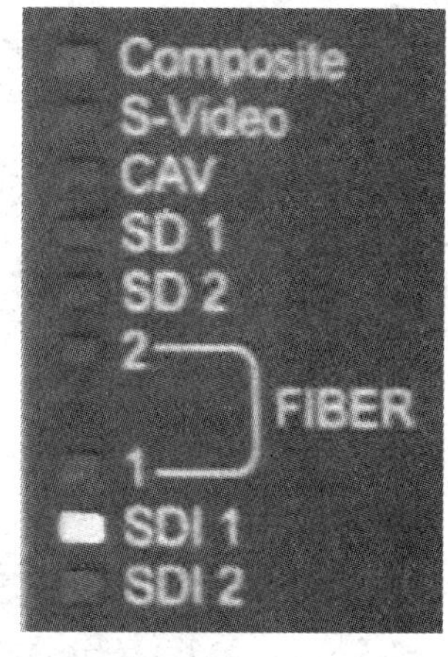

图 8.54

图 8.55

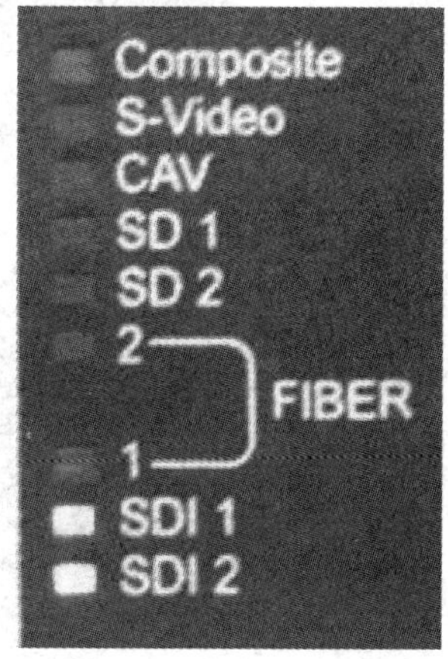

图 8.56

6. 音频处理

X85 内置音频处理模块可完成加嵌和解嵌功能。

1）检查音频输入状态

查看 X85 控制面板上音频嵌入的 8 路是否为长亮状态。长亮状态为音频信号正常输入。

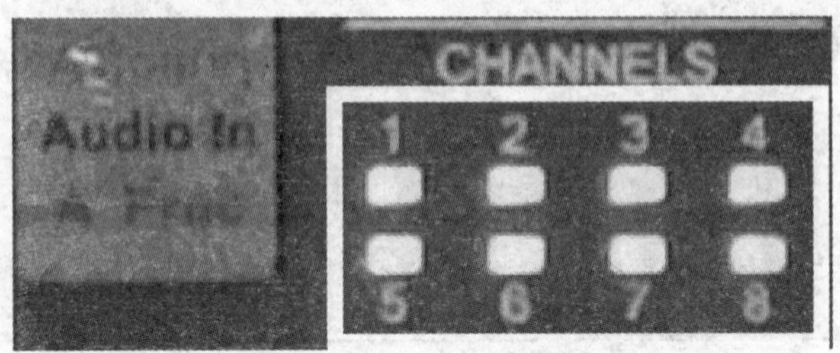

图 8.57

2）加嵌设置

X85 可将数字音频输入信号嵌入到 SDI 输出通路中，最多可嵌入 8 路 AES 数字音频信号，加嵌设置方法如下：

A. 进入 X85 菜单，进入“***Audio Setup***”音频设置页面；

图 8.58

B. 进入“***Output Setup***”音频输出设置页面；

图 8.59

C. 进入“***SDI1 Embedding***”SDI1 音频加嵌设置页面；

图 8.60

D. 开启对应的加嵌音频通路；

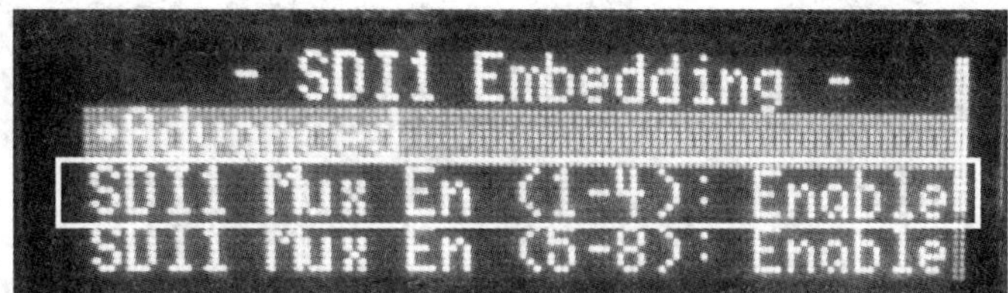

图 8.61

E. 开启 ***SDI1*** 的 1－4 音频加嵌通路，设置“***Enable***”，并依次开启其他加嵌通路；

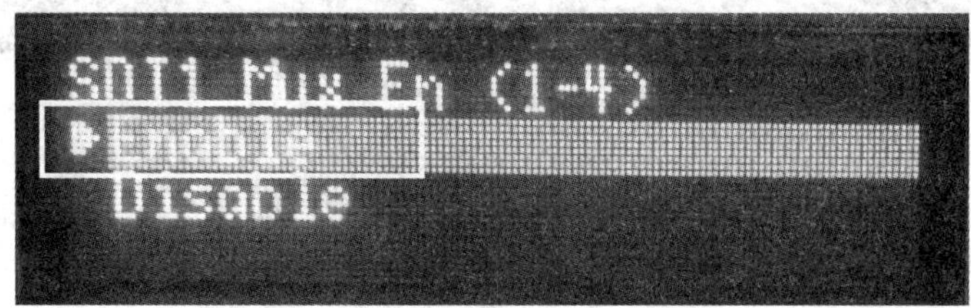

图 8.62

F. 设置加嵌音频输入源，进入 ***Audio Setup*** 菜单中的“***Routing***”音频路由设置页面；

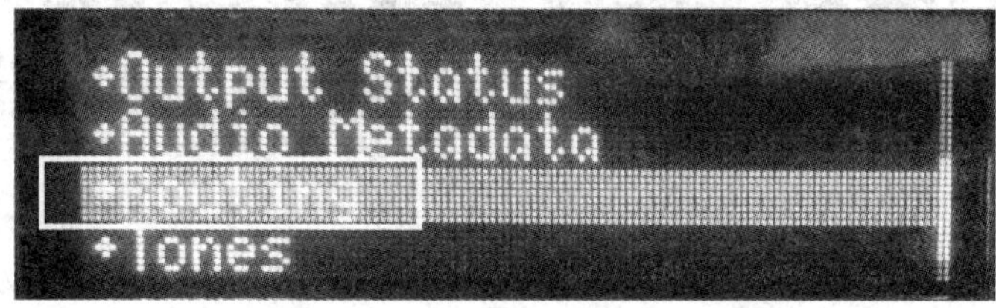

图 8.63

G. 进入“***Audio In Src Select***”音频输入源设置页面；

图 8.64

H. 选择音频加嵌源自 ***AES***，进入“***Audio In Src Select***”，选择 ***AES***。

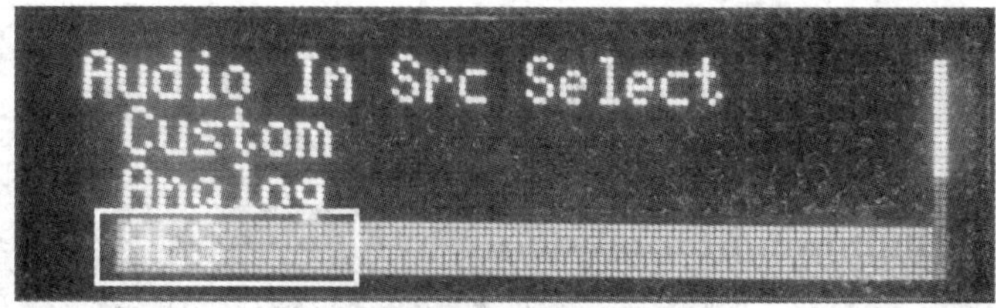

图 8.65

以上设置步骤完成后，X85 将 AES 数字音频输入信号，嵌入到 ***SDI1*** 输出通路中，***SDI2*** 通路也可参考以上设置步骤。

3）解嵌设置

X85 可将 SDI 输入信号中的数字音频信号，经过解嵌处理，将数字音频信号通过数字音频接口输出至音频系统。解嵌设置方法如下：

A. 进入 X85“***Audio Setup***”–“***Output***”音频输出设置菜单；

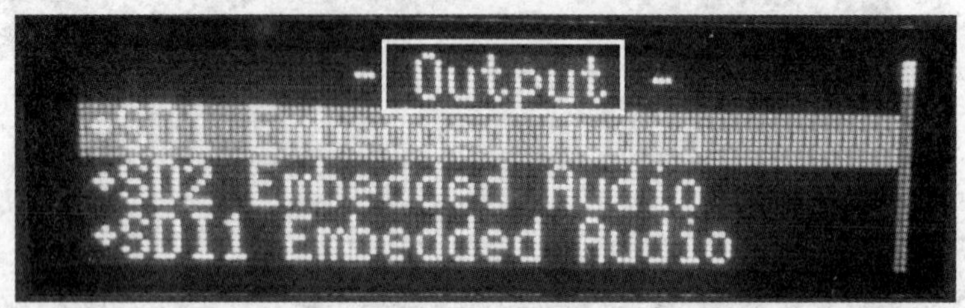

图 8.66

B. 进入“***SDI1 Embedded Audio***”嵌入音频设置菜单，确认嵌入音频通道是否一一对应；

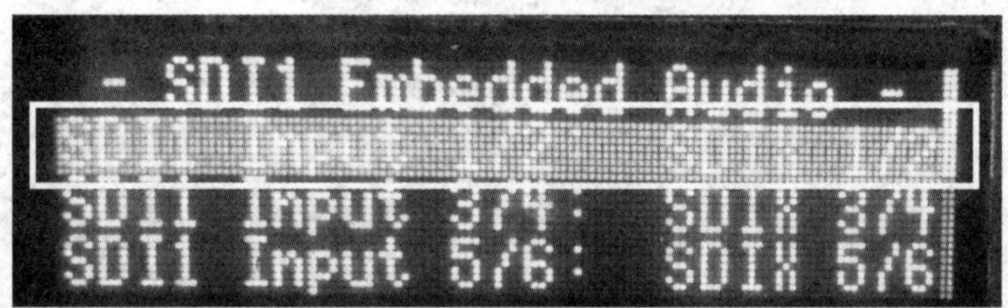

图 8.67

C. 返回“***Output***”菜单，进入“***AES1 OutA***”，数字音频输出设置菜单；

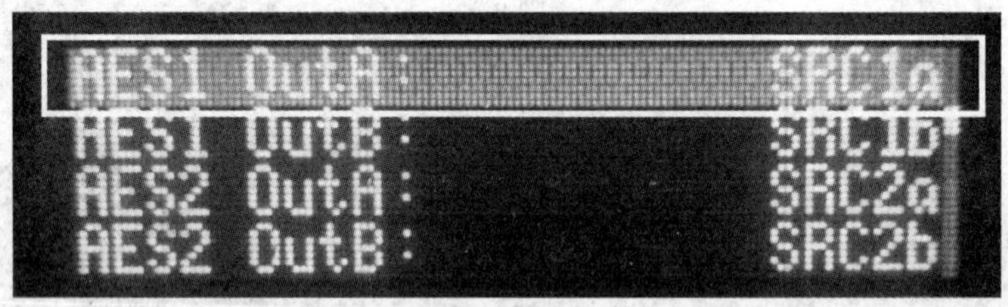

图 8.68

D. 选择“***AES1 OutA***”通道来自于“***SRC1a***”，即选择解嵌信号源为 SDI 加嵌信号中的第 1 声道；

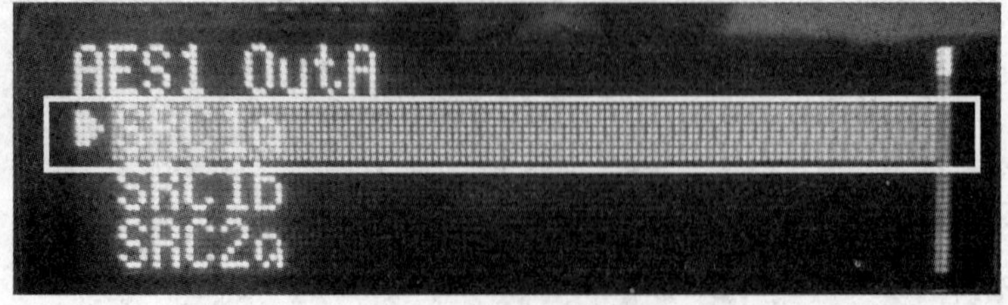

图 8.69

E. 依次设置 ***AES1～AES4*** 的 8 路 AES 通道后，X85 的数字音频输接口可输出 SDI 加嵌信号中的音频信号。

7. 相位调整

X85 作为信号处理设备的同时，也作为信号源，将处理后的信号送至制作系统再次处理。因此，需要对 X85 的输出通道做相位调整。调整方法如下：

A. 进入 X85 菜单设置页面，进入“***Video Setup***”视频设置菜单；

图 8.70

B. 进入“***SDI Processing***”SDI 处理菜单；

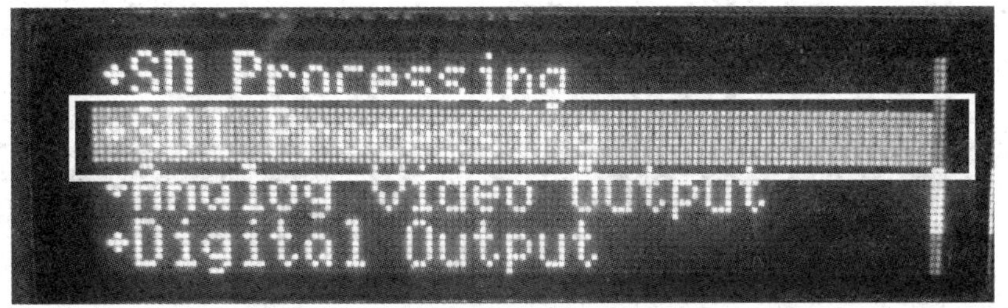

图 8.71

C. 选择处理通道，例如“***SDI1***”，进入下一级菜单；

图 8.72

D. 找到“***SDI1 Out V－Phas***”和“***SDI1 Out H－Phase***”，SDI 输出相位调整菜单，其中“***V***”用于场相位调整，“***H***”用于行相位调整；

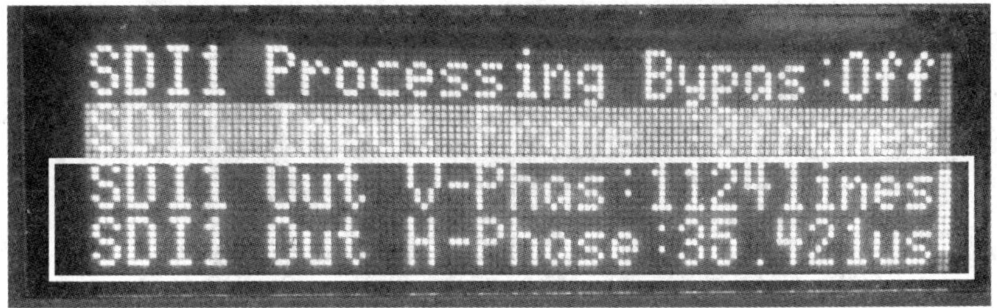

图 8.73

E. 根据示波器相位调整功能，调整场相位和行相位，使 X85 的 SDI1 输出相位与视频系统相位吻合。

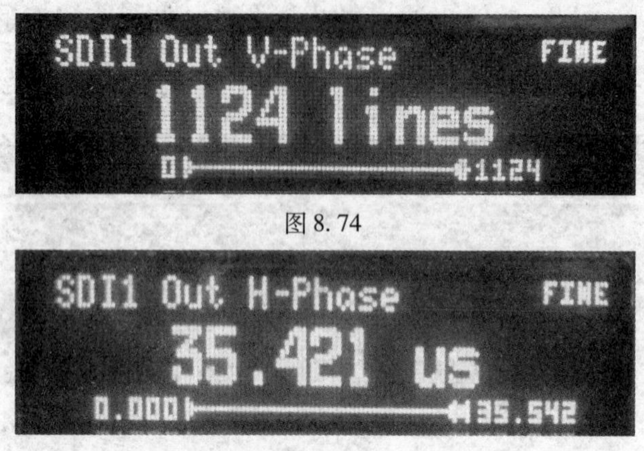

图 8.74

图 8.75

五、VGA 转换器（ANALOG WAY）

图 8.76

1. 连接 VGA 线

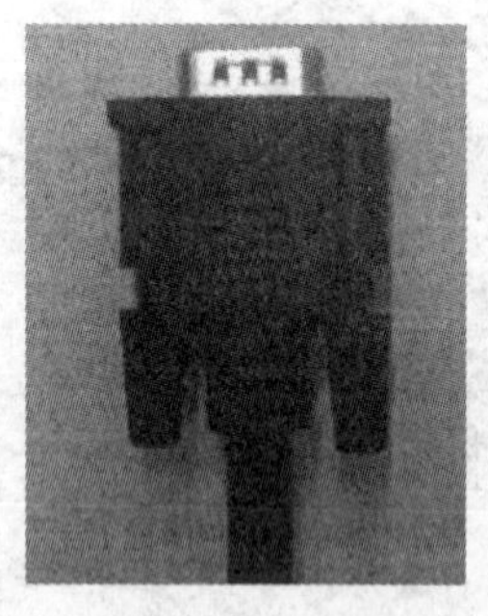

图 8.77

图 8.78

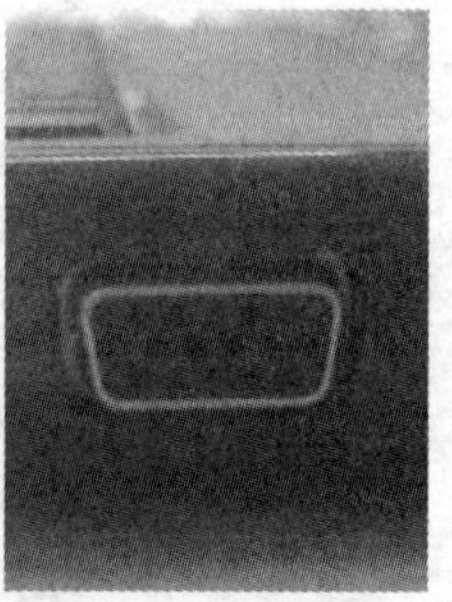

图 8.79

2. 开机

电源开关位于背后。

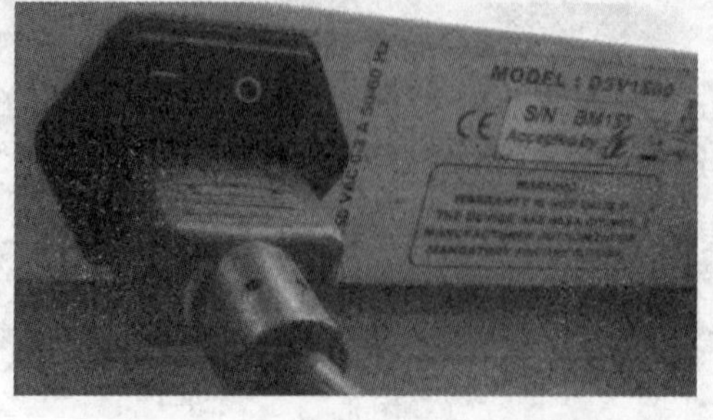

图 8.80

3. 电脑 VGA 输出

电脑 VGA 信号通常使用复制方式输出至 ANALOG WAY。大部分情况下，在连接 VGA 线以后再开启 ANALOG WAY，VGA 信号可自动输出至 ANALOG WAY。在其他情况下，参考以下操作方法：

快捷键方式：

Windows7：***Windows*** 键 + ***P***；

WindowsXP：***Fn*** + ***F*** 功能键。

显卡驱动程序方式：

进入显卡驱动程序或显卡调整软件，设置双屏显示。

4. 状态检查

VGA 转换器菜单显示：

通常情况下，电脑输出 VGA 信号后，ANALOG WAY 屏幕显示以下状态：

图 8.81

无识别 VGA 信号时，屏幕显示状态为：

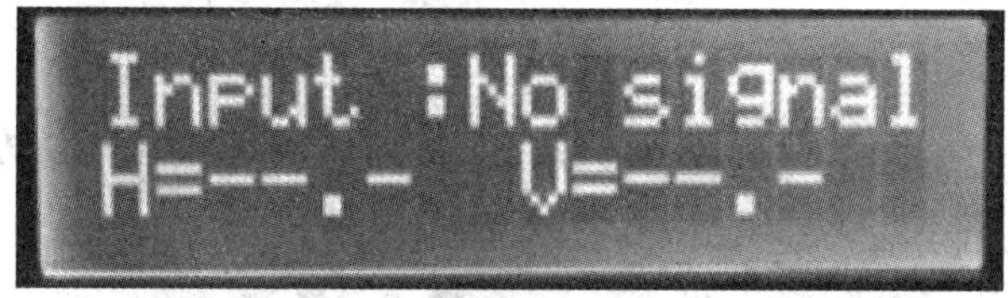

图 8.82

输出状态通常为：

图 8.83

视频系统内监看显示：

通过切换台和矩阵，可检查 VGA1 信号状态。

5. 画幅调整

1）电脑分辨率

通常情况下，电脑屏幕分辨率应设为 ***1024 ×768***。

2）位置

点击 ***POS***，使用旋钮调整 ***H*** 和 ***V***，使有效画面在水平和垂直方向上完整显示。

3）尺寸

点击 ***SIZE***，使用旋钮调整 ***H*** 和 ***V***，使有效画面在水平和垂直方向上全屏显示。

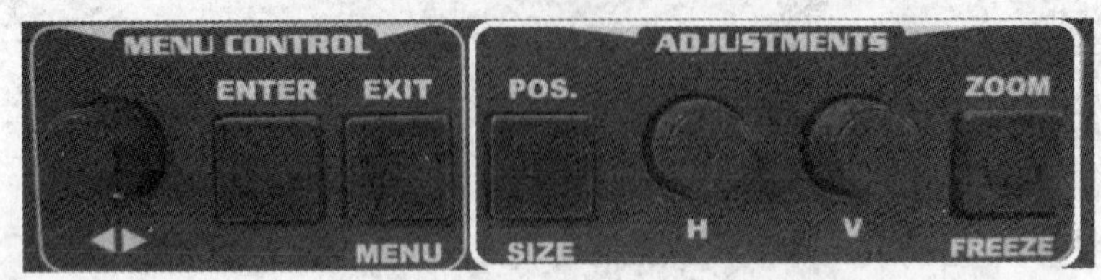

图 8. 84

6. VGA 转换器菜单设置

1）输入选择菜单

A. 点击“***MENU***”按钮，屏幕显示菜单项，每页两行，通过旋钮上下翻页；

B. 找到“***INPUT***”菜单，点击面板“***ENTER***”，进入下一级菜单；

C. 找到“***Input selection***”菜单，选择“***Analog***”，确认 VGA 输入。

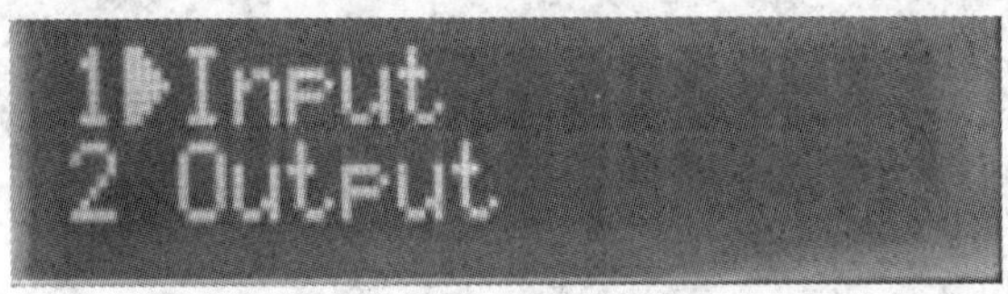

图 8. 85

2）同步选择菜单

在“***Input***”菜单，找到“***Genlock load***”，页面显示“***Gen sync load***”选择“***75Ω***”。

图 8. 86

图 8. 87

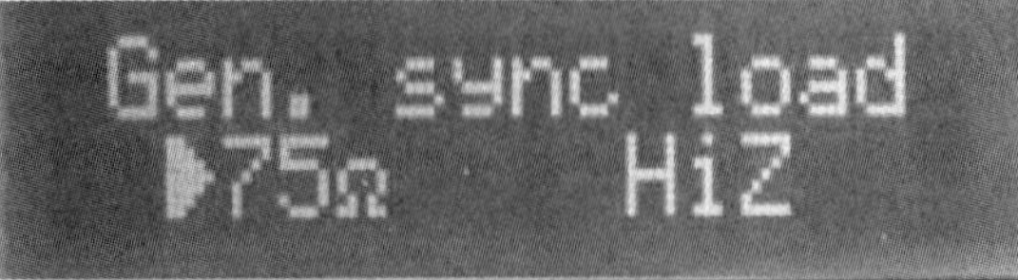

图 8. 88

3）输出信号选择

进入“***Output***”菜单，找到“***Output rate***”，选择“***Genlock***”。正常状态下，屏幕输出状态显示“***Output PAL***”“***Genlock 50. 00Hz***”。

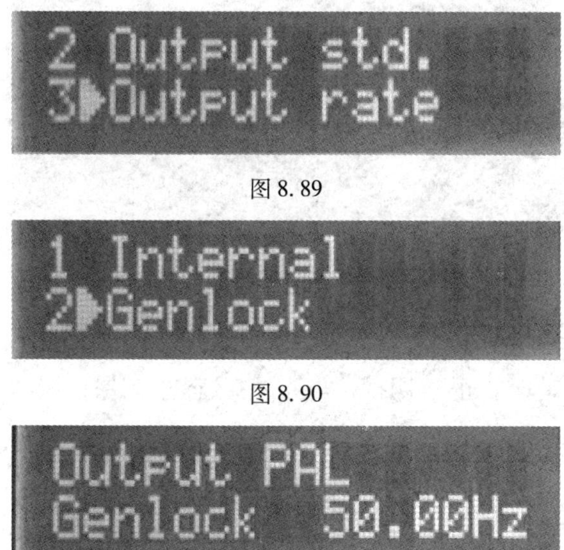

图 8. 89

图 8. 90

图 8. 91

4）测试信号

进入“***Output***”菜单，找到“***Test pattern***”，选择“***yes***”，VGA 转换器输出 75% 彩条信号。“***Test pattern***”可用于 VGA 转换器输出通道测试。

图 8. 92

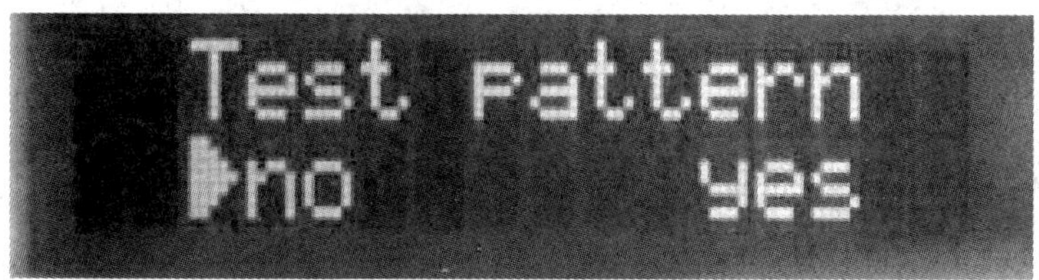

图 8. 93

六、应急切换开关

1. 二选一切换开关

正常情况下为“***Normal***”绿灯状态，“***Emergency***”为应急状态。

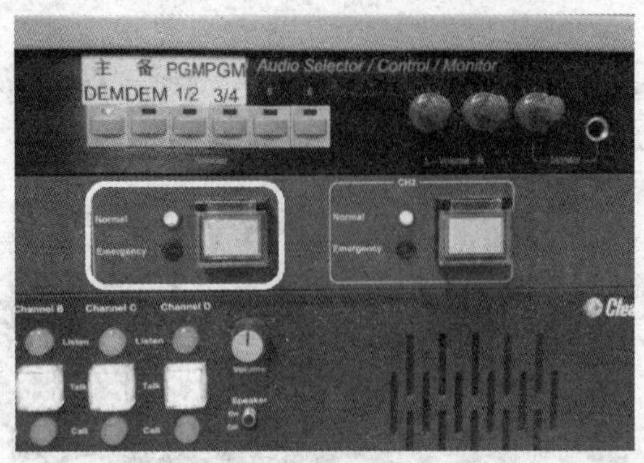

图 8.94

注：准备工作时要将应急切换开关切换一次，因为触发开关有时在开机后不起作用，或者状态灯显示错误。正常切换后，开关状态才能保证准确。

2. 四选一切换开关

四选一切换器为应急切换开关，在控制台切换台上方。***1*** 路为主路，***2*** 路为备路。

开机后进行切换查看，最终保证状态为 ***1*** 通道。

注：面板左上角 "***PANEL LOCK***" 键可进行锁定面板操作。平时此键为点亮状态，应急切换前应将此按键点灭。

图 8.95

七、DSK 键控器

DSK 键控器为字幕的应急切换开关，DSK 键控器面板在切换台触摸屏字幕机显示器下方。标签为 ***CG1*** 和 ***CG2***，分别对应主备两台字幕机。

加电后为绿灯状态。

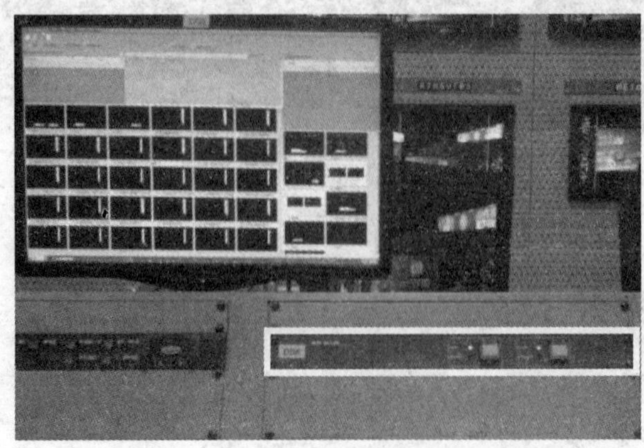

图 8.96

在二选一应急切换开关由 ***Normal*** 绿灯状态切换到 ***Emergency*** 红灯状态时，DSK 键控器的 ***CG1*** 和 ***CG2*** 代替切换台 PP 级的下游键来使用。此时由键控器来控制主备字幕机输出是否叠加到矩阵 EMG 输出的画面上。绿灯状态为下键，红灯状态为上键。

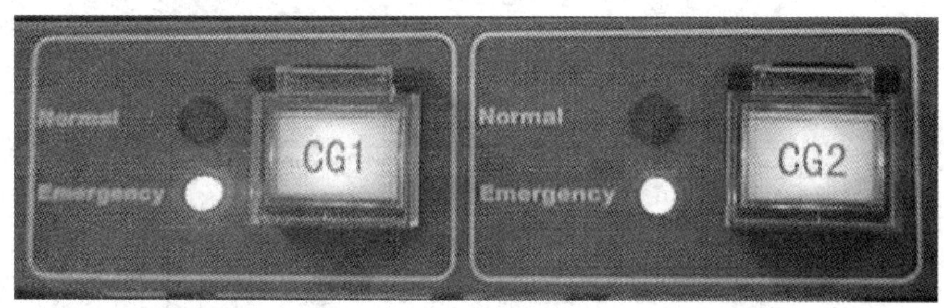

图 8.97

键控器面板通过 GPI 方式控制机箱中的 DSK 板卡完成相应动作。

板卡设置如下：

3RU－134	DSK	DSK－3901	SETUP－VIDEO STANDARD－1080/50i； SETUP－GPI－GPI INPUT－GPI IN1 ON－ 1：LOAD LIVE DSK1 F1/K1； 2：CUT UP DSK1； SETUP－GPI－GPI INPUT－GPI IN1 OFF－CUT DOWN DSK1； SETUP－GPI－GPI INPUT－GPI IN2 ON－ 1：LOAD LIVE DSK2 F2/K2； 2：CUT UP DSK2； SETUP－GPI－GPI INPUT－GPI IN2；

八、时钟

1. DJS3000 倒计时控制器

倒计时控制器用于调整时钟和倒计时。

图 8.98

A 为“➡”，B 为“+/确认”，C 为“自检”。

图 8.99

可用 A、B、C 按钮进行操作，操作如下：

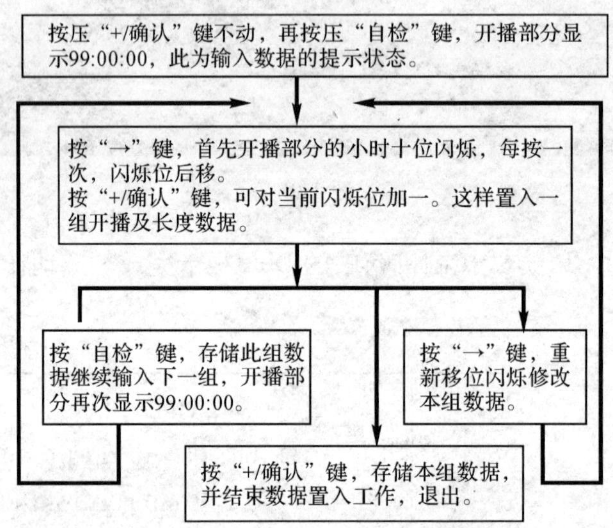

图 8.100

2. GS－2 型高稳时钟

高稳时钟在控制机房的机柜上，每天开机需要点击**“输入允许”**。

图 8.101

九、同步机

1. 概况

演播室同步系统包含三电平和 BB 两种同步信号。三电平为大部分高清设备提供同步信号，BB 为一部分高清设备和标清设备提供同步信号。

以 BB 为同步锁相信号的设备包括：标清录像机、上/下变换器、音频同步机、D/A 转换卡、接口箱等。

2. 同步机结构

演播室同步系统由主/备同步机、倒换器、分配器等组成。

同步机位于主机房。

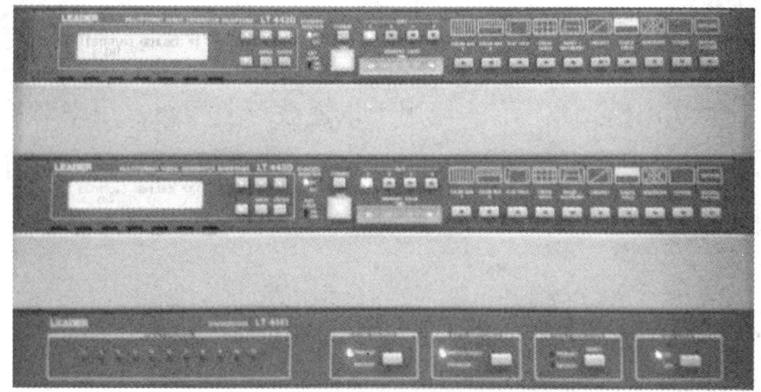

图 8.102

三电平电缆是黄色，BB 电缆是绿色。

图 8.103

3. 同步格式查看

演播室同步机共有三组同步输出卡，分别为“***BLACK1***”、“***BLACK2***”、“***BLACK3***”。点击同步机上的 ***FORMAT*** 按钮查看同步格式的选项，***BLACK1*** 和 ***BLACK2*** 为“***1080i/50***”（高清三电平），***BLACK3*** 为“***PAL BB***”（BB）。

图 8.104

图 8.105

十、示波器

1. LEADER LV5381

1）概况

演播室的 LEADER LV 5381 示波器用于讯道波形监视器，用来对 CCU 输出的信号进行校准和监视，可以显示视频信号的波形图、矢量图和嵌入的音频信号等，需要相关的选件支持。

2）结构

讯道示波器的输入信号来源于 CCU 的 ***HD SDI1*** 输出过视分后的信号。讯道监视器的输入信号来源于 CCU 的 ***HD SDI3*** 的带字符的输出信号。以 HDC－1580 为例，CCU 的 HD SDI1/HD SDI2 是不带字符的输出信号，HDSDI3/HDSDI4 是带字符的输出信号。

3）操作

点亮示波器的 ***WFM*** 键显示波形图即亮度信号，利用 RCP 面板上的光圈推杆结合波形图可对拍摄画面进行亮度调整。

长按 ***WFM*** 键可在示波器显示屏上出现相应的菜单调整选项，用对应的 ***F1～F5*** 进行修改。用 ***FD2*** 将垂直刻度线调整到 0 的位置。亮度信号的峰值在 0～700mV 之间为有效亮度信号。

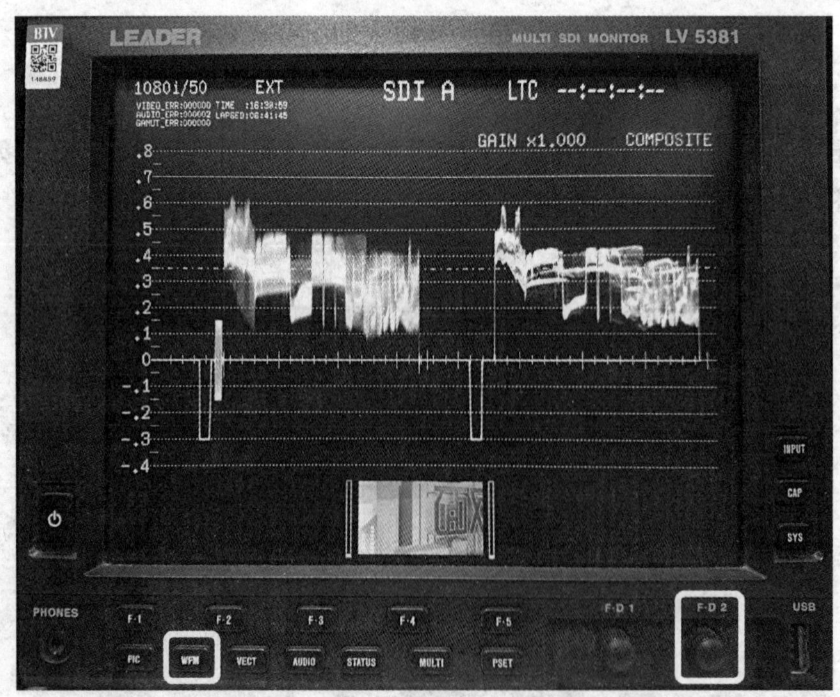

图 8.106

点亮 ***VECT*** 键显示矢量图即色差信号，在不同摄像机拍摄相同画面有色差时，可结合 RCP 面板用矢量图来进行手动调整画面色差。

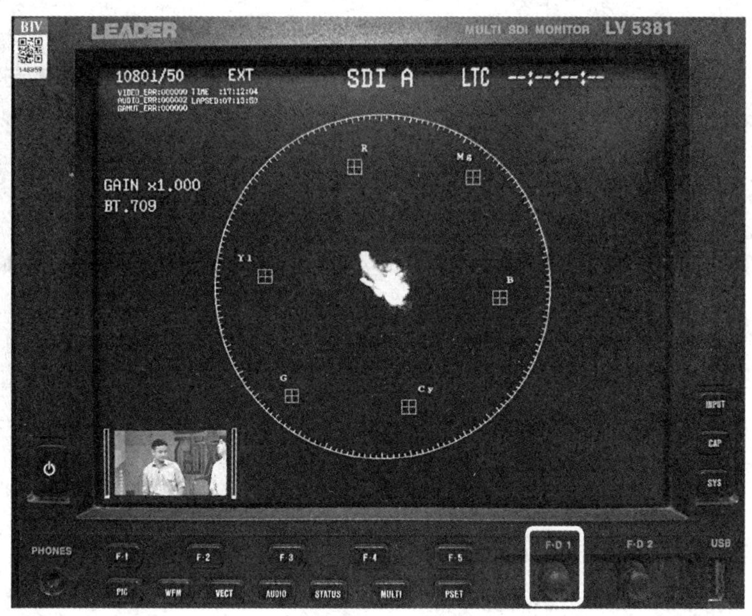

图 8. 107

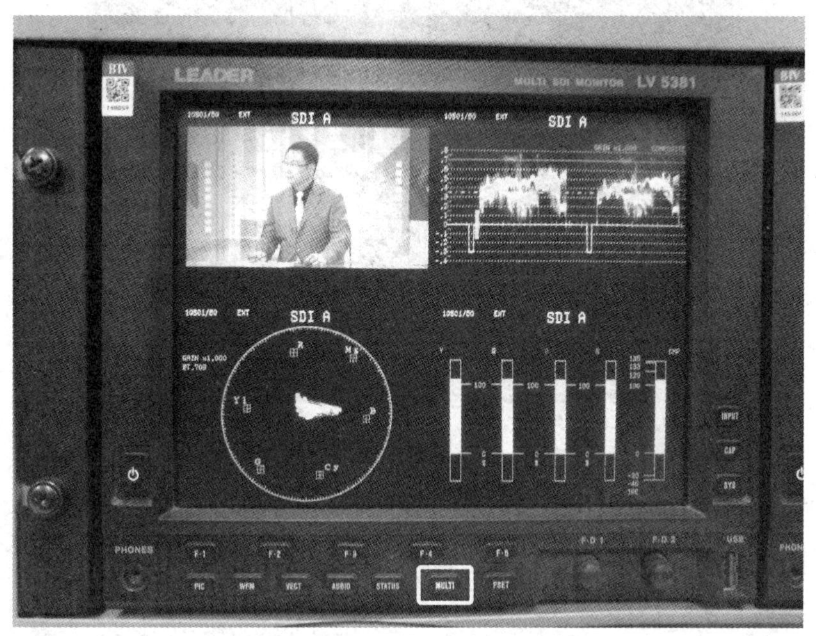

图 8. 108

点亮 ***MULTI*** 键屏幕上同时显示图像、波形、矢量、5 – BER（5 条）信号等。

2. LEADER LV7800

1）概况

技术示波器的 ***UNIT1*** 有 A、B 两路信号输入，例如两路信号输入分别来自 ***A***：切换台的 AUX5，***B***：矩阵的 VE。

技术示波器上有 ***WFM***（波形图）、***VEC***（矢量图）、***PIC***（图像）、***AUDIO***（音频表）、***STATUS***（状态）、***EYE***（眼图）等选项。***F1～F7*** 为显示屏上所对应选项的功能调整按钮。

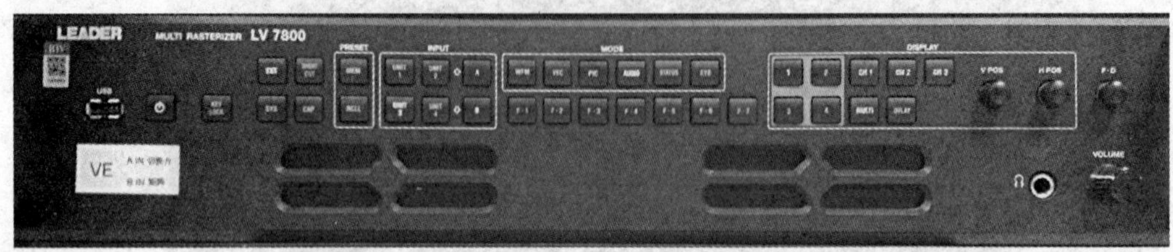

图 8.109

显示屏上有四个窗口，可在面板上的 ***1～4*** 按钮来选择，通常窗口分布显示如下表：

1	2	3	4
1/A	1/A	1/A	1/A
VEC	EYE	AUDIO	PIC

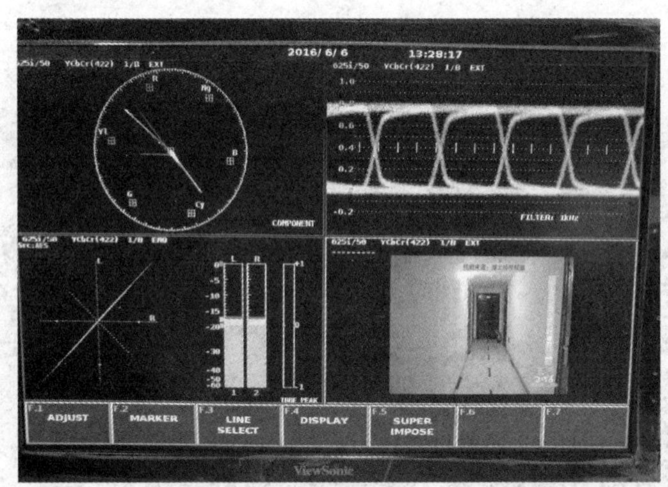

图 8.110

2）检查信号源同步状态

技术示波器上还有其他功能选项，可根据菜单对应的 ***F1～F7*** 功能键来调整。以同步和相位调整为例，操作如下：

A. 在面板上选中 ***1～4*** 中任意一个窗口，点击面板上的 ***STATUS*** 键；

图 8.111

B. 显示屏的下方显示菜单功能，面板上选择 ***F3*** （SDI ANALYSIS）；

图 8. 112

C. 选择 ***F2*** （EXT - REF PHASE），四分屏中选中的窗口将显示同步和相位测试界面；

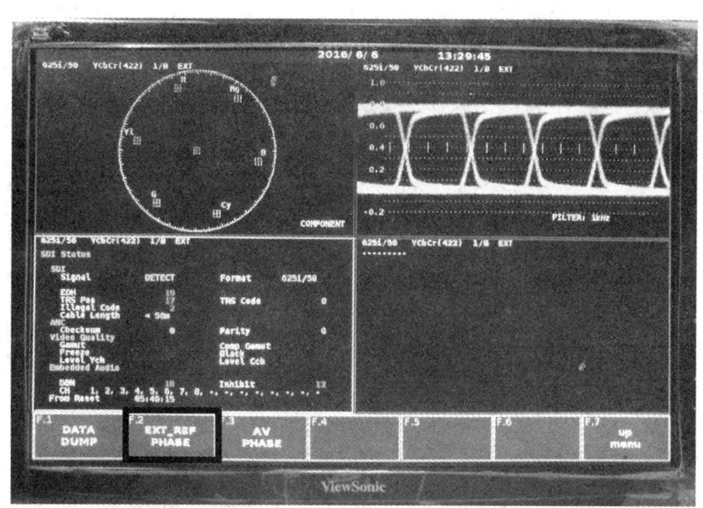

图 8. 113

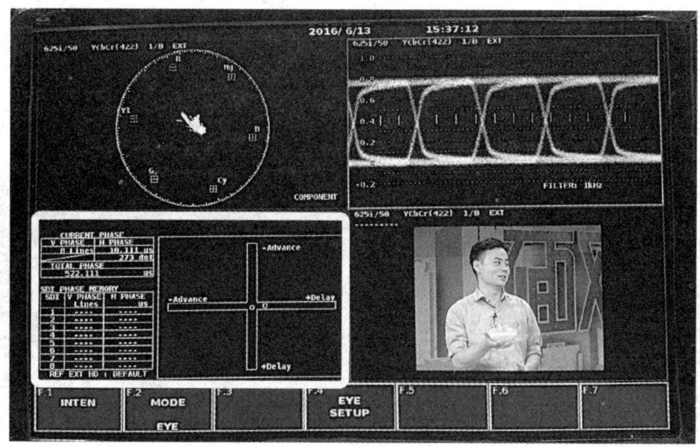

图 8. 114

D. 十字中心圆环为系统同步输入，输入信号的同步状态显示为活动圆环。根据相位测试图，可以对信号源相位做相应调整，使所有信号源相位一致或尽量接近。

十一、提词器（朗威视讯）

1. 概述

提词器是在一台台式电脑上安装的一个软件程式，是用来显示文稿内容的设备，可以把文稿通过摄像机镜头前的专用镀膜玻璃上反射出来，使主持人能始终面向观众，提高演讲效率。提词器是电视播音主持的常用设备。

2. 提词器系统硬件组成部分

提词器系统包含台式电脑、VGA 分配器、反射屏、控制器、软件及其他附件。

1）台式电脑

台式电脑是提词器软件应用的平台（包括：主机、显示器、鼠标、键盘），可以进行文本制作、显示、控制等主要功能。

图 8. 115

2）VGA 分配器

VGA 分配器是分配 VGA 视频信号的硬件设备，从而实现多屏显示。

图 8. 116

3）加密狗

加密狗是软件权限的钥匙，没有加密狗将无法开启提词器软件。

图 8.117

4）控制手柄

控制手柄是为主持人远程控制提词器工作的设备，主要功能包括播放起止和设置播放速度，控制手柄接口为双排 15 针接口（RS－232）。

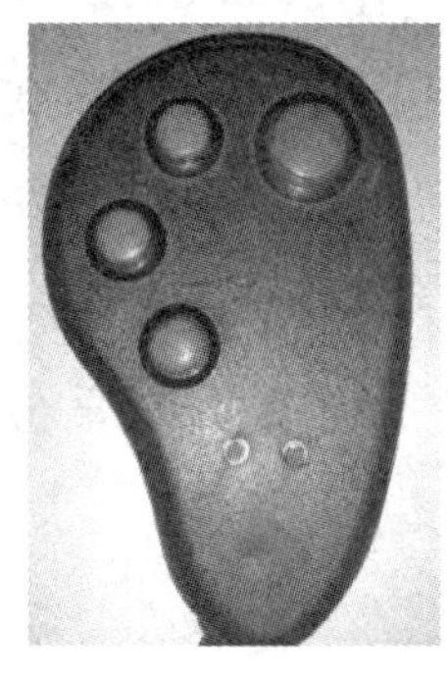

图 8.118

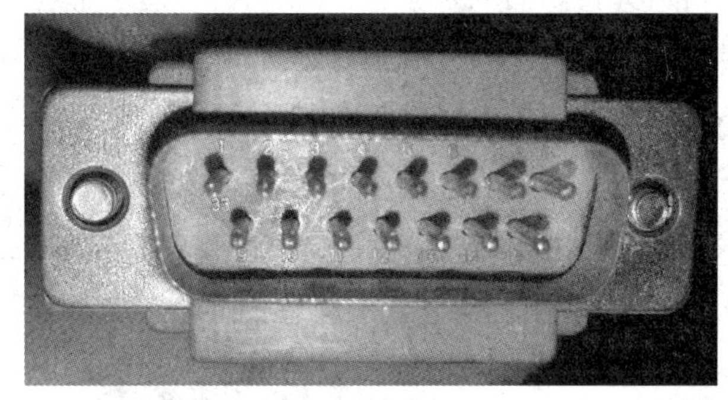

图 8.119

5）反射屏

反射屏分为一体式、分立式。

分立式反射屏底座为星爪可移动脚轮，通过旋转立柱螺旋圆盘可实现升降。

图 8.120

一体式反射屏安装在摄像机三脚架云台上，与摄像机一起移动。

图 8.121

6）分光镜

反射屏分光镜为高反光率专业玻璃，清晰度高，光损失率在 3% 以下。反射屏玻璃为特殊镀膜的反射玻璃，清洁时先使用专业工具打扫浮尘，再用镜头纸擦拭污物。

注：摄像机套入反射屏后透光度将受到影响，注意适当增大光圈。

7）VGA 信号线

用来连接设备的 VGA 信号线（三排 15 针接口），提词器系统内 VGA 信号线接口均为“公——公”，配有螺丝固定槽位的需要拧紧螺丝。

图 8.122

A. VGA 接口区分

针端为公头，孔端为母头。

图 8.123

B. VGA 接口管脚定义

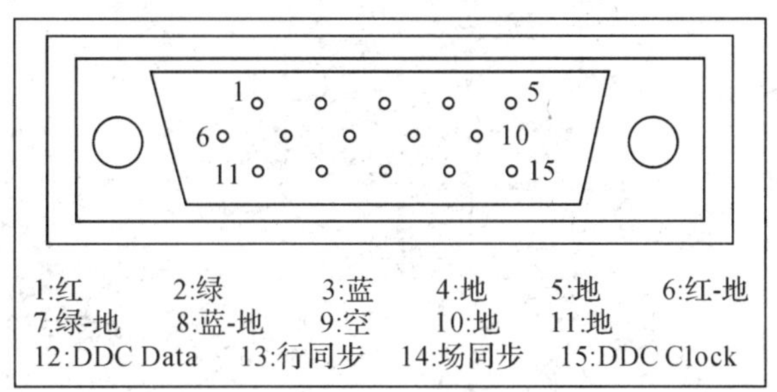

图 8. 124

3. 提词器安装

1）台式电脑

按图示将电源、键盘、鼠标连接到台式电脑，确认加密狗安装在机箱 USB 接口上，将 VGA 信号线的一端连接到电脑机箱，另一端接入 VGA 分配器的“IN”口。

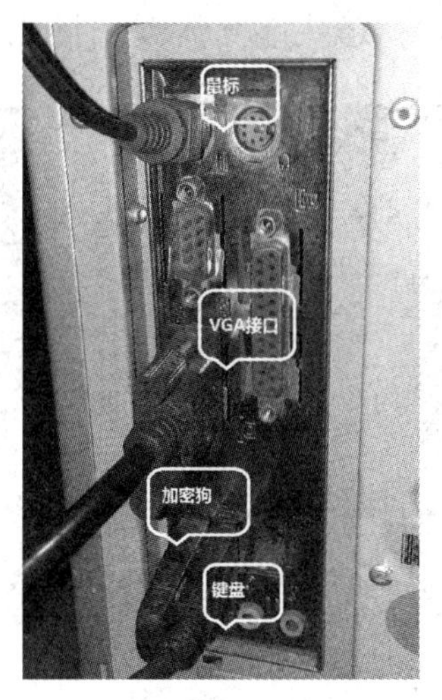

图 8. 125

2）VGA 分配器

VGA 分配器为一入四出。如图 8. 126 所示，“***4***”口连接到台式电脑显示器，“**2**”口连接到分立式反射屏，注意锁紧固定螺丝；

图 8. 126

注：如反射屏与分配器距离过长可增加 VGA 延长线，延长线一端为公头，一端为母头，最长不可超过 15 米，如果超过 15 米需增加中继。

3）系统连接图

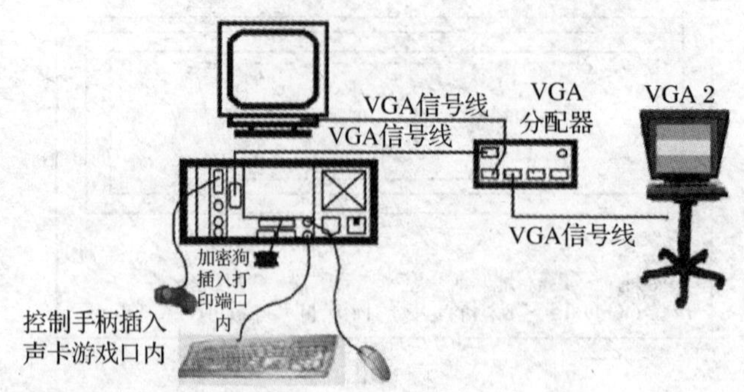

图 8. 127

4）分立式反射屏安装与调整

A. 调节高度

立杆中心处有一个花边旋转盘，顺时针旋转立柱升高，逆时针旋转立柱降低，使反射屏的高度与摄像机高度一致，镜头能套入反射屏内。

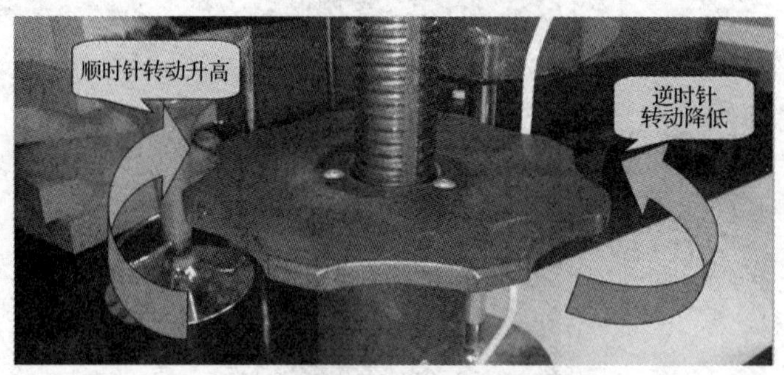

图 8. 128

B. 调节中心位

显示器背面有两个旋钮，拧松旋钮后，可以移动显示器位置。查看显示内容是否处于反射玻璃的中心，便于查看。

图 8. 129

5）连接反射屏与摄像机

A. 星爪可移动底座，便于方便移动。

注：搬移反射屏时需要握住底座进行搬移，不能提拉旋转盘。

图 8.130

B. 当摄像机机位与高度确定以后再套入反射屏，将反射屏脚轮与摄像机三脚架脚轮尽量靠近。

图 8.131

C. 分立式反射屏后有镜头探入口，保证镜头完全探入反射屏内并用幕布遮挡不能进光，镜头尽量靠近反射屏玻璃但不能接触。

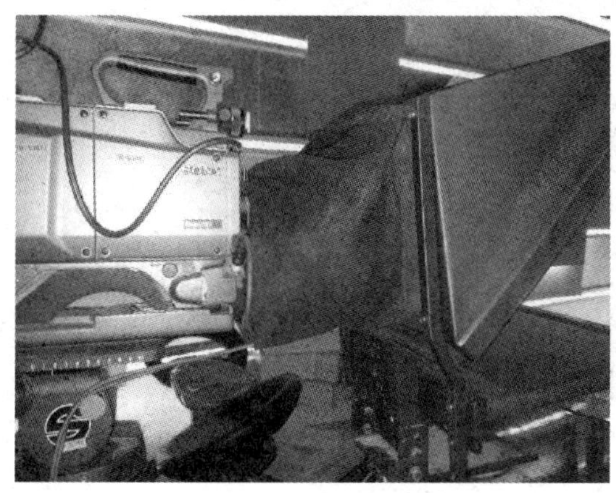

图 8.132

图 8.133

6）一体式反射屏安装

一体式反射屏安装在摄像机三脚架上，能跟随摄像机云台俯仰、水平移动。

A. 安装小托板

从三脚架上卸下摄像机和大托板、小托板，把小托板安装在反射屏支架下面，锁紧两个螺丝，把小托板固定在云台上。

图 8.134

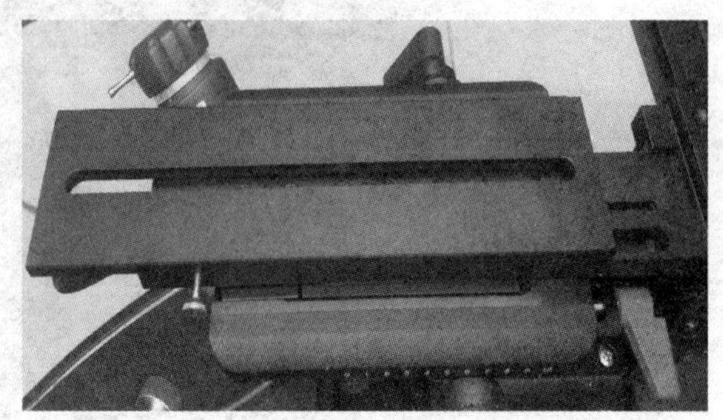

图 8.135

注：小托板安装位置决定支架与云台的相对距离，同时决定云台的俯仰平衡。

B. 安装大托板

松开反射屏支架侧面的固定螺丝，拉出支架托板。

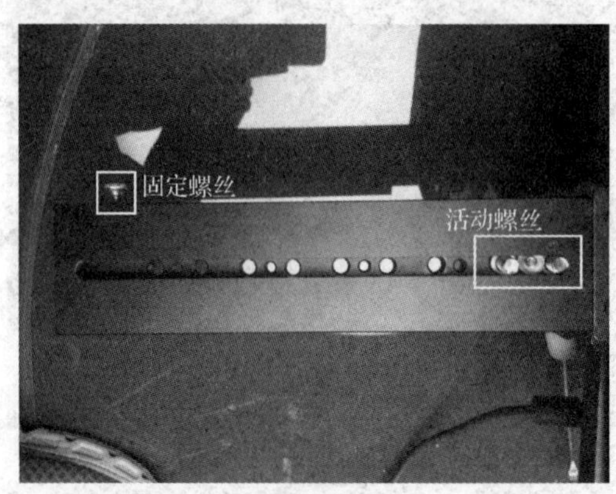

图 8.136

注：支架托板内有三颗活动螺丝，注意保管请勿丢失。

用三个螺丝把大托板锁紧在反射屏支架上。

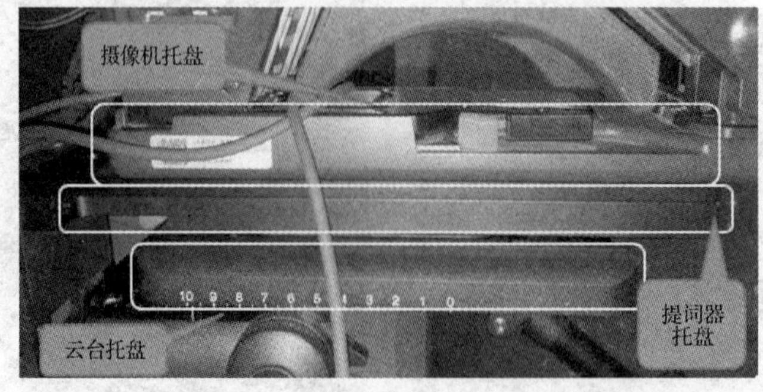

图 8.137

注：大托板安装位置决定摄像机镜头与分光镜之间的距离。

C. 安装摄像机

摄像机固定在大托板上，机头插入反射屏探入口，检查镜头是否与分光镜距离合适，云台俯仰是否平衡。

图 8.138

4. 提词器系统日常使用方法

1）连接电源线

分别把主机箱电源、VGA 分配器电源、显示器电源、分立式反射屏显示器电源插入电源板。

2）开机

A. 主机箱电源

提词器的电源开关在电脑主机前面板上。

图 8.139

B. VGA 分配器电源

VGA 分配器电源在前面板，红色开关拨至“***ON***”位置。

图 8. 140

C. 分立式反射屏电源

分立式反射屏电源在显示屏中后方。

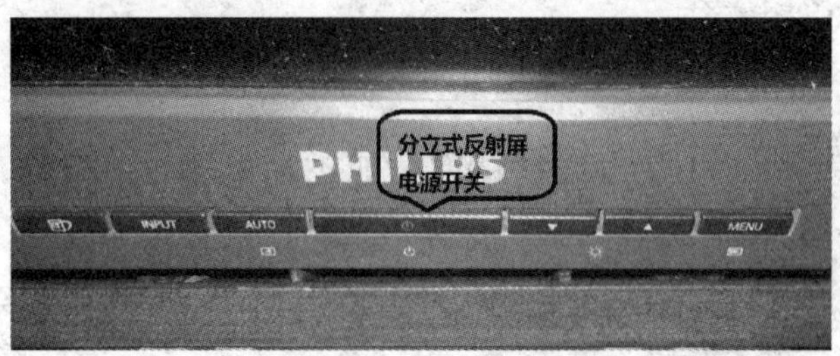

图 8. 141

D. 主机显示器电源

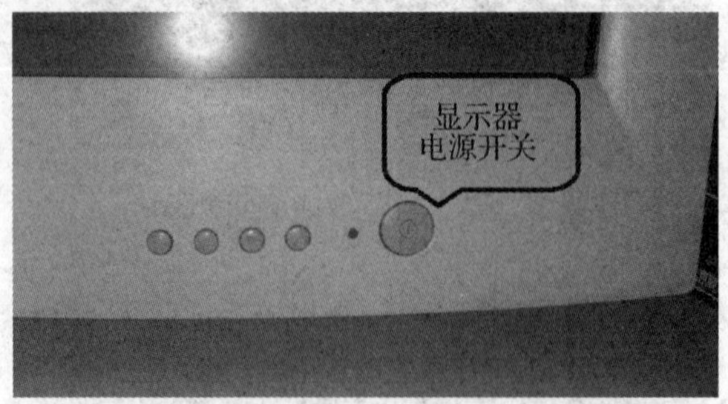

图 8. 142

E. 加电开启后检查各部分状态

a. 查看电脑主板启动程序是否正常；

b. 检查主机和反射屏的显示器是否正常显示主板启动程序画面；

c. 检查 Windows 系统是否正常启动。

3）提词器软件操作方法

A. 开启软件

双击桌面图标  进入软件。

B. 软件界面

软件界面的第一行为菜单栏，第二行为控制功能栏，空白位置为编辑窗口。

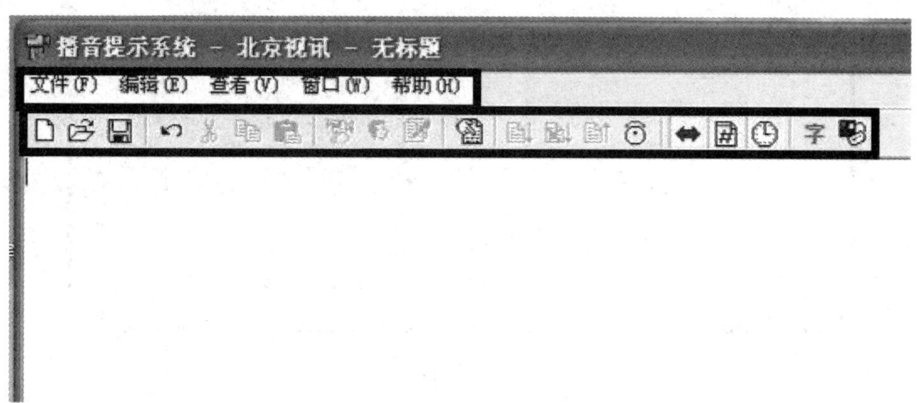

图 8. 143

C. 录入文本

a. 直接录入

录入文本可以直接在文字编辑区直接编写。

b. 通过移动存储介质获得文本信息

文本信息必须保存为“纯文本”（. TXT）文件才能在提词器系统中使用，点击提词器软件菜单“文件” – “打开”选择所需要的文本文件，单击确定后，该文本的所有文字信息就导入到提词器软件的编辑窗口中。

图 8. 144

注：移动存储介质必须经过网管部杀毒工作站杀毒并封装后，交给演播室技术人员，将文本文件拷贝到提词器电脑桌面上。

c. 复制粘贴方式

打开已经编辑好的文本信息，选中需要的文字并复制（***Ctrl*** + ***c***）。

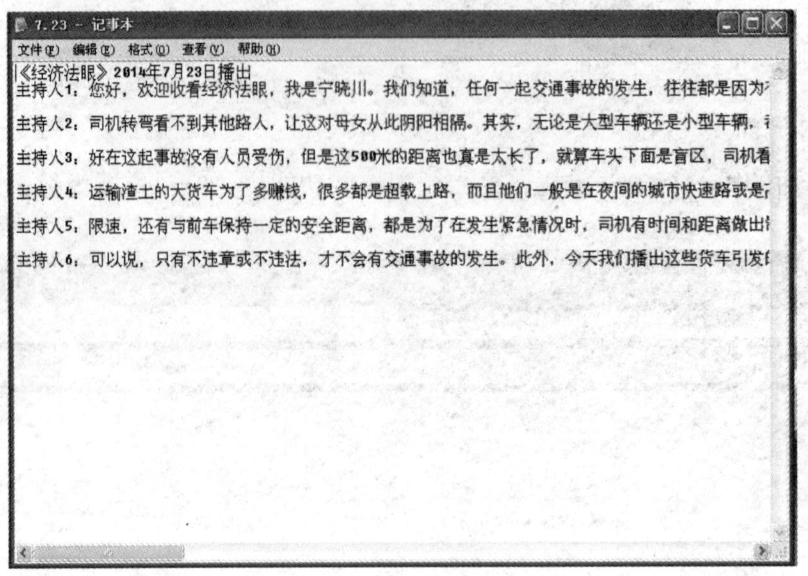

图 8.145

鼠标单击软件编辑窗口出现光标后，粘贴文本信息（***Ctrl*** + ***v***）。

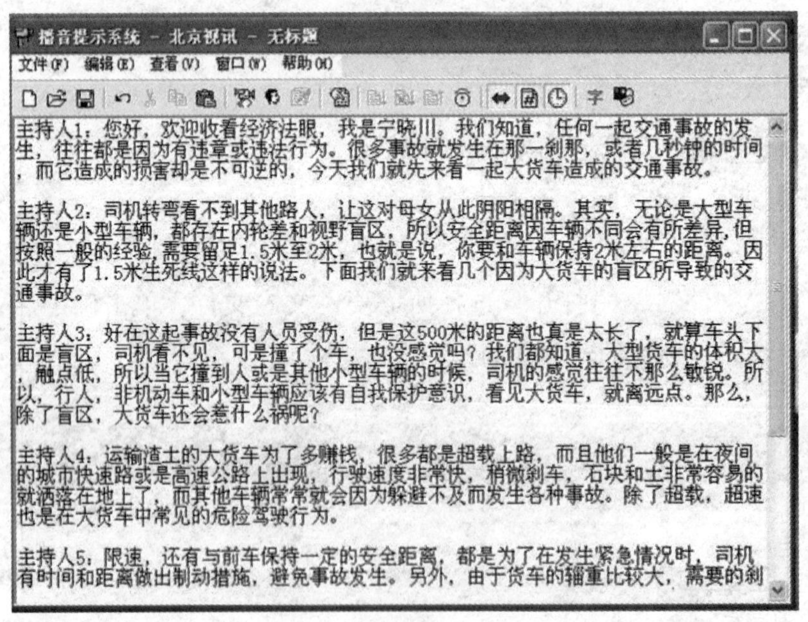

图 8.146

D. 镜像

由于反射屏的分光镜会将显示器的图像镜像展示，所以要求提词器输出镜像图像，这样主持人通过分光镜就可以看到正像显示。提词器的镜像快捷键是键盘上的 ***F9***，也可以通过快捷菜单栏的 ⟺ 开启。

E. 播放

单击功能栏中的 图标进入播放模式。

图 8. 147

进入播放模式后，单机鼠标左键播放，第二次单击左键暂停。单机鼠标右键倒退，第二次单机鼠标右键暂停。

点击键盘左上方“***Esc***”键退出播放模式，返回编辑模式。

F. 退出与保存

退出提词器软件时，会检查当前文档是否在最后一次修改后作过“保存文档”操作，如果没有，则提示用户是否保存。系统将修改过的文档按照其当前的文件名保存在硬盘上，并覆盖以前的文档。如果是通过复制粘贴的文本信息，则第一次保存文档时，系统将弹出“保存文档”对话框，提示用户选择文件保存路径及输入文件名。如果保存文档时需要更改文件名，可使用“另存文档”。

4）关机

正确关闭所有已打开的文件和软件后，删除没用的文本文件，保存需要的文本文件，点击屏幕左下角“开始”键，继续点击“关机”，待电脑完全关闭后关闭显示器、VGA 分配器，拔掉电源，回收电源插板，分立式反射屏归位。

5. 软件高级应用

1）修改文本

单击快捷方式行中的红色“ 字 ”图标，进入文字修改界面，可调整字体、字形、字号。

注：在使用“黑体”、“粗体”、字号为“***90***”的设置时，反射屏一行显示8个汉字。

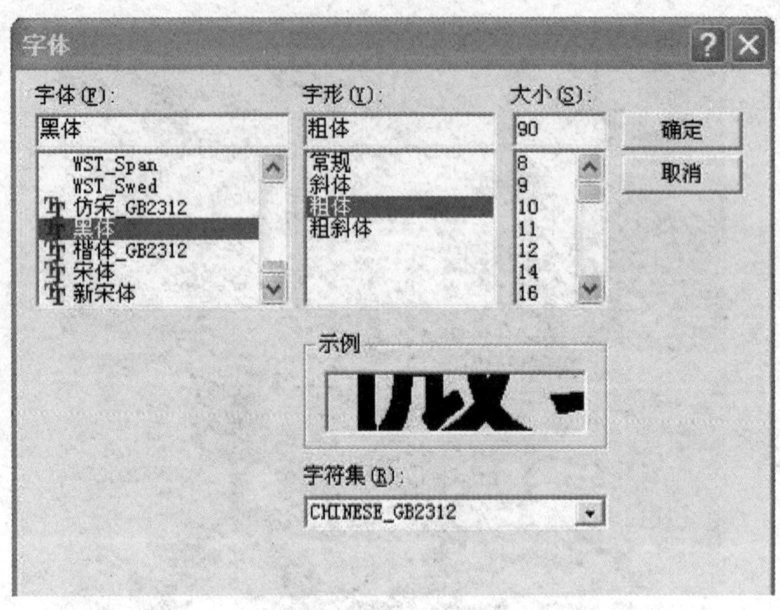

图8.148

2）插入符号

插入符号，是通过插入控制字符的方式修改文本信息的显示方式，用来提示主持人，控制字符包括“角色***1***”至“角色***6***”符号和分页符。通常在每条或每段文字的前面加入符号。角色符号的形式为“\ ***rx*** \ ”，x为1～6。分页符的形式为“\ ***p***”。需要更改文字属性，应使用系统提供的插入符号功能来添加。如果想去掉控制符号，必须整个符号一同删除。

“插入符号”可在工具栏中直接选取。插入“角色***1***”至“角色***6***”符号的热键分别为“***Ctrl +1***”至“***Ctrl +6***”，插入分页符的热键为“***Ctrl + P***”。

图8.149

3）时间显示

在播放状态下，屏幕上方可以显示两个时间状态，左侧的是标准时间，右侧的时间为计时时间，即从屏幕开始滚动计时到返回到编辑状态的时间。时间显示的字体和颜色可以在播放属性中时间选项 设定。

4）播放属性

“播放属性”可以选择菜单“查看－播放属性”，或直接在工具栏中单击“播放属性”按钮 ，修改属性时可单击数值线，通过滑动鼠标滚轮改变数值大小。

A. 滚屏速度

决定了播放时滚屏的速度。

B. 控制加速度

决定了使用键盘或手柄控制滚屏加速和减速的加速度大小。

C. 行间距

决定了显示画面中行与行之间的空白距离，控制为字高的 0～1 倍。

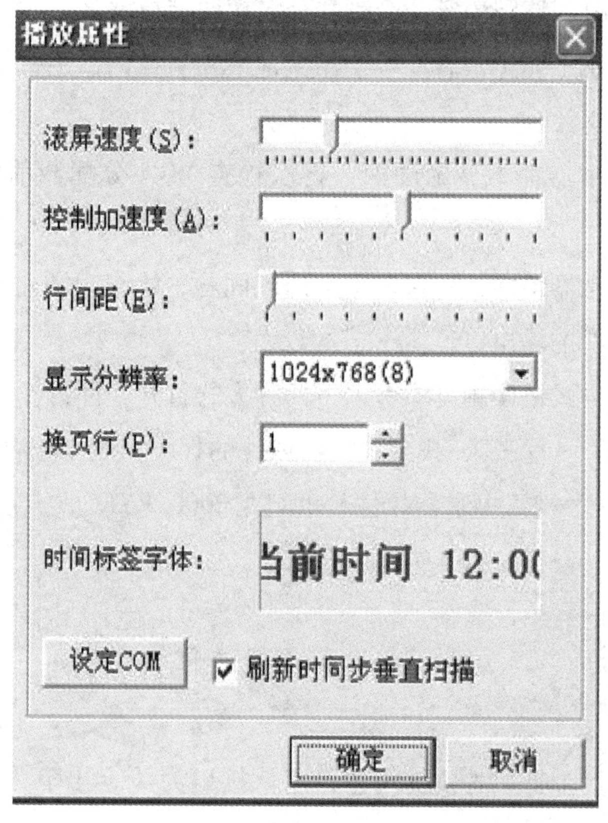

图 8.150

5）播放控制键汇总

播放中的各种控制方法如下表所示：

动作	键盘	鼠标	控制手柄
向前滚动起停	空格	单击左键	A
向后滚动起停		单击右键	B
增加滚动速度	↑		+
降低滚动速度	↓		−
跳到篇首	Home		↑ + A
跳到篇尾	End		↓ + A
跳到上一角色	←		↑ + B
跳到下一角色	→		↓ + B

6）注意事项

A. 为保证播出安全，提词器应接演播室的工艺电。

B. 保持显示器和分光镜清洁。

C. 搬动或维护时，特别注意分光镜安全，切勿拖拉硬拽。

D. 如果电脑主机不能正常启动可使用其他演播室提词器主机作为应急。

6. 显示故障判断方法

A. 如果两台显示器都不显示画面，再次检查 VGA 分配器前面板电源开关是否开启。

B. 如果一台显示器正常，一台显示器出现问题，检查问题显示器的 VGA 信号线和分配器对应的输出口。

C. 如桌面快捷方式被误删可参考以下两种方式打开软件：

a. 点击“开始——程序”，找到提词器软件的程序，点击开启；

b. 在路径“E：\ 视讯提示器软件 \ 世纪龙 2000. EXE”，点击运行即可。

十二、跳线

1. 演播室视频跳线器

演播室系统中会有多台视频跳线器，默认接口为“上出下入”的原则。但有部分跳口当作接口使用，例如从接口板到跳线器（TIE－LINE）。

13 台跳线器按上下排编号分两组，即跳线器号命名最大为 24。

2. 单挂跳线操作方法

A. 查看视频系统图，找到准确的跳线口，记下其跳线名称，例如 VTR6 的 SDI 输入接口，其跳线名称为“***JV2418***”；

B. 如果高清演播室要录制标清节目，需要通过上下变换器来转换输入到录像机的信号。找到下变换器 2 的第二口输出：***DJ1109***；

C. 单挂跳线是由第 6 个跳线器第 9 路上口（下变换 2 OUT2）至第 12 个跳线器第 18 路下口（***VTR6 SD IN***）；

D. 使用 VTR6 录制单挂副切信号，利用切换台 AUX9（内部母线切换为 M/E1）输出，跳给 VTR6 SDI IN。此时，VTR6 可记录切换台 M/E1 输出信号，即单挂信号。音频信号不变。

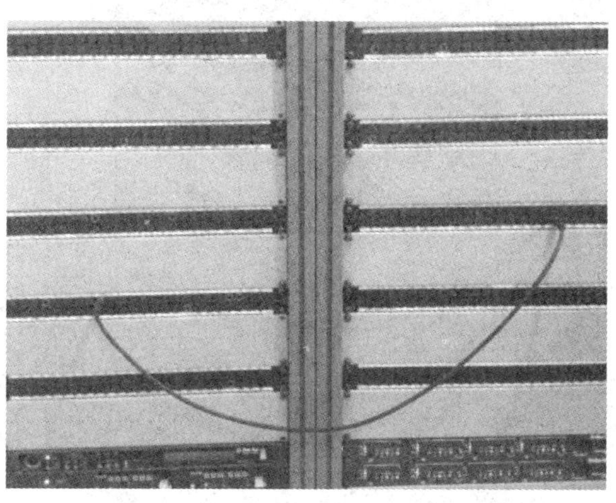

图 8. 151

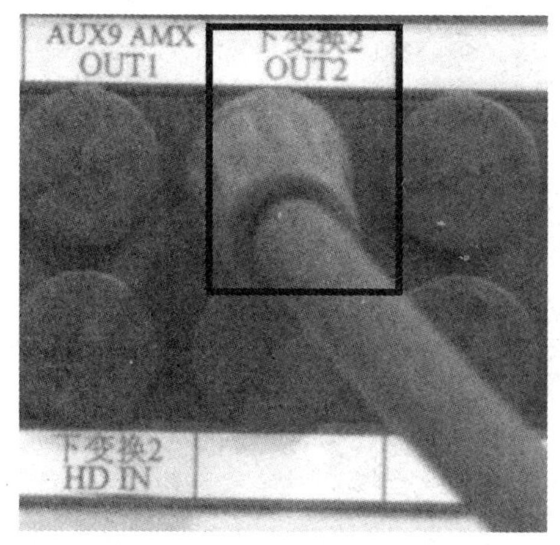

图 8. 152

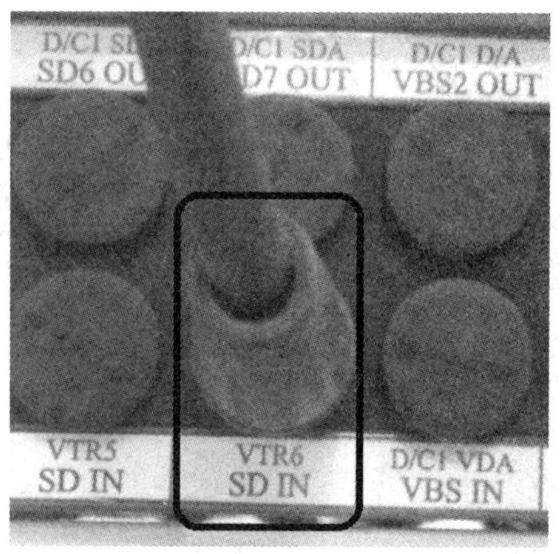

图 8. 153

3. X85 应急上下变换

如果高清演播室要录制标清节目，需要通过下变换器来转换输入到录像机的信号。在上下变换器出现问题的时候还可以用 X85 来代替芝测下变换器，在确认 X85 设置正确后，改变跳线方式即可。

用 X85 代替下变换器来实现 VTR6 录制单挂副切信号：

1）确认跳线口

查看视频系统图，找到准确的跳线口。

A 线：AUX9 加嵌 HDI OUT（ZJ2320）至 X85 HDI IN（JZ2007）。

B 线：X85 HDI OUT（ZJ1918）至 VTR6 SD IN（JV2418）。

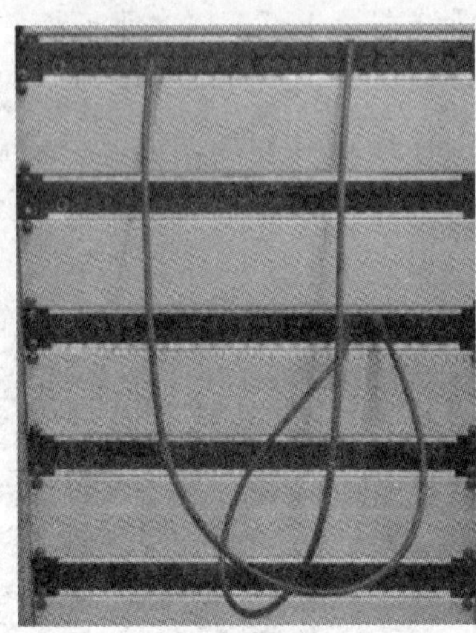

图 8. 154

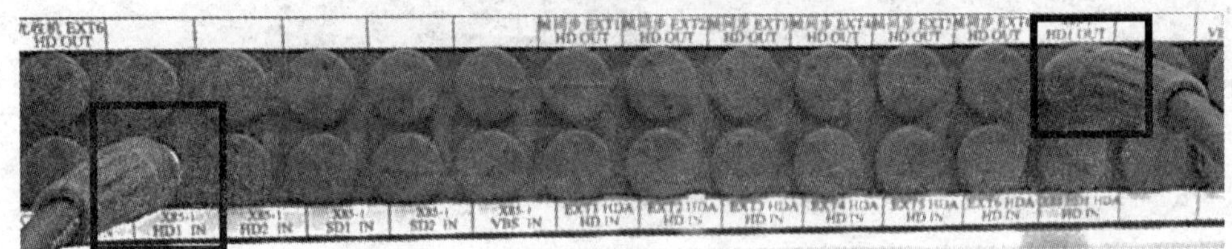

图 8. 155

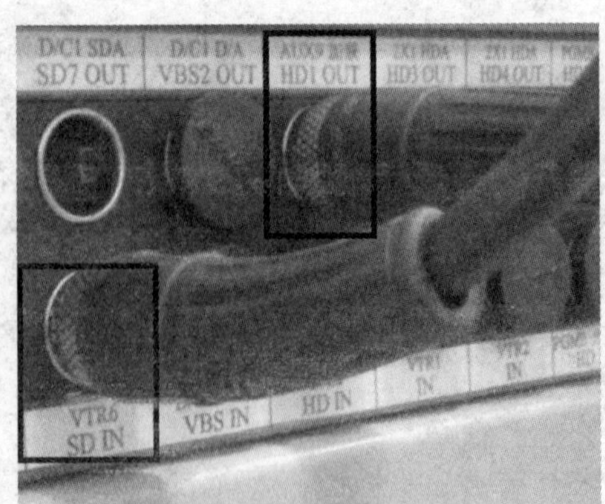

图 8. 156

第九章 大屏幕控制系统

一、 大屏幕系统概述

大屏幕系统已经成为电视演播室中普遍采用的视频画面展示工具。目前演播室大屏幕通常采用 DLP 和 LED 显示技术。DLP 是 "Digital Light Procession" 的缩写，即为数字光处理，也就是说这种技术是通过数字微镜晶片（DMD）作为主要处理元件，先把影像信号经过数字处理，然后再把光投影出来。发光二极管（LED）（Light Emitting Diode），它是一种通过控制半导体发光二极管的显示方式。

1. 大屏幕系统的功能

演播室大屏幕从结构上要考虑具备主备信号链路、双路供电，画面显示质量要适应演播室摄像机拍摄需求，具有多档亮度、多档色温可调功能。大屏幕输出接口要考虑演播室视频系统的信号接口方式。演播室大屏幕通常需要在多路之间切换，为了实现流畅稳定的画面转换效果，大屏幕系统通常配备专用控制器或切换器。

2. 大屏幕系统的组成

大屏幕系统通常由显示部分（DLP 或 LED 显示单元）、控制系统、信号制作系统等子系统组成。

本书以 BARCO 和三菱公司的 DLP 产品以及 VTRON 公司的 LED 产品为例，分别介绍 DLP 和 LED 大屏幕系统的系统结构、操作方法、信号源选择方式等内容。

二、三菱 DLP

1. 概述

ANALOG WAY Di－VentiX II 高清无缝切换器功能描述：

可提供多种效果，包括键控、移动画中画及三个不同的操作模式：多层混合器、独立内置的边缘融合和 8×2 无缝本地矩阵。有 8 路标准的模拟输入，包括 4 路匹配数字 DVI 和 SDI。SDI、SD 和 HD 电视格式兼容，所以 DVI 可另外提供计算机格式。由于 100% 的数字化处理，Di－VentiX II 以 SDI、DVI 和 VGA（RGBHV）同时输出数字和模拟信号，可从 HDTV 到计算机 2K 中的任何格式选择。

2. 系统组件

1）切换器面板

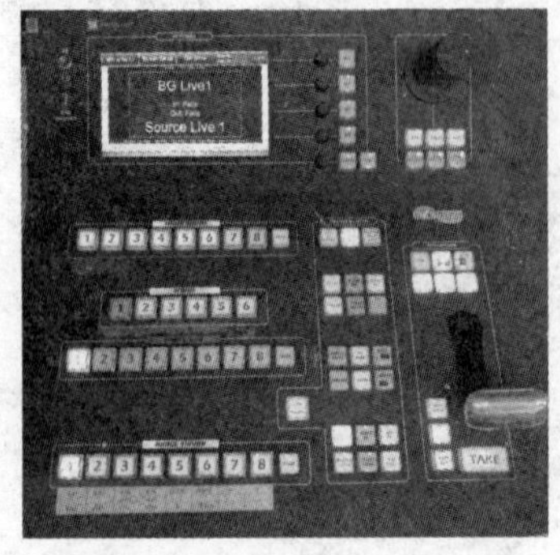

图 9.1

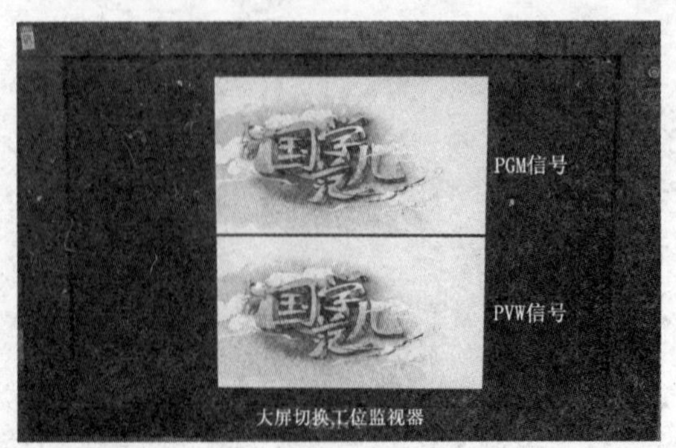

图 9.2

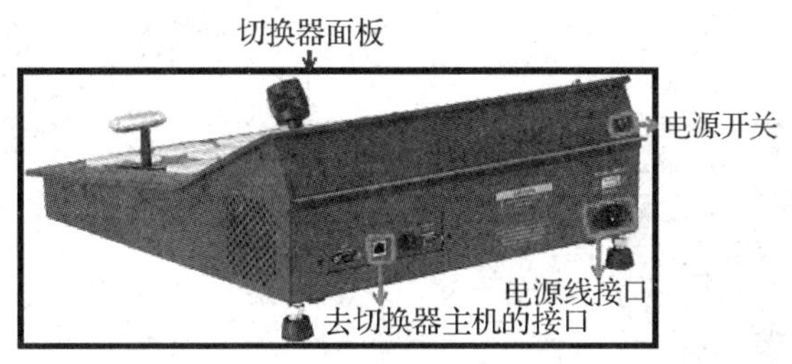

图 9.3

2）切换器主机

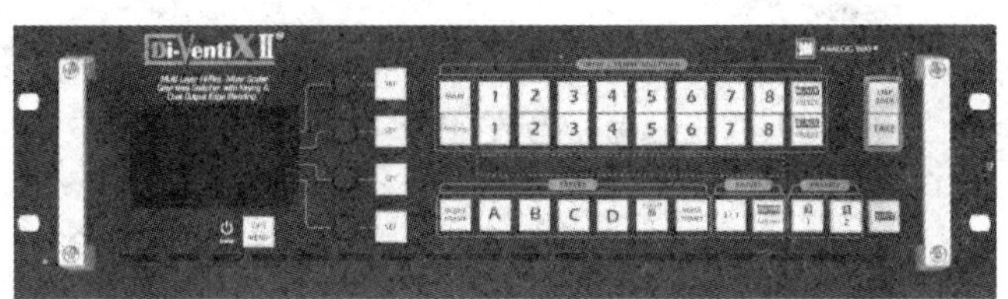

图 9.4

3）切换主机后背板接口

图例中的演播室共接入了 6 路输入信号，分别是 3 路 HD SDI 信号、1 路 DVI 信号和 2 路 VGA 信号，输出信号为 2 路 DVI 信号。

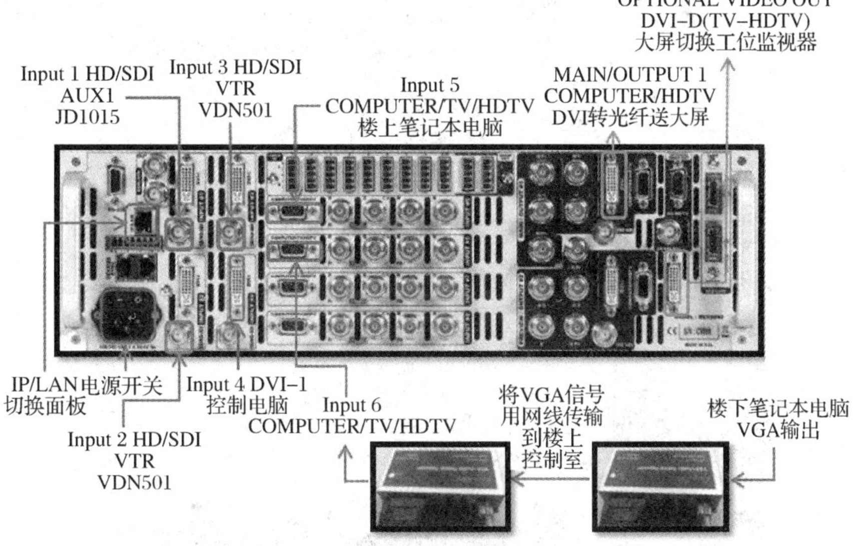

图 9.5

4）控制电脑

图 9.6

5）备路控制电脑

备路控制电脑
备路控制电脑绕开了切换器主机
直接以DV1转光纤的方式送给
大屏“002”输入做为应急
当切换器主机无法工作时
备路控制电脑可做为应急信号源使用

图 9.7

6）DLP 大屏

切换器主机输出的信号

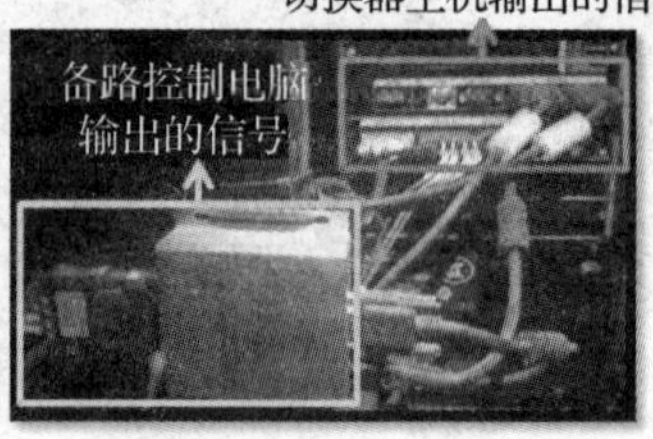
备路控制电脑
输出的信号

3×2三菱大屏

DLP大屏共有2路输入
001:切换器主机输出的DV1转光纤信号
002:备路控制电脑输出的DV1转光纤转
VGA信号

图 9.8

7）大屏遥控器

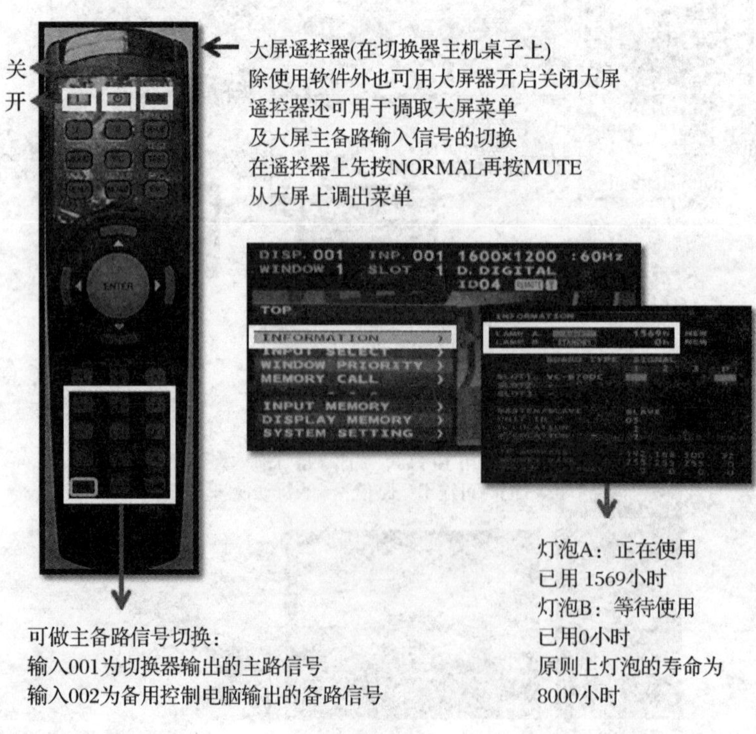
关
开
大屏遥控器(在切换器主机桌子上)
除使用软件外也可用大屏器开启关闭大屏
遥控器还可用于调取大屏菜单
及大屏主备路输入信号的切换
在遥控器上先按NORMAL再按MUTE
从大屏上调出菜单
DISP. 001 INP. 001 1600×1200 :60Hz
WINDOW 1 SLOT 1 D. DIGITAL
ID04
TOP
INFORMATION
INPUT SELECT
WINDOW PRIORITY
MEMORY CALL
INPUT MEMORY
DISPLAY MEMORY
SYSTEM SETTING
可做主备路信号切换：
输入001为切换器输出的主路信号
输入002为备用控制电脑输出的备路信号
灯泡A：正在使用
已用 1569小时
灯泡B：等待使用
已用0小时
原则上灯泡的寿命为
8000小时

图 9.9

3. 开机

1）用软件开启大屏

大屏用主机房工艺电，合闸即开，但大屏灯泡需要用控制室内面板右侧的控制电脑进行如下操作：

图 9.10

图 9.11

软件打开后的界面显示："软件配置"下选中"配置串口"；

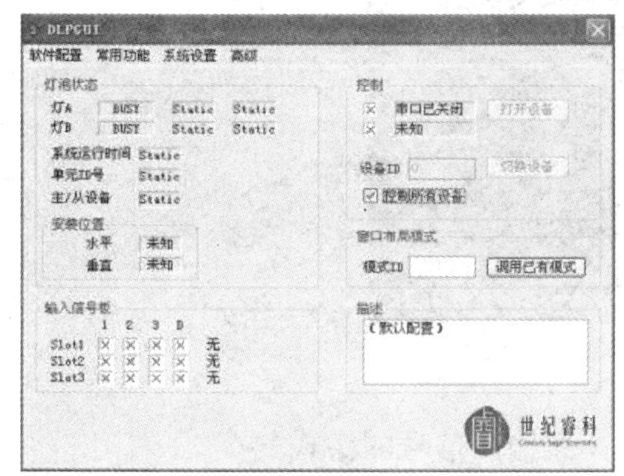

图 9.12

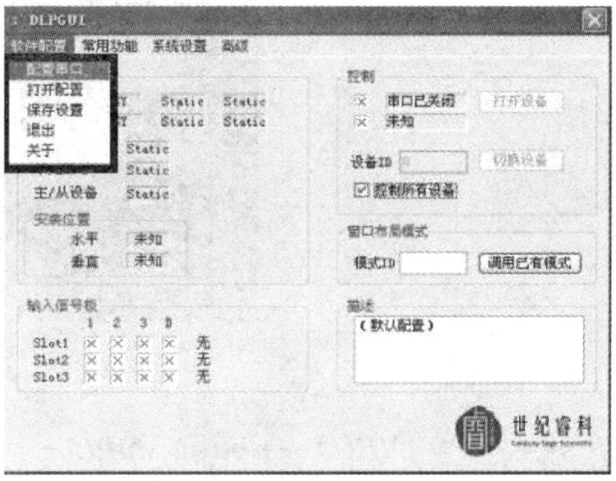

图 9.13

点击**"打开串口"**，点击**"开启设备"**；

图 9.14

图 9.15

大屏开启后如没有信号，大屏显示为全黑。大屏开启后，关闭软件窗口。

注：黄框内“窗口布局模式”常态下为主路输出的信号，即切换器主机通过切换面板切出的信号，如果切换器主机或面板出故障不能输出信号给大屏，可在“模式 ***ID***”处输入“***002***”变为由备路控制电脑输出的应急信号。故障修复后再输入“***001***”转换回来即可（转换主备路信号也可用遥控器操作）。

2）开启切换器主机

开关在后背板电源接口上方，开机后应如图 9. 16 所示：

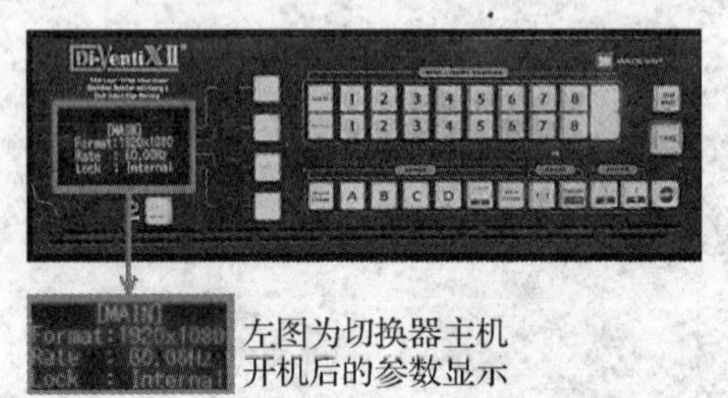

图 9. 16

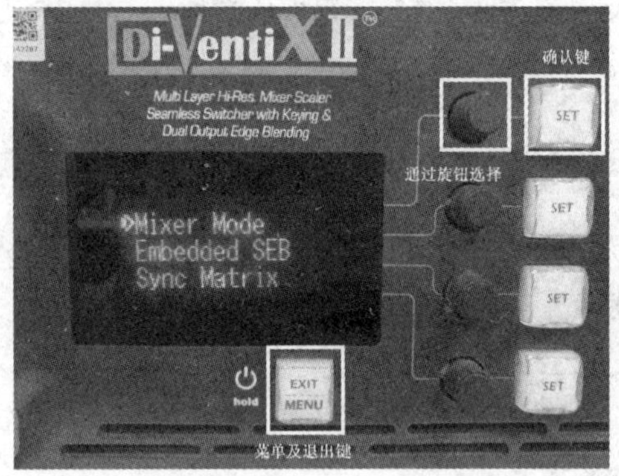

图 9. 17

输入信号 ***INPUT—Config status***——显示 8 路输入信号的格式。

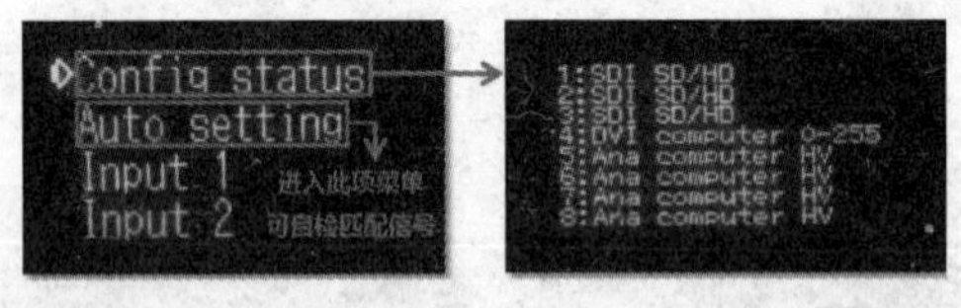

图 9. 18

一般情况下，信号接入后可直接用 ***Auto setting*** 自动匹配信号格式，如需手动选择可以进行如下操作，以 ***Input 1*** 为例：***Input 1***——根据切换器主机后背板接口所接信号格式用旋钮及 ***SET*** 键选择相应的输入格式。

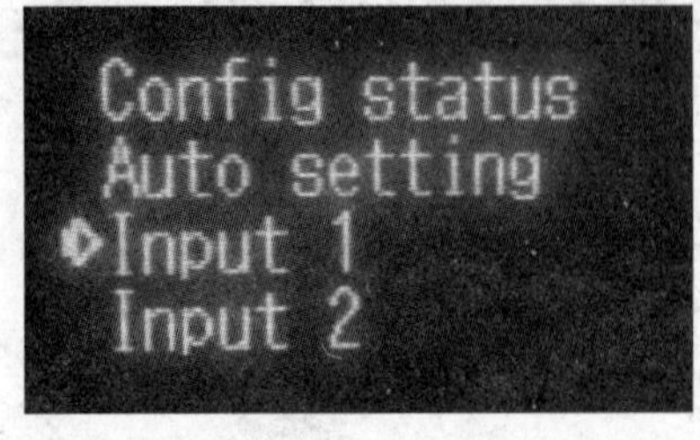

图 9. 19

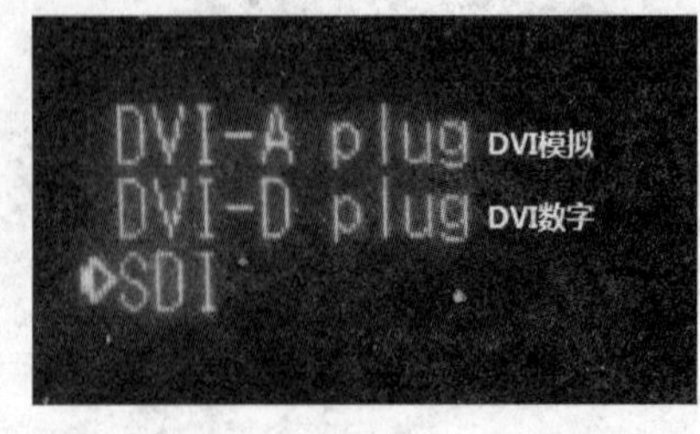

图 9. 20

输出信号 ***OUTPUT***，主要会用到三个菜单：

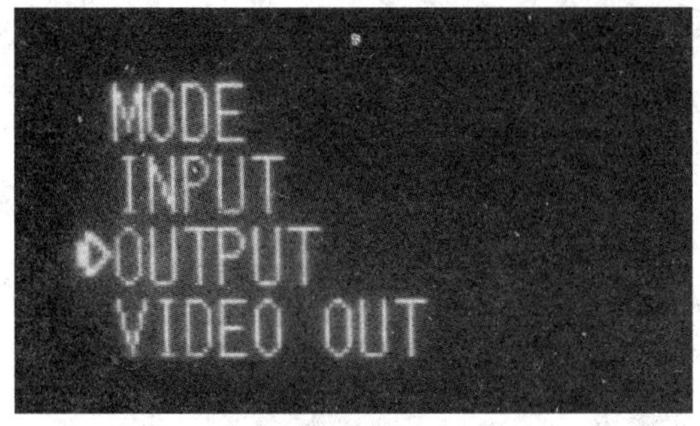

图 9.21

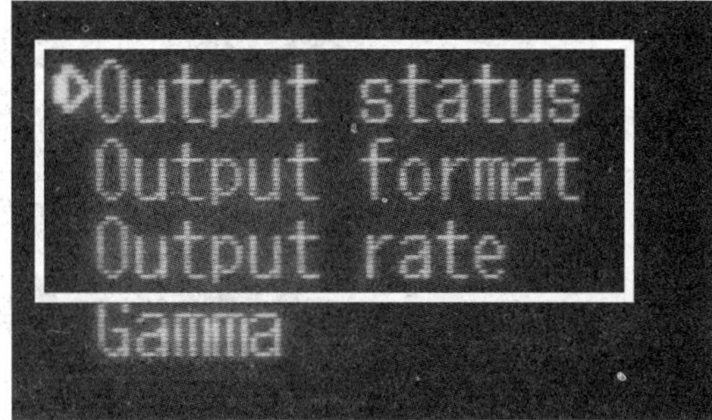

图 9.22

选择 ***Output status*** 可以看到输出信号及同步信号的格式；

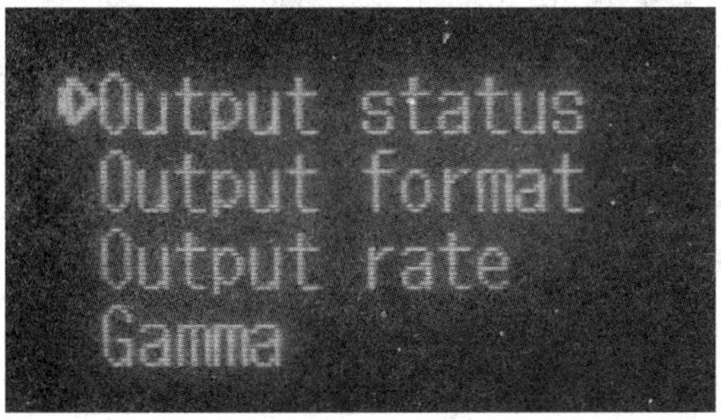

图 9.23

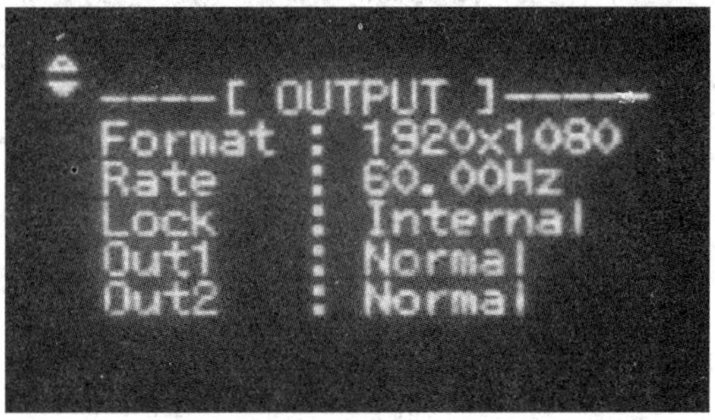

图 9.24

针对于高清演播室大屏信号输出为高清格式：

OUTPUT——Output format——1920×1080 HD；

OUTPUT——Output rate——60 Hz；

同步信号为切换器主机内部自带的内同步功能。

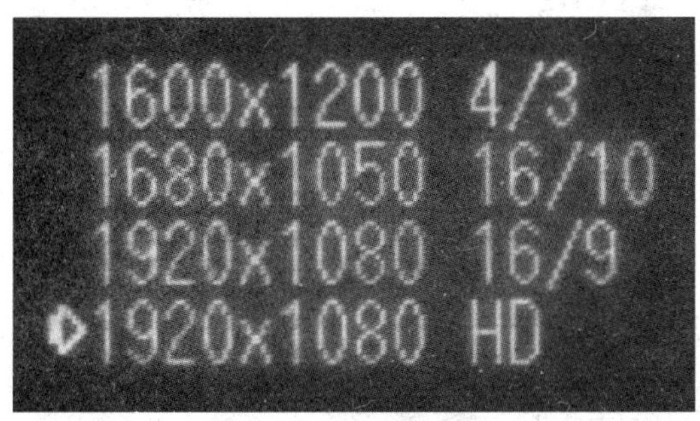

图 9.25

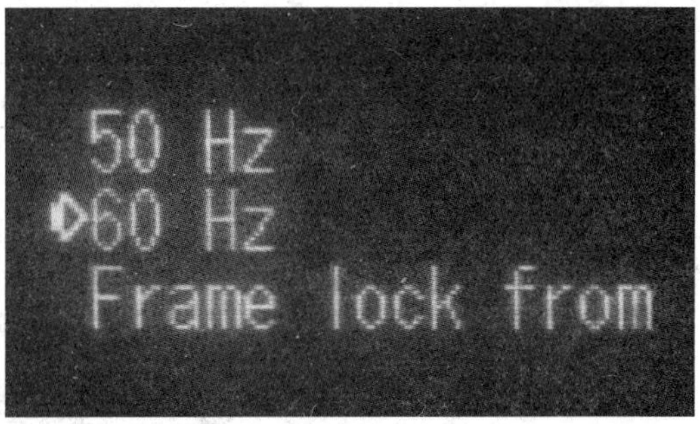

图 9.26

3）开启切换面板

开启切换面板后背板的电源，启动面板，经过扫描待面板稳定后，便可调取切换面板状态。

切换面板的状态可以通过触摸屏 + “***OK***”键来调取，具体操作如下：

图 9.27

开机后触摸屏如下显示：点击“***Users***”选择“BTV”后点击“***OK***”；

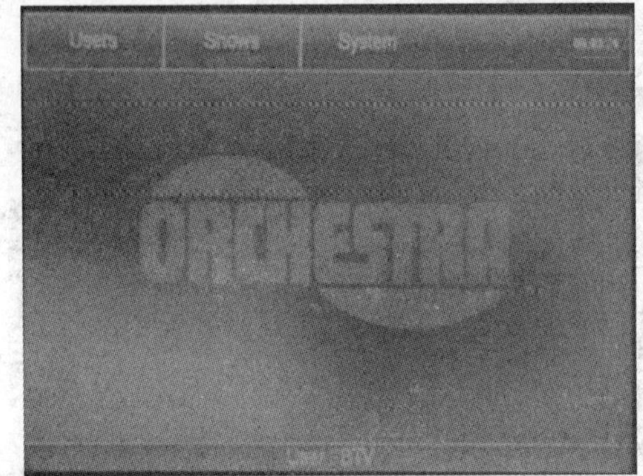

图 9.28

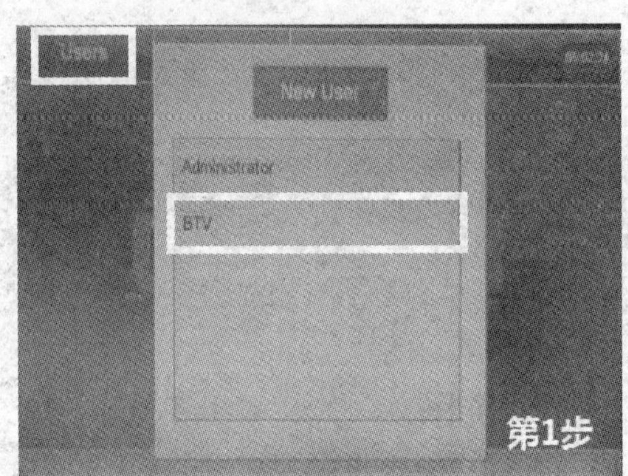

图 9.29

“***Shows***”选择“***Use or modify a show***”，“***BTV-1***”选择“***Open show***”，再点“***OK***”；

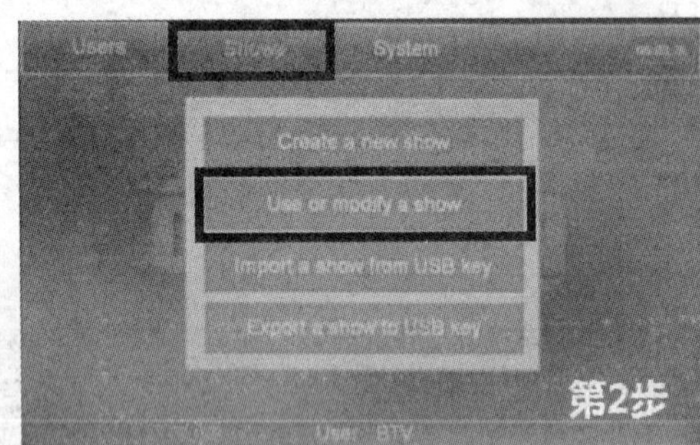

图 9.30

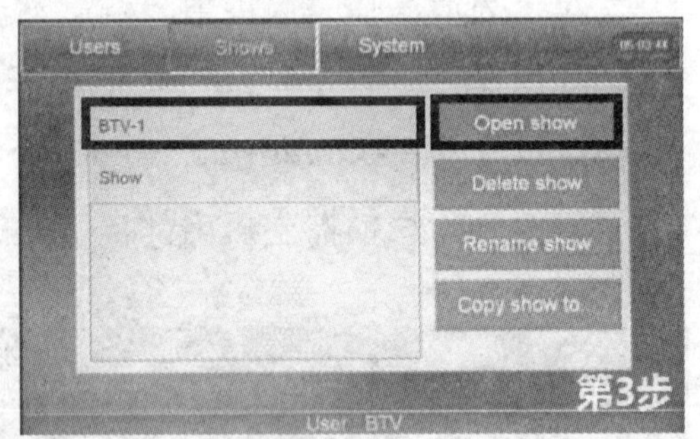

图 9.31

状态调取成功右上角状态灯应显示为绿色。

图 9.32

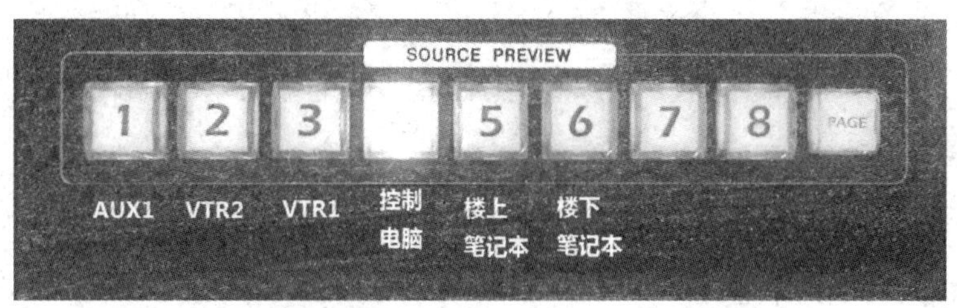

图 9. 33

4. 源信号分配顺序

1）第 1 路来自切换台输出的 AUX1 母线信号

可在 AUX 面板上选中 AUX1 母线，通过切换信号源来改变信号的内容。

AUX1 母线通常状态下，是为了给大屏送 CAM 信号，如切换面板上的 VTR 链路故障，信号无法送达大屏，也可通过 AUX1 母线将信号送出，当然，如节目组有特殊需求，我们也可将 P/P、M/E1 等信号通过 AUX1 母线送给大屏。

图 9. 34

如果需要在切换台主面板上直接给 AUX1 母线送信号，可以通过以下方式实现：（如需详尽了解 AUX 母线操作可参看切换台 AUX 操作方法。）

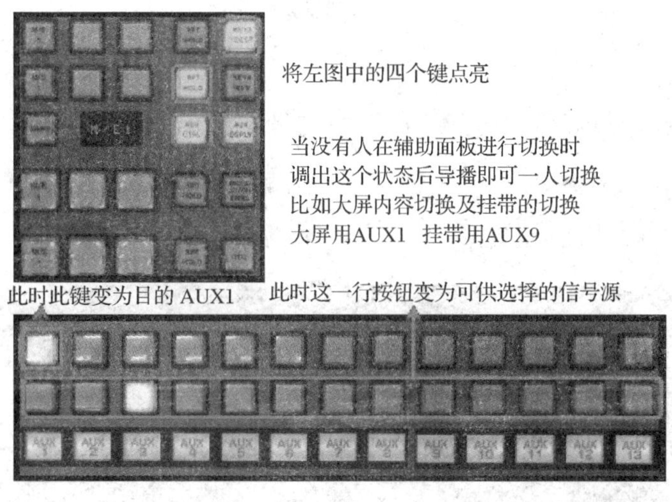

将左图中的四个键点亮
当没有人在辅助面板进行切换时
调出这个状态后导播即可一人切换
比如大屏内容切换及挂带的切换
大屏用AUX1 挂带用AUX9
此时此键变为目的 AUX1
此时这一行按钮变为可供选择的信号源

图 9. 35

2）第 2 路 VTR2 信号

通过 HD SDI 将 VTR2 播放的小片输出给切换器主机，将小片信号投放到大屏上。

3）第 3 路 VTR1 信号

通过 HD SDI 将 VTR1 播放的小片输出给切换器主机，将小片信号投放到大屏上。

4）第 4 路控制电脑

通过 DVI 线输出给切换主机的信号。这里需要注意的是，如将文件拷入控制电脑，必须先杀毒、封带并盖章。

5）第 5 路楼上笔记本电脑

切换器主机背板上有一根甩出来的 VGA 线，可直接连接笔记本电脑输出信号。

6）第 6 路楼下笔记本电脑

如节目组编辑需要在演播棚里用笔记本电脑给大屏送信号，可以用 VGA 线连接演播棚内的转换盒将信号通过网线送至切换器主机中的第 6 路，最终将信号送至大屏。

5. 大屏切换方法

如将控制电脑信号切给大屏显示：

A. 在切换面板 SOURCE PREVIEW 上选择 PVW 信号源为第 4 路控制电脑信号；

B. 在切换监看上可以看到 PGM 信号与 PVW 信号，确认 PVW 是控制电脑信号；

C. 用 TAKE 键或推杆将 PVW 信号与 PGM 信号转换；

D. 切换面板上的第 4 路控制电脑的信号被送至大屏。

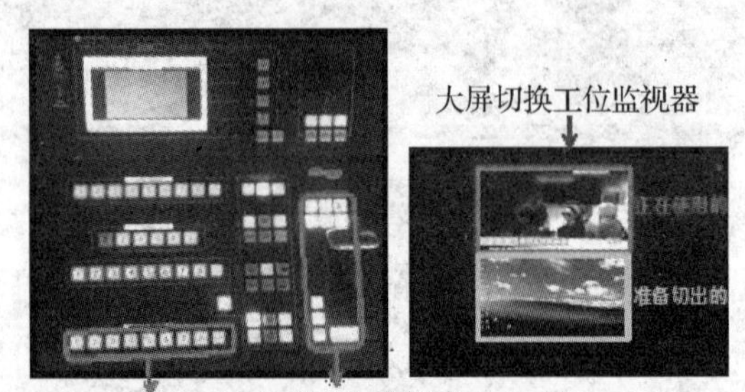

图 9. 36

如切换面板故障，可用切换器主机切换信号：

先点亮红框（preview 键）再在黄框中切换信号源。切换时大屏切换工位监视器的功能依然存在，仍可看到准备切出和正在使用的信号。

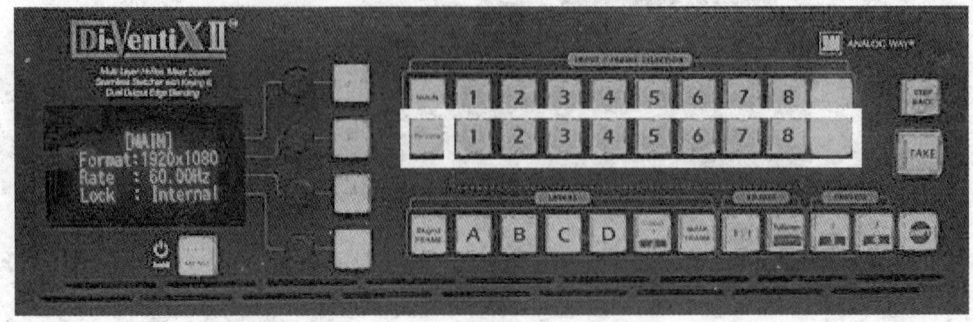

图 9. 37

图 9.38

6. 设备关闭

1）关闭大屏

当节目录制完毕后，需先关闭大屏灯泡，打开 （图 9.39）软件，选择**“关闭设备”**，当大屏六个蓝灯亮起时，大屏方为关闭状态。

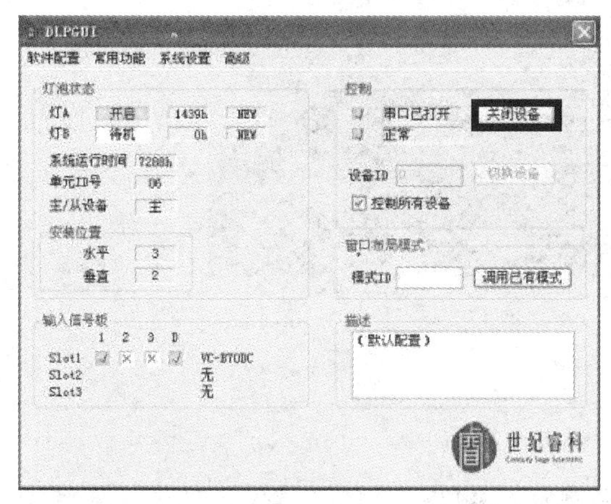

图 9.40

图 9.41

2）关闭切换面板与切换器主机

可以直接关闭背板的电源开关，但应先关闭切换面板后再关闭切换器主机。

三、BARCO DLP

1. DLP 控制电脑

背景 A、背景 B 控制电脑以及 ENCORE 主机在机柜 1 和机柜 2 上，开机不分先后顺序。ENCORE 主机随着加电自动开启。

图 9.42

2. 操作面板

1）ENCORE 操作面板

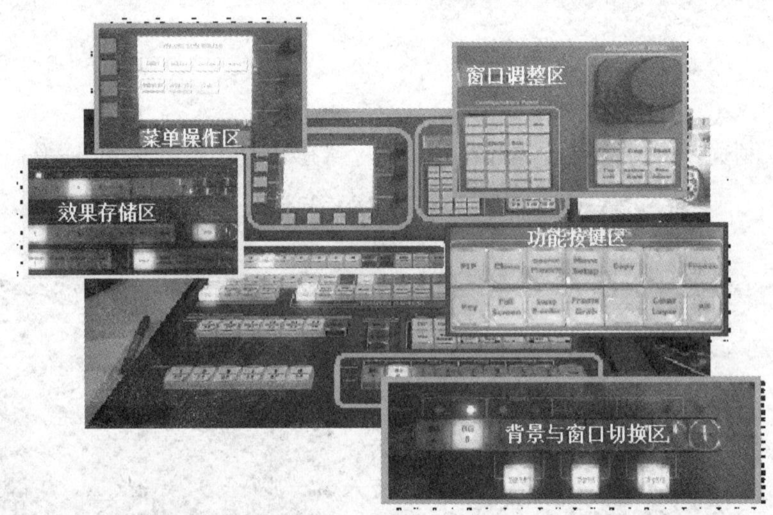

图 9.43

2）主监与预监显示器

图 9.44

3）矩阵面板与 DLPM 监视器

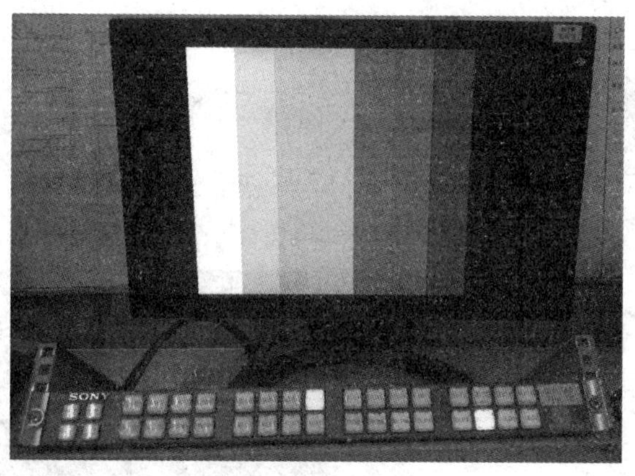

图 9.45

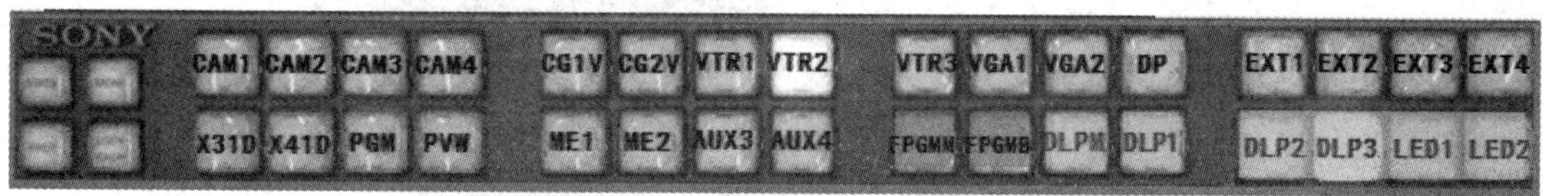

图 9.46

3. 背景服务器启动流程

1）登录

A. 在控制面板上先点击“***BG A***”按键，按键闪动，此时预监显示器显示“***BG A***”电脑画面，找到“***BG A***”鼠标和键盘；

B. 打开 BCMC 控制软件桌面快捷方式；

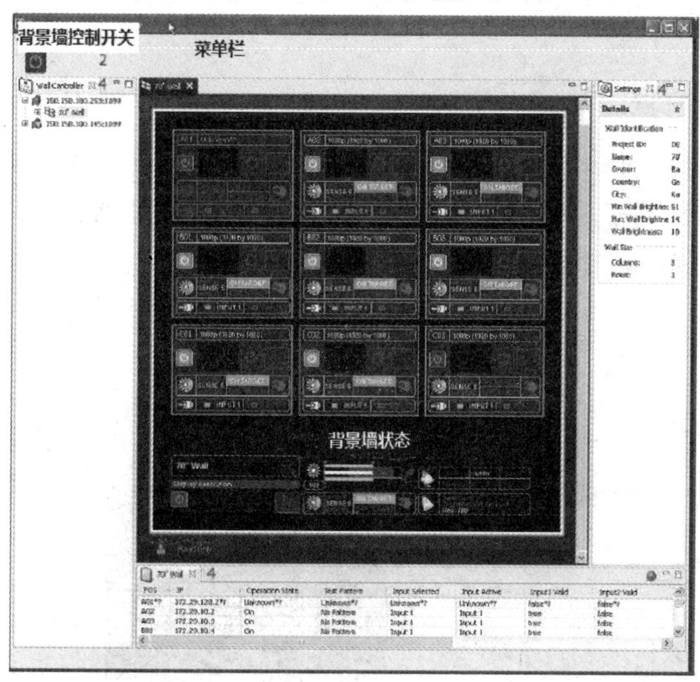

图 9.47

C. 打开软件界面后先在左上角选“注册”，输入用户名：***admin***，密码：***barco***。

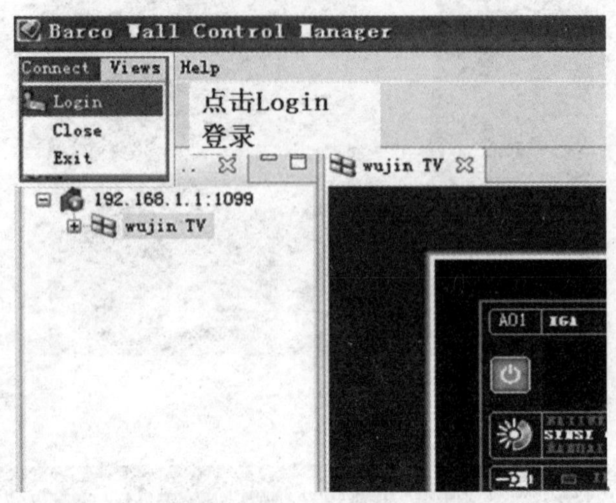

图 9.48

图 9.49

2）打开大屏操作界面

登录后在软件左侧边上有一个“***192.168.10.1***”的服务器，点开服务器前端的小三角箭头，把下拉的墙名称点开，界面中间会显示整个大屏的控制操作界面，每个单元上都有绿色的 Input 标识为正常。

3）打开大屏灯泡

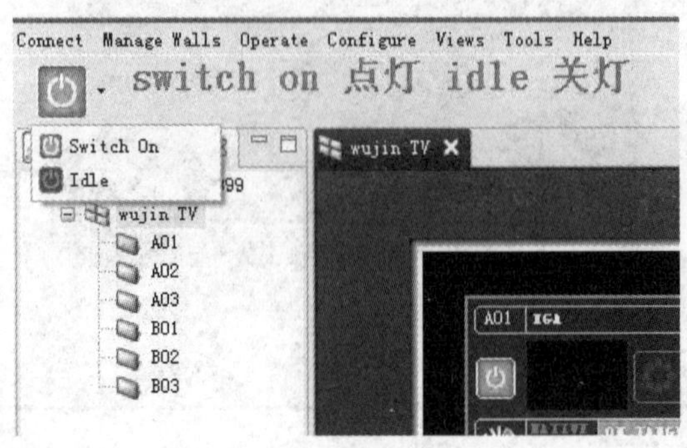

图 9.50

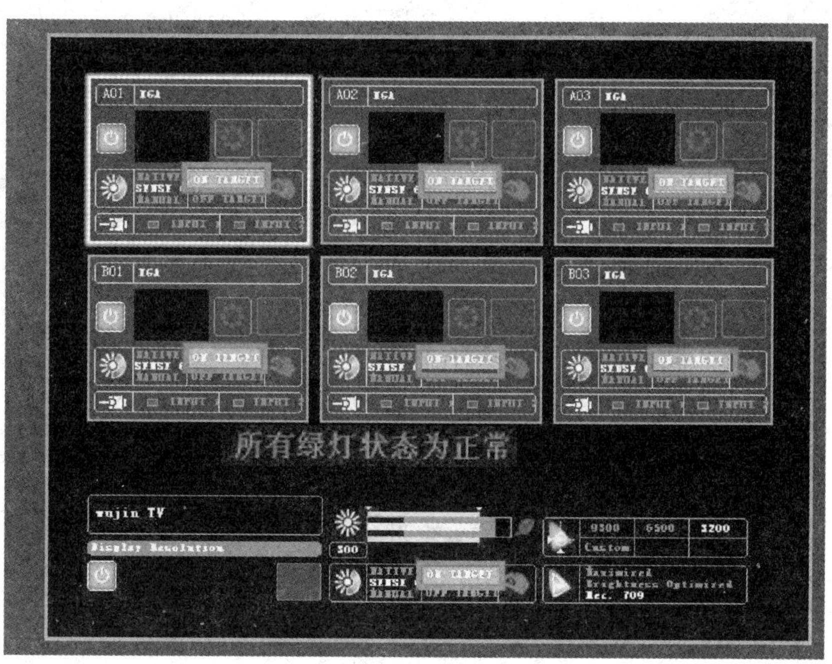

图 9.51

4）屏幕墙颜色和色温调节

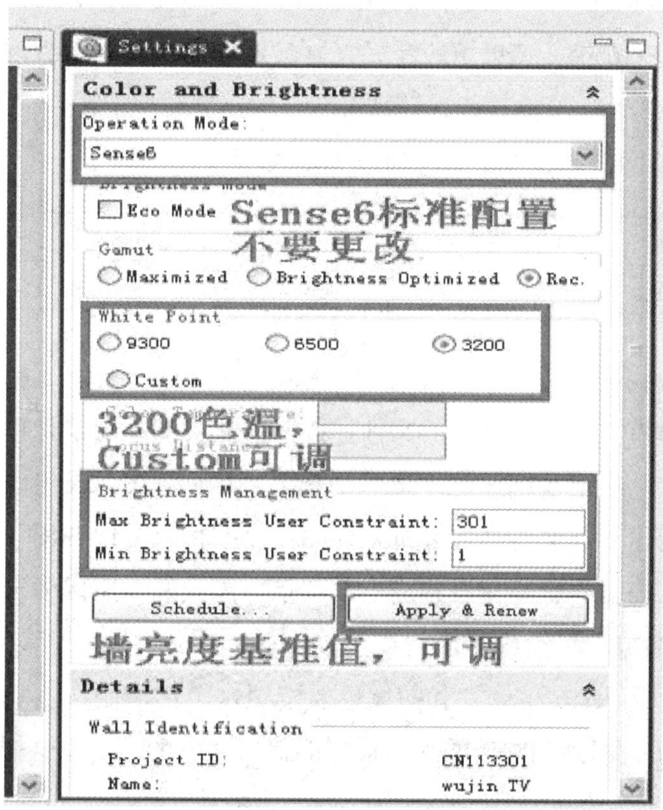

图 9.52

注意：墙的色温基准值可根据演播室灯光色温进行调整，更改完成后点击更新。

5）关机

先点击下图边角箭头下"等待"关闭屏幕墙光源。退出 BCMC 软件，按照计算机系统模式正常关机。最后关闭 ENCORE 控制面板。

图 9.53

4. 背景切换

1）背景设定

A. 背景通道的选择

按下 ***BGA*** 或 ***BGB*** 键，可以更改背景（在按键闪烁并按键上方红灯熄灭时方可操作）。一般选择 DVI 输入（就是背景计算机）。

例如，演播室 ENCORE 常用对应通道为下表所示：

BG A	BG B	1A	1B	2A	2B	3A	3B
背景 A	背景 B	DLP 1	DLP 2	DLP 3	空	VGA 1	VGA 2

B. 背景信号设定

所有需要通过背景计算机播放的文件，都要事先存储到背景计算机中（最好两台都存储，保证其中一台出现问题也不影响播出）。图片格式、视频格式需是计算机能够识别的格式，每个栏目都可在计算机中存储自己的目录方便调用。当我们以图片为背景时，选定图片点击右键将其设置成桌面背景。当我们以图像为背景时，用计算机安装的 KMPlayer 播放，将播放器设置成全屏、循环播放。根据背景墙的规模计算后的宽高比为 2∶1，所以编辑的图片和图像也要按照这个比例制作。现在背景墙显示分辨率为 4200 × 2100，图片和图像的编辑最好能保持 2∶1 的比例，这样能够显示更好的效果。

2）画中画

按下窗口键（***1A*** 等），可以通过控制台右上角的操纵杆对其进行大小、区域的调节（在按键闪烁并按键上方红灯熄灭时方可操作）。

注：以上方式需要在 PIP 界面下操作。

图 9. 54

5. 演播室背景素材

以图示中演播室为例，节目背景默认存储在背景 A 和背景 B 的 D 盘根目录下。播放动态 LOGO 推荐使用 KMPlayer 软件循环播放。在拷贝背景文件前，一定要先杀毒，封袋盖章交予制作员。

四、VTRON LED

1. LED 显示系统概述

VTRON（威创）LED 显示系统，采用表贴三合一 LED 灯珠，可调节亮度，具有水平/垂直视角宽广、模块安装、无缝无限拼接等特点。

2. 系统结构

1）LED 显示系统框图

显示系统包括 LED 显示单元、AP 处理器、控制工作站、LED 控制器以及其他附件组成。

图 9. 55 为演播室 LED 显示系统框图。

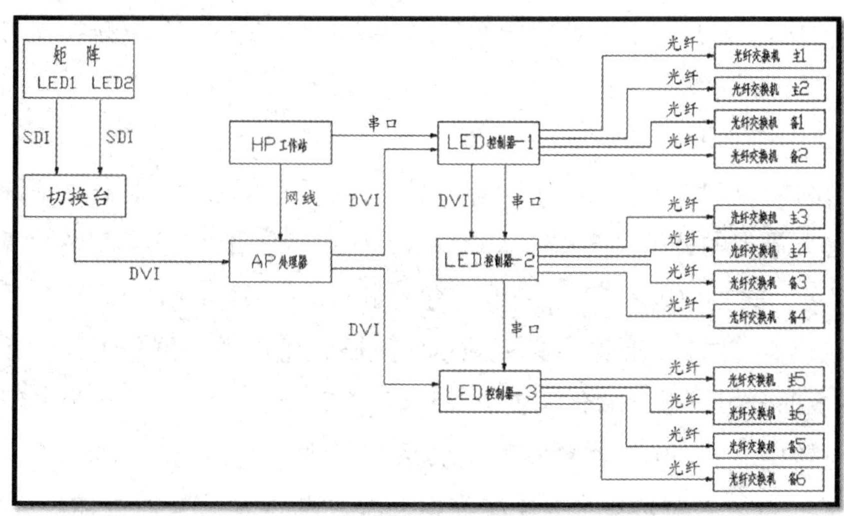

图 9. 55

2）LED 显示单元

图 9.56

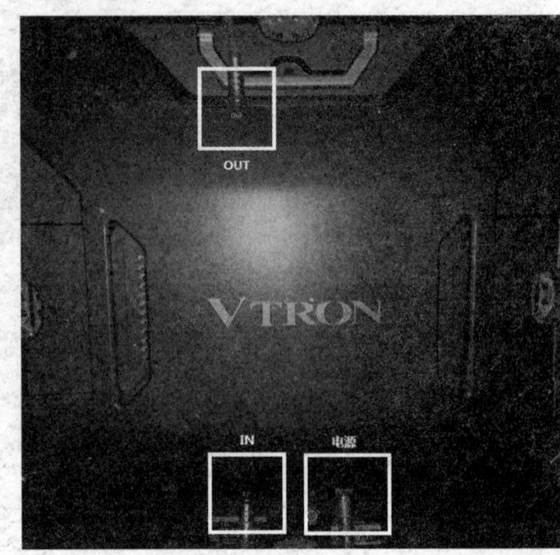

图 9.57

显示系统包含 66 个显示单元，显示单元的型号为 VLED－P248，物理像素间距 2.48mm。单个 LED 显示单元的分辨率为 192×192。大屏幕的分辨率是所有 LED 显示单元分辨率的总和，则 11×6 的 LED 显示墙的分辨率为 2112×1152 像素。

3）LED 像素的计算方法

单个 LED 显示单元的像素的计算方法为：

$$192 \times 192 = 36864 \text{（像素）}$$

LED 显示墙的像素的计算方法为：

$$(192 \times 11) \times (192 \times 6) = 2433024 \text{（像素）}$$

一个 LED 控制器理论上可处理的像素总数为 2600000 个，控制器可处理显示单元的数量的计算方法如下：

$$2600000 \div (192 \times 192) \approx 70 \text{（个）}$$

一个光电转换器理论上可处理的像素总数为 650000 个，光电转换器可处理显示单元的数量的计算方法如下：

$$650000 \div (192 \times 192) \approx 17 \text{（个）}$$

根据节目需要和现场安装尺寸，显示墙为 11×6 的结构。根据显示墙的物理结构，显示单元最大的分组是 5×3，共 15 个，所以为了配对分组将显示墙分为两个 11×3 的部分，除去两组 5×3 的分组还有两组 6×3，每组 18 个显示单元，超过了一个光电转换器可以处理的显示单元数量的上限，所以需要再分组，因此将其均分为两个 3×3 的分组。显示墙分为 4 个（3×3）、2 个（5×3）共 6 个分组，所以需要 6 个光电转换器。250m^2 演播室显示墙系统是主备路结构，需要 12 个光电转换器。因为每个 LED 控制器最多为 4 个光电转换器传输信号，所以需要 3 个 LED 控制器。

4）LED 显示墙系统

图 9.58 为显示墙系统连接示意图：

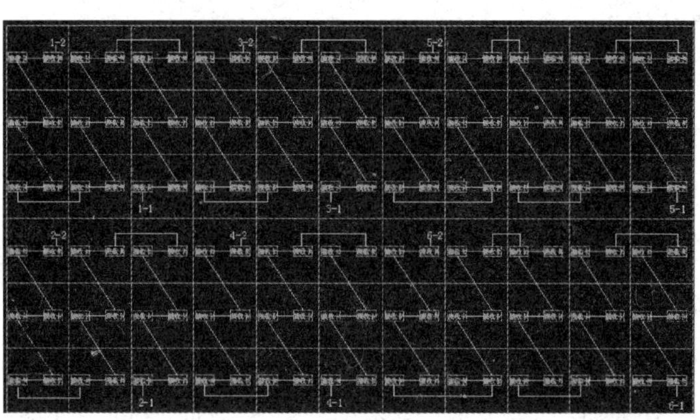

图 9.58

A. 显示墙规格

LED 显示墙为 5124.24mm × 3386.8mm × 390mm 的弧面墙，底座为 5124.24 mm × 535 mm × 100mm。每个显示单元的平均功耗是 68W，峰值功耗是 215W，整个 LED 大屏的平均功耗是 4489W，峰值功耗是 14125W。

B. 显示单元连接方式

显示墙系统具有主备输入通路，当显示单元连接线断开一处时，将不会出现显示问题。关于显示墙系统的具体信息，详见第四部分“高级应用”。

各显示单元之间的连接线为网线，接口类型为套环卡口。前一显示单元的“OUT”口连接到下一显示单元的“IN”口。

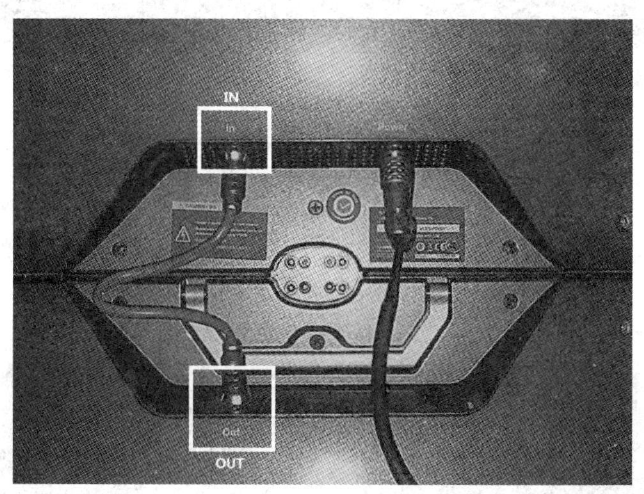

图 9.59

5）显示墙分组

显示墙系统由显示单元组成，显示墙共有 66 块显示单元，分为六组。面向显示墙，依次为第一组（3 × 3）、第二组（3 × 3）、第三组（3 × 3）、第四组（3 × 3）、第五组（5 × 3）以及第六组（5 × 3）。

6）主备路链路结构

六组显示区域输入信号均为主备双向传输。

A. 主路链路结构

6组主路输入标识为：1－1、2－1、3－1、4－1、5－1和6－1，其中前4组每组分别控制9个（3×3）显示单元，后2组每组分别控制15个（5×3）显示单元。以第1组为例，主路信号由1－1进入（依此类推其他几组分别接入2－1、3－1……6－1），依次连接9个显示单元（蓝色的线为数据网线）。

B. 备路链路结构

6组备路输入标识为：1－2、2－2、3－2、4－2、5－2和6－2。备路信号各组所控制的显示单元的数量与主路相同，但是信号传输方向不同，以备路第1组为例，备路信号由1－2进入（以此类推其他备路信号分别接入2－2、3－2、……6－2），依次连接9个显示单元（蓝色的线为数据网线）。

以上主备路共12条光纤由LED控制器送给显示墙的12块光——电转换器。

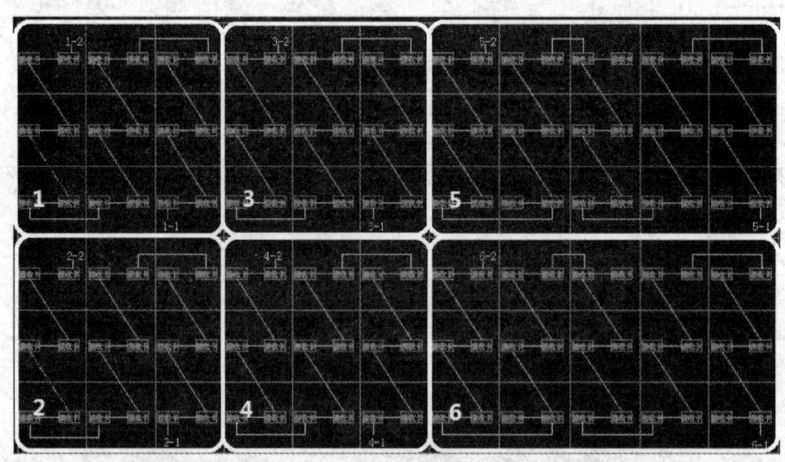

图9.60

7）AP处理器

AP处理器的作用主要包括图像处理、分屏处理与控制等，使用Windows操作系统。

图9.61

A. 前面板状态灯说明

指示灯	功能	正常工作	异常情况
POWER	电源的工作情况	绿色	红色
FAN	机箱内的风扇工作情况	绿色	红色
TEMP	机箱内的温度监控情况	绿色	红色
ALARM	监控报警情况	绿色	红色

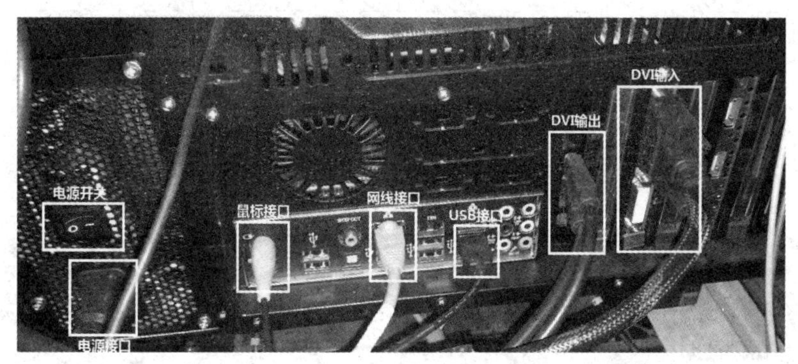

图 9.62

B. AP 处理器接口详细分析

a. 电源接口

控制 AP 处理器的总开关。

b. 鼠标、键盘接口

鼠标在 LED 控制器机盖上，键盘通过 USB 转接头延长线放在显示墙背后。如果鼠标出现在画面中，将鼠标移出画面即可。

c. DVI 输入

共 2 路，本系统仅用 1 路，由松下 AV－HS410 切换台 DVI 输出，是 AP 处理器唯一的视频信号输入源。

d. DVI 输出

具有 4 个 MINI－DVI 输出接口，本系统前两路分别送 LED 控制器 1 和控制器 3，再由控制器 1 环出送控制器 2；第 1 路传输的画面内容包含 6 列，由 LED 控制器 1、2 各处理 3 列，第 2 路传输的画面内容包含 5 列，输出给 LED 控制器 3 处理。

e. 网线接口

连接 HP 工作站，通过软件控制 AP 处理器。

8）LED 控制器

LED 控制器可实现将 AP 处理器传送过来的画面电信号转换成光信号传输给光电转换器。共有 3 台，控制器 1 和 3 分别处理 3 列画面信号，控制器 2 处理 5 列画面信号。

A. 前面板状态灯说明

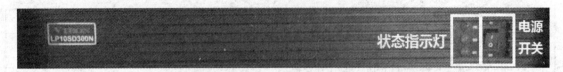

图 9.63

指示灯	功能	正常工作	异常情况
PWR	电源指示	常亮红灯	熄灭
RUN	运行指示	快速闪烁绿灯	慢速闪烁绿灯
DVI	DVI 信号输入指示	常亮绿灯	熄灭

B. LED 控制器接口

图 9.64

a. 电源接口

LED 控制器的电源输入。

b. 串口接口（RA232）

包含一个输入口和一个环出口。控制信号由控制器 1 输入，环出至控制器 2，再由控制器 2 环出至控制器 3。

c. DVI 接口

包含一个输入口一个环出口。视频信号由处理器分别送控制器 1 和控制器 3，控制器 1 的环出送控制器 2。

d. 光纤接口

共 4 组两芯接口，OPT1、OPT2、OPT3 和 OPT4。其中 OPT1 和 OPT2 的光纤输出的是主路信号，OPT3 和 OPT4 的光纤输出的是备路信号。详见下表。

	光纤接口 OPT1	光纤接口 OPT2	光纤接口 OPT3	光纤接口 OPT4
控制器 1	1-1	2-1	1-2	2-2
控制器 2	3-1	4-1	3-2	4-2
控制器 3	5-1	6-1	5-2	6-2

9）控制软件

LED 显示系统的控制软件包括 VWAS（VTRON Wall Administration System）和 VLED Tuner。VWAS 软件是 VTRON 公司为 LED 显示墙系统及其处理器系统开发、设

计和生产的应用管理软件，其主要功能是实现对显示墙上的各类信号窗口的控制和管理以及对显示引擎的控制。VWAS 软件安装在 HP 工作站，软件光盘在“LED 配件”储物柜中。VLED Tuner 可实现对 LED 显示单元的亮度调整和色温调整等高级应用。

10）HP 工作站

AP 处理器需要 HP 工作站做远程控制。HP 工作站通过网线连接 AP 处理器。HP 工作站 IP 地址是 ***192.168.5.100***。如果该工作站不能正常工作，可使用背景服务器主机“***BG A***”或其他控制 PC，连接网线并安装软件后，替换故障工作站。详细内容，参考第四部分“高级应用”。

11）其他配套附件

A. 光电转换器

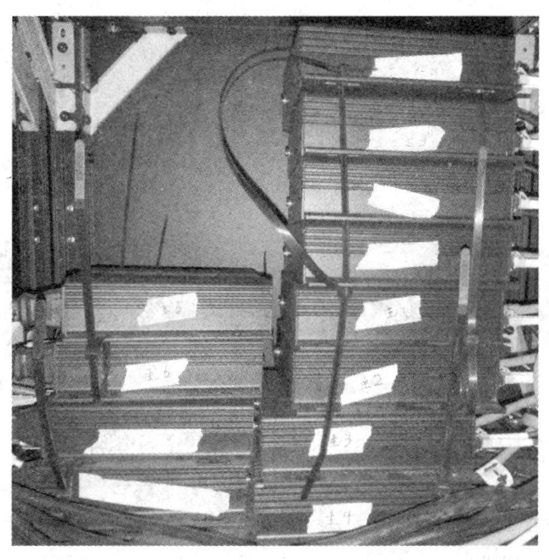

图 9.65

光电转换器，作用是将 LED 控制器输出的光信号转换为电信号，位于显示墙支架下方底座内，共有 12 个。6 个为主路信号，其余 6 个为备路信号，每个转换器单独供电。

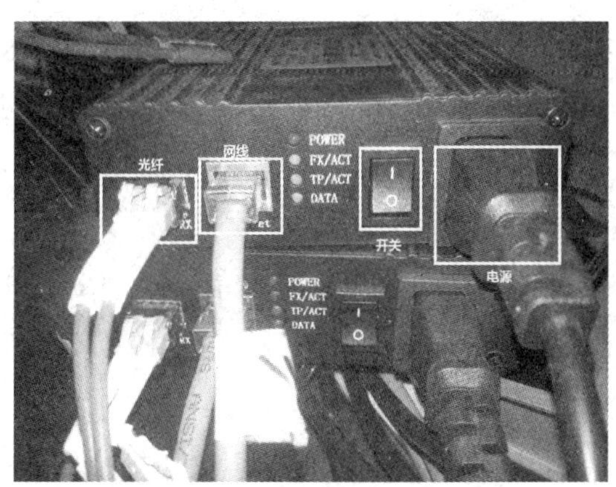

图 9.66

B. 显示墙的供电单元

显示墙供电单元共有三组，其作用是给光电转换器和 LED 显示单元供电，位置在显示墙支架底座下方。供电单元的电源来自于 LED 显示墙的专用配电箱。供电单元内部带有接地铜排，地线连接至 LED 配电箱地线铜排。

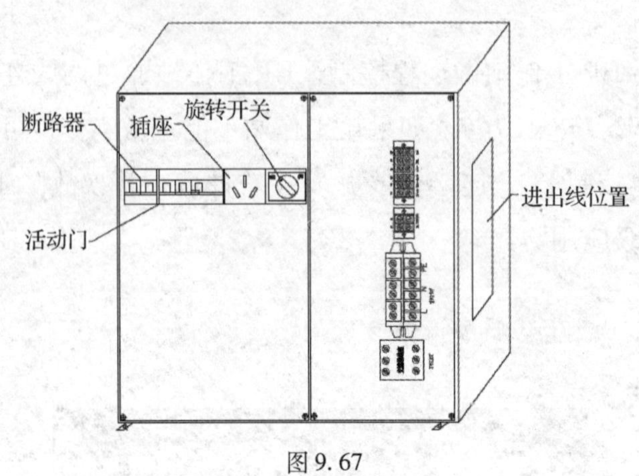

图 9.67

C. 与 LED 大屏相关的视频设备

a. VGA 转换器

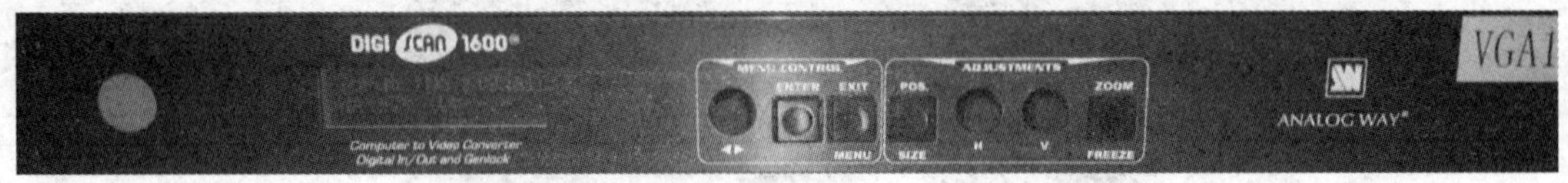

图 9.68

VGA 转换器用于将电脑信号转换为 SDI 信号，送给视频系统（详见操作手册中 VGA 转换器部分）。

b. 视频矩阵与切换面板

图 9.69

视频矩阵切换面板位于后排控制台。该面板可为 LED 显示墙、DLP 大屏选取信号源。其中 LED1、LED2 为 LED 显示墙提供信号源，常用的信号源包括 VGA1、VTR1、VTR2、VTR3 等。

c. 松下切换台 AV－HS410

松下 AV－HS410 切换台，将两路矩阵输出信号（LED1 和 LED2）经过切换制作后，通过 DVI 输出送给 AP 处理器。

AV－HS410 切换台的主要特点包括：

- 所有输入通道都具有内置帧同步器，用于切换非同步的视频信号。同步功能也支持采用外部同步信号的系统同步（黑场或三电平同步）；

- 具备 4 路输入的标清/高清上变换器功能和用于 8 路输入的点对点功能；
- 提供 4 路 Aux 母线和 2 个画中画母线；
- 除了标准的划像、混叠和直切外，还包括两个通道的 DVE 转场模式，比如压缩、滑动、挤压和 3D 划像等功能。

图 9. 70

3. LED 显示系统日常操作方法

1）开机

LED 显示系统有严格的加电顺序，参考以下流程操作：

A. 打开控制室工艺配电柜空开，为相关机柜供电

打开标签为“机柜 7/8 主”和“机柜 7/8 备”、“后排导控台 1”、“后排导控台 2”的空开为设备加电。

图 9. 71

B. 打开机柜 7 上 HP 工作站

图 9. 72

注：LED 显示系统的控制软件（VWAS）安装在 HP 工作站。HP 工作站通过网线连接 AP 处理器。

C. 打开 AP 处理器电源

打开 AP 处理器的前面板锁，开启左下角“POWER”键。

图 9. 73

D. 打开三台 LED 控制器电源

依次打开控制器电源开关。

图 9. 74

E. 打开后排导控台松下切换台、ENCORE 切换台、两台显示器电源

注：ENCORE 切换台和显示器的操作方法参考操作手册中 DLP 部分。

图 9. 75

F. 打开演播厅 LED 配电箱空开

LED 配电箱在演播厅机库南侧墙壁上。LED 配电箱供电来自于动力配电柜。

LED 配电箱空开由总开关和分开关组成。在确认动力送电后，先合总开关，再从左至右依次合分开关。分开关分别连接 LED 显示单元三组供电单元。

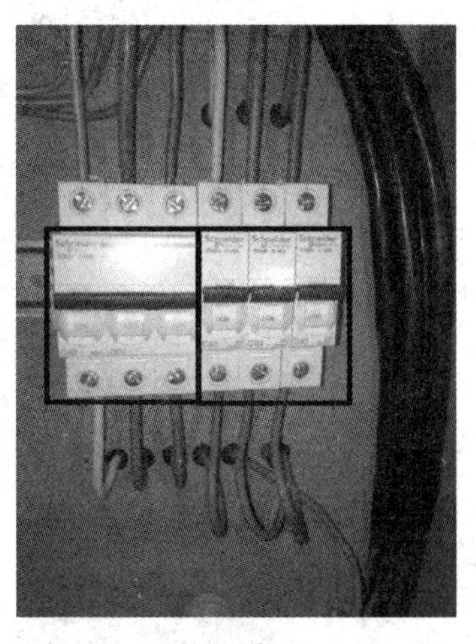

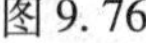

图 9. 76

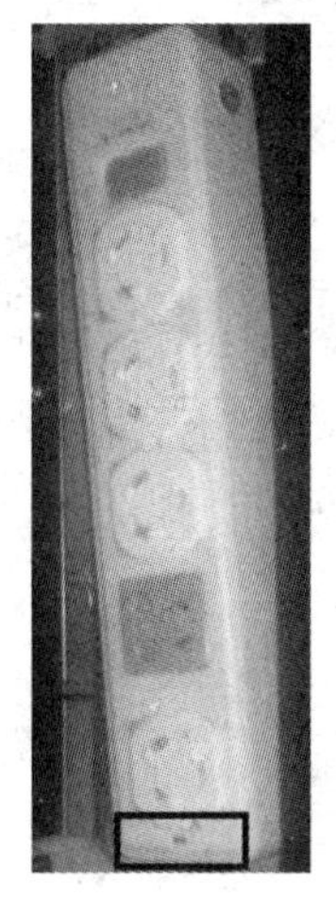

图 9. 77

注：检查 LED 显示墙是否已送电的方法是，在显示墙背后有一个捆绑在支架上的电源板，电源灯亮起证明显示墙已送电。

2）操作控制软件

A. 控制软件 VWAS 概述

VWAS 软件由显示墙管理器（VWASExplorer）和管理服务器（VWASServer）两部分共同组成。显示墙管理器 VWASExplorer 包括 Windows 桌面客户端和浏览器端。管理服务器 VWASServer 负责提供功能服务、业务逻辑处理、数据处理和提供 VWAS 服务协议等。

B. 登录 VWAS 浏览器

a. 双击桌面的  （图 9. 78）（LED 大屏控制软件）图标，就会弹出图 9. 79 所示登录界面：

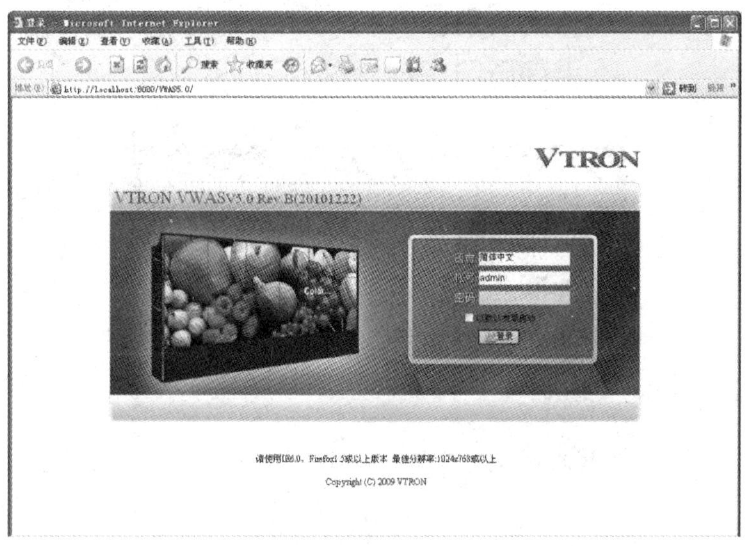

图 9. 79

注：如果快捷方式丢失可打开浏览器输入“http：//localhost：8080/VWAS5. 5/”。

b. 用户名输入：“***admin***”，密码输入：“***111111***”，回车（按 ENTER 键）或按“确定”即可进入 VWAS 软件菜单界面。

C. VWAS 控制软件操作流程

VWAS 控制软件基于 IE 浏览器，界面分为菜单栏、快捷操作栏、资源管理栏、窗口快捷操作栏、虚拟显示墙。

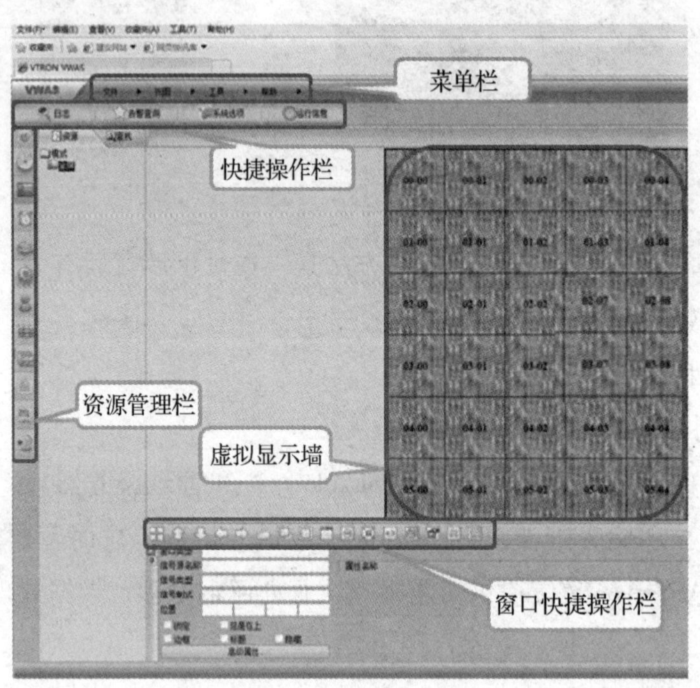

图 9. 80

a. 打开显示单元

进入管理界面后鼠标右键单击虚拟显示墙，然后点击“打开所有显示单元”。

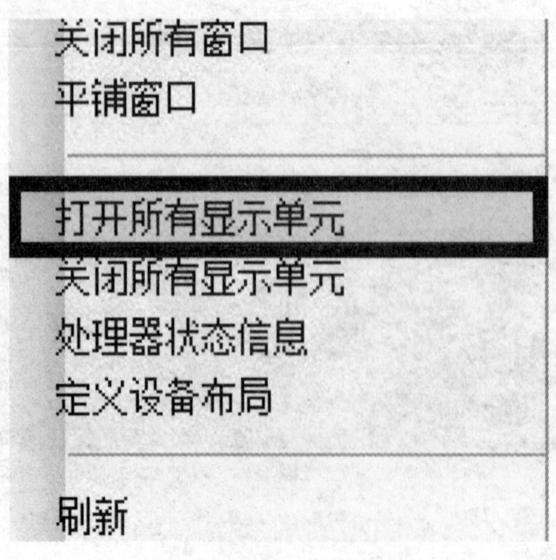

图 9. 81

选择“确定”即可打开所有显示单元。

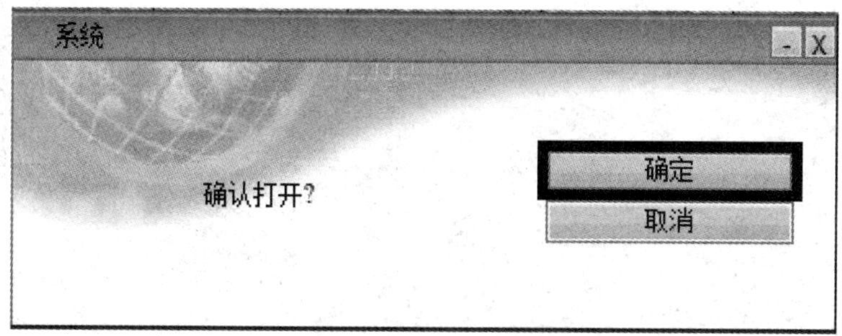

图 9.82

打开后 LED 显示墙显示如下。

图 9.83

注：该背景图为 AP 处理器的 Windows 系统桌面。

b. 选择“全屏”

点击左侧的资源管理栏第二项选择已经预存好的“全屏”模式。

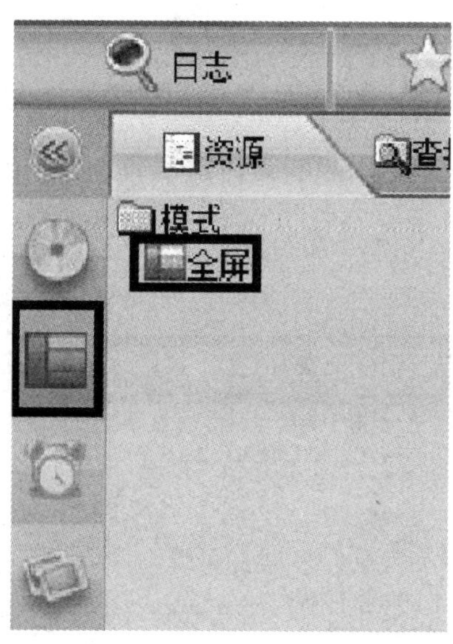

图 9.84

双击“全屏”后，窗口将布满整个大屏幕。

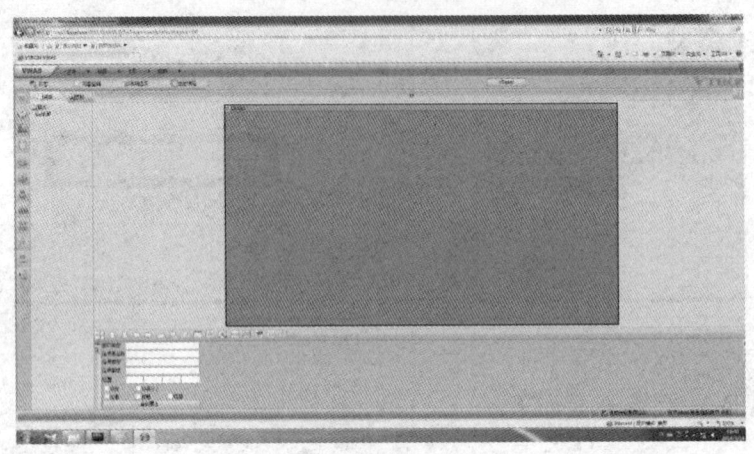

图 9.85

注：“全屏”功能键集成了两步操作。第一步，选择输入源信号窗口；第二步，将该窗口扩展为全屏显示。

c. 通过视频系统调用电脑信号

外接笔记本电脑进入 LED 显示墙系统的信号流程如下：将电脑接入 VGA 转换器后，通过矩阵切换面板将 LED1 母线的源信号改变为 VGA1；再将松下切换台 PGM 母线的源信号改变为 INPUT1，最终通过松下切换台的 DVI 输出送至 AP 处理器。

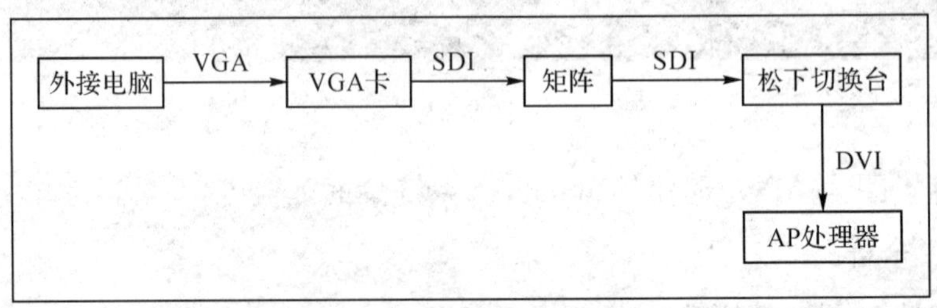

图 9.86

3）关闭系统

A. 关闭显示窗口

在 VWAS 软件菜单界面，鼠标右击虚拟显示墙，点击“关闭所有窗口”，“全屏”窗口会关闭，显示墙将出现 AP 处理器桌面。

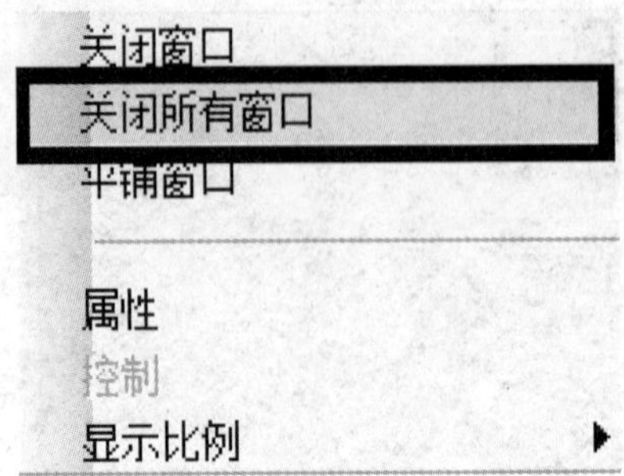

图 9.87

B. 关闭显示单元

鼠标右键点击虚拟显示墙，点击“关闭所有显示单元”。

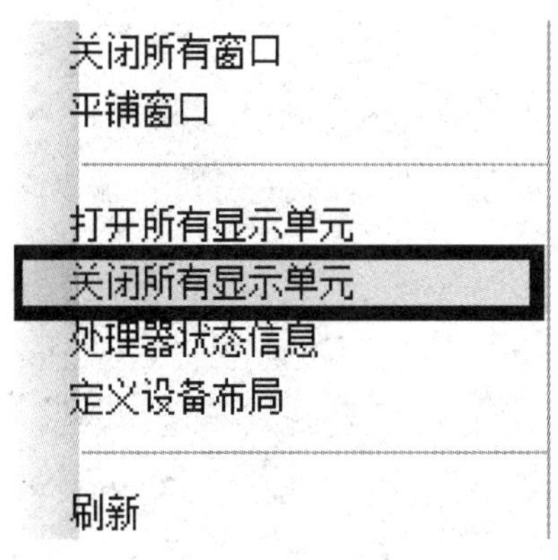

图 9.88

在弹出的对话框中选择“确定”后，LED 显示墙将黑屏，表示所有显示单元关闭。

图 9.89

C. LED 配电箱断电

断开 LED 大屏配电箱空开。

D. 关闭 AP 处理器

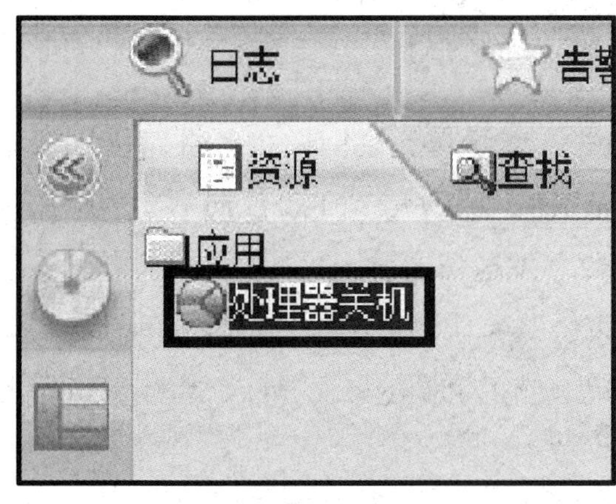

图 9.90

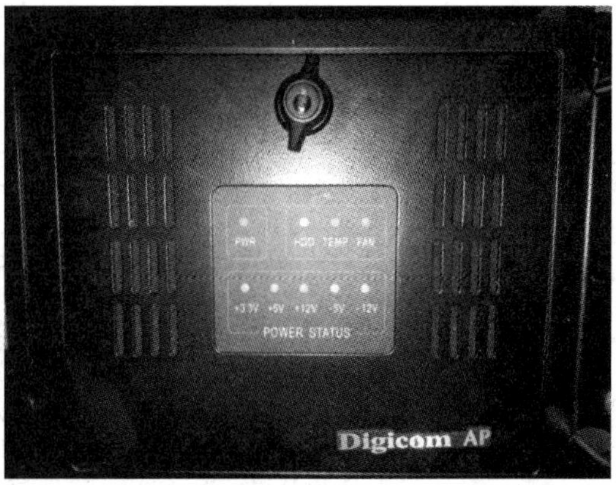

图 9.91

在 VWAS 软件菜单界面，点击左边资源管理栏的齿轮图标，双击“处理器关机”。等待 30 秒左右，查看处理器前面板指示灯是否熄灭。熄灭后处理器即为关闭状态。

E. 关闭 LED 控制器

关闭三台 LED 控制器的开关。

4. 高级应用

1）使用备份电脑开启 LED 显示墙

如果控制工作站不能正常工作时，可使用背景服务器主机（BG A）连接或使用其他电脑。

首先确认在新电脑中已经安装了 VRTON 的软件包，然后拔下主机（BG B）网线接入新电脑中，在新电脑的网络设置里更改固定 IP 地址为 ***192. 168. 5. 100***，更改子网掩码为 ***255. 255. 0. 0***，在网页中打开“***http***：***//localhost***：***8080/VWAS5. 5/***”进入控制软件登录界面，输入账号密码后打开软件（系统配置是储存在 AP2000 处理器里，打开登录界面后即可操作，如需调整色温、亮度、调用测试信号等操作还需安装 VLED Tuner 软件）。

2）信号源故障如何应急

在图示演播室系统中，LED 显示系统的图像信号输入源来自于松下切换台的 DVI 输出。如果松下切换台不能正常工作，将输入源改为 VGA 转换器的 DVI 输出。这样可使笔记本电脑的图像信号不通过松下切换台而直接接入到 AP 处理器。

图 9. 92

3）如何确定显示墙分组内部链路故障点

各个分组由图中标记的 9 个显示单元组成，显示单元之间的主备链路由网线串联。主路信号由 1 号到 9 号正向顺序传输，备路信号由 9 号到 1 号反向顺序传输。各显示单元的“接收卡”同时实现了信号的接收和发送功能。

由于本系统使用主备双向链路结构，所以链路上任何单点断开不影响单点两端的显示单元显示，即显示墙无黑屏。如果出现单一或多个显示单元黑屏，意味着链路上至少存在两个以上的故障点。

A. 单一显示单元黑屏

该现象表明故障显示单元与相邻的两个显示单元之间的链路同时中断，例如图中“2”号显示单元黑屏，需检查“1”号和“3”号显示单元到“2”号显示单元的两条链路，连通其中一条链路即可使显示单元正常显示。

B. 沿链路方向上的多个显示单元故障

该现象表明沿链路方向上的多个显示单元的两端与相邻的两个显示单元之间的链路同时中断，例如图 9. 93 中“2～7”号显示单元黑屏，需检查“1”号和“8”号显示单元到“2”号和“7”显示单元的两条链路，连通其中一条链路即可使显示单元正常显示。

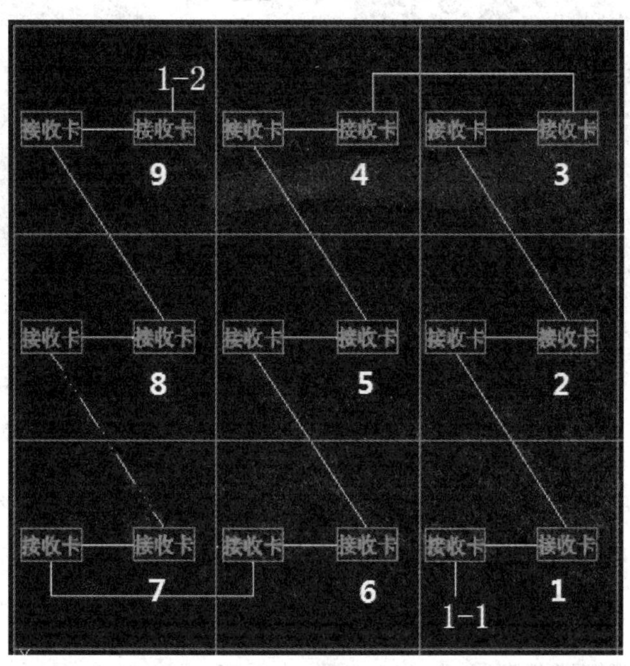

图 9. 93

4）更换备份数据接收板

图 9. 94

A. 数据接收板的作用

卸下显示单元背面的机盖，左右各有一组电路板，每组电路板分上下两层，为双排针孔结构连接，上层为信号传输板，下层为数据接收板；

数据接收板的作用是接收和发送主备链路信号，信号传输板的作用是将数据接收板的信号分配并传输到 8 个显示模组，传输板上配有 8 组排线接口。

图 9.95

图 9.96

每组电路板上方还有供电电路板为显示模组提供电源，下口为电源输入插口，上口为电源输出口。

接收板有电源和两个网口，两个网口负责显示单元内部和外部信号的传输。

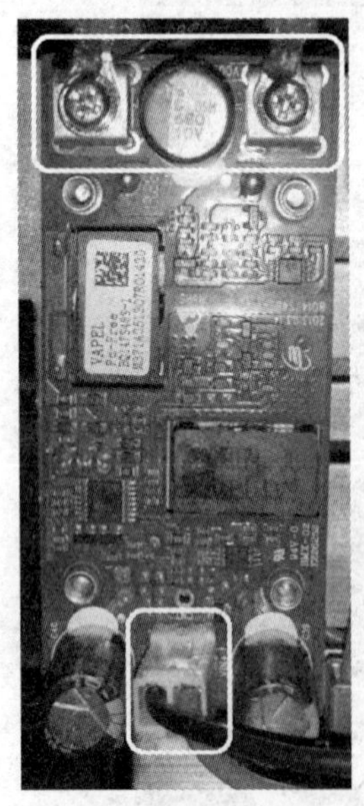

图 9.97

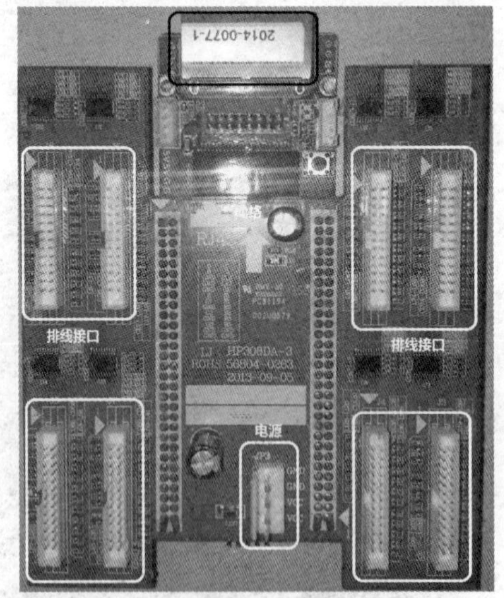

图 9.98

B. 更换方法

更换时拆下传输板的 8 根排线（拆下前请先标注好排线位置，以便安装时分清，切勿乱装）、网线和电源插口，按住接收板，拔出传输板，拆下接收板上的螺丝，更换新的接收板，恢复排线、网线和电源线，显示墙重新加电后查看显示单元是否正确工作。

安装排线时注意排线一侧和发送板一侧各有一个咬合卡口，只有在同侧时才能正确装入卡槽内。

图 9.99

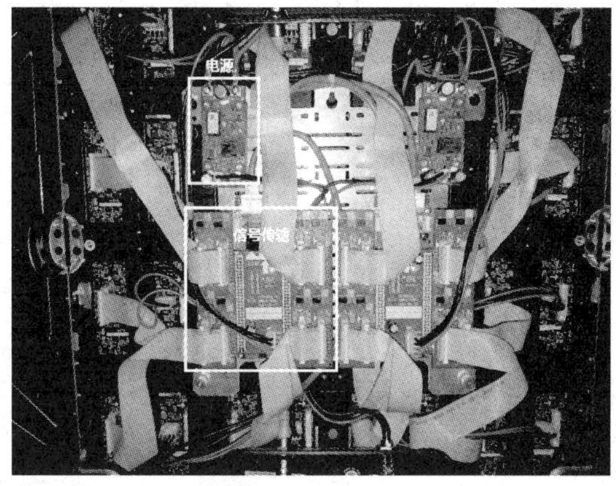

图 9.100

5）备份光纤更换方法

本系统预留了 12 条光纤作为备份。如果主备链路在用的 12 条光纤中任何一条光纤出现故障，可利用预留光纤替换。预留光纤两端已经预埋到 LED 控制器和光电转换器附近，每条光纤两端都附有线号，根据线号对应关系连接光纤。

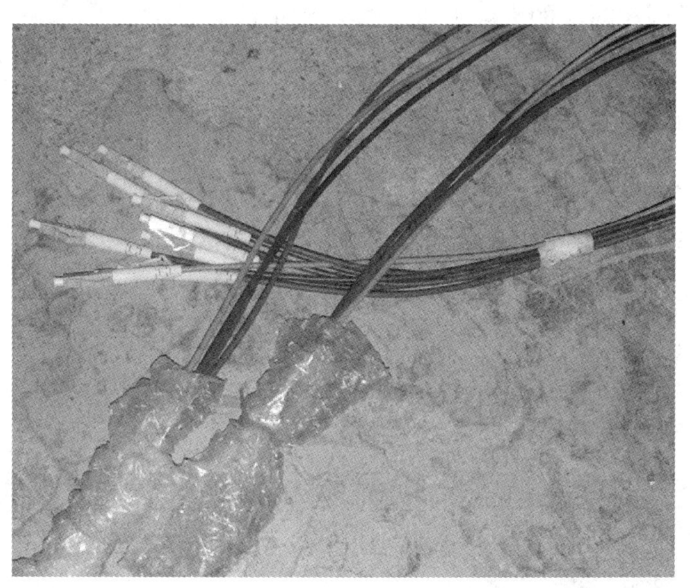

图 9.101

6）备份显示模块如何更换

每组 LED 显示单元由 16 个显示模块组成。如需更换显示模块时，打开背部机盖，找到对应的损坏模块，拆下电源和信号输出排线，用小十字螺丝刀把显示模块背面的九颗螺丝卸下，正面需有人顶住模块防止掉落，换下损坏模块后，取出各个螺口上方的弹簧，安装在新模块的螺口上，在正面把新模块卡入缺口，在背面上紧螺丝，按照原先的位置接入信号排线和电源。

7）选择信号源

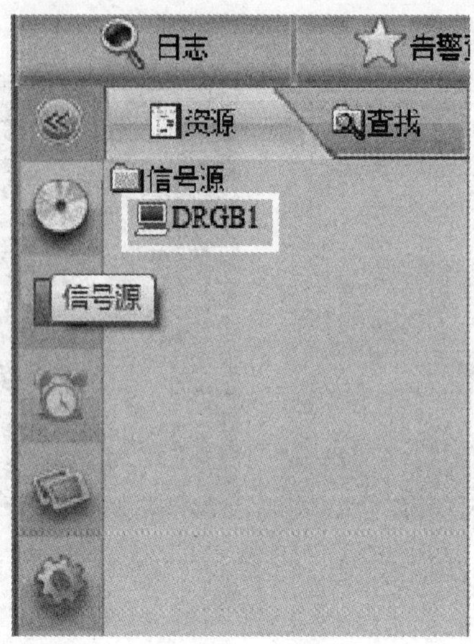

图 9.102

在大屏幕上调用显示各种信号：

A. 点击软件菜单中左边信号源列表的“***DRGB1***”，按住 ***CTRL*** 键，拖拉其中的某个信号到相对应的大屏上就能显示该项信号。

B. 双击模式菜单列表的其中一项，就能得到想要的显示方式，然后拖拉进行信号切换就能得到想要的最终图像。

8）亮度和色温调整

亮度和色温调整需要调用 VLED Tuner 软件，该软件可实现多种高级应用。

A. 登录 VLED Tuner

双击桌面上 

（图 9.103）图标，就会弹出图 9.104 所示登录界面：

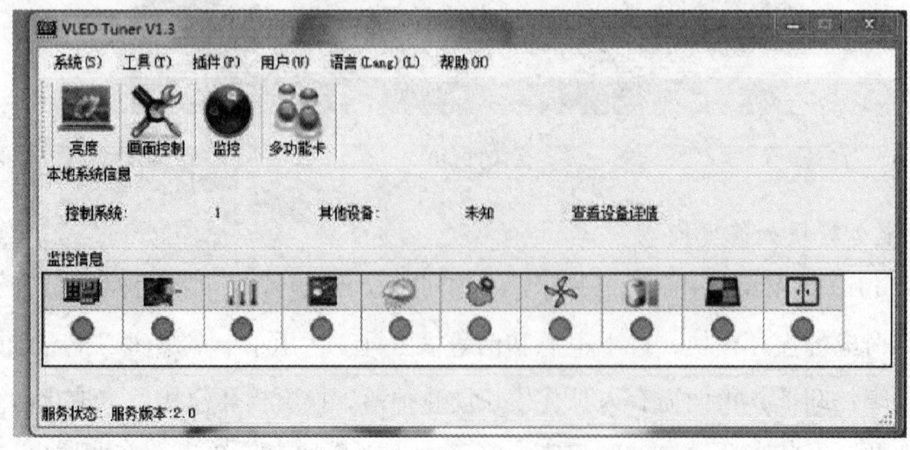

图 9.104

点击用户下拉菜单内的高级应用，输入密码“***666***”，按“登陆”即可进入调试菜单。

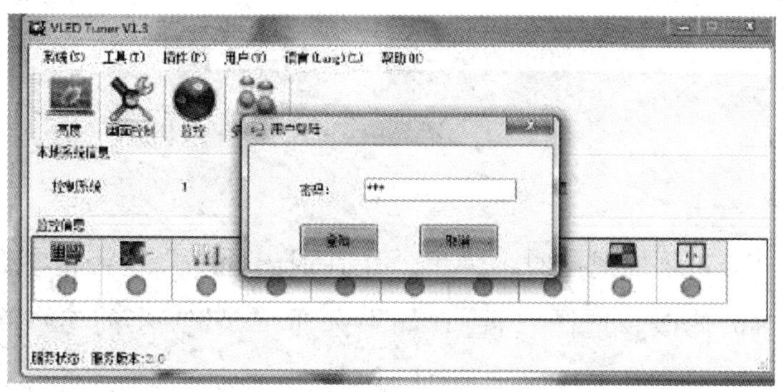

图 9. 105

B. 亮度调整

进入高级用户后点击亮度选项会弹出调整亮度和色温界面，如图 9. 106：

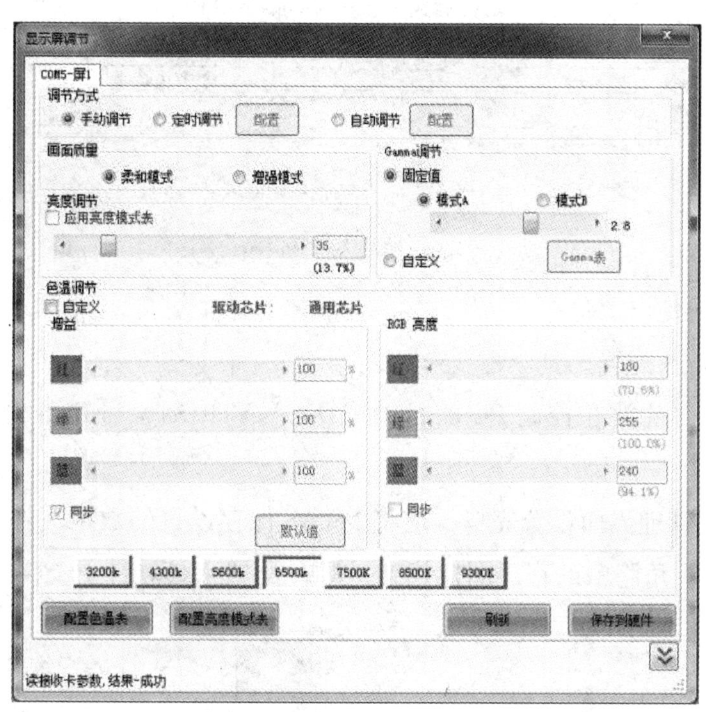

图 9. 106

调整亮度是调整屏幕的亮度百分比，点击后即可变化。本系统的亮度百分比是 13.7%，亮度越高耗电量越大。

图 9. 107

C. 色温调整

直接点击下列预存好的色温值即可变化，本系统使用“***6500k***”。

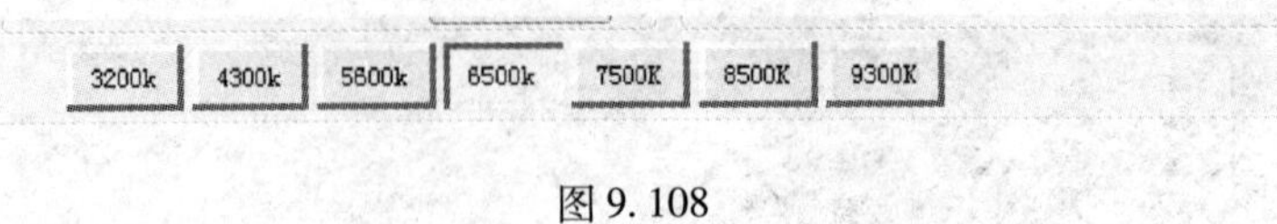

图 9.108

D. 退出软件

VLED Tuner V1.3 软件退出时会弹出“正在退出程序：是否将参数固化到硬件?”对话框。如果是临时修改，选择“否”；如果选择“是”，当前参数将作为初始化设置固化到硬件。

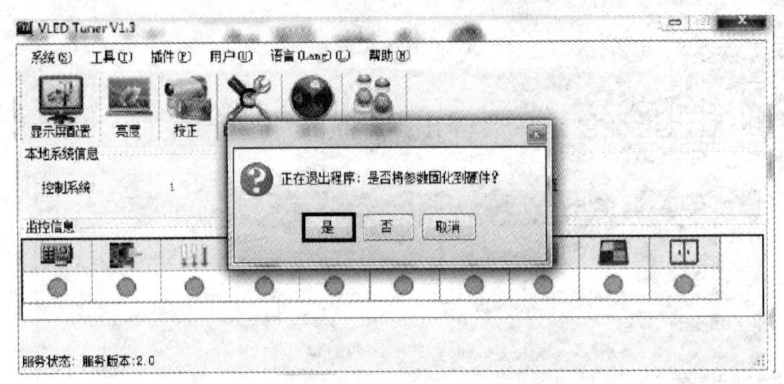

图 9.109

9）软件配置的恢复与备份

A. 打开 VWAS 配置工具

大屏幕备份文件放在控制 PC 的目录“D：\ VTRON \ LED 备份”中的 vwasresourcebackup. vbf。

当在 VWAS 管理界面设置完毕，应将 VWAS 保存设置的数据文件备份。

点击桌面右下角隐藏的程序图标找到 VWAS 配置工具软件。

图 9.110

点击打开后将出现 VWAS 配置工具界面。

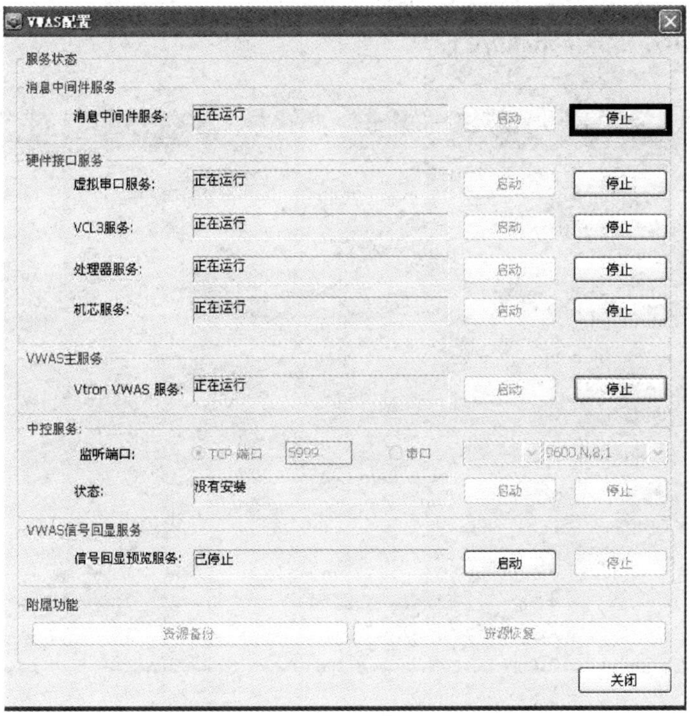

图 9.111

B. 停止服务

点击最上面的“消息中间件服务”的**“停止”**键，进而将 VWAS 所有的服务关闭。

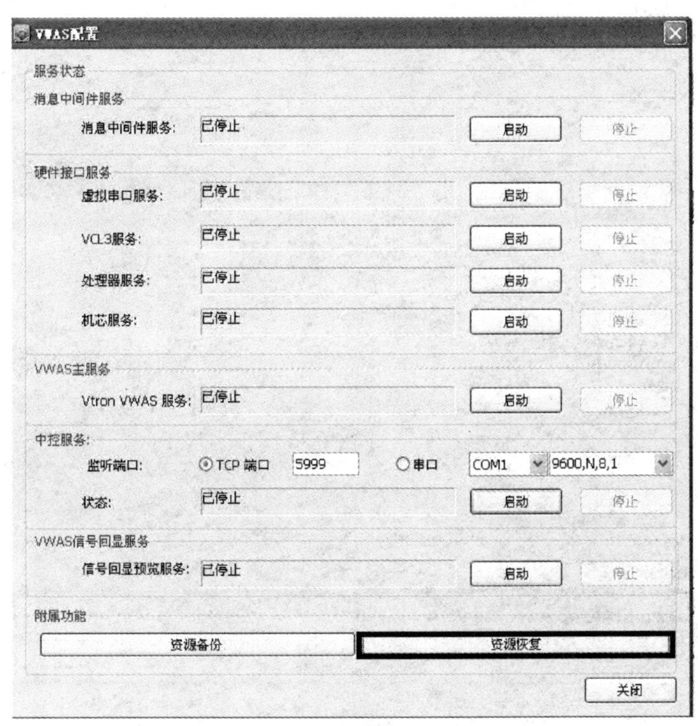

图 9.112

C. 资源恢复

点击下端的“资源恢复”，选定指定的备份文件即可将 VWAS 的设置等信息进行恢复，例如“***vwasresoursebackup. vbf***”。

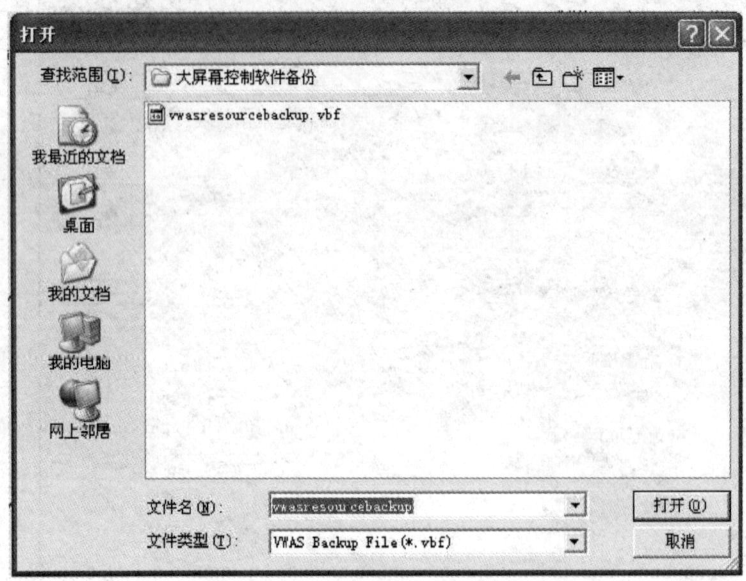

图 9. 113

调用完成后重启 HP 工作站，才能使配置文件生效。

D. 备份

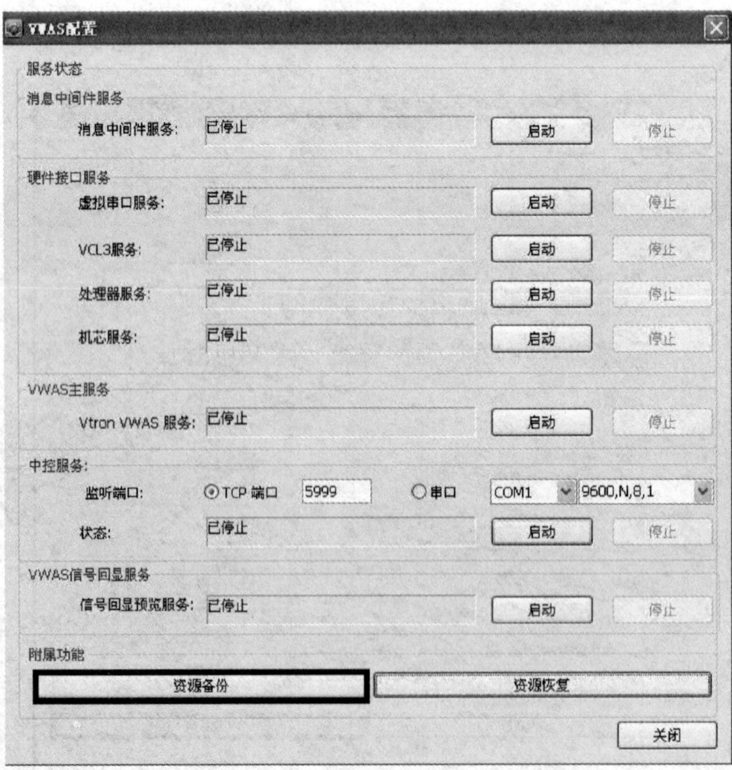

图 9. 114

点击左下角的“资源备份”，选定指定的路径即可将 VWAS 的设置等信息进行保存备份。

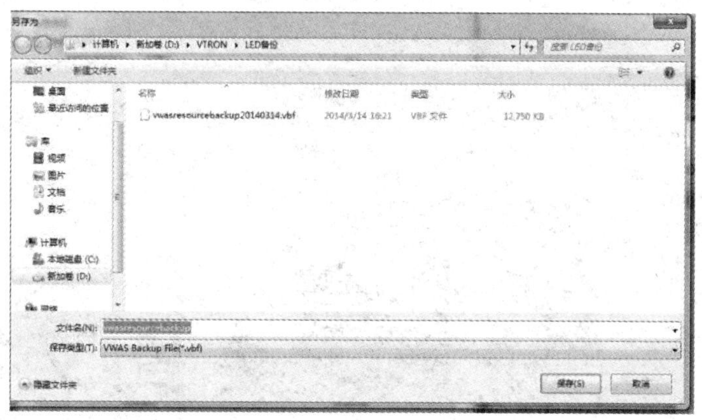

图 9.115

5. 常见问题汇总

1）所有显示单元无法开启

查看系统是否全部都已加电完毕；

检查 AP 处理器至 LED 控制器的 DVI 线是否接实。

2）显示模块显示图像颜色异常

检查多屏处理器信号线缆，查看显示模块的排线是否松动。

3）显示墙出现“3×5”或“3×3”显示单元无信号

检查光纤是否有信号接入，检查光－电转换器是否正常工作，检查光电转换器输出网线接口是否松动。

4）显示模组出现不规则高亮度信号

检查排线是否连接，检查电源是否连接。

6. 注意事项

A. 如果经历过一次断电（包括系统总电源的正常关闭和系统总电源故障）或是被非法关机，整个系统的启动顺序必须按照第一次开机时启动。

B. 每次关闭 LED 屏幕后如需重新启动，一定要等 3～5 分钟才能重新开启 LED 屏幕。建议不要在短时间内频繁开关 LED 屏幕，这是为了让电源更好地散热。如果频繁的对 LED 屏进行开关机操作，会影响 LED 灯的寿命。

C. 显示墙在使用的过程中，设备最佳工作温度为 22～26 度，并确保显示墙的前后温差处于均衡状态，保证前后温差不能大于 3 度，否则造成温差不一致引起的屏幕损坏问题。

D. 日常使用中注意不要对显示墙系统进行硬创和振动，否则容易造成灯板损坏。

E. 由于冬季气候干燥容易引起静电，使用时切勿用手直接触摸显示模块，以免静电对其造成损坏。

第十章 图文包装系统

一、字幕机系统概述

字幕机是演播室系统中制作图文信息、画面包装的核心设备。字幕机通常可完成图文制作、键信号输出、受控触发等功能，可显著丰富节目信息量，增强视觉效果，实现图文信息的实时制作与播出。

字幕机通常由视频输入/输出板卡、计算机处理系统、图像处理系统、显示器与控制等子系统组成。字幕内容可分为一般标题类、动画特技类、片尾滚屏类等多种字幕场景。

本文以新奥特和大洋公司的字幕机产品为例，介绍字幕机的操作方法，以及三种场景的制作方法。

二、新奥特字幕机

1. 概述

图 10.1

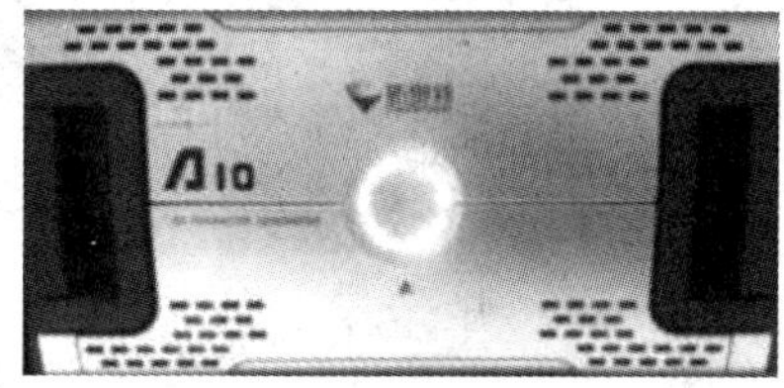

图 10.2

图 10.3

图 10.4

2. 开机

1）开启字幕主机

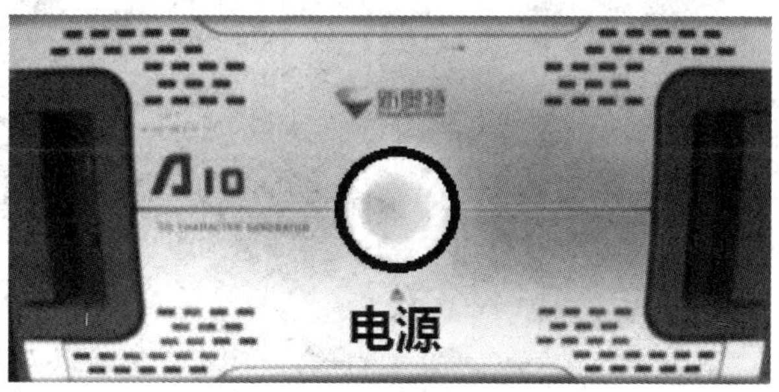

图 10.5

2）开启字幕软件

图 10.6

图 10.7

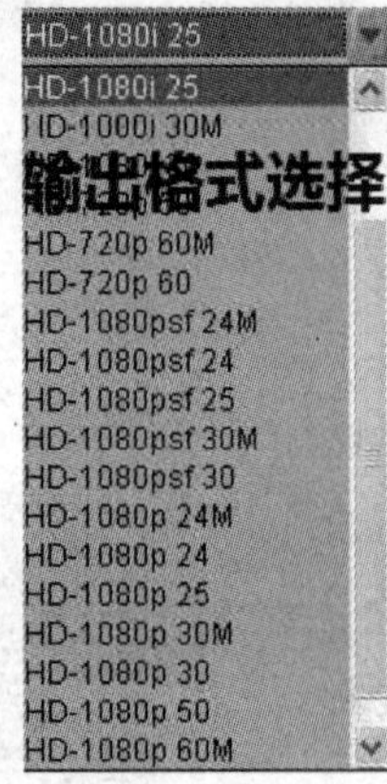

图 10.8

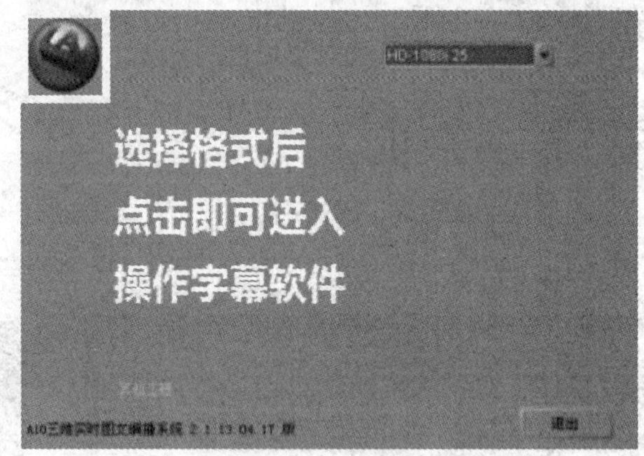

图 10.9

注：如果是高清演播室，所以字幕机输出的格式标准为“HD－1080i 25”，原则上不用每次开机都选择一遍，但为了防止手误误选了其他格式，进入软件前最好先看一下。

3. 调试

1）打开工程文件

进入软件后可通过“文件——打开工程文件”调取之前存过的工程文件。

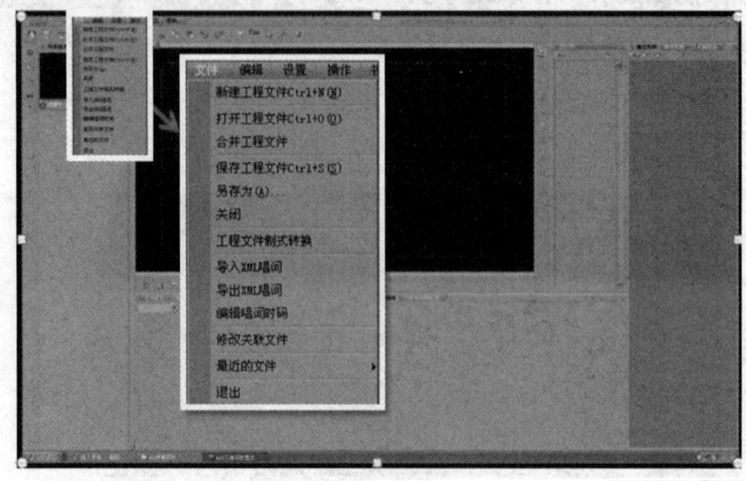

图 10.10

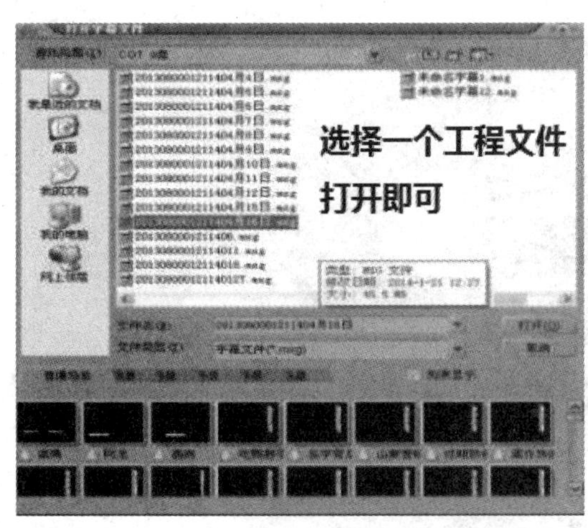

图 10.11

图 10.12

2）进入播出界面

下面左图为编辑界面左上角的放大截图，通过  （图 10.13）切换到播出界面，进入播出界面时会出现图 10.14 中的显示，直接点击取消即可。

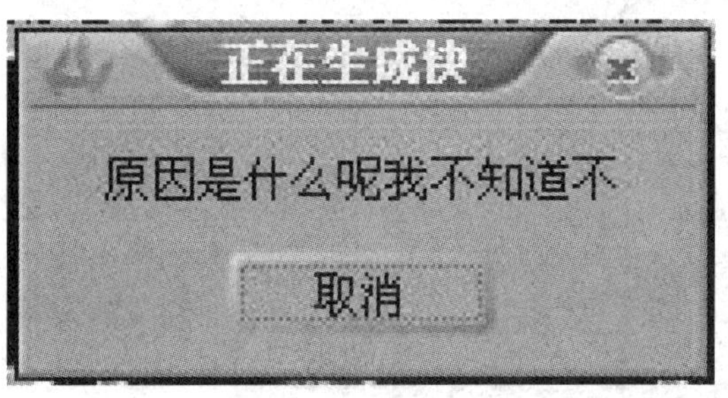

图 10.14

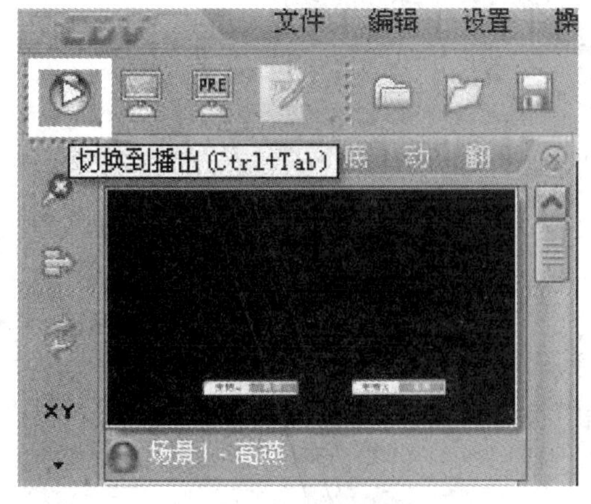

图 10.15

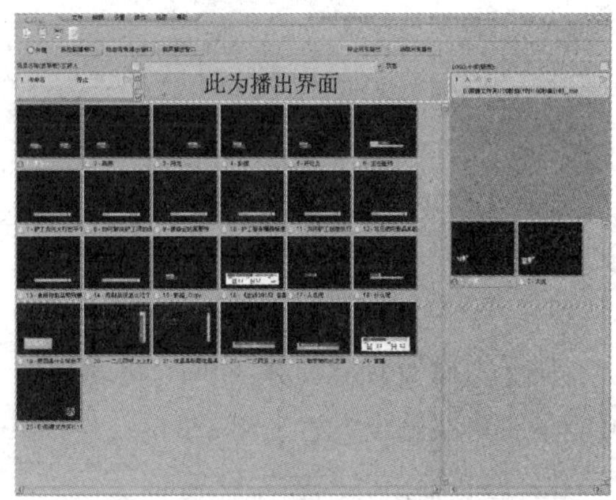

图 10.16

3）输出字幕信号

图 10.17 为播出界面，在镜头列表中单击选中一个镜头，用键盘“***A***”键（快捷键）播放，通过切换台 P/P 级下游键将字幕信号叠加到视频信号。

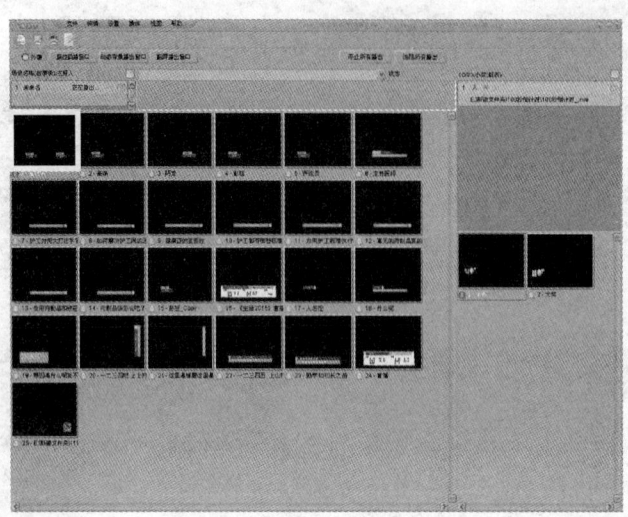

图 10.17

正在播出时的显示如图 10.18：

图 10.18

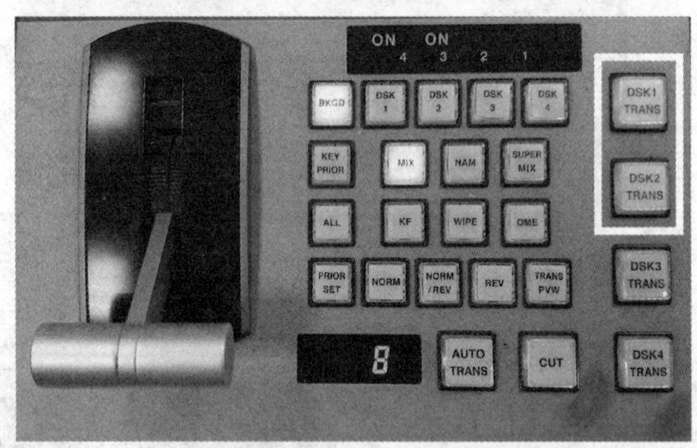

图 10.19

在 PGM 看上字后的效果是否正常。

4）故障排查

如果上键后有“雪花”或“拉黑道”现象，先将 ***DSK*** 键关掉，如现象消失，很可能是字幕机输出设置上出了问题，可通过如下操作进行调整：

A. 停止播出并回到编辑界面

图 10.20

B. 进入板卡设置进行调整

设置——板卡设置——*I/O* 设置——高级设置——同步设置——设置同步源；

如果演播室为高清机房，故所对应的同步源应“黑场（高清三电平）”。

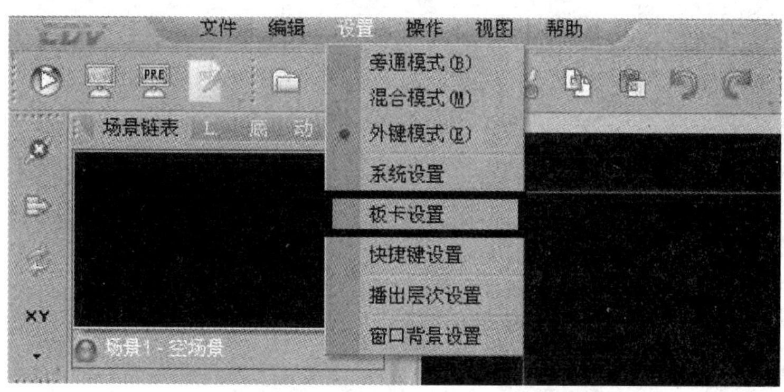

图 10.21

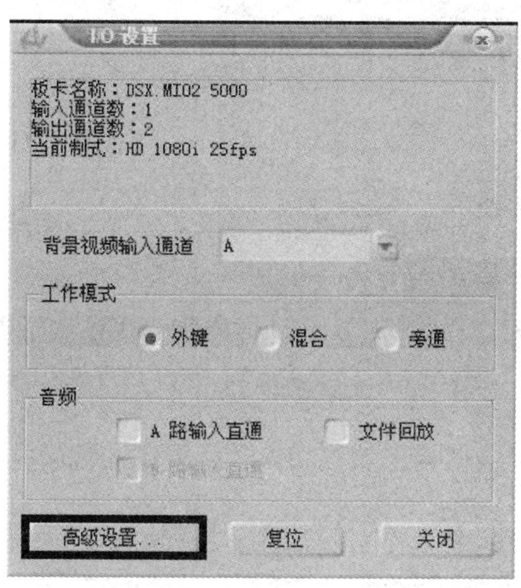

图 10.22

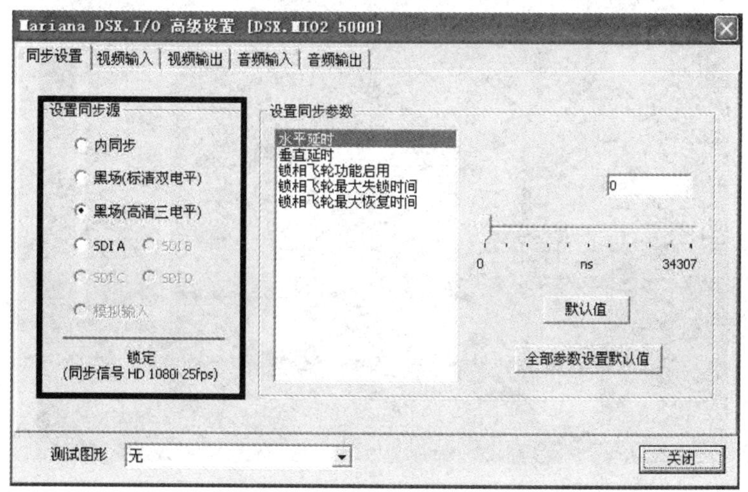

图 10.23

调整后再次输出字幕看上键后是否恢复正常。

C. 测试图形输出

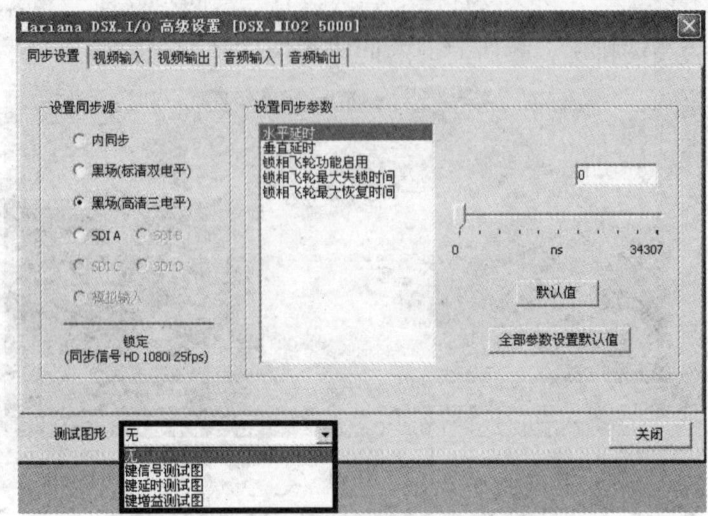

图 10.24

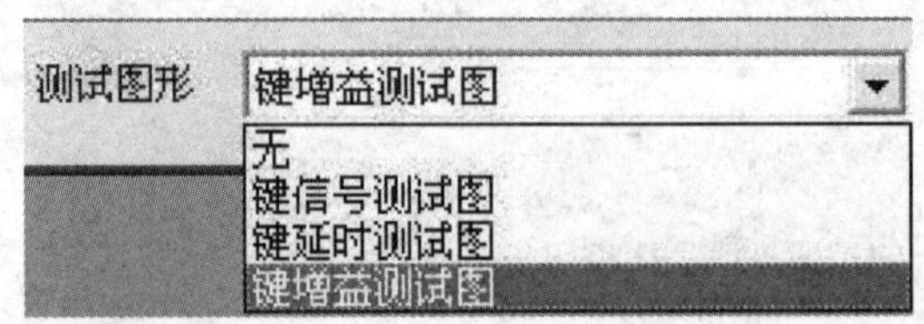

图 10.25

使用字幕输出的键增益信号来调整切换台下游键的键增益参数，使之与字幕机输出的键增益信号相吻合。

图 10.26

在切换台上 1411 页，通过 ***Clip Gain Density*** 调整键增益信号。

注意字幕机与下游键的应对关系。

4. 共享

共享盘：

从 CG1 字幕机“我的电脑”上可以看到 CG1 有三个盘符，其中 C 盘、D 盘为本地盘，E 盘可与 CG2 字幕机共享。

图 10.27

从 CG2 字幕机“我的电脑”上可以看到 CG2 有三个盘符，其中 C 盘为本地盘，D 盘、E 盘可与 CG1 字幕机共享。

图 10.28

字幕录入、校对完毕后，可通过“网上邻居” work (e) 在 Cg1 上 （图 10.29）进行主备机备份，具体操作如下：

A. 进入 CG2 字幕机“我的电脑”里将录入、校对完毕的字幕工程文件复制；

B. 进入“网上邻居”中选择粘贴；

C. 进入 CG1 字幕机 E 盘调取刚刚拷贝的工程文件即可。

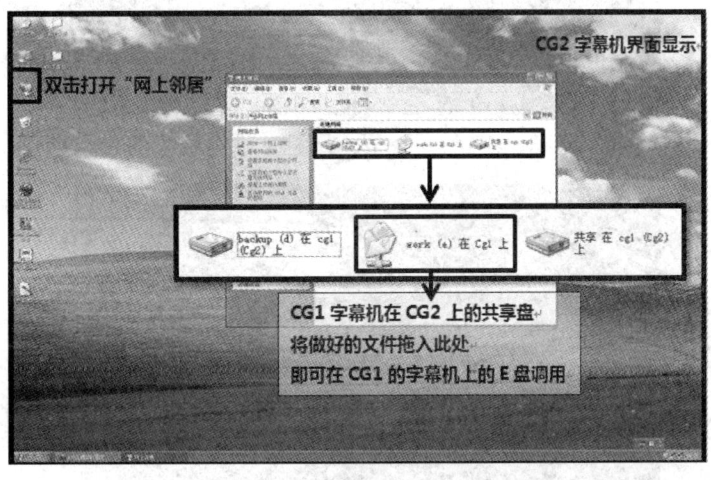

图 10.30

5. 注意事项

A. 原则上 CG1 字幕机与 CG2 字幕机的 C 盘为系统盘，不建议将字幕文件拷入系统盘内；

B. 如有文件或图片需要通过 U 盘、光盘等移动设备拷入字幕机，务必先杀毒封袋盖章才能使用；

C. 准直播、直播类节目在字幕录入、校对完毕后需马上做主备机备份，并建议备份文件在节目录制过程中常开，以备不时之需；

D. 每天的节目录入、校对后可采用覆盖前一天的文件或另存为新文件名两种方式保存，如采用另存新文件名的方式，建议每周清理一次旧的文件。

三、大洋字幕机

1. 开机

开启主、备两台字幕机主机及显示器电源。

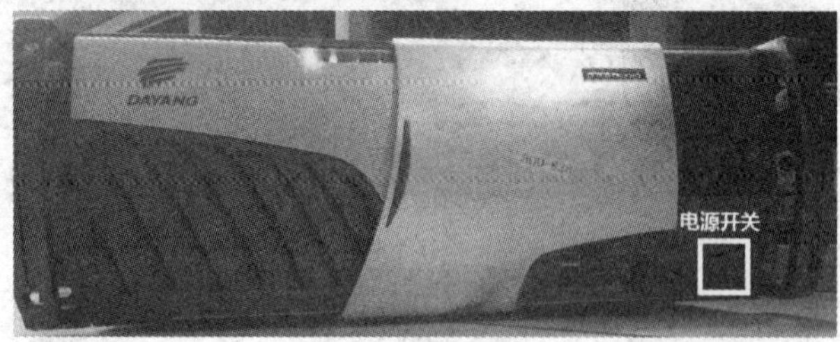

图 10.31

图 10.32

图 10.33

2. 调试

1）开启软件

开启主机 D^3 – CG Live 字幕软件，进入字幕操作系统；

图 10. 34

双击 D^3 – CG Live HD 图标进入字幕软件，出现制式设置菜单，点击确认即可。

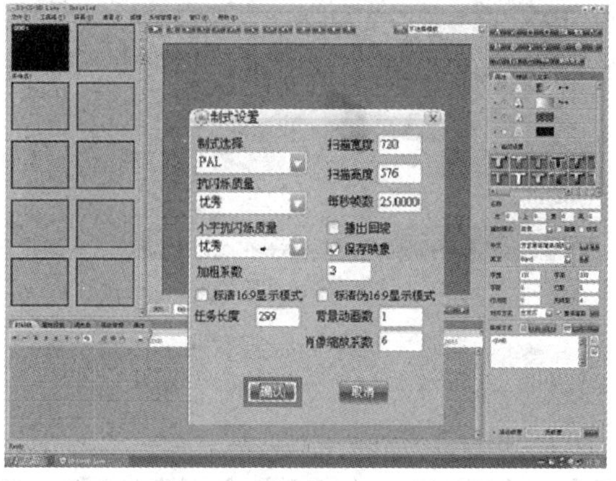

图 10. 35

2）测试信号的使用

系统管理——测试图——常用的两个：75% Color Bar 和 Key Adjust Graph。

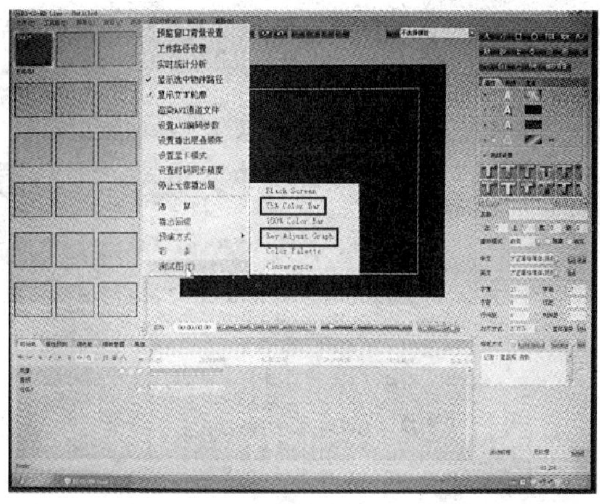

图 10. 36

测试图中有两个经常会用到的测试信号：75% Color Bar 信号和 Key Adjust Graph 信号。

当字幕机输出 75% Color Bar 时，监视器上将出现如下显示。

图 10.37

当字幕机输出 ***Key Adjust Graph*** 信号时，监视器上将出现如下显示。

图 10.38

使用字幕输出的键增益信号来调整切换台下游键的键增益参数，使之与字幕机输出的键增益信号相吻合。

图 10.39

在切换台上 ***1411*** 页，通过 ***Clip Gain Density*** 调整键增益信号。

注意字幕机与下游键的应对关系。

调整结束后，用键盘上 ***F2*** 键清掉字幕机输出的测试信号。

3）打开工程文件

两种方式：

第一种路径方式：文件——打开——***E*** 盘下——***2012*** 首经文件夹——***2012*** 首经 ***.prj*** 工程文件。

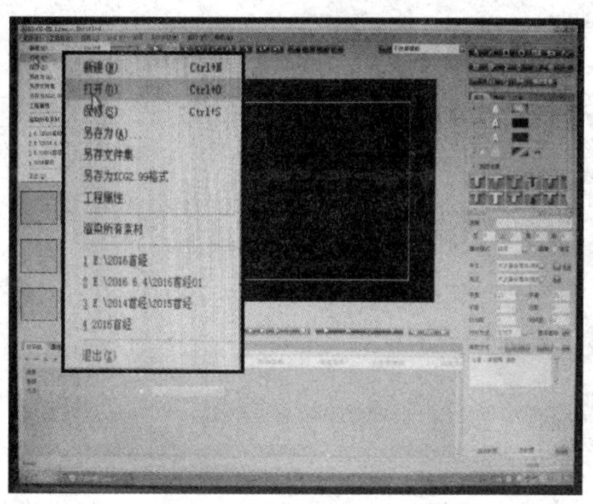

图 10.40

点击打开后出现如下显示：通过具体路径打开指定工程文件。

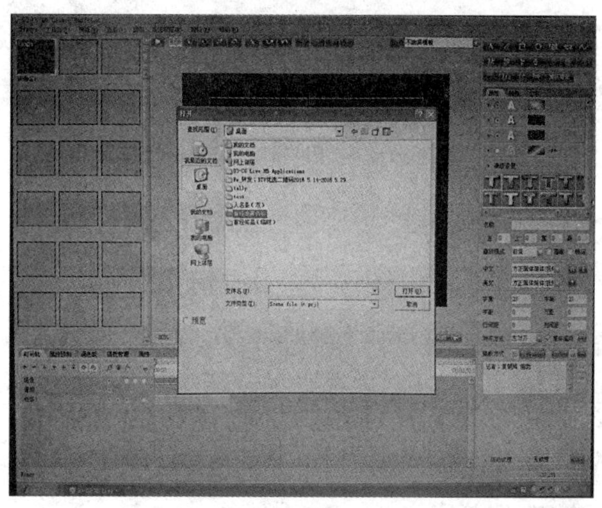

图 10.41

第二种最近文件打开方式：文件——选取所需的最近文件。

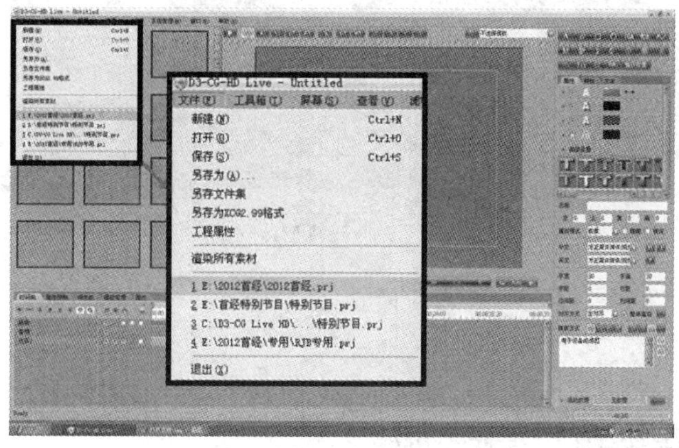

图 10.42

进入字幕系统后会出现如下显示：

这个显示为系统询问是否替换工程文件中的图片，点击退出即可。

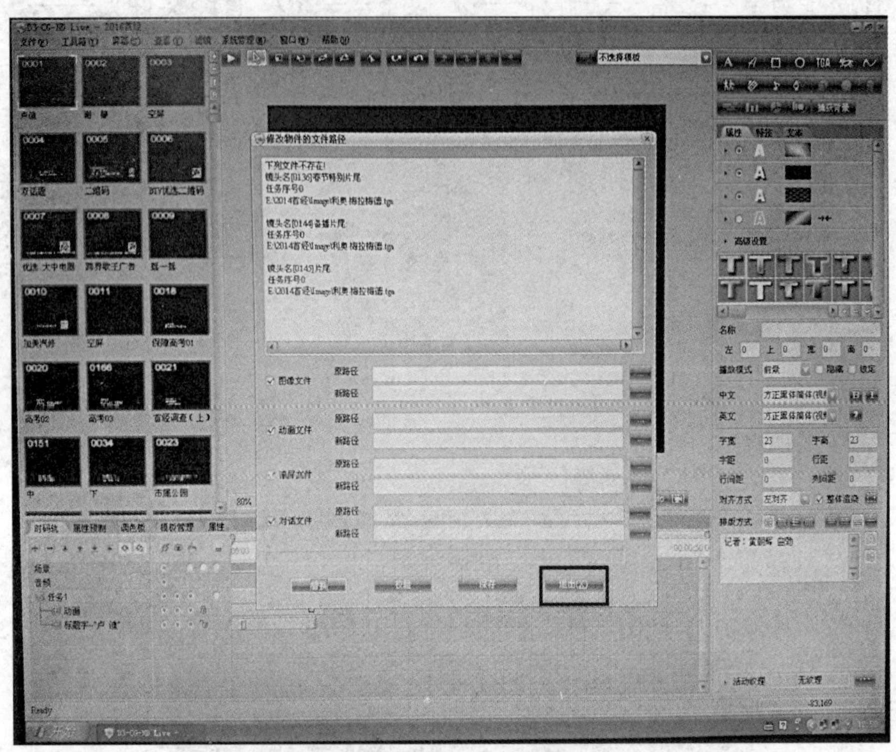

图 10. 43

4）工程文件界面简介

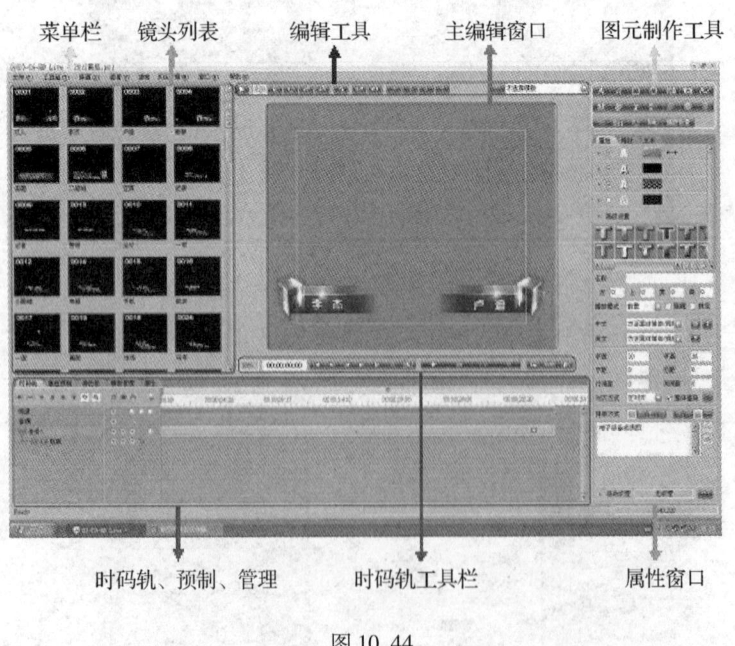

图 10. 44

5）输出字幕信号

输出普通字幕信号，查看字幕本机输出信号是否正常。

这几屏文件属于模板文件，在镜头内黑色区域上双击上屏（如：双人），在空屏上双击即可清屏，也可以用键盘先 ***ESC*** 再按 ***F2*** 清屏。

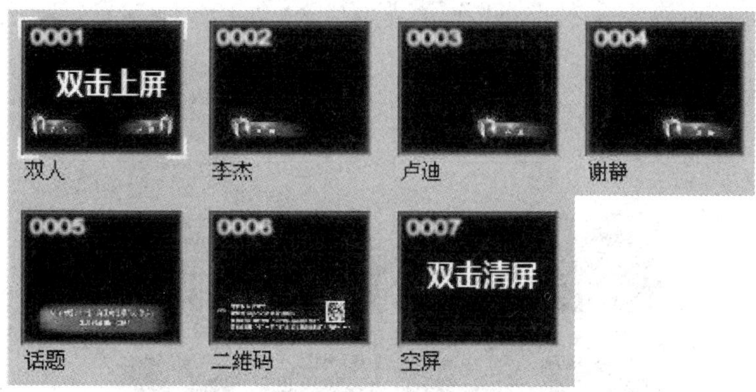

图 10. 45

在辅切面板确认选择 P/P 状态下，开启 ***DSK*** 1；

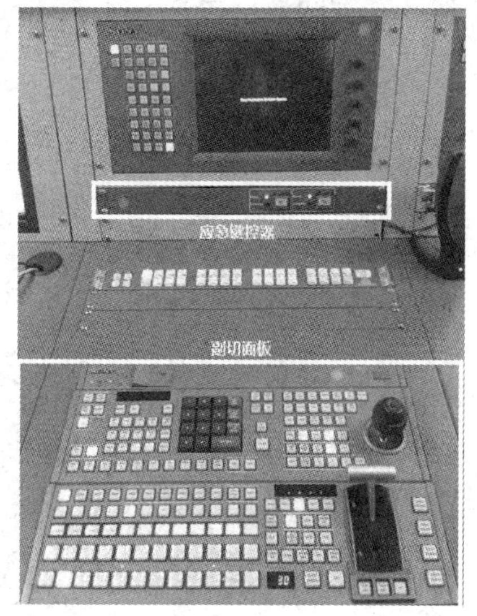

图 10. 46

试播动画及片尾文件，看信号播出是否稳定；

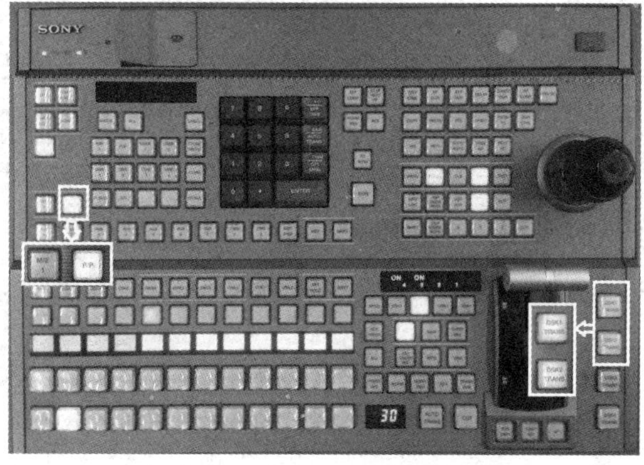

图 10. 47

新闻底条及片尾为带有动画的文件，所以需要以播放方式才能看到字与动画位置是否合适，动画底输出是否平滑稳定，时码轨时长及拍点设置是否有效。

单击选择所要播放的镜头（如：记者）。

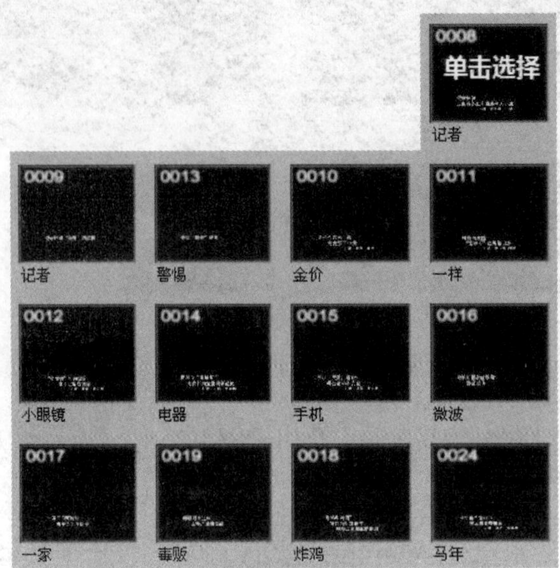

图 10.48

将“*AUTO*”改为“手动”——运行。

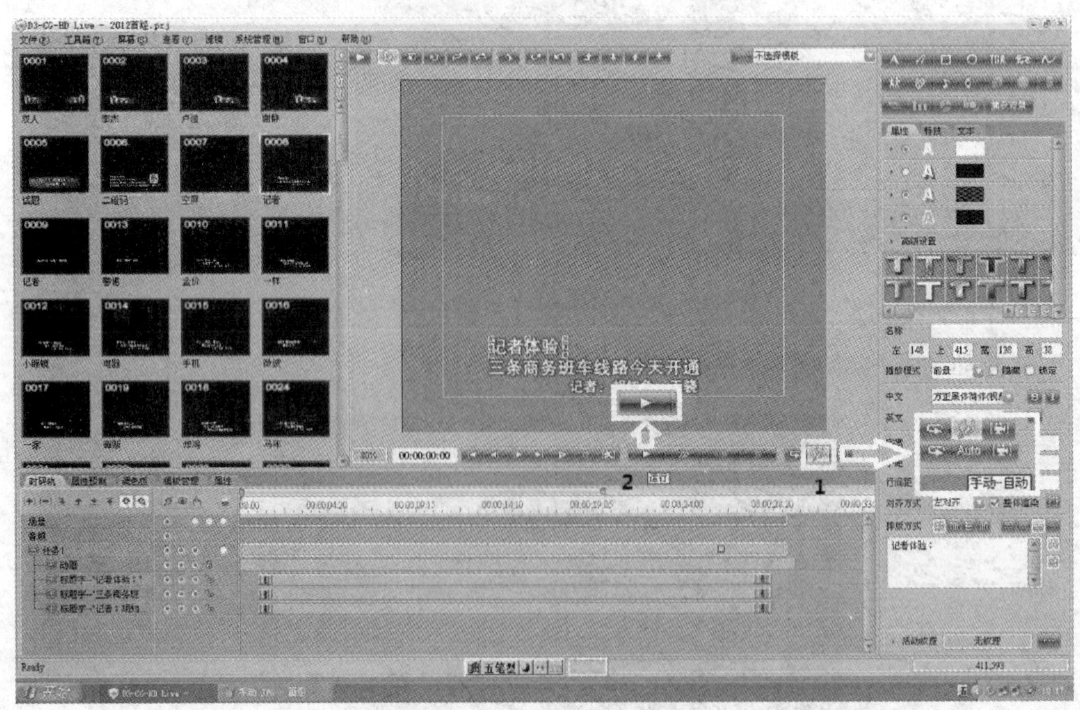

图 10.49

图 10.49 中 1 为自动——手动：单击即可转换状态。

图 10.49 中 2 为运行键：单击确认运行。

6）播前检查

重复步骤 1 ~4，检查备机工作状态（DSK2—CG2V）：

检查切换台主面板和辅助面板下游键信号输出、转换方式和 TRANS 时间是否正确；

转换方式：MIX；

TRANS 时间：10 帧；

检查应急键控器工作是否正常。

若发现问题，及时通知组长。

3. 字幕制作

1）常规制作

根据节目串联单，进行字幕修改、制作，并以播出方式自查；

原则上要求节目组在开播前一小时将当日初版串联单送到机房。

2）模板修改

如遇需要制作新的模板、再版片尾滚屏、工程文件中添加、更改图片、动画等，节目组至少提前一天提供所需素材，并与字幕制作员协同制作文件，确认字体、字号、颜色、上屏位置、入出屏模式等，经节目制片人或频道主任认可所制作的内容后方可在播出中使用；字幕制作员在设计字幕时必须首先考虑到播出安全问题。

3）拷入文件

需要通过 U 盘拷入的文本、图片、包装等，节目组必须先杀毒，封袋盖章交给字幕员。

4）三类场景模式的修改方法

首经每天的字幕制作主要包含三种场景模式：模板类场景、时码类场景、滚屏类场景。

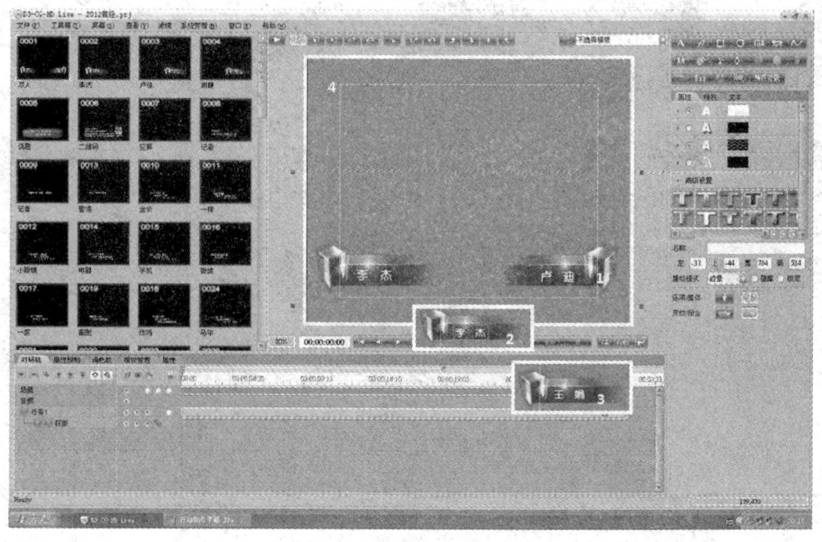

图 10.50

A. 修改模板类场景

模板类场景包括人名、话题、二维码、获奖观众、天气等。选中两张作为衬底的图片和两个标题字，通过右键，选择编组成为一个模板。模板的作用是保持所有物件位置固定，可以作为一个整体进行入屏、停留或出屏。

组修改模板类场景的操作如下：

在模板上双击进入模板层（图 10. 50 中的 1）——在需修改的人名上双击（图 10. 50 中的 2）——出现光标为进入编辑状态，在编辑框中对文字进行修改——在编辑框外单击确认修改（图 10. 50 中的 3）——在屏模空白处双击，退出模板内部（图 10. 50 中的 4）。

B. 修改时码类场景

修改新闻底条：此类为时码类场景（注：进入字幕软件必须先把 ***AUTO*** 改为手动）。

以图 10. 51 为例，此时码类场景由一个动画文件和三个标题字组成，每一条目分占一条时码轨。

修改时码类场景具体操作如下：

动画文件是做工程文件设计时就生成的，位置、模式已固定好，无需再做调整。

修改标题字的方式与修改人名相同，在字上双击——修改文字——单击退出编辑框确认修改，再以同样方式修改第二个、第三个标题字。

这里需要注意的是：

A. 动画文件因有入屏方式，所以在编辑窗口上看不到，但在时码轨上是可见的。

B. 动画衬底的位置是与节目组制作的新闻小片为标准校定的，所以位置不能移动。图中的三个标题字的位置是与动画衬底校对好的，在修改文字时，不要移动标题字的位置，以免在播放时与作为衬底的动画位置不匹配。

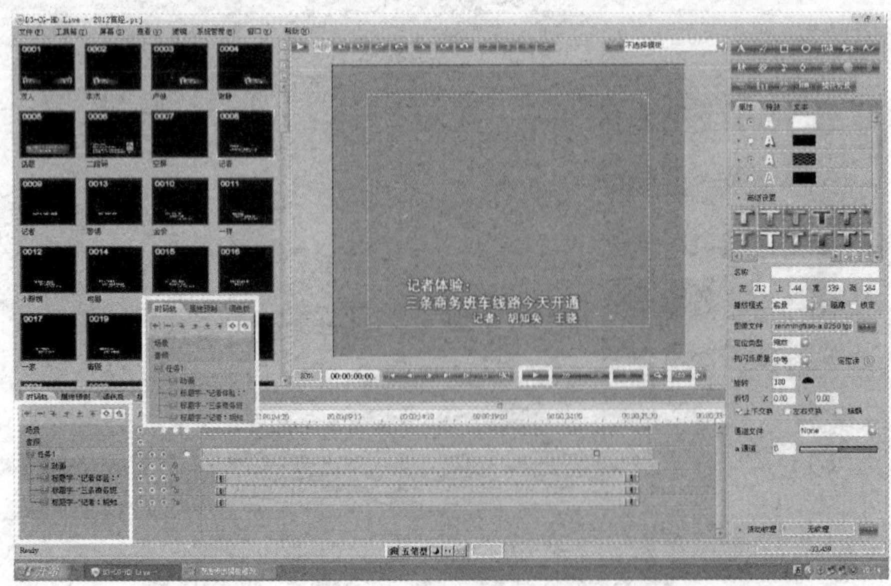

图 10. 51

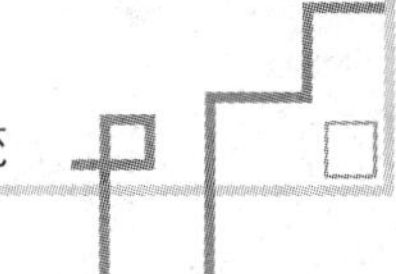

图 10.52 为放大的时码轨：

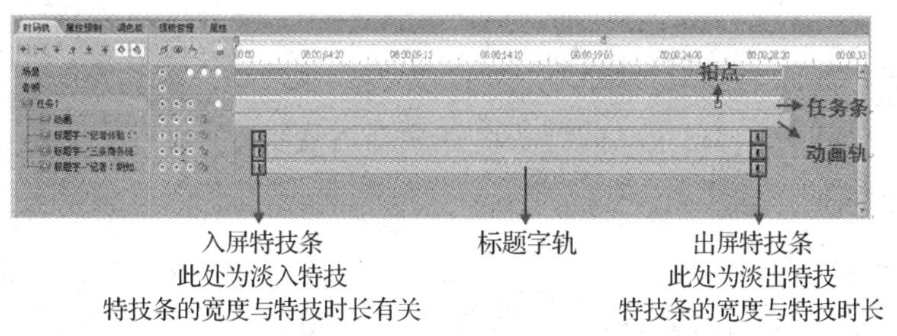

图 10.52

任务条长度必须长于所有物件时码轨长度。

单条时码轨的长度与所对应的物件屏显时长有关。

出入屏、停留、出屏特技有很多种，可根据节目需求调换，此处图标为淡入与淡出特技。

特技条的宽度与特技发生的时长有关，宽度越宽过渡时间越长。

拍点的作用：当关键帧运行到拍点位置时，所有物件动作停止。

时码运行过程中，如按下停止键，所有物件动作将停止并自动清屏。

也可使用键盘，先按 ***ESC*** 再按 ***F2*** 清屏。

原则上，每天所需制作的新闻条目相差不多，只需在前一天已播过的时码场景上修改即可，但如果有需要临时增加或有多出来的新闻时码场景，可参考如下操作：

所需用到的功能如图 10.53 所示：

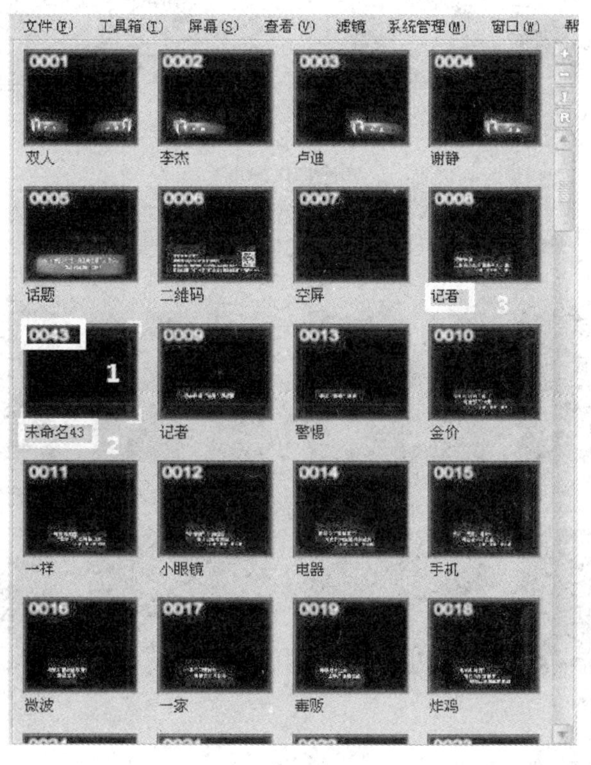

图 10.53

注：加镜头是加在选中的（有黄框）镜头后面；减镜头减的是当前选中的（有黄框）镜头。

刷新镜头：红框1：系统随机赋予的镜头号，刷新后会重新排序；

红框2：自定义的镜头名在刷新后变更。

具体操作如下：

A. 添加新镜头

如想在“记者”（图10.53）后面加一个新的镜头，先单击选中“记者”这个镜头，再在镜头列表右侧按“+”添加镜头，系统就会在“记者”后添加一个新的空镜头（如10.53中未命名43）。

B. 拷贝内容

将之前所设置好的“记者”镜头里的内容拷贝到“未命名43”镜头中：按住键盘Ctrl键的同时用鼠标左键选中“记者”镜头，并将其拖动至“未命名43”镜头里即可。

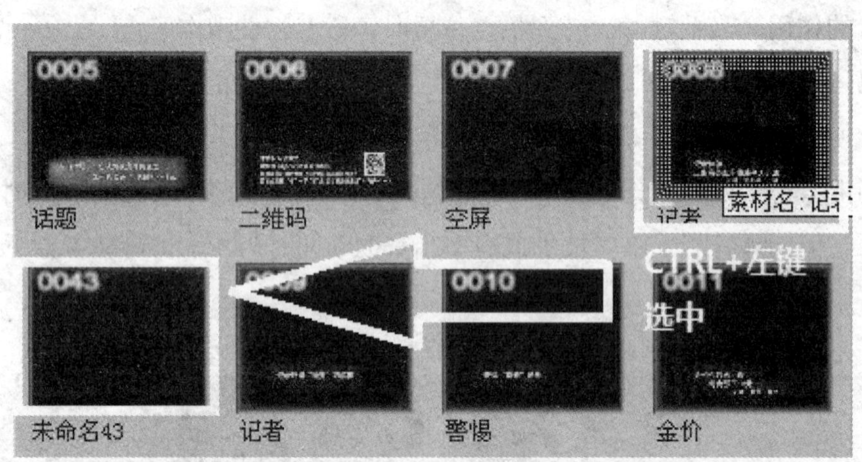

图10.54

图10.55为拷贝完成后的样子。

图10.55

用此种方式拷贝后，所有的标题字、动画衬底的属性、位置及时码轨的播出设置都不会改变。

自定义镜头名：

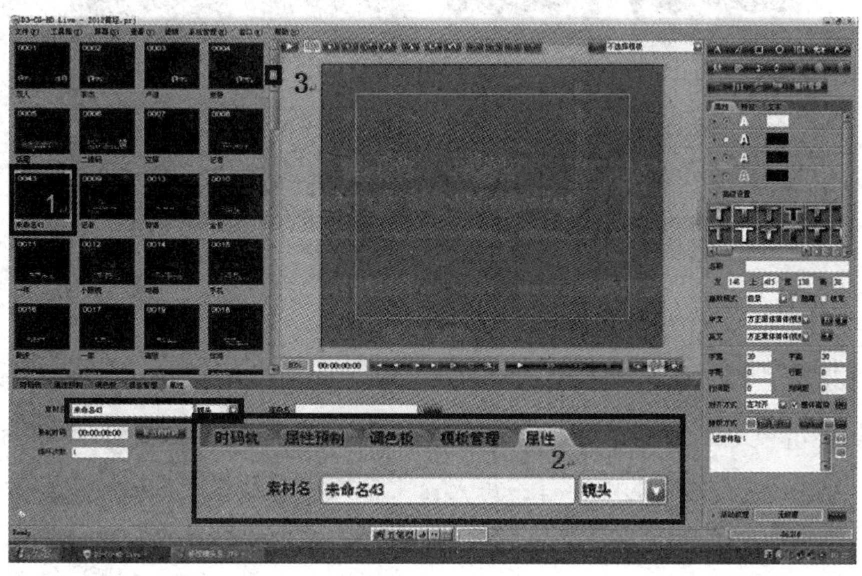

图 10.56

选中所要修改的镜头（图 10.56 中 1），再在属性状态下修改镜头名（图 10.56 中 2）。

刷新（图 10.56 中 3，镜头列表右侧的“R”上单击一下）后镜头下面就会显示出自定义的镜头名。

改变镜头间排列顺序：

根据串联单需求，如新闻条目顺序有变，可通过拖动镜头来改变镜头列表间的排列顺序。

具体操作如下：如将镜头“未命名 43”移动到镜头“记者”之前；

选中“未命名 43”（黄框为选中）——拖到镜头“空屏”与镜头“记者”之间——释放鼠标左键——镜头排列顺序改变。

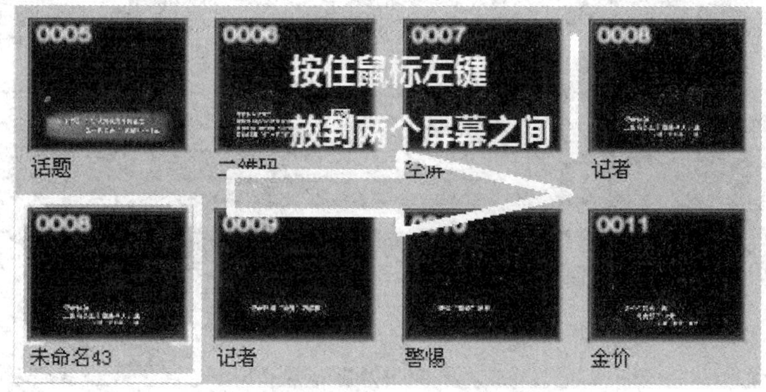

图 10.57

图 10.58 为移动之后的样子：

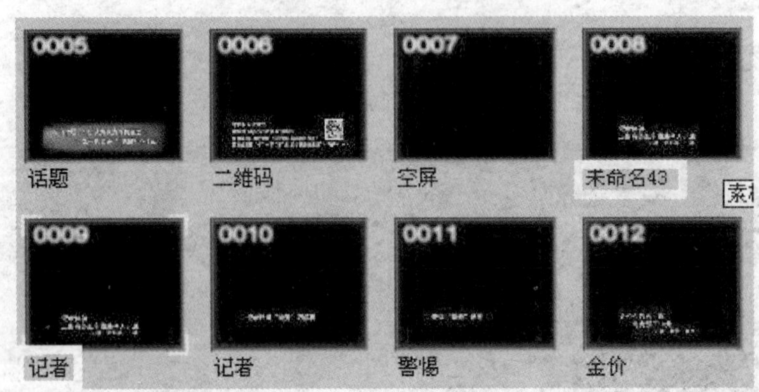

图 10.58

C. 修改滚屏类场景：片尾

《首都经济报道》片尾是由一个向左的滚屏文件和一个动画文件组成的。

日常状态下需要修改的内容有：每天：主持人人名及片尾日期；

每周：修改一个编辑组人名；

《首都经济报道》现在的片尾时长为 40 秒停住，并设有终屏停留。

具体操作如下：

选中片尾场景镜头——在片尾上双击进入片尾文件——在所需要修改的文字上双击，进入编辑框进行文字修改——在编辑框外单击确认修改——通过浮动条移动滚屏文件修改后面的内容——所有修改操作完毕后在片尾框外的空白处单击出对话框——选择“是”确认存储当前修改内容。

需要注意的是，片尾日期需要在屏幕右下方文本框中修改，直接在片尾上改有时系统会存不住。

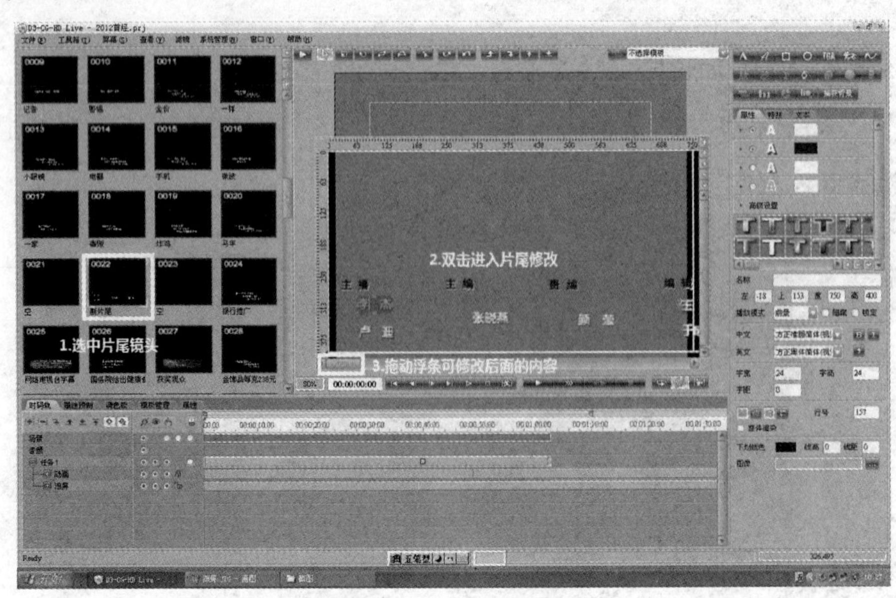

图 10.59

“首经”在镜头列表中选中片尾镜头。

在编辑窗口是双击片尾文件进入修改具体的人名、日期等内容。

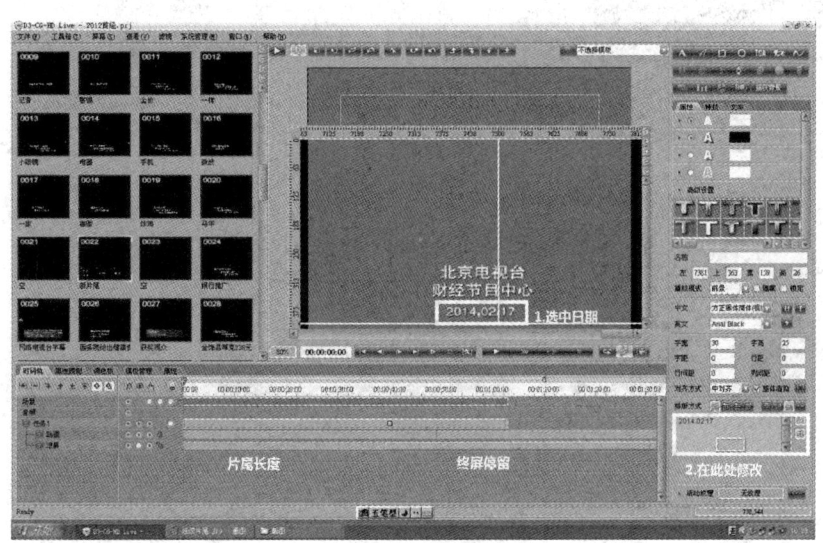

图 10.60

注意，片尾的日期需要先选中日期（图 10.60 中 1），再在图示右侧文本框中（图 10.60 中 2）进行修改，否则保存不住。

终屏停留时长不算在片尾时长里。

拍点一定要设在进入终屏停留的时段。

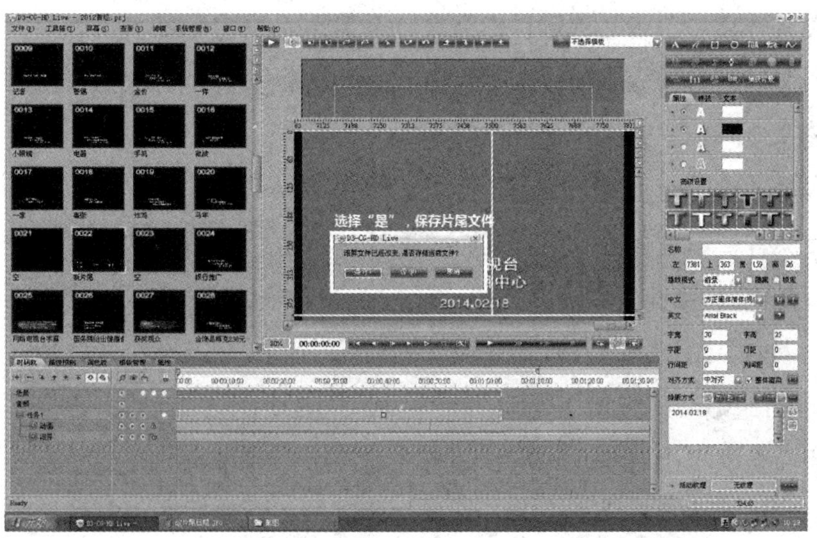

图 10.61

片尾修改完，要在片尾滚屏框之外点一下，弹出对话框，选择“是”。

注意：此处保存的只是片尾文件。

片尾是一个单独存在的文件，如果在其他工程文件或盘符中被引用，只要是在同一个机器里，文件名相同，都会受到影响，所以我们不提倡调用别人的片尾文件，以免上述情况发生。

D. 保存工程文件

当修改完毕，务必第一时间保存工程文件：文件——保存。

建议在制作修改工程文件过程中，也随时保存一下工程文件。

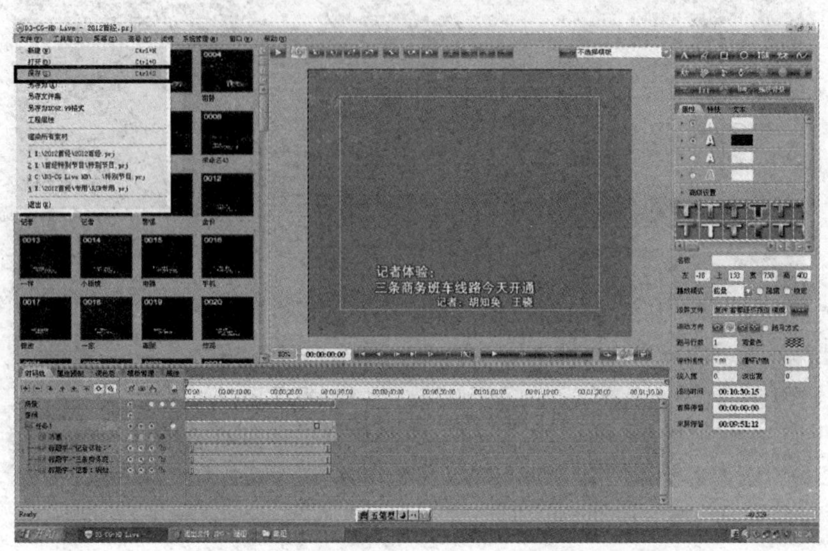

图 10.62

做完工程文件，通过字幕机本机输出和下游键信号，检查所有本期节目所需的字幕内容和播出效果是否正确。

检查内容包括：

模板类文件：用双击上屏进行检查，核查修改文字内容是否正确。

时码类文件：自动变手动，以运行方式是否流畅平稳，再次检查动画衬底与标题字的位置关系。

新闻底条的内容与记者名是否正确。

滚屏类文件：以运行方式检查运行时间、终屏停留、拍点的设置是否正确（即片尾滚屏是否是 40 秒停止，并有终屏停留）。

主持人人名、编辑人名及日期是否正确。

E. 与节目组编辑核查字幕内容

在开播前至少半小时前，与当日编辑根据终版串联单对当日的字幕文件进行内容及顺序上的核查，在编辑确认正确后，对文件进行再次保存及主备机之间的备份文件存储。

原则上，节目开播前十分钟不再对字幕内容进行任何补充与修改，如遇特殊情况先要请示带班组长。

4. 录制与播出

在节目录制与播出过程中，听节目组编辑口令进行字幕内容的播放，由编辑通过 DSK 键进行上下屏操作。

5. 关机

节目录制完毕后，最后保存一下当日文件，然后退出（关闭）D^3—CG Live 软件。

具体操作有两种方式：文件——退出；

屏幕右上角直接关闭文件。

并闭主、备字幕机的主机及显示器电源。

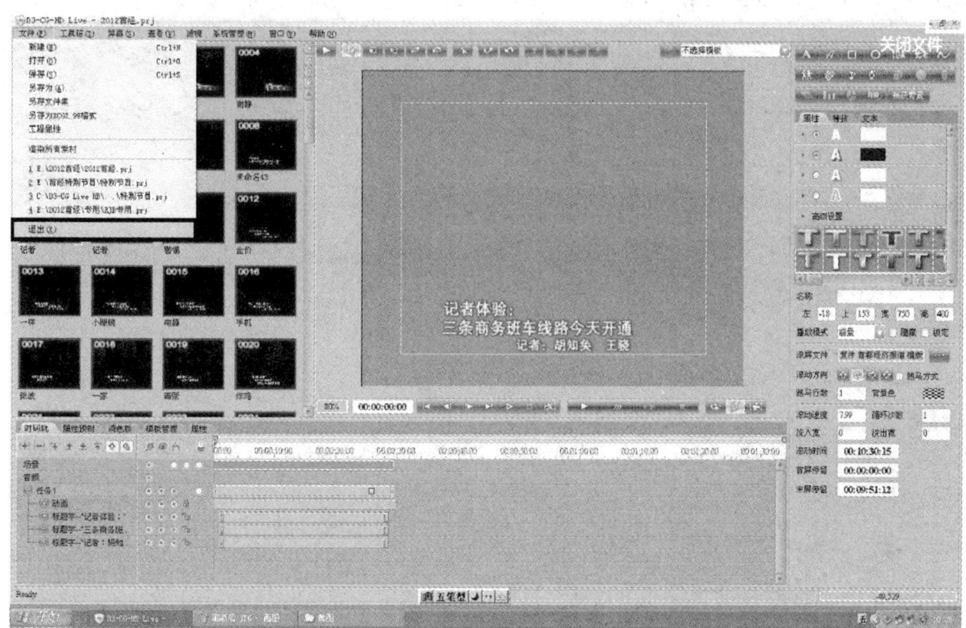

图 10.63

图书在版编目（CIP）数据

高清演播室实用技术指南．视频技术/陈嘉超等编著．-- 北京：中国广播影视出版社，2016.8（2017.7 重印）
ISBN 978-7-5043-7673-2

Ⅰ．①高…　Ⅱ．①陈…　Ⅲ．①视频制作—指南②音频设备—电声技术—指南　Ⅳ．①TN948.4-62 ②TN912.2-62

中国版本图书馆 CIP 数据核字（2016）第 084199 号

高清演播室实用技术指南·视频技术
陈嘉超 等　编著

责任编辑	赫铁龙
装帧设计	亚里斯
责任校对	张莲芳
出版发行	中国广播影视出版社
电　　话	010-86093580　010-86093583
社　　址	北京市西城区真武庙二条 9 号
邮　　编	100045
网　　址	www.crtp.com.cn
微　　博	http://weibo.com/crtp
电子信箱	crtp8@sina.com
经　　销	全国各地新华书店
印　　刷	河北鑫兆源印刷有限公司
开　　本	889 毫米×1194 毫米　1/16
字　　数	513(千)字
印　　张	27.5
版　　次	2016 年 8 月第 1 版　2017 年 7 月第 2 次印刷
书　　号	ISBN 978-7-5043-7673-2
定　　价	80.00 元